ARM SoC 體系結構

ARM *System-on-Chip Architecture*

Second Edition

Steve Furber 著

田澤 于敦山 盛世敏 譯

林錦昌 校訂

五南圖書出版公司 印行

出版聲明

ARM
System-on-Chip
Architecture

Steve Furber

 Addison-Wesley

An imprint of **Pearson Education**

London · New York · Toronto · Sydney · Tokyo · Singapore · Hong Kong
Cape Town · New Delhi · Madrid · Paris · Amsterdam · Munich · Milan · Stockholm

中文版前言

歡　迎

　　第一片 ARM 處理器的開發距今已近20年了，在這20年中它已經發展成為世界領先的 32 位元嵌入式處理器核心，也向大多數世界領先的半導體公司授權或由他們製造。由於華人在全球半導體業界的影響日益增長，能夠專門為我的中文版撰寫前言令我非常激動。我希望更多的讀者閱讀本書後，能夠鑑賞 ARM 架構一流的簡易特性，以及它為基於 ARM 核心的、先進的低功耗 SoC（System-on-Chip）創造的許多商機。

ARM 的起源

　　第一片 ARM 核心是由 Acorn Computers Limited 公司在 1983～1985 年間開發的。這是一個總部設在劍橋的小型英國公司，當時大約有 400 名職員。處理器是使用很簡單的工具設計的。行為模型是以 BASIC 寫的暫存器傳輸級描述，而且用手工轉換成邏輯圖。VLSI 設計使用的是執行於 Apollo 工作站的 VLSI Technology, Inc. 的工具。全部硬體和 VLSI 的設計小組只有 4 個人，還有相當多的軟體工程師從事程式的測試和指令模擬。

　　小尺寸、低功耗和簡易性都源於擁有非常有限資源的小規模開發小組。英語中有個說法：「需要是發明之母」。這句話不再適用於開發第一片 ARM 處理器的情形。開發小組很小，獲得的資源也很少，以前在處理器設計方面幾乎沒有經驗。在這樣的環境下沒有其他選擇，只能盡力使設計在所有方面儘可能簡單，否則，成功的機會非常小。這種簡單化的動力直接導致了一個很小，且很適合低功耗 SoC 應用的核心。它在 20 世紀 90 年代促成了攜帶式消費產品新的衝擊。

　　當然，技術只是事業成功的一個方面，使 ARM 今天享有優勢地位的還有許多其他因素。但是從一開始，技術恰好迎合了市場的需要，並不是因為資源和經驗豐富的小組實行了認真的計畫和深思熟慮的決定來產生最佳化的解決方案；而是因為弱小的、無經驗的小組別無選擇，只有進行小型且簡單的設計，而這剛好是正確的答案。

體系結構的發展趨勢

　　為迎合市場的要求，ARM 處理器原有的簡單性不得不為某些擴展讓步。最初，

體系結構最重要的擴展是提供對晶片上除錯的支援，以及為小型嵌入式應用改善代碼密度；後來又增加了指令來改善處理器支援訊號處理演算法的能力；最近又作了進一步的擴展（在本書中未予討論）來提供一些 SIMD 功能。對體系結構的這些擴展並未影響處理器的基本操作，儘管它們明顯地在細節上增加了實作的複雜性。

伴隨著指令集結構的進展，微結構也出現一些變化以增強性能。寫本書時，銷售最好的 ARM7TDMI 採用基於 3 級管線的微結構，這與最初 ARM 核心使用的結構是一樣的。但是對於像 5 級管線 ARM9TDMI 這樣更高速晶核的市場正在快速發展。以今天多數處理器的標準來看，這些依然是很簡單的機器。這種簡單性是這些機器實現低功耗和小矽晶片面積的關鍵。

對於處理器核心的外部，在支援系統的功能元件上有相當多的發展，例如記憶體管理單元、Cache（快取記憶體）組織和晶片上匯流排結構等。第一片 ARM 處理器既沒有記憶體管理單元，也沒有 Cache（儘管它支援外部記憶體管理硬體）。但是，如果現在要處理器實作全部潛在性能和支援現代作業系統，那麼這些都是不可少的功能元件。

最近的系統級發展的是專用「平臺」──一個包括處理器、Cache、記憶體管理或保護、晶片上匯流排和關鍵記憶體與周邊元件的擴展子系統。它為特定產品的快速開發提供高階模組。隨著矽技術的進步和晶片上可利用的電晶體數量的增長，平臺方法代表著控制設計費用和上市時間的系統方法。ARM 公司提供的 IP，從 20 世紀 90 年代早期簡單的整數處理器核心起走過了漫長的路。這還僅僅只說了硬體。ARM 還得到了範圍不斷擴大的軟體的支援，包括支援早期處理器核心所必需的軟體開發工具，但現在已經遠遠超出這個範圍了。

這種趨勢今後會把我們引向何處？顯然，高度整合的 SoC 是實現多數電子裝置的理想方式。單晶片元件在功耗、性能、大小和可靠性上的優勢是無法抵擋的。但是，隨著複雜性的提高，設計的成本也提高了，而且最小的經濟加工量也提高了。這些經濟問題將很快開始排除專用 SoC，除非它的產量很高。需要的是多用途的 SoC 平臺，或許包括可程式邏輯部分，它能使晶片配置為若干不同的應用，從而增加加工量並使開發成本由若干產品分攤。問題是確定處理器性能、記憶體容量、匯流排頻寬和可程式邏輯的最佳平衡，以便不用多餘的開銷即可含蓋大範圍的應用。這是主要的設計挑戰！

模組化設計

設計複用的關鍵是模組化。讓我們來看一看未來技術將支援的非常複雜的SoC。很明顯,晶片上互聯(將不同模組連接在一起)是一個越來越重要的問題。單一的片上匯流排已經不能適應很多應用,已使用層次化的匯流排來提供必要的頻寬。有一條新術語是「晶片區域網路(chip area network)」,它在我們心中描繪了一幅靈活的互聯系統的畫面。這個互聯系統可以使用全部種類的網路拓撲(環形、星形、匯流排形、交叉形和交換形)來服務晶片上互聯要求。

目前的晶片上匯流排(例如 ARM 的 AMBA)是時脈型的。匯流排上所有的用戶模組必須使用共同的全域時脈來實現。在本書的最後一章,介紹了由我所在的 Manchester(曼徹斯特)大學的研究小組作為研究樣機而開發的 AMULET 非同步微處理器。最近設計採用的是非同步晶片上匯流排的完整的 SoC。後來,我們開發了全非同步的晶片區域網路技術,它支援完全的模組互聯策略。該互聯策略支援GALS(全域非同步區域同步)SoC 設計。在 GALS 系統中,所有基本模組可以都是傳統的時脈型系統。它們的設計能確保全域同步,並控制好時脈偏斜。而這些模組之間則採用非同步互聯,使得它們能使用任意的時脈(或使用同一時脈,但是不關心時脈的位相或任何兩個模組之間的時脈偏斜)。非同步互聯使用對延遲不敏感的規範,以確保其強健性,網路拓撲和連接頻寬可以根據應用來裁剪。長線的連接可以採用管線,使網路中任何兩個模組之間獲得最佳的連接特性。

儘管 GALS 方法還只是一個熱門的研究領域,我深信在幾年之內將成為公認的構築複雜SoC的方法。我相信,在本書最後一章描述的非同步設計技術將在主流產品中發揮重要作用,而 GALS 是實現這一目標的途徑之一。

SoC 的挑戰

設計複雜的SoC是當前世界最具挑戰性的工程任務之一。像這樣一本簡短的書中,我僅能開始描述可能遇到的問題和可能的解決方法。這是一項快速發展的學科,新思想和新方法不斷翻新。您不能希望只是閱讀本書就變為SoC設計的專家。但是我的希望是,本書將使您理解學科的基本原理和 ARM 處理器技術發展的重要作用。

　　然而，成功的工程師需要的不僅是現代化的知識。工程是一個創造性的學科，在像半導體工業這樣高速發展的產業中，最好的工程師確實是非常具有創造性的。每個新的設計都比以前更複雜，且要求更高的性能、更低的功耗和更多的功能。

　　我期盼著及時獲悉他們成功的消息。

Steve Furber

前 言

目 標

本書中介紹的一些概念和方法，可以用於基於微處理器核心的系統單晶片（SoC,
System-on-Chip）設計，也可用於微處理器核心設計。透過對 ARM 的詳盡描述來具
體說明微處理器的設計原理。

本書的目的是幫助讀者理解 SoC 和微處理器是怎樣設計和使用的，以及為什麼
先進的微處理器要這樣設計。對於那些只想了解微處理器一般原理的讀者，藉由對
ARM 的解說，使得那些或許很微妙的問題變得容易理解了。想了解 ARM 設計的讀
者可以發現，這些基本原理闡明了 ARM 的理論基礎。

本書沒有介紹其他微處理器的結構，希望對體系結構深入瞭解的讀者，可從本
書找到所需要的與 ARM 相關的資料，但是關於其他微處理器設計的資料必須從其
他讀物中查詢。

讀 者

本書針對兩種不同的讀者群，即

(1)對那些設計基於嵌入 ARM 微處理器的 SoC 產品，或者正在考慮使用 ARM 產
   品的專業硬體和軟體工程師的工作會很有幫助。儘管本書中的很多內容在其
   他 ARM 技術資料中介紹過，但本書的內容更廣泛，並提供了更多的背景資料。
(2)計算機科學、計算機工程以及電子工程專業的學生可以從書中找到對他們學
   業不同階段且有價值的資料。一些章節幾乎是以本科階段使用的課程教材為
   基礎的，另一些章節是從研究生課程教材中截取的。

預備知識

本書不作為計算機結構或計算機邏輯設計的入門教材。我們針對的讀者應在相
關領域具有相當計算機科學或計算機工程專業之大學二年級學生。書中有些內容是
一年級的教材，但這些內容是以複習的方式而不是以講新課的方式講述的。

閱讀本書不需要事先熟悉 ARM 處理器。

ARM

1985 年 4 月 26 日，ARM 的第一批樣片送到英國劍橋的 Acorn 公司。這些樣片
是在加州聖何西的 VLSI Technology 公司製造的。幾個小時後，它們開始執行程式。

在 20 世紀 80 年代後期，ARM 悄悄地發展以支援 Acorn 公司的桌上型計算機產品。該產品成為英國教育界計算機的基礎。20 世紀 90 年代，在 ARM 公司的精心經營下，ARM 步入世界舞臺，在高性能、低功耗和低價格的嵌入式應用領域確立了市場的領先地位。

優越的市場地位增加了 ARM 的資源，加速了基於 ARM 產品的開發。

最近 10 年 ARM 開發的突出成果包括：

(1)開發了稱為 Thumb 的新型壓縮指令格式，這種格式在小型系統中可降低成本和功耗。

(2)ARM9、ARM10 和 StrongARM 系列處理器的開發顯著地提高了 ARM 的性能。

(3)軟體開發和除錯環境更好。

(4)基於 ARM 處理器核心的嵌入式應用領域更為廣闊。

現代 SoC 和處理器設計的大多數原理都在 ARM 系列處理器設計中得到了應用，並且 ARM 也開創了一些新的概念（例如指令流的動態解壓縮）。基礎的 3 級管線 ARM 核心固有的簡單性使其成為實際處理器設計的優秀教學範例。同時，嵌入在複雜系統晶片中基於 ARM 核心的除錯系統代表著當今技術的前瞻。

本書的結構

第 1 章首先複習了處理器設計相關的內容，透過複習邏輯級和閘級描述方法說明硬體設計的抽象原理。然後介紹了精簡指令集計算機（RISC, Reduced Instruction Set Computer）的重要概念作為以後章節的基礎。最後介紹一些有關低功耗設計的問題。

第 2 章引用第 1 章的概念介紹 ARM 處理器的體系結構。

第 3 章詳細介紹用戶級組合語言編程。

第 4 章講述 3 級和 5 級管線 ARM 處理器核心的組織及實作。本章還涉及了一些與實作相關的問題。

第 5 章和第 6 章逐漸深入地介紹 ARM 指令集。第 5 章對第 3 章中講過的指令集作進一步的介紹，包括每條指令的二進制表示，可以使我們對指令集的理解更為深入。本章內容最好是先讀一遍，然後作為參考。第 6 章主要考慮高階語言（這裡指 C 語言）需求以及 ARM 指令集如何滿足這些需求。

第 7 章介紹 Thumb 指令集。Thumb 指令集是 ARM 公司為滿足小型嵌入式系統的代碼密度和功耗要求而提出的。這對一般的計算機科學研究來說屬於邊緣問題，但是作為研究生課程還是比較有意思的。

第 8 章提出在處理器核心嵌入式應用系統的除錯和電路板等級系統的產品測試中會遇到的一些問題。這些問題是第九章的背景資料。

第 9 章介紹一些不同的整數 ARM 核心。對第 4 章的內容進一步擴展，包括帶有 Thumb 指令的核心、除錯硬體以及更複雜的管操作。

第 10 章引入記憶體階層概念，討論記憶體管理和 Cache 的原理。

第 11 章回顧在大學學習的現代作業系統對處理器的要求，並介紹 ARM 針對這些要求採取的方法。

第 12 章介紹 ARM CPU 核心晶片（包括 StrongARM），包括了對記憶體管理的全面支援。

第 13 章涉及使用嵌入式處理器核心設計 SoC 的有關問題。ARM 在這方面位於技術的前瞻。將複雜的專用系統集成到晶片上必然遇到許多問題，本章列舉一些嵌入式系統晶片產品的例子來介紹針對這些問題所採取的解決方案。

第 14 章介紹 20 世紀 90 年代在英國曼徹斯特大學開發的、非同步 ARM 相容的處理器。經過 10 年的研究，到撰寫本書時，AMULET 技術即將邁向商業化的第一步。這一章藉由講解 DRACO SoC 的設計，總結了第一個商業應用的 32 位元非同步微處理器。

附錄簡短地介紹了計算機邏輯設計的基本原理及第 1 章用到的術語。

書的末尾收錄了本書用到的術語和進一步學習的參考文獻，其後是詳細的索引。

相應的課程安排

當用於大學本科教材時，本書各章節應作以下安排：

第一年：第 1 章（基本的微處理器設計）；第 3 章（組合語言編程）；第 5 章（指令的二進制碼和組合語言編程的參考資料）。

第二年：第 4 章（簡單的管線微處理器設計）；第 6 章（體系結構對高階語言的支援）；第 10 章和第 11 章（記憶體階層和體系結構對作業系統的支援）。

第三年：第 8 章（嵌入式系統的除錯和測試）；第 9 章（先進的管線處理器設計）；第 12 章（先進的 CPU）；第 13 章（嵌入式系統例舉）。

研究生課程可以跨越幾個章節來組織題目，例如處理器設計（第 1、2、4、9、10 及 12 章）、指令集設計（第 2、3、5、6、7 及 11 章）和嵌入式系統（第 2、4、5、8、9 及 13 章）。

第 14 章包含大學或研究生課程關於非同步設計的教材，但是需要大量的附加背景材料（本書沒有提供）。

參考資料

本書中的許多圖表可免費上網得知，但不能用於商業目的。使用它們的唯一限制是使用這些資料的任何課程都應將本書作為推薦教材。這些資訊和其他參考資料可以從以下網頁得到：

http://www.cs.man.ac.uk/amulet/publications/books/ARMsysArch

任何與商業用途有關的查詢都應透過出版社。關於本書版權的聲明不受上述內容影響。

回　應

作者歡迎對本書形式和內容以及發現的任何錯誤的反應意見。請將此類訊息用 E-mail 發至：

sfurber@cs.man.ac.uk

致　謝

在過去的 10 年間，許多人為 ARM 的成功做出過貢獻，在此不一一列出。但是，寫關於 ARM 的書不能不提到 Sophie Wilson，他最初所提出的指令集結構沿用至今，雖有擴展但沒有重大改變。

我還要感謝 ARM 公司的幫助，使我可以接觸他的員工和設計文件。我還要感謝 ARM 的半導體合伙人的幫助，特別是 VLSI Technology 公司。這個公司現在已全部歸 Philips 半導體公司所有。

初稿的審閱者提出了許多有益的意見，使本書定稿受益匪淺。我要感謝初稿受到的贊同和認可，以及審閱者返回的直言不諱的修改建議。Addison Wesley 出版社指導我答覆這些建議和完成作者應盡的其他事宜，使我得到很大幫助。

最後，我想感謝我的妻子 Valerie、我的女兒 Alison 和 Catherine，她們使我從家庭義務中解脫出來，有時間寫作本書。

Steve Furber

商標公告

(1) Acorn™、Risc PC™、Acorn Archimedes™和 Online Media™是 Acorn Computer Ltd. 公司的商標。

(2) ARM®、StrongARM®和 Thumb®是 ARM Ltd. 公司的註冊商標。AMBA™、Angel™、ARMMulator™、EmbeddedICE™、ARM7TDMI™、AEM7TDMI-S™、ARM9TDMI™、Piccolo™和 STRONG™是 ARM Ltd. 公司的商標。

(3) Apple™和 Newton™是 Apple Computer, Inc. 公司的商標。

(4) Digital™、Digital Semiconductor™、PDP-8™和 Alpha™是 Digital Equipment Corporation 公司的商標。

(5) TimeMill™、Piccolo™是 EPIC Design Technology, Inc. 公司的商標。

(6) Hagenuk®是 Hagenuk GmbH 公司的註冊商標。

(7) IBM®是 International Business Machines Corporation 公司的註冊商標。

(8) Inmos®是 Inmos Group of Companies 公司的註冊商標，transputer™是 Inmos Group of Companies 公司的商標。

(9) Intel®是 Intel Corporation 公司的註冊商標。

(10) MS-DOS®、Microsoft®和 Windows®是 Microsoft Corporation 公司的註冊商標。

(11) MC68000™是 Motorola Corporation 公司的商標。

(12) UNIX®是 Novell, Inc. 公司的註冊商標。

(13) I^2 C Bus®是 Philips Semiconductors 公司的註冊商標，JumpStar™、N-Trace™、OneC™、Rapid Silicon Prototyping™、Ruby II™和 VLSI ISDN Subscriber Processor™是 Philips Semiconductors 公司的商標。

(14) Psion Series 5MX™是 Psion plc 公司的商標。

(15) Samsung SGH2400™是 Samsung 公司的商標。

(16) SPARC®是 SPARC International, Inc. 公司的註冊商標。

(17) SUN™是 Sun Microsystems, Inc. 公司的商標。

(18) Bluetooth™是 Telefonaktiebolaget LM Ericsson 公司擁有的技術商標。

本書中，BBC 一詞用作 British Broadcasting Corporation 的縮寫。

目　錄

6 體系結構對高階語言的支援 195

7 Thumb 指令集 247

11　體系結構對作業系統的支援　369

12　ARM CPU 核心　401

1

處理器設計導論

An Introduction to Processor Design

- ◆ 處理器體系結構和組織
- ◆ 硬體設計的抽象
- ◆ MU0——一個簡單的處理器
- ◆ 指令集的設計
- ◆ 處理器設計中的權衡
- ◆ 精簡指令集計算機
- ◆ 低功耗設計
- ◆ 例題與練習

本章內容綜述

在這一章中，將討論處理器指令集與邏輯設計的基本原理，以及設計工程師可採用的、有助於達到設計目標的各種技術。

抽象（abstraction）是理解複雜計算機的基礎。本章介紹計算機硬體設計師使用的抽象方法，其中最重要的是邏輯閘。本章介紹了一個簡單微處理器的設計，從指令集、暫存器傳輸級描述，一直到邏輯閘設計。

精簡指令集計算機（Reduced Introduction Set Computer, RISC）的思想起源於 1980 年史丹佛大學的一項處理器研究項目，而其中一些核心思想可以追溯到更早的計算機。在這一章中我們將介紹 RISC 產生的思想。這些思想也影響了 ARM 處理器設計。ARM 處理器的設計將在第 2 章介紹。

隨著計算機為基礎的攜帶式產品市場的快速發展，數位電路的功耗越來越重要。在本章的末尾，我們將介紹低功耗、高性能設計的原理。

1.1　處理器體系結構和組織

所有現代通用計算機都使用儲存程式（stored-program）數位計算機的原理。儲存程式的概念源於 1940 年普林斯頓高等研究所，並在 Baby 計算機中得到實現。該計算機於 1948 年在英國的曼徹斯特大學首次運行。

50 年的發展導致處理器性能的急遽增長，而其價格也同樣大幅度下降。這段時期雖然計算機的性能價格比（cost-effectiveness）迅速提高，但操作原理只變化了一點點。多數改進都是由電子技術的進步造成的。由真空管到分立的電晶體，再到由幾個雙極電晶體組成的積體電路（Integrated Circuit, IC），然後經過幾代 IC 技術的發展，到今天的超大型積體電路（Very Large Scale Integrated, VLSI），把數百萬個場效電晶體整合到同一個晶片上。隨著電晶體的變小，電晶體也越來越便宜、快速和省電。在過去 30 年間，這種相互促進的局面支撐著計算機工業的進步，並至少在今後幾年內還會繼續這個趨勢。

但是在過去 50 年來，並非所有的發展都源於電子技術的進步。有時候，在技術應用方法上的一個新見解也會作出重大的貢獻。這些見解以計算機體系結構和組織方式來描述。下面介紹一些體系結構與組織方面的術語。

計算機體系結構（Computer architecture）

計算機體系結構描述了從用戶角度看到的計算機。指令集、可見暫存器（register）、記憶體管理表的結構和異常處理模式都是體系結構的一部分。

計算機組織（Computer organization）

計算機組織描述了用戶不能看到的體系結構的實現方式。管線結構、透明的 Cache（快取記憶體）、步行表（table-walking）硬體以及轉換對照緩衝（Translation Look-aside Buffer, TLB）都是計算機組織的問題。

在計算機設計的這些進步中，20 世紀 60 年代早期引入的虛擬記憶體、透明的Cache和管線等都曾是計算機發展的里程碑。作為里程碑之一，RISC思想大幅度提高了計算機性能價格比。

什麼是處理器

通用處理器是一個執行記憶體中指令的有限狀態機（finite-state automaton）。系統的狀態是由記憶體中的資料和計算機本身的某些暫存器的資料定義的（參見圖 1–1。以 16 進制表示的儲存器位址將在 6.2 節解釋）。每一條指令都規定了所有狀態變化的特定方式，還指定隨後該執行哪一條指令。

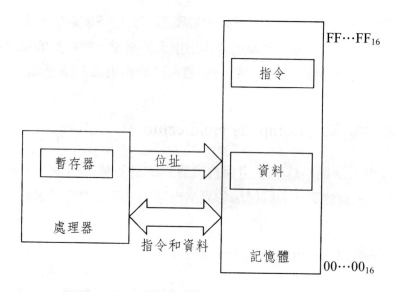

圖 1-1 儲存程式數位計算機中的狀態

儲存程式計算機

儲存程式（stored-program）數位計算機把指令和資料存放在同一個記憶體系統中，必要時可以將指令作為資料處理。這使處理器本身能夠產生指令以供後面執行。在現在看來，在細粒度（fine granularity）下（自修改代碼）進行這種操作的程式是一種不良的形式，因為它非常難於除錯，但以粗粒度（coarser granularity）使用卻是多數計算機操作的基礎方式。只要計算機可以從磁碟裝載新的程式（覆蓋舊的程式），然後執行，那麼計算機就可以用這種方法改變自己的程式。

計算機應用

因為可編程，可以說儲存程式數位計算機是萬能的。也就是說，它可以承擔任何能用適當演算法描述的任務。這有時表現在，對於桌上型計算機，用戶在不同時間執行不同的程式；而有時表現在，對於同一個處理器可用於不同的應用範圍，而每種應用執行不同的固定程式。典型的應用是嵌入式（embedded）

產品，如行動電話、汽車發動機管理系統等。

1.2 硬體設計的抽象（abstraction）

計算機是非常複雜的設備，它以非常高的速度工作。現在，一個微處理器可能由數百萬個電晶體構成，每個電晶體每秒鐘可以開關 1 億次。看著一個文件在桌上型 PC 或工作站螢幕上捲動，設想一下每一秒鐘的動作是如何使用著數百億次電晶體的開關動作。現在可以意識到，每一個這樣的開關動作在某種意義上來說都是有意設計的結果，其中沒有隨機或不可控的。實際上，在這些切換中的單個錯誤就有可能使計算機崩潰而無法使用。那麼，怎樣才能設計這麼複雜的系統，使它可以如此可靠地工作呢？

電晶體（Transistors）

答案的線索可能就在問題本身。我們用電晶體的觀點描述了計算機的工作。但是什麼是電晶體呢？電晶體是由仔細選擇且具有複雜電學性質的化學物質組成的結構。這些電學性質只有參考量子力學理論才能搞清楚。然而電晶體的總體行為可以不用參考量子力學就可以描述為一系列方程式，它們給出了施加在電晶體端口上的電壓與流經它的電流的關係。這些方程式是元件實體原理的本質行為的抽象化。

邏輯閘（Logic gates）

描述電晶體行為的方程式還是相當複雜的。當一組電晶體連接在一起組成一個特殊結構時，例如圖 1-2 所示的CMOS（互補金屬氧化物半導體）NAND閘（NAND），對這一組電晶體的行為有一個特別簡單的描述。

如果每一條輸入線（A 和 B）保持接近於 Vdd 或 Vss 的電壓，那麼輸出也會依據下述規則接近 Vdd 或 Vss，即

(1)如果 A 和 B 全都接近 Vdd，則輸出將會接近 Vss。

(2)如果 A 或 B（或兩者都）接近 Vss，則輸出將會接近 Vdd。

再詳細一點，我們可以規定這些規則中的「接近」是什麼意思。把接近 Vdd 的值作為「真（true）」，而把接近 Vss 的值作為「假（false）」。這樣這個電路就實作了布林邏輯的「NAND」功能：

$$output = \overline{A \cdot B} \qquad\qquad (1)$$

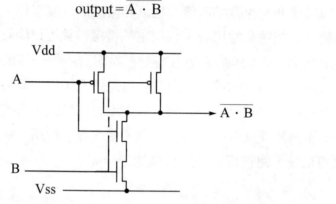

圖 1-2　靜態 2 輸入 CMOS NAND 閘的電晶體電路圖

儘管還有許多其他工程設計方法用 4 個電晶體可靠地實作這個算式，但其可靠性已足夠高，邏輯設計師可以只用邏輯閘思考。邏輯設計師使用的概念如圖 1-3 所示，這些概念還包括邏輯閘的下列視圖（view）：

A	B	輸出
0	0	1
0	1	1
1	0	1
1	1	0

邏輯符號

圖 1-3　NAND 閘邏輯符號和真值表

邏輯符號

邏輯符號：上面的電路原理圖中代表 NAND 閘的符號，還有類似的符號代表其他邏輯閘（例如，輸出端去掉小圓圈就得到 AND 閘，其輸出和 NAND

閘相反。其他例子在附錄中給出）。

真值表（Truth table）

真值表：真值表描述閘的邏輯功能，它包含了邏輯設計師對於大多數應用所需要了解的與閘相關的所有內容。真值表的意義在於它比 4 組電晶體方程要簡單得多。

（在真值表中，布林變數的一般處理方法是以「1」表示「真」，以「0」表示「假」。）

閘的抽象

閘抽象（abstraction）的作用不僅在於它極大地簡化了採用大量電晶體設計電路的過程，而且它真正地使設計師不必了解閘是由電晶體組成的。不管閘是用場效電晶體（CMOS 技術採用的電晶體）、雙極電晶體、繼電器、射流（fluid）邏輯，或是用其他邏輯形式實現的，邏輯電路應該有同樣的邏輯行為。實作技術會影響電路的性能，但不應影響功能。儘可能接近理想地支援閘級抽象，以便讓邏輯電路設計師不再需要理解電晶體方程，這是電晶體級電路設計師的責任。

抽象的等級（Levels of abstraction）

理解這個問題可能會有些困難，特別是多年用邏輯閘設計電路的那些讀者。但是閘級抽象所表現的概念可以在計算機科學中不同的層次中應用，並且絕對是我們從本節開始所要考慮的過程的基礎，它就是複雜事物的管理方法。

把同一層級的幾個元件集合在一起，把它們構造的本質行為抽象出來，在更高層次上忽略那些不必要的細節。這個抽象的過程使我們能夠把複雜的系統劃分為很少的幾個層級。例如，像閘的模型一樣，每個層級包括 4 個低一級的元件，那麼就可以從一個電晶體開始，僅用 10 個層次實現由百萬個電晶體組成的微處理器。在很多情況下處理的元件多於 4 個，因此，抽象的級數會大大

減少。

　　在硬體級別上典型抽象層次可以是這樣的:

　　(1)電晶體。

　　(2)邏輯閘、記憶體單元和專用電路。

　　(3)單位元加法器(single-bit adders)、多工器(multiplexers)、解碼器(decoders)和正反器(flip-flops)。

　　(4)單字元寬加法器(word-wide adders)、多工器、解碼器、暫存器和匯流排(buses)。

　　(5)ALU(算術邏輯單元)、桶式移位器(barrel shifters)、暫存器庫(register banks)和記憶體組(memory blocks)。

　　(6)處理器、Cache 和儲存器管理組織。

　　(7)處理器、周邊單元、Cache 記憶體和記憶體管理單元。

　　(8)積體系統晶片。

　　(9)印刷電路板。

　　(10)行動電話、PC 和發動機控制器。

　　如果用硬體來描述設計,那麼以抽象級別的觀點來理解設計的過程是相當具體的。這個過程不但可以用於硬體,抽象也是理解軟體的基礎。我們將在相應的課程中探討軟體的抽象。

閘級設計(Gate-level design)

　　由邏輯閘再往上是構造由幾個閘構成的常用單元庫。就如前面所列出的,典型的單元有加法器、多工器、解碼器和正反器。每個單元的寬度都是 1 位元。本書主要介紹與處理器核心設計和使用相關的內容,而不對邏輯設計作過多的介紹。本書認為想了解ARM處理器的讀者已對傳統的邏輯設計非常熟悉。

　　對於那些尚不熟悉邏輯設計或需要複習這些知識的讀者,請閱讀附錄(計算機邏輯)。這是下一節中內容的基礎要點。附錄中包括下列內容的相關細節,即

　　(1)布林代數和符號。

　　(2)二進制數。

(3)二進制加法。

(4)多工器。

(5)時脈（clocks）。

(6)循序電路（sequential circuits）。

(7)栓鎖器（latches）和正反器（flip-flops）。

(8)暫存器。

如果對這些術語的任何一個不熟悉，簡要地閱讀附錄就可以了解到後面學習所需要的足夠訊息。

注意，在附錄中，這些電路功能雖然是以簡單邏輯閘描述的，但通常會有其他更有效的、基於電晶體電路的 CMOS 實作形式。使用 CMOS 晶片的互補電晶體，可以有許多方法實現邏輯設計的基本要求，並且新的電晶體電路還在不斷發布。

進一步的訊息可參閱邏輯設計教程。在本書的參考文獻中推薦了適當的參考書。

1.3 MU0——一個簡單的處理器

一個簡單的處理器可以由一些基本的元件構成，即

(1)程式計數器（program counter, PC）暫存器：用來保存當前指令的位址。

(2)累加器（accumulator, ACC）暫存器：用來保存正在處理的資料。

(3)算術邏輯單元（arithmetic-logic unit, ALU）：可以對二進制運算元（operands）進行若干操作，如加、減、增值等。

(4)指令暫存器（instruction register, IR）：保存當前執行的指令。

(5)指令解碼器和控制邏輯：它根據指令控制上述元件產生所需的結果。

這些有限的元件可以實作的指令集是有限的。在許多年裡，曼徹斯特大學用這個設計說明處理器設計的原理。曼徹斯特設計的機器經常被稱為 MUn，其中 1≤n≤6，所以，這個簡單的機器被稱為 MU0。這個設計只是為了教學而開發的，並不是作為研究項目而製造的大規模機器。它與第一臺曼徹斯特機很相似，並且被大學生以多種方式實作過。

MU0 指令集

　　MU0 是具有 12 位元位址空間的 16 位元機。它的記憶體可以組織為 4096 個可分別定址的、16 位元的儲存區。也就是說，它的定址範圍可以達到 8KB。指令長度為 16 位元，如圖 1-4 所示。其中 4 位元為操作碼（opcode），12 位元為位址欄位（S）。最簡單的指令集只使用了 16 種可用操作碼中的 8 種，如表 1-1 所列。

4 位元　　　　　12 位元

操作碼	S

圖 1-4　MU0 的指令格式

　　例如，指令「ACC：=ACC+mem_{16}[S]」的意思就是「把位址為 S 的（16 位元寬的）記憶體單元的內容加到累加器（accumulator）」。指令從記憶體的 0 位址開始順序讀取，直到執行到修改 PC 的指令為止。到那時則開始從 jump 指令給出的位址讀取指令。

表 1-1　MU0 指令集

指　令	操作碼	效　果
LDA　S	0000	ACC：=mem_{16}[S]
STO　S	0001	mem_{16}[S]：=ACC
ADD　S	0010	ACC：=ACC+mem_{16}[S]
SUB　S	0011	ACC：=ACC−mem_{16}[S]
JMP　S	0100	PC：=S
JGE　S	0101	If ACC≥0　PC：=S
JNE　S	0110	If ACC≠0　PC：=S
STP	0111	stop

MU0 邏輯設計

為了理解這個指令集是如何實作的,要把這個設計程序在邏輯級(logical order)走一遍。採取的方法是把設計畫分為兩個部分:

1. 資料通路(The datapath)

所有並行地傳送的儲存或處理多位二進制數的元件都屬於資料通路,包括累加器、程式計數器、ALU 和指令暫存器。對於這類元件,將採用基於暫存器、多工器等元件的暫存器傳輸級(Register Transfer Level, RTL)設計方式。

2. 控制邏輯(The control logic)

所有不屬於資料通路的元件都屬於控制邏輯,將採用有限狀態機(Finite State Machine, FSM)的方式進行設計。

資料通路設計

把實作 MU0 指令集所需的基本元件連接起來的方法有很多種。在進行選擇時,需要一個指導性原則來幫助我們做出正確的決定。這裡將遵循這樣的原則,即在設計中記憶體將成為限制因素,並且記憶體的一次讀寫總是占用 1 個時脈週期(clock cycle)。因此,在設計中,則有:

每條指令占用的時脈週期數嚴格地由它必須存取記憶體的次數決定。

重新看表 1–1,我們可以看到,前 4 條指令各需要兩次記憶體存取(一次是讀取指令本身,另一次是讀取或保存運算元),而後 4 條指令可以在 1 個週期內執行,因為它們不需要運算元(實際上,我們可能不關心 STP 指令的效率,因為它使處理器永遠停止)。因此,我們需要這樣一個資料通路,它有足夠的資源使這些指令可以在 1 個或 2 個時脈週期內完成。圖 1–5 給出了一個適宜的資料通路。

(有些讀者可能希望在這個資料通路中有一個專用的PC累增器(incrementer)。這些讀者應注意,所有不改變 PC 的指令都占用 2 個時脈週期,所以,可以使用主 ALU 在其中一個週期內使 PC 加 1。)

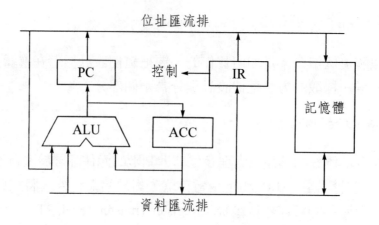

圖 1-5　MU0 資料通路示例

資料通路操作

在我們的設計中，假定每條指令都是從它到達指令暫存器時開始。因為在它到達指令暫存器之前我們不知道將處理什麼指令，所以，指令分兩步執行，也可以忽略第一步。

1. 存取記憶體中的運算元並執行所需的操作

送出指令暫存器中的位址，然後，或者從記憶體讀出一個運算元，與ALU中累加器完成相應操作後，將結果寫回累加器；或者把累加器的資料輸出保存到記憶體中。

2. 讀取下一步要執行的指令

送出 PC 或者指令暫存器中的位址，讀取下一條指令。無論是哪種情形，這個位址都會在 ALU 中加 1，並將增值存入 PC。

初始化（Initialization）

處理器必須在確定狀態下開始工作，通常這需要輸入重置（reset）訊號，使處理器從一個確定的位址開始執行指令。我們將MU0設計為從位址 000_{16} 開始執行。這可以有多種方法實現，方法之一就是用重置訊號將 ALU 的輸出清除，然後由時脈把它打入 PC 暫存器。

暫存器傳輸級設計（transfer level design）

下一步就是嚴格地設計控制（control）訊號。這些訊號要控制資料通路的全部操作。假定所有暫存器都是在輸入時脈的下降邊緣改變狀態，而且在需要時可以用控制訊號來防止它們在某些時脈邊緣改變。例如PC，當PCce為1時，它會在時脈週期末改變；但是當 PCce 為 0 時，它將保持原值。

一種比較適合的暫存器組織如圖 1-6 所示。圖中給出了所有暫存器的致能（enables）訊號、ALU功能的選擇訊號（精確的訊號數和說明在後面確定）、兩個多工器的選擇控制訊號、把ACC值送到記憶體的三態驅動器的控制訊號，以及記憶體的請求（MEMrq）和讀／寫（RnW）控制訊號。圖中繪出的其他訊號從資料通路輸出到控制邏輯，包括操作碼位元和指示 ACC 是否為零或負值的訊號。後一個訊號控制相應的條件跳躍指令（conditional jump instructions）。

控制邏輯

控制邏輯對當前指令進行解碼，並產生資料通路的控制訊號，必要時會使用來自資料通路的控制輸入。控制邏輯是一個有限狀態機（FSM），原則上開始設計時應該畫出狀態轉換圖。但是，這個設計中的 FSM 非常簡單，不值得畫狀態轉換圖。設計只需要兩個狀態：「取指令」和「執行」，因此，用 1 位元足以描述這兩個狀態（Ex/ft）。

控制邏輯可以用表 1-2 來表述。在這個表中，x表示「不關心」的條件。只要確定了 ALU 的功能選擇碼，這個表就可以直接用PLA（Programmable Logic Array，可程式邏輯陣列）實作，也可以轉換成組合邏輯用標準閘來實作。

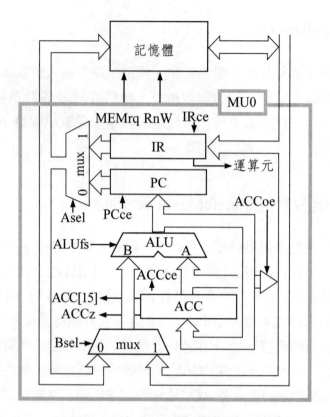

圖 1-6　MU0 暫存器傳輸級組織

　　認真研究表 1-2 可以發現一些很容易簡化的地方。程式計數器和指令暫存器的時脈致能（PCce 和 IRce）總是相同的。這是有道理的，因為只要讀取一條新指令，ALU 就計算程式計數器的下一個值，並將它栓鎖。因此，這兩個控制訊號可以合併成一個。同樣，凡是當累加器驅動資料匯流排時（ACCoe 為高），記憶體應該執行寫入操作（RnW 為低）。因此，這兩個訊號中的一個可以由另一個訊號的反相產生。

　　在這些簡化之後，控制邏輯的設計就幾乎完成了，剩下的只是確定 ALU 功能的編碼。

表 1-2 MU0 控制邏輯

指令	操作碼	重置	Ex/ft	ACCz	ACC15	Asel	Bsel	ACCce	PCce	IRce	ACCoe	ALUfs	MEMrq	RnW	Ex/ft
		輸　入				輸　　出									
Reset	xxxx	1	x	x	x	0	0	1	1	1	0	=0	1	1	0
LDA S	0000	0	0	x	x	1	1	1	0	0	0	=B	1	1	1
	0000	0	1	x	x	0	0	0	1	1	0	B+1	1	1	0
STO S	0001	0	0	x	x	1	x	0	0	0	1	x	1	0	1
	0001	0	1	x	x	0	0	0	1	1	0	B+1	1	1	0
ADD S	0010	0	0	x	x	1	1	1	0	0	0	A+B	1	1	1
	0010	0	1	x	x	0	0	0	1	1	0	B+1	1	1	0
SUB S	0011	0	0	x	x	1	1	1	0	0	0	A−B	1	1	1
	0011	0	1	x	x	0	0	0	1	1	0	B+1	1	1	0
JMP S	0100	0	x	x	x	1	0	0	1	1	0	B+1	1	1	0
JGE S	0101	0	x	x	0	1	0	0	1	1	0	B+1	1	1	0
	0101	0	x	x	1	0	0	0	1	1	0	B+1	1	1	0
JNE S	0110	0	x	0	x	1	0	0	1	1	0	B+1	1	1	0
	0110	0	x	1	x	0	0	0	1	1	0	B+1	1	1	0
STOP	0111	0	x	x	x	1	x	0	0	0	0	x	0	1	0

ALU 設計

圖 1-6 中的大多數暫存器傳輸級功能都有直接的邏輯實作方式（有懷疑的讀者可參閱附錄「計算機邏輯」）。但是，MU0 的 ALU 比附錄中講述的簡單加法器稍微複雜一些。

所需的 ALU 功能列於表 1-2，共有 5 種（A+B、A−B、B、B+1 和 0）。最後一項只在重置訊號有效時產生，因而可用重置訊號直接控制。控制邏輯只需要產生 2 位元的功能選擇碼來選擇其他 4 項功能。如果基本的 ALU 輸入是運算元 A 和 B，那麼增加一個傳統的二進制加法器就可以產生所有的功能。

(1) A+B 是加法器的標準輸出（假設進位輸入為 0）。

(2) A−B 可以用 A+$\overline{B}$+1 來實作。這需要把輸入 B 反相，並將進位輸入強制為 1。

(3) B 可以藉由強制輸入 A 和進位輸入都為 0 來實作。

(4) B+1 可以藉由強制 A 為 0 並將進位輸入強制為 1 來實作。

ALU 的閘級邏輯如圖 1-7 所示。Aen 致能運算元 A，或將其強制為 0；Binv 控制運算元 B 是否反相。1 位的進位輸出（Cout）連接到下一位的進位輸入（Cin）；第一位進位輸入由 ALU 的功能選擇（如同 Aen 和 Binv）來控制，最後一位的進位輸出未用。ALU 與多工器、暫存器、控制邏輯和匯流排緩衝器（用來將累加器的值送到資料匯流排）組合在一起，處理器就完成了。加上標準的記憶體，就有了一臺可以工作的計算機。

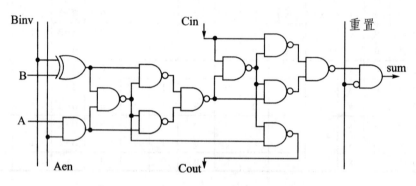

圖 1-7　MU0 ALU 邏輯的一位元

MU0 的擴展

儘管 MU0 微處理器非常簡單，並且不適合作為高階語言編譯器的目標，但它說明了處理器設計的基本原理。與第一個 ARM 處理器的設計過程相比，主要的區別在於複雜性而不是原理。

基於微碼（microcoded）控制邏輯的 MU0 設計也開發出來了。它在 MU0 的基礎上進行了擴展，加入了索引定址方式。如同所有好的處理器一樣，MU0 在指令空間上留有餘地，以便將來可以擴充指令集。

要使 MU0 成為一個有用的處理器，還需要做許多工作。以下的擴充看來是最重要的，即

(1)擴展位址空間。

(2)增加更多的定址方式。

(3)能夠保存 PC，以便支援副程式呼叫。

(4)增加更多的暫存器，支援中斷等等。

　　總而言之，如果要設計的是一個高性能的、很適合於高階語言編譯器的處理器，MU0 不是一個合適的初始平臺。

1.4　指令集的設計

　　如果MU0的指令集不適合高性能處理器，那麼什麼樣的指令集才適用呢？

　　我們從最初的原理開始。先查看基本的機器操作，例如將兩個數相加產生一個結果的指令。

4 位址（4-address）指令

　　按照最通常的形式，一條指令需要一些位元（bits）使其區別於其他指令。一些位元指定運算元的位址，一些位元指定把結果放在哪裡（目的），一些位元指定下一條要執行的指令的位址。這種指令的組合語言格式如下：

ADD　　　d, s1, s2,　　next_i　　　; d：＝s1＋s2

　　這種指令在記憶體中可用如圖 1-8 所示的二進制格式表示。在這種格式中，每條指令需要 4n＋f 位元。其中每個運算元需要n位元，指定 ADD 操作碼需要 f 位元。

f 位元	n 位元	n 位元	n 位元	n 位元
功能	第一運算元位址	第二運算元位址	目標位址	下一條指令位址

圖 1-8　4 位址指令格式

3 位址（3-address）指令

　　減少每條指令所需位元數的首要方法是把下一條指令的位址變為隱含的（除非是分歧指令，其作用就是明確地修改指令的順序）。若假定下一條指令的預設位址可以由指令的大小加上 PC 值得到，則指令變為 3 位址格式。它的組合語言格式如下：

$$ADD \quad d, s1, s2 \quad ; d：= s1 + s2$$

這樣的指令的二進制表示如圖 1-9 所示。

f 位元	n 位元	n 位元	n 位元
功能	第一運算元位址	第二運算元位址	目標位址

圖 1-9　3 位址指令格式

2 位址（2-address）指令

　　若目的與一個來源運算元共用一個暫存器，則可以進一步節省儲存一條指令所需的位元數。組合語言格式可如下：

$$ADD \quad d, s1 \quad ; d：= d + s1$$

現在，二進制表示壓縮為如圖 1-10 所示。

f 位元	n 位元	n 位元
功能	第一運算元位址	目標位址

圖 1-10　2 位址指令格式

1 位址（1-address）指令

　　如果目的暫存器是隱含的，則通常稱之為累加器（例如前一節講過的
MU0）。指令則只需要指定一個運算元，即

ADD　　s1　　；accumulator：＝accumulator＋s1

二進制表示則進一步簡化為如圖 1-11 所示。

f 位元	n 位元
功能	第一運算元位址

圖 1-11　1 位址（累加器）指令格式

0 位址（0-address）指令

　　最後，可以採用評估堆疊式（evaluation stack）的體系結構，從而使全部運
算元變為隱含的。組合語言的格式如下：

ADD　　；top_of_stack：＝top_of_stack＋next_on_stack

二進制表示如圖 1-12 所示。

f 位元
功能

圖 1-12　0 位址指令格式

n 位址（n-address）應用範例

除了 4 位址格式外，其他形式都已在處理器的指令集設計中使用過。雖然 4 位址指令也用於一些內部微碼設計，但是對於機器級指令集來說，沒必要如此浪費。例如：

(1) Inmos Trasputer 處理器使用 0 位址的評估堆疊結構。

(2)前面的 MU0 是一種簡單的 1 位址結構的例子。

(3)一些 ARM 處理器中為提高代碼密度而採用的 Thumb 指令集使用了以 2 位址形式為主的結構。

(4)標準的 ARM 指令集使用了 3 位址結構。

位　址

MU0 結構中的位址是運算元所在記憶體的直接「絕對」位址。但 ARM 的 3 位址指令格式中的 3 個位址指定的是暫存器，而不是記憶體位址。通常，所謂「3 位址結構」指的是這樣的指令集，即兩個來源運算元和一個目的運算元可以互相獨立地指定，但通常只能在有限的可能值之間指定。

指令類型

我們剛剛查看了幾種定義 ADD 指令的方式。一個完整的指令集不僅要完成記憶體中運算元的算術操作，還需要做更多的事。通常一個通用的指令集應包括以下幾類指令：

(1)資料處理指令。例如加、減和乘。

(2)資料傳送指令。這類指令把資料從記憶體中一個地方複製到另一個地方，或者從記憶體複製到處理器的暫存器等等。

(3)流程控制指令。這類指令把程式的執行從一部分切換到另一部分。切換有可能取決於資料的值。

(4)控制處理器執行狀態的特殊指令。例如，切換到特權模式以執行作業系統功能。

有時一條指令屬於一個以上的類別。例如,「減 1,如果非 0 則分歧」這條在控制程式迴圈時是很有用的指令,它既對迴圈變數進行某些資料處理,又完成流控制功能。與此類似,從記憶體某位址讀取運算元並把結果送到暫存器的資料處理指令,可以看作是進行資料傳送功能。

正交指令(Orthogonal instructions)

如果構造一條指令的每一種選擇都獨立於其他的選擇,那麼指令集就是正交(orthogonal)的。由於加法和減法是類似的操作,可以預料能夠在類似的條件下使用它們。如果加法使用暫存器位址的 3 位址格式,那麼減法也應可以,並且兩者都不應對可以使用的暫存器有任何特殊的限制。

正交指令集對組合語言編程者來說比較容易學習,針對它的編譯器也容易編寫,硬體的實作(implementation)通常也更有效。

定址模式(Addressing modes)

當資料處理或資料傳送指令存取運算元時,有幾種標準的方法用於指定所需資料的位置。多數處理器支援這些定址模式中的幾種(但是很少會支持所有模式)。

(1)立即定址:指令中給出所需的數值(二進制形式)。

(2)絕對定址:指令中包含所需資料在記憶體中的全部位址(二進制)。

(3)間接定址:指令中包含一個記憶體位置的二進制位址。在該位置存有所需資料的二進制位址。

(4)暫存器定址:所需資料在一個暫存器中,指令包含這個暫存器的編號。

(5)暫存器間接定址:指令中包含暫存器的編號,而該暫存器的內容是資料在記憶體中的位址。

(6)基址(base)偏移(offset)定址:指令指定暫存器(基址)和二進制偏移量。偏移量與基址相加得到記憶體位址。

(7)基址索引(index)定址:指令指定基址暫存器和另外一個暫存器(索引)。索引與基址相加得到記憶體位址。

(8)基址比例（scaled）索引定址：類似前一種方式，但索引在與基址相加之前要乘以一個常數（通常為資料項的長度，通常是 2 的冪次方）。

(9)堆疊定址：一個隱含或指定的暫存器（堆疊指標）指向儲存器中某處（堆疊），資料項以後進先出的原則寫入（壓入）或讀出（彈出）。

注意，對這些定址模式，不同的處理器廠商採用的名稱可能有所不同。定址模式幾乎可以無限地擴充，例如，增加更多的間接層次，增加基址索引加偏移等等。但是，以上所列舉的模式涵蓋了大多數通常使用的定址模式。

控制流程指令（Control flow instructions）

如果程式必須偏離預設的（通常為循序執行）指令執行順序，則使用控制流程（flow）指令明確地修改程式計數器（PC）。這類指令中最簡單的指令通常稱為「分歧（branches）」或「跳躍（jumps）」。由於大多數的分歧範圍相對較小，所以常見的形式是 PC 相對分歧。典型的組合語言格式如下：

```
        B      LABEL
        …
LABEL   …
```

在這裡，組譯器計算出加到 PC 值的位移量，在分歧執行時強制 PC 指向 LABEL。分歧的最大範圍取決於分配給以二進制格式表示的位移量的位元數。如果要求的分歧超出範圍，則組譯器應報告錯誤。

條件轉移（Conditional branches）

數位訊號處理（Drgital Signal Processing, DSP）程式可能總是執行固定的指令序列，但是，通用處理器經常需要根據資料的變化而改變其程式。一些處理器（包括 MU0）允許指令根據通用暫存器的值決定是否執行分歧。例如：

(1)如果特定暫存器的值為零（或非零，或為負等等），則分歧。

(2)如果兩個指定的暫存器相等（或不等），則分歧。

條件碼暫存器（Condition code register）

　　然而，最常用的分歧機制是基於條件碼（code）暫存器。條件碼暫存器是處理器中的一種專用暫存器。只要執行資料處理指令（也可能只是專用指令，或者專門設置條件碼暫存器的指令），條件碼暫存器就記錄其結果是否為零、為負、溢位、產生進位輸出等等。條件分歧指令則由條件碼暫存器的狀態控制。

副程式呼叫（Subroutine calls）

　　有時分歧指令用於呼叫副程式。在副程式執行結束後，指令的執行順序須返回到呼叫位置。因為副程式可能會從許多不同的地方被呼叫，所以，必須保存有關的呼叫位址。保存呼叫位址有很多方法：

　　⑴在執行分歧之前，由呼叫程式計算出適當的返回位址，並把它存到標準記憶體，以便副程式作為返回位址使用。

　　⑵可把返回位址置入堆疊。

　　⑶可把返回位址放入暫存器。

　　副程式呼叫使用頻繁，因此，大多數體系結構都使用專用指令以提高效率。與簡單的分歧相比，典型的副程式呼叫會跳過更多的記憶體空間，所以，當然要單獨處理。呼叫經常是無條件的。當需要時，也可以編程為有條件地呼叫副程式，方法是插入一個無條件呼叫，並用相反條件的分歧指令來繞開它。

副程式返回（Subprogram return）

　　返回指令將返回位址從它儲存的地方（記憶體，也許為堆疊或暫存器）回送到 PC。

系統呼叫（System calls）

　　另一類控制流程指令是系統呼叫，也就是分歧到作業系統常式（routine），並且經常伴隨著當前正在執行程式的特權（privilege）級別的改變。處理器的

一些功能，可能包括所有的輸入和輸出周邊元件，都被保護著以防止用戶代碼被存取。因此，如果用戶程式需要存取這些功能，就必須啟動系統呼叫。

系統呼叫以受控的方式穿過保護屏障（protection barrier）。一個設計良好的處理器會確保在多用戶作業系統下，一個用戶程式能被保護以防止其他用戶，也可能是個別惡意用戶的攻擊。這就要求惡意用戶不能改變系統代碼，而且當需要存取被保護的功能時，系統代碼必須進行檢查，確認被請求的功能是經過授權的。

這是硬體和軟體設計的複雜領域。多數嵌入式系統（以及許多桌上型系統）不使用全部的硬體保護能力。但是，如果處理器不支援保護的系統模式，那麼它在那些要求有這種功能的應用中將不會被考慮。因此，目前多數微處理器都支援這種模式。雖然在了解指令集的基本設計時不需要理解支援安全作業系統的全部含義，但是，即使初學的讀者也應了解這個問題，因為除非將這個潛在的安全保護的目標牢記在心，否則，商業處理器結構的一些特性就沒有什麼意義。

異常（Exceptions）

最後一類控制流程指令包含這樣一些情況，即控制流程的改變不是按程式設計師的意願發生，而是程式執行時發生了一些未預料的（可能還是不希望的）結果。例如，可能因為檢測到記憶體子系統的故障，試圖存取記憶體失敗了。為了解決這個問題，程式必須偏離原計畫的進程。

這種計畫外的控制流程改變稱為異常（exception）。

1.5　處理器設計中的權衡（trade-offs）

處理器設計的藝術就是定義一個指令集，它要支援對程式設計師有用的功能，同時它的實行要儘可能有效率。最好是這個指令集還可以使得日後更複雜的實行也有同樣的效率。

程式設計師一般都希望以儘可能抽象（abstract）的方式表達他的程式，使

用的高階語言應支援那些適合於解決問題所要使用的概念的處理方式。當前的趨勢是功能的和物件導向（object-oriented）的語言，與以前的命令式（imperative）語言（例如 C 語言）相比，這種語言的抽象等級更高。即使是以前的語言，離一般的機器指令也已經相當遠了。

　　高階語言結構和機器指令之間在語義學上的間隙（semantic gap）由編譯器（compiler）來連接。編譯器是（通常是複雜的）計算機程式，它把高階語言程式翻譯成一系列機器指令。因此，處理器的設計者所定義的指令集，應是一個好的編譯對象，而不是那種讓程式員直接用來手工解決問題的東西。那麼，什麼樣的指令集才是好的編譯對象呢？

複雜指令集（CISC）計算機

　　1980 年以前，指令集設計的主要趨勢是增加複雜度，以減小必須由編譯器搭接的語義學間隙。在指令集中加入單指令程序（procedure）的進入和退出，每條指令在多個時脈週期內完成一個複雜的操作順序。處理器的賣點是其定址模式和資料類型等等的技巧和數量。

　　這種趨勢的起因是 20 世紀 70 年代發展起來的小型計算機。這些計算機的主記憶體速度相對較慢，與其相連的處理器是由很多簡單的積體電路搭成的。處理器由比主記憶體速度快的微碼（microcode）ROM（唯讀記憶體）控制。因此，將經常使用的操作以微碼順序實現，而不使用需要從主記憶體讀取幾條指令的方式是非常有意義的。

　　貫穿整個 20 世紀 70 年代，微處理器的性能不斷提高。這些單晶片處理器依賴先進的半導體技術使得在單個晶片上集成儘可能多的的電晶體，所以，它的發展是發生在半導體行業，而不是在計算機行業。結果，微處理器的設計缺乏在結構級上獨創的思想，特別是其實作技術的需求。設計師們最多從小型計算機工業取得想法，而小型計算機的實作技術是非常不同的。特別是全部複雜例程所需要的微碼 ROM 占據了過多的晶片面積，給其他能增強性能的元件沒有留下多少空間。

　　這個方法產生了 20 世紀 70 年代晚期的單晶片複雜指令集計算機（Complex Instruction Set Computer, CISC）。這是帶有小型計算機指令集的微處理器。而

這個指令集又是以有限的可用矽資源為代價的。

RISC 革命

精簡指令集計算機（Reduced Instruction Set Computer, RISC）誕生在指令集日益複雜的時候。RISC 的概念對 ARM 處理器的設計有重大影響。RISC 實際上就是 ARM 的別名。但是，在更詳細地研究 RISC 或 ARM 之前，我們需要對處理器做些什麼？和怎樣設計處理器以使它更快地工作？這些問題稍微多作一些了解。

如果減少處理器指令集與高階語言之間的語義學間隙不是使計算機更有效率的正確途徑，那麼設計師還有哪些選擇呢？

處理器做些什麼

如果想要處理器運行得更快，首先必須弄明白它花費時間在做什麼。有一個普遍的誤解，就是認為計算機花費時間在進行計算。也就是說，它在對用戶的資料進行算術運算。實際上，它只用很少的時間進行這個意義上的「計算」。儘管它進行相當數量的算術運算，但是，這些運算多數需要定址，以便找到相關資料與程式的位置。找到用戶的資料後，多數的工作是把它們移來移去，而不是進行轉換意義上的處理。

在指令集的級別上，可以測量各個不同指令的使用頻率。重要的是獲得動態的測量，就是測量被執行的指令的頻率，而不是由各類型二進制指令的計數得到的靜態頻率。一個典型的統計如表 1-3 所列。該統計是藉由在 ARM 指令模擬器上執行列印預覽程式來提取的，但是對其他程式和指令集也有廣泛的典型意義。

這些採樣統計顯示，應予以最佳化的最重要的指令是與資料移動相關的指令，無論是在處理器暫存器與記憶體之間的移動，還是從暫存器到暫存器的移動。這些指令幾乎占據了被執行指令的一半。使用頻率第二高的指令是控制流程指令。例如，分歧和程序呼叫，它們占據了 1/4。算術指令低至 15%，比較指令與之相似。

表 1-3　典型的動態指令使用率

指令類型	動態使用率（%）
資料移動	43
控制流程	23
算術運算	15
比較	13
邏輯運算	5
其他	1

現在我們初步了解了計算機花費時間在做什麼，就可以考慮使它們執行更快的方法。其中最重要的是管線。另一個重要的技術是使用將在 10.3 節介紹的 Cache（快取記憶體）。第 3 個技術——超純量（super-scalar）指令執行——非常複雜，沒有應用在 ARM 處理器中，本書也沒有介紹。

管線（Pipelines）

處理器按照一系列步驟來執行每一條指令。典型的步驟如下：

(1)從記憶體讀取指令（fetch）。

(2)解碼以鑑別它是哪一類指令（dec）。

(3)從暫存器組（庫）取得所需的運算元（reg）。

(4)將運算元進行組合以得到結果或記憶體位址（ALU）。

(5)如果需要，則存取記憶體以存取資料（mem）。

(6)將結果回寫到暫存器組（庫）（res）。

並不是所有的指令都需要每一個步驟，但是，大部份的指令需要其中的多數步驟。這些步驟往往使用不同的硬體功能，例如，ALU 可能只在第 4 步中用到。因此，如果一條指令不是在前一條結束之前就開始，那麼在每一個步驟內處理器只有少部分的硬體被使用。

有一個明顯的方法可以改善硬體資源的使用率和處理器的流通量（through-put），這就是在當前指令結束之前就開始執行下一條指令。該技術被稱為管線（pipeling），是在通用處理器中採用並行算法且非常有效的途徑。

　　採用上述操作順序，處理器可以這樣來組織：當一條指令剛剛執行完步驟
1 並轉向步驟 2 時，下一條指令就開始執行步驟 1。圖 1–13 說明了這個過程。
從理論上來說，這樣的管線應該比沒有重疊的指令執行快 6 倍，但實際上事情
並沒有這麼好，下面我們將會看到原因。

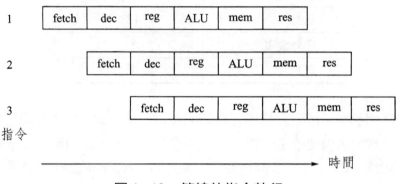

圖 1–13　管線的指令執行

管線中的危險（Pipeline hazards）

　　在典型的計算機程式中經常會遇到這樣的情形，即一條指令的結果被用做
下一條指令的運算元。當這種情形發生時，圖 1–13 所示的管線操作就中斷了，
因為第一條指令的結果在第二條指令取運算元時還沒有產生。第二條指令必須
停止，直到結果產生為止。這時管線的行為如圖 1–14 所示。這是管線的「寫
後讀（read-after-write）」危險（hazard）。

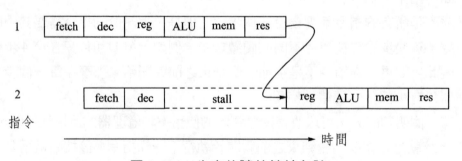

圖 1–14　先寫後讀的管線危險

　　分歧指令更會破壞管線的行為,因為後續指令的取指令步驟受到分歧目標計算的影響,因而必須延遲。不幸的是,當分歧指令正在被解碼時,在它被確認為是分歧指令之前,後續的取指操作就發生了。這樣一來,讀取到的指令就不得不丟棄。如果分歧目標的計算是在圖1−13中管線的ALU階段完成的,那麼,在得到分歧目標之前已經有3條指令按照原有的指令流讀取(見圖1−15)。如果有可能,最好早一些計算分歧目標,儘管這可能需要專門的硬體。如果分歧指令具有固定的格式,那麼可以(也就是說在確認該指令是分歧指令之前)在dec階段預測(speculatively)計算分歧目標,從而將分歧的執行時間減少到單個週期。

　　但是要注意,由於條件分歧與前一條指令的條件碼結果有關,在這個管線中還會有條件分歧的危險。

　　一些RISC體系結構(儘管不是ARM)規定,不管是否進行了分歧,分歧之後的指令都要執行。這個技術稱為延遲分歧(delayed branch)。

管線效率

　　儘管有些技術可以減少這些管線問題的影響,但是,不能完全消除這些困難。管線越深(就是管線的級數越多),問題就越嚴重。對於相對簡單的處理器,使用 3～5 級管線效果會更好。但是,超過了這個級數,收益遞減的法則開始生效,增加的成本和複雜度將超過收益。

　　顯然,只有當所有指令都依相似的步驟執行時,管線才能帶來好處。如果處理器的指令非常複雜,每一條指令的行為都與下一條指令不同,那麼就很難用管線實現。1980 年,因為有限的矽資源、有限的設計資源,以及設計一個複雜指令集的管線的高度複雜性,當時的複雜指令集微處理器沒有採用管線。

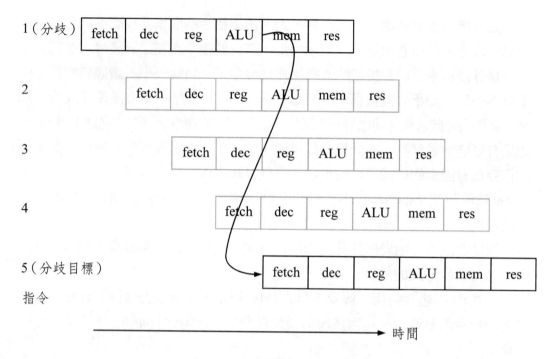

圖 1-15　管線的分歧行為

1.6　精簡指令集計算機（RISC）

1980 年，Patterson 和 Ditzel 完成了一篇題為「精簡指令集計算機概述」的論文（完整的參考見參考文獻）。在這篇開創性的論文中，他們詳細說明了這樣的觀點，即單晶片處理器的最佳化結構不必像多晶片處理器的最佳化結構一樣。隨後一個處理器設計專案取得的結果支持了他們的論點。這個計劃是伯克萊一個研究生進行的，他們聯合研究精簡指令集計算機（RISC）體系結構。這項設計，即伯克萊 RISC I，比當時的商業 CISC 處理器簡單得多，開發中投入的設計力量也少一個數量級，但仍然達到了相似的性能。

RISC 體系結構

(1)固定的（32 位元）指令長度，指令類型很少。而 CISC 處理器指令集的長度一般可變，指令類型也很多。

(2) Load-Store 結構，資料處理指令只讀取暫存器，與存取記憶體的指令是分開的。而 CISC 處理器一般允許將記憶體中的資料作為資料處理指令的運算元。

(3)由 32 個 32 位元暫存器構成大的暫存器組（庫）（register bank），其中所有的暫存器都可以用於任何用途，以使 Load-Store 結構有效地工作。雖然 CISC 暫存器集也加大了，但是沒有這麼大，而且大都是不同的暫存器用於不同的用途（例如，Motorola 公司 MC68000 的資料暫存器和位址暫存器）。

這些差別大大地簡化了處理器的設計，使設計者在實作體系結構時可以採用以下這些對提高原型機性能有很大作用的、組織方面的特點。

RISC 的組織

(1)**硬體配線（hard-wired）的指令解碼邏輯** CISC 處理器使用大的微碼 ROM 進行指令解碼。

(2)**管線執行** CISC 處理器即使有，也只允許在連續指令間有極少的重疊（儘管它們現在允許）。

(3)**單週期執行** CISC 處理器執行 1 條指令一般需要多個時脈週期。

結合這些體系結構和組織上的變化，伯克萊 RISC 微處理器有效地擺脫了在漸進的改善中無法避免的問題，即陷於性能函數的局部最大值的風險。

RISC 的優點

Patterrson 和 Ditzel 認為 RISC 有三個基本優點：

1. 晶元尺寸（die size）小

　　簡單的處理器需要的電晶體少，需要的矽片面積也小。因此，整個 CPU 在工業技術發展的較早階段即可容納在一個晶片內。一旦技術發展超過這一階段，RISC CPU 就能省下更多的面積用於實現可以提高性能的功能元件，例如快取記憶體、記憶體管理和浮點（floating-point）硬體等等。

2. 開發時間短

　　簡單的處理器會占用較少的設計力量，因而設計費用低。它還更能與投產市場時的製程（process）技術相適應（因為開發週期越短，越容易在開發時預測製程技術的發展）。

3. 性能高

　　這個優點比較微妙。前面兩條優點容易接受，但看看我們周圍，高性能總要透過不斷增加複雜度來實現，說 RISC 有高性能的優點有些使人難以接受。

　　可以這樣來看這個問題：較小的東西具有較高的自然頻率（昆蟲拍動翅膀的頻率高於小鳥，小鳥拍動翅膀的頻率高於大鳥等等），所以，簡單的處理器應該容許較高的時脈頻率。讓我們來設計一個複雜的處理器，但開始時先設計一個簡單的，然後每次增加一條複雜的指令。每增加一條複雜的指令，都會使某些高階的功能更有效率，但是，它也會降低所有指令所用的時脈頻率。我們可以度量對於典型程式總合的得失。當我們這樣做的時候，會發現所有複雜的指令都使程式執行變慢了。因此，我們堅持最初的簡單處理器。

　　這些論點得到了試驗結果和處理器原型機（柏克萊 RISC I 之後不久開發的伯克萊 RISC II）的支持。商業的處理器公司最初是懷疑的，但是，多數為了各自的用途而設計處理器的新公司都看到了降低開發成本和戰勝對手的機會。這些商業的RISC設計（ARM是其中第一個）證明了這個想法是成功的。從 1980 年以來，所有新的通用處理器結構都或多或少地採用了RISC的概念。

RISC 回顧

因為現在 RISC 已經在商業應用中被普遍接受，我們有可能回顧和更清楚地看一看，究竟它對微處理器的發展有哪些貢獻。

1. 管線

管線是在處理器中實現並行操作的最簡單形式，而且可以使速度提高 2～3 倍。精簡指令集大大地簡化了管線的設計。

2. 高時脈頻率和單週期執行

在 1980 年，標準的半導體記憶體 DRAM（Dynamic Random Access Memory，動態隨機存取記憶體）在隨機存取時可工作於 3MHz，而在循序存取（頁面模式）時可工作於 6MHz。當時的 CISC 微處理器最多可以 2MHz 存取記憶體，所以，記憶體的頻寬還沒有用滿。RISC 處理器的結構簡單，它可以工作在較高的時脈頻率，充分使用已有的記憶體頻寬（bandwidth）。

這些特性都不是結構的特徵，但是，這些特性都依賴於體系結構。正是體系結構足夠簡單，才使它的實作可以具有這些特性。RISC 體系結構獲得成功是由於它足夠簡單，使設計者能夠採用這些組織方面的技術。使用微碼（microcode）、多週期執行（multi-cycle execution）和非管線實作一個指令長度固定的 Load-Store 體系結構是完全可行的，但是，這樣的實作比起 CISC 沒有任何優點。在那個時代，不可能實作一個硬體配線的、單週期執行的管線 CISC。但是現在可以了！

時脈速率（Clock rates）

作為以上分析的註腳，關於時脈速率（clock rates）的討論還有兩個方面需要進一步說明，即

(1)在 20 世紀 80 年代，CISC 的時脈速率通常比早期 RISC 的高。但是，它們讀取一次記憶體需要幾個時脈週期，所以，它們存取記憶體的速率低。切勿單以時脈速率來評價處理器。

(2) CISC 存取記憶體的速率與它的頻寬不相匹配。這似乎與 1.5 節「複雜指令集計算機」中的解釋相衝突。在那一部分中曾證明，在 20 世紀 70 年代早期的小型計算機中，在主記憶體速度相對低於處理器速度的情況下，微碼是正確的。要化解這個衝突，我們則要注意到，在其後的 10 年中，記憶體技術發展得非常迅速，而早期的 CISC 微處理器比典型的小型計算機處理器還要慢。之所以微處理器速度較慢，是由於必須捨棄較快速的雙極（bipolar）技術，而採用慢得多的 NMOS 技術，以便使整個處理器整合到單個晶片所需的邏輯密度。

RISC 的缺點

RISC 處理器在性能競爭中明顯勝出，設計成本又低。那麼 RISC 就什麼都好嗎？隨著時間的推移，兩條缺點開始顯現出來，即

(1) 與 CISC 相比，通常 RISC 的代碼密度低。

(2) RISC 不能執行 x86 代碼。

其中第二條很難改變，儘管也有許多為 RISC 平臺（platforms）開發的 PC 模擬軟體。然而，只有當你想建造一個 IBM PC 的相容（compatible）機時，這才是個問題。而在其他應用中，完全可以忽略它。

代碼密度低是指令集長度固定的結果，而且當應用領域較廣時，這個問題會更加嚴重。如果沒有 Cache，則代碼密度低會導致在取指（fetch）時使用更大的主記憶體頻寬，造成更高的記憶體功耗。當處理器整合到一定規模的晶片上 Cache 時，代碼密度低會導致在任何時候都只有少部分正在工作的指令集能夠裝入 Cache，會降低 Cache 的命中率，造成對主記憶體頻寬的需求以及功耗有更大的增長。

ARM 代碼密度和 Thumb

ARM 處理器是根據 RISC 原理設計的，但是由於各種原因，在低代碼密度問題上它比其他多數 RISC 要好一些，然而它的代碼密度仍然不如某些 CISC 處理器的。在代碼密度特別重要的場合，ARM 公司在某些版本的 ARM 處理器

中，加入了一個稱為 Thumb 結構的新型機構。Thumb 指令集是原來 32 位元 ARM 指令集的 16 位元壓縮形式，並在指令管線中使用了動態解壓縮硬體。Thumb 代碼密度優於多數 CISC 處理器達到的代碼密度。

Thumb 結構將在第 7 章中介紹。

RISC 之後

RISC 似乎不可能會成為最後一個代表計算機體系結構的詞彙。那麼，有沒有任何跡象顯示將出現其他突破，而使 RISC 方法變為陳舊的技術呢？

直到本書寫作時，還沒看到任何發展帶來了像 RISC 那樣深刻的改變。但是，指令集在不斷地發展，以便為有效的實作和為多媒體等新的應用提供更好的支援。

1.7 低功耗設計 (Design for low power consumption)

自從 50 年前引入了數位計算機以來，它的性能價格（cost-effectiveness）比就一直在持續的改進，其速率是其他任何技術努力都無法相比。作為提高性能過程的一個副產品，計算機的功耗也同樣引人注目地降低了。然而，直到最近，對降低功耗的需求才像對提高性能的需求那樣重要，在某些應用領域甚至更加重要了。這種變化大約來自於電池驅動的攜帶式設備的市場增長，例如，由高性能計算元件組成的數位行動電話、筆記型（lap-top）電腦等。

隨著積體電路的引入，積體電路與計算機業互相促進。計算機業被一種雙贏的局面所驅動。由此，較少的電晶體使成本降低，性能提高，而且功耗也降低了。現在設計者開始專門為了低功耗而設計，在某些情況下，甚至為了達到低功耗而犧牲性能。

在為有效利用功率而進行的努力中，ARM 處理器處於中心地位。因而，考慮一下與低功耗有關的問題是適宜的。

功率到哪裡去了

低功耗設計的起點是要搞清楚功率在電路中消耗到哪裡去了。CMOS 是現代高性能電子元件的主流技術，它本身就具有一些適於低功耗設計的優良特性。因此，我們首先看一看在 CMOS 電路中功率消耗到哪裡去了。

一種典型的 CMOS 電路是靜態的 NAND 閘，如圖 1-2 所示。所有訊號都在電源電壓 Vdd 和地電壓 Vss 之間變化。我們把 Vdd 和 Vss 稱為「軌道（rail）」。直到最近，5V 電源仍是標準電源，但是，很多現代 CMOS 技術要求 3V 左右更低的電源，而最新的技術則工作於 1~2V 之間，而且將來還會進一步降低。

當閘電路工作時，將輸出端或者通過由 p 型電晶體組成的上拉（pull-up）網路連接到 Vdd，或者通過 n 型電晶體組成的下拉網路連接到 Vss。當兩個輸入端都接近某一個軌道時，上述兩個網路之一就會導通，而另一個則會有效地不導通。因此，在閘電路中沒有從 Vdd 到 Vss 的通路。此外，輸出端一般只連接到相似閘的輸入端，因而只有電容性負載。一旦輸出端被驅動到某個軌道，它不需要電流來保持這個狀態。因此，在短時間後，閘切換電路將達到穩定狀態，而且不再從電源中吸取電流。

CMOS 電路只有切換時才消耗功率。這個特徵並不是其他許多邏輯技術所共有的。它是使 CMOS 成為高密度積體電路首選技術的主要因素。

CMOS 的功耗組成

CMOS 電路的總功耗由三個部分組成，即

1. 切換功耗（switching power）

這是對閘的輸出電容 C_L 進行充電和放電所消耗的功率，代表由閘完成的有用功。

每次輸出轉變的能量如下：

$$E_t = \frac{1}{2} \cdot C_L \cdot Vdd^2 \approx 1 \text{ pJ（picojoule）} \tag{2}$$

2. 短路功耗（short-circuit power）

當閘的輸入端處於中間電位（inter mediate level）時，p 型和 n 型網路都可能導通。這將導致從 Vdd 到 Vss 出現短時間導通通路。如果電路設計正確（一般指能夠避免訊號緩慢轉變的設計），則短路功耗應該比切換功耗小得多。

3. 漏電流（leakage current）

當電晶體網路處於關閉狀態時，也會通過很小的電流。儘管按常規技術來說，這個電流很小（每個閘的漏電流比 nA 還小得多），但是，它是在接通電源但不活動的電路中唯一的功耗，而且可以長時間地使供電電池漏電。它在作用中的電路中一般可以忽略。

在設計良好的作用中的電路中，切換功耗是主要的；短路功耗或許在總功耗中加上 10%～20%；漏電流只有在電路不動作時才是重要的。然而，正如下面要討論的，低電壓操作的趨勢導致性能和漏電流之間的權衡，在未來的低功耗、高性能設計中，漏電流越來越受到關注。

CMOS 電路的功耗

忽略短路功耗和漏電流部分，則 CMOS 電路的總功耗 P_C 為電路 C 中每個閘 g 的功耗的總和，即

$$P_C = \frac{1}{2} \cdot f \cdot Vdd^2 \cdot \sum_{g \in C} gA_g \cdot C_L^g \qquad (3)$$

式中：f——時脈頻率；

A_g——閘的活化（activity）因子（反應這樣一個事實，即不是所有的閘都在每一個時脈週期切換）。

C_L^g——閘的負載（load）電容。

注意在這個公式中，如果 1 個時脈週期內有兩次轉變，則活化因子為 2。

低功耗電路設計

典型的閘負載電容是製程技術的函數，因而它不受設計者的直接控制。由式（3）的其他參數可想到低功耗設計的各種方法。下面以重要性依序列出這些方法。

1. 降低電源電壓

電源電壓對功耗的貢獻是 2 次方的，這使降低電源電壓成為明顯的目標。下面將會進一步討論。

2. 降低電路活化因子 A

例如閘控時脈等技術屬於這類方法。只要電路的功能不是必需的，都應消除活動度。

3. 減少閘數

在參數相同的情況下，簡單電路比複雜電路省電，因為簡單電路的總功耗是較少閘電路功耗之和。

4. 降低時脈頻率

避免不必要的高速時脈是可取的。但是，雖然低速時脈會降低功耗，它也會降低性能。它對功耗效率（例如，可以用 MIPS/W 數來度量）的影響是中性的。然而，如果降低時脈頻率後可以在降低了的 Vdd 下工作，那麼這將對功耗效率非常有益。

降低 Vdd

縮小 CMOS 技術的特徵尺寸則要求降低電源電壓。這是由於形成電晶體的材料無法承受無限強的電場。隨著電晶體變小，如果電源電壓保持不變，則電場強度就會增加。

但是，隨著低功耗設計重要性的提高，可以預期，降低電源電壓的需求遠

超過只是為防止電擊穿所需要的。現在有什麼妨礙我們使用非常低的電源電壓呢？

降低Vdd的問題在於這也會降低電路的性能。由下式可得飽和的電晶體電流值，即

$$I_{sat} \propto （Vdd-V_t）^2 \qquad (4)$$

式中：V_t——電晶體的臨界（threshold）值電壓。

電路節點的電荷正比於 Vdd，所以，最高的工作頻率為

$$f_{max} \propto \frac{（Vdd-V_t）^2}{Vdd} \qquad (5)$$

因此，當 Vdd 降低時，最高工作頻率也會降低。對於次微米技術，性能的損失可能不像式（5）所示的那麼嚴重，因為在高電壓下電流會受到速度飽和效應的限制，但是性能將會有一定程度的損失。由式（5）可以看出，降低 V_t 是改善性能損失的一個明顯的途徑。然而，漏電流強烈的依賴於 V_t，即

$$I_{leak} \propto \exp\left(-\frac{V_t}{35\,mV}\right) \qquad (6)$$

即使 V_t 降低很少，也可能會顯著地增大漏電流，增大電池經過非活動電路的漏電，因而需要在最高性能和最低待機功耗之間進行權衡。如果系統中這兩個特性都是很重要的，那麼系統設計師就必須認真地考慮這個問題。

即使待機功耗不重要，設計師也必須明白，使用非常低臨界值的電晶體來提高性能可能會將漏電功耗增加到可與動態功耗相比的程度。因此，在選擇封裝（packaging）和冷卻系統（cooling systems）時，必須考慮漏電功耗。

低功耗設計策略

作為低功耗設計技術初步介紹的總結，下面列出低功耗設計策略的一些建議：

1. 降低 Vdd

選擇能滿足所需性能的最低時脈頻率，然後，在時脈頻率和各種系統元件要求的限制範圍內，設定儘量低的電源電壓。降低電源電壓時要小心謹慎，使漏電不超出待機功耗的要求。

2. 降低晶片外活動度

晶片外電容比晶片內負載大得多，所以，任何時候都要降低晶片外活動度。要避免暫態脈衝驅動晶片外負載，使用 Cache 來減少對晶片外記憶體的存取。

3. 降低晶片內活動度

這一項的優先權低於降低晶片外活動度。避免給不必要的電路模組施加時脈訊號（例如，使用閘控時脈）以及在可能時使用睡眠模式（sleep modes）仍然是很重要的。

4. 採用並行技術

如果電源電壓是可變的，則可以採用各種並行（parallelism）技術來改善功耗效率。並行技術可以使兩個電路在原電路一半的時脈頻率下達到同樣的性能，同時，可以用較低的電源電壓達到所需功能。

低功耗設計是一個活躍的研究領域，也是一個新思想快速湧現的領域。可以預期，在未來 10 年中，依靠工業技術與設計技術進步的結合，將使高速數位電路的功耗效率得到進一步的顯著改善。

1.8 例題與練習

（更實際的練習將要求讀者使用某種形式的硬體模擬環境。）

☞ 例題 1.1

使用邏輯閘和 4 位元暫存器設計一個 4 位元二進制計數器。

若暫存器的輸入以 D[3：0] 表示，而它的輸出以 Q[3：0] 表示，則可構造一個組合邏輯產生 D[3：0]＝Q[3：0]＋1 來實作計數器。二進制加法器的邏輯方程在附錄中給出（式（20）給出了和，式（21）給出了進位）。當第二運算元為常數時，這些式子簡化為

$$D[0] = \overline{Q[0]} \tag{7}$$
$$D[i] = Q[i] \cdot \overline{C[i-1]} + \overline{Q[i]} \cdot C[i-1] \tag{8}$$
$$C[i] = Q[i] \cdot C[i-1] \tag{9}$$

式中：$1 \leqslant i \leqslant 3$，C[0]＝1（C[3]不需要）。這些方程可畫成邏輯圖，圖中還包括了暫存器。

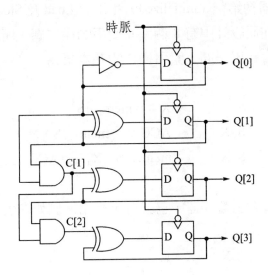

練習 1.1.1

修改二進制計數器使之從 0 計數到 9，然後在下一個時脈邊緣（clock edge）又從 0 開始計數（這是 modulo 10 計數器）。

練習 1.1.2

修改二進制計數器使之包含同步清除（synchronous clear）功能。這就是增加一個新的輸入端（「clear」）。當它有效時，不管計數器當前的計數值如何，在下一個時脈邊緣之後都要將輸出清除。

練習 1.1.3

修改二進制計數器使之包含 up/down 輸入端。當該輸入端為高位時，計數器的行為像練習 1.1.2 中描述的那樣；當它變低位時，計數器應減計數（以與 up 模式相反的次序）。

☞ 例題 1.2

在 MU0 指令集中加入索引定址。

這裡有用的最小擴展是引入一個新的 12 位元索引暫存器（X），以及一些能夠將 X 暫存器初始化（initialized）和用於 Load 及 Store 指令的新指令，參見表 1–1。在原設計中有 8 個沒有使用的操作碼，所以，能增加多達 8 條新指令而不會超出空間。索引操作的基本集為

LDX	S	; $X := mem_{16}[S]$
LDA	S, X	; $ACC := mem_{16}[S+X]$
STA	S, X	; $mem_{16}[S+X] := ACC$

如果有辦法修改索引暫存器，它就會更有用。例如在表中步進：

INX	; $X := X+1$
DEX	; $X := X-1$

這給出了索引暫存器的基本功能。若有方法能使X保存到記憶體，則會使X更為有用。這樣X就能夠作為臨時暫存器使用。為簡單起見，不再詳述。

練習 1.2.1

修改圖 1–6 中的RTL組織，使之包含X暫存器，指出所需的新的控制訊號。

練習 1.2.2

修改表 1–2 的控制邏輯以支援索引定址。如果你有硬體模擬器，則檢測你的設計。（這不是沒有價值的！）

☞ 例題 1.3

估算單週期延遲分歧給性能帶來的好處。

延遲分歧使分歧指令之後的指令不管分歧是否實現都要執行。分歧指令之後的指令在延遲槽（delay slot）中。假定動態指令頻率如表 1–3 所列，管線結構如圖 1–13 所示。忽略暫存器危險（hazards），假定所有延遲槽都能被填充（多數單延遲槽能夠被填充）。

如果在解碼階段有一個專用的分歧目標加法器，分歧指令有 1 個週期的延遲效應，則單個單延遲槽將消除所有浪費的週期。4 條指令中就有 1 條分歧指令。因此，如果沒有延遲槽，則 4 條指令占用 5 個時脈週期；而如果有延遲槽，則占用 4 個時脈週期，性能提高了 25%。

如果沒有專用的分歧目標加法器，而是使用主ALU階段來計算分歧目標，那麼 1 個分歧將浪費 3 個週期。因此，平均 4 條指令包括 1 條分歧指令，占用 7 個時脈週期。若有單延遲槽，則占用 6 個時脈週期。延遲槽使性能提高了 17%（但是即使沒有單延遲槽，專用的分歧目標加法器也是有益的）。

練習 1.3.1

評估 2 週期延遲分歧對性能的好處。假定第 1 延遲槽能全部被填充，而第 2 延遲槽只有 50% 能被填充。

為什麼只是在沒有專用分歧目標加法器時才會使用 2 週期延遲分歧？

練習 1.3.2

以上討論的 1 週期和 2 週期延遲分歧對程式碼的大小有什麼影響（所有未填充的分歧延遲槽必須被非操作碼填充）？

2 ARM 體系結構

The ARM Architecture

- ◆ Acorn RISC 機器
- ◆ 體系結構的繼承
- ◆ ARM 編程模型
- ◆ ARM 開發工具
- ◆ 例題與練習

本章內容綜述

ARM 處理器是精簡指令集計算機（RISC）。正如在第 1 章中所說的，RISC 的概念源於史丹佛（Stanford）大學和柏克萊（Berkeley）大學在 1980 年前後進行的處理器研究計畫。

在本章中我們將看到 RISC 的概念如何有助於 ARM 處理器的成型。最初 ARM 是 1983～1985 年間在英國劍橋的 Acorn Computer 公司開發的。它是第一個為商業用途而開發的 RISC 微處理器，與後來的 RISC 體系結構有明顯的不同。這裡以綜述方式給出 ARM 體系結構的主要特徵。詳細內容則推延到後續幾章。

1990 年，ARM 特別為擴大開發 ARM 技術而成立了獨立的公司。從那以後，ARM 已被授權給世界各地的許多半導體製造廠。它已經成為低功耗和追求成本的嵌入式應用的市場領導者。

沒有軟、硬體開發工具的支援，處理器就不會特別有用。支援 ARM 的工具套件（toolkit）包括用於硬體建模和軟體測試與基準測試的指令集模擬器、組譯器、C 和 C++ 編譯器、連結器和符號除錯器。

2.1 Acorn RISC 機器

第一個 ARM 處理器是 1983 年 10 月～1985 年 4 月間在英國劍橋的 Acorn Computer 公司開發的。那時候 ARM 代表 Acorn RISC Machine，並一直持續到 Advanced RISC Machine limited（後來將名稱簡化為 ARM Limited）在 1990 年成立之前。

Acorn 因為 BBC（英國廣播公司）微型計算機（微電腦）的成功而在英國個人計算機市場占據了強有力的位置。BBC 微型計算機是以 8 位元 6502 微處理器為核心的機器。隨著 BBC 在 1982 年 1 月一系列電視節目的介紹，它迅速成為英國學校的主流機器。它還在計算機愛好者的市場上享有熱烈的支持，並找到了進入一些研究性實驗室和高等教育組織的途徑。

隨著BBC微型機的成功，Acorn的工程師考慮用不同的微處理器去構造另一種機器。他們發現所有的商業供貨均不充足。1983年可得到的16位元CISC微處理器比標準的記憶體元件還慢。它們也有一些多時脈週期完成的指令（在一些情況下，需要數百個時脈週期），使其有很長的中斷等待時間。BBC微型機很大程度上得益於6502的快速中斷反應。因此，Acorn的設計者不願意接受處理器性能方面的退步。

由於在商業微處理器的供貨方面遭受的這些挫折，專有微處理器的設計於是開始被考慮。主要的障礙是Acorn小組知道商業微處理器需要花費每年數百個人的努力設計。Acorn不可能指望這樣規模的投資，因為它是一個總共僅有400多僱員的公司。他們必須用少量的設計成本生產出比較好的產品，而且除了為BBC微型機設計過少量的小規模閘陣列之外，他們在製定晶片設計方面沒有任何經驗。

在這明顯不可能的情況下，柏克萊 RISC I 的論文帶來一線生機。它是由少數研究生在一年內設計完成的處理器，品質與領先的商業貨源不相上下。它的結構簡單，因而沒有複雜的指令來損害中斷等待時間。還有一些支持的論據，認為它能指引未來的道路，雖然技術的優點不論怎樣得到學術界的支持也不能保證商業的成功。

ARM 由於各種因素的偶然組合而誕生，成為 Acorn 產品線的核心部分。後來，在明智地將縮寫字 ARM 的意義修改為 Advanced RISC Machine 以後，它把它的名字借給新組成的公司在Acorn的產品範圍之外擴展市場。儘管名稱變化了，體系結構仍保持同原 Acorn 的設計相近。

2.2　體系結構的繼承 (Architectural inheritance)

在設計第一片 ARM晶片時，儘管早期的機器，如Digital PDP-8、Cray-1 和 IBM 801，早就提出了 RISC 的概念，並且具有許多後來融入 RISC 的特徵，但 RISC 唯一的例子仍為柏克萊的 RISC I 和 II 及史丹佛的 MIPS（Microprocessor without Interlocking Pipeline Stages，無互鎖管線微處理器）。

採用的技術特徵

ARM 體系結構採用了若干 Berkeley RISC 設計中的特徵，但也放棄了若干其他特徵。這些採用的特徵如下：

(1) Load/Store 架構。

(2)固定的 32 位元指令。

(3) 3 位址（3-address）指令格式。

未採用的特徵

在 Berkeley RISC 設計採用的特徵中未被 ARM 設計者採用的如下：

1. 暫存器視窗（Register windows）

Berkeley RISC 處理器的暫存器組中有大量的暫存器，任何時候總有 32 個暫存器是可見的（visible）。程序進入和退出的指令移動可見暫存器的「視窗（window）」，以使每一個程序都存取新一組暫存器，因此，減少了在處理器與記憶體之間因暫存器的儲存和恢復而導致的資料擁塞。

暫存器視窗帶來的主要問題是大量的暫存器占用很大的晶片面積。這些特徵因成本因素而未被採用，儘管在 ARM 中用來處理異常的（圖 2-1 中加灰底的）暫存器在概念上沒有太大的不同。

在 RISC 早期，由於 Berkeley 原型機中包含了暫存器視窗，使得暫存器視窗的機制密切伴隨著 RISC 的概念。但是，後來只有 Sun SPARC 的體系結構在它的原型機中採納了它。

2. 延遲分歧（Delayed branches）

由於分歧（branches）中斷了指令的平滑流動，因此它造成了管線的問題。多數 RISC 處理器採用延遲分歧來改善這一問題，即在後續指令執行後才進行分歧。

延遲分歧的問題在於它們消除了單個指令的不可分性（atomicity）。在單發射（issue）管線處理器中工作得很好，但它們不能擴展到超純量的處理器，而且可能與分歧預測機制（prediction mechanisms）產生不良的相互作用。

在原來的 ARM 中延遲分歧沒有被採用，因為它使異常處理更加複雜。從長遠觀點來看，這是一個好的決定，因為當採用不同管線重新實作體系結構時，它能使任務簡化。

3. 所有指令單週期（single-cycle）執行

儘管 ARM 大多數資料處理指令都是在單一時脈週期內執行的，但許多其他指令需要多個時脈週期。

基本原理是基於這樣的觀察：當資料和指令使用同一個記憶體時，即便是最簡單的 Load 和 Store 指令也最少需要存取兩次記憶體（一次指令，一次資料）。這樣，只有使用分開的資料和指令記憶體才有可能使所有指令都單週期執行。但這對於 ARM 的應用領域來說這太昂貴了。

ARM 被設計為使用最少的時脈週期來存取記憶體，而不是所有的指令都單週期執行。當存取記憶體需要超過 1 個週期時，就多用 1 個週期。有可能時，做一些有用的事，如支援自動索引定址模式。這減少了完成任何操作順序所需要的 ARM 指令總數，並提高了性能和代碼密度。

簡單性

最初的 ARM 設計小組所最關心的是必須保持設計的簡單性。在第一片 ARM 晶片之前，Acorn 的設計者僅有設計複雜度約 2000 個閘的陣列的經驗，因此，探討了完全定制的CMOS設計方法的某些問題。當進入未知領域時，可取的做法是把能夠控制的風險減到最小，因為由於不夠了解或根本上不可控制的因素，仍然會有重大的風險。

ARM的簡單性在ARM的硬體組織和實作（在第 4 章敘述）上比在指令集的結構上表現得更明顯。從程式設計者的觀點來看，在指令集設計上可能看到更多的是保守主義，雖然它接收了 RISC 方法基本的原則，但不如許多後來的RISC 設計更徹底。

把簡單的硬體和指令集結合起來，這是 RISC 思想的基礎。但仍然保留一些 CISC 的特徵，並且因此達到了比單純的 RISC 更高的代碼密度，使得 ARM 獲得了功耗效率和較小的核心面積。

2.3　ARM 編程模型 (Programmer's model)

　　處理器指令集定義了一些操作，程式設計師可以用這些操作來改變包含 (incorporate) 了處理器的系統的狀態。這些狀態是由處理器可見暫存器 (visible registers) 和系統記憶體中資料項的值構成的。每一條指令可以看作是完成從指令執行前的狀態到指令完成後的狀態所定義的轉換。注意，儘管典型的處理器有許多不可見暫存器參與指令的執行，在指令執行前後這些暫存器的值是不重要的。只有可見暫存器中的值有某些意義。ARM 處理器的可見暫存器如圖 2−1 所示。

　　當編寫用戶級 (user-level) 程式時，僅有 15 個通用 32 位元暫存器 (r0〜r14)、程式計數器 (r15) 和當前程式狀態暫存器 (Current Program Status Register, CPSR) 需要考慮。其餘暫存器僅用於系統級 (system-level) 編程和異常處理 (如中斷)。

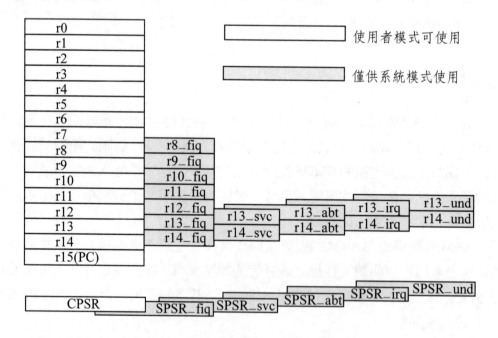

圖 2−1　ARM 的可見暫存器

當前程式狀態暫存器（CPSR）

CPSR 在用戶級編程時用於儲存條件碼。例如，這些位元可用來記錄比較操作的結果和控制條件分歧是否發生。用戶級程式設計師通常不需要關心該暫存器是如何配置的。但為了完整，將該暫存器示於圖 2-2。暫存器的低位元用於控制處理器的模式（見 5.1 節）、指令集（「T」，見 7.1 節）和中斷致能（「I」和「F」，見 5.2 節），而且被保護以防止用戶級程式改變它們。條件碼旗標（flags）位元位於暫存器的高 4 位，意義如下：

(1) **N：負數（Negative）** 改變旗標位的最後一個 ALU 運算產生負數的結果（32 位元結果的最高位元是 1）。

(2) **Z：零（Zero）** 改變旗標位的最後一個 ALU 運算產生 0 的結果（32 位元結果的每一位元都是 0）。

(3) **C：進位（Carry）** 改變旗標位的最後一個 ALU 操作產生進位輸出，不管是 ALU 中算術操作的結果，還是來自移位器（shifter）的結果。

(4) **V：溢位（Overflow）** 改變旗標位的最後的算術 ALU 運算產生到符號位元的溢位。

注意，儘管以上 C 和 V 的定義看起來頗為複雜，但使用時不需要詳細理解它們的操作。在大多數情況下有一個簡單的條件測試，不需要程式設計師計算出條件碼的精確值即可得到需要的結果。

圖 2-2 ARM CPSR 暫存器的格式

記憶體系統

除了處理器的暫存器狀態外，ARM 系統還有記憶體狀態。記憶體可以看作是序號為 0 到 $2^{32} - 1$ 的線性位元組陣列（linear array of bytes）。資料項可以

是 8 位元的位元組（bytes）、16 位元的半字元（half-words）和 32 位元的字元（words）。字元總是以 4 位元組的邊界（boundaries）對齊（也就是說最低有效兩位元位址為 0），半字元則以偶數位元組的邊界對齊。

　　記憶體組織如圖 2−3 所示。圖中畫出了記憶體中的一個小區域，其中每一個位元組都有唯一的號碼。位元組可以占有任一位置，圖中給出了幾個例子。長度為 1 個字元的資料項占有一組 4 位元組的位置，該位置開始於 4 的倍數的位元組位址。圖 2−3 包含了兩個這樣的例子。半字元占有兩個位元組位置，該位置開始於偶數位元組位址。

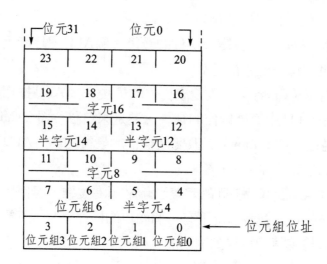

圖 2−3　ARM 的記憶體組織

　　（這是標準的 little-endian（小端）格式，即 ARM 使用的記憶體組織。ARM 也同樣可以配置為 big-endian（大端）格式記憶體組織，將在第 5 章再討論這個問題。）

Load-Store 體系結構

　　同大多數 RISC 處理器一樣，ARM 使用 Load-Store 體系結構。這就意味著指令集僅能處理（指加、減等）暫存器中（或指令中直接指定）的值，而且總是將這些處理的結果放回到暫存器中。針對記憶體狀態的唯一操作是將記憶體

的值拷貝到暫存器（Load 指令）或將暫存器中的值拷貝到記憶體（Store 指令）。

典型的 CISC 處理器允許將記憶體中的值加到暫存器中的值，有時還允許將暫存器中的值加到記憶體中的值。ARM 不支持這類「記憶體－記憶體（memory to memory）」操作。因此，所有的 ARM 指令都屬於下列 3 種類型之一，即：

(1) **資料處理指令**　這類指令只能使用和改變暫存器中的值。例如，一條指令能使兩個暫存器相加，並將結果放到一個暫存器中。

(2) **資料傳送指令**　這類指令把記憶體中的值拷貝到暫存器中（Load 指令）或把暫存器的值拷貝到記憶體中（Store 指令）。另外一種形式僅在系統代碼中有用，即交換記憶體和暫存器的值。

(3) **控制流程指令**　一般指令在執行時使用儲存於連續的記憶體位址中的指令。控制流程指令使執行切換到不同的位址。切換或者是永久的（分歧指令），或者保存返回位址以恢復原來的執行順序（分歧和連結指令），或者陷入系統代碼（管理者程式呼叫）。

管理者模式（Supervisor mode）

ARM 處理器支援被保護的管理者模式（supervisor mode）。保護機制確保用戶代碼在未經適當檢查以確保它不會執行非法操作的情況下，不能得到管理者特權。

對於用戶級程式設計師來說，只能藉由特定的管理者程式呼叫才能存取系統級（system-level）函數。通常這些函數包括對周邊硬體暫存器的存取，以及廣泛使用的操作，例如字元符號（character）輸入與輸出。用戶級程式設計師主要關心如何設計演算法來對程式「擁有（owned）」的資料進行操作，並藉由作業系統來處理與程式外部世界有關的所有事務。請求作業系統函數的指令將在 3.3 節的「管理者程式呼叫」一段中介紹。

ARM 指令集

所有 ARM 指令（除了將在第 7 章講述的 16 位元壓縮 Thumb 指令）都是32 位元寬（bite wide），在記憶體中以 4 位元組的邊界對齊。指令集的基本用

法將在第 3 章講述,包括 2 進制指令格式的全部細節將在第 5 章介紹。ARM 指令集最明顯的特徵如下:

(1) Load-Store 的架構。

(2) 3 位址(3-address)的資料處理指令(亦即兩個來源運算元暫存器和結果暫存器都獨立設定)。

(3) 每條指令都是條件執行。

(4) 包含非常強大的多暫存器 Load 和 Store 指令。

(5) 能用在單時脈週期內執行的單條指令來完成一項普通的移位操作和一項普通的 ALU 操作。

(6) 透過協同處理器(coprocessor)指令集來擴展 ARM 指令集,包括在編程模式中增加了新的暫存器和資料類型。

(7) 在 Thumb 體系結構中以高密度 16 位元壓縮形式表示的指令集。

對熟悉現代 RISC 指令集的讀者來說,ARM 指令集可能看起來比商用的 RISC 處理器有更多的格式。確實如此,而且這也使指令解碼更複雜,但同時也帶來了較高的代碼密度。大多數 ARM 處理器都應用於小型嵌入式系統。對於這些系統,代碼密度的優勢超過了因解碼複雜而導致的損失。Thumb 代碼擴展這一優勢,使 ARM 比大多數 CISC 處理器有更好的代碼密度。

I/O 系統

ARM 將 I/O(輸入/輸出)周邊(peripherals)(如磁碟控制器、網路介面(interface)等)作為支援中斷的記憶體映射設備來處理。這些設備中的內部暫存器如同是 ARM 記憶體映射中的可定址單元,且可以像其他記憶體單元一樣使用同樣的(Load-Store)指令來讀和寫。

周邊可以藉由使用一般中斷(IRQ)或快速中斷(FIQ)發出中斷請求來引起處理器的注意。這兩種中斷輸入是電位感應(level sensitive)的,且可遮罩(maskable)。一般多數中斷源共用 IRQ 輸入端,只有一個或兩個時間要求緊迫(time-critical)的中斷源連接在中斷等級較高的 FIQ 輸入端。

一些系統可能在處理器外部包含直接記憶體存取(Direct Memory Access, DMA)硬體,以處理高頻寬 I/O 的傳輸。這一點將在 11.9 節進行進一步的討論。

中斷是異常的一種形式，採用下述方法來處理。

ARM 異常（ARM exceptions）

ARM 體系結構支援一系列中斷、陷阱（traps）和管理者程式呼叫。所有這些都歸結為異常。在任何情況下處理異常的方法都是一樣的，即

(1)藉由將 PC 拷貝到 r14_exc 以及將 CPSR 拷貝到 SPSR_exc（在此 exc 表示異常類型）來保存當前狀態。

(2)將處理器操作模式改變為適當的異常模式。

(3)將 PC 強制變為 $00_{16} \sim 1C_{16}$ 範圍內某個與異常類型有關的特殊值。

這個特殊值位置（向量位址）的指令通常是指向異常處理程式的分歧指令。通常將 r13_exc 初始化，使其指向記憶體中一個專用堆疊。異常處理程式將使用 r13_exc 來保存一些用戶暫存器，使其能作為工作暫存器使用。

返回到用戶程式是透過恢復用戶暫存器，再使用指令自動地恢復 PC 和 CPSR 來完成的。這可能涉及到對儲存在 r14_exc 的 PC 值進行某些調整，以便對異常發生時的管線狀態進行補償。這將在 5.2 節中進行更詳細的描述。

2.4　ARM 開發工具（ARM development tools）

ARM公司開發了一系列工具以支援ARM軟體的開發，也有許多第三方和公用領域的工具可以使用，諸如 ARM 後端用於 C 的 gcc 編譯器。

因為 ARM 廣泛地用做嵌入式控制器，其目標硬體將不會為軟體準備良好的開發環境，所以，開發工具可進行來自一個跨平臺的開發（這就是在不同的體系結構上執行，從其中之一產生代碼）。例如，平臺是一個執行Windows的PC，或者是一臺合適的 UNIX 工作站。ARM 跨平臺開發（cross-development）工具套件整體結構如圖 2-4 所示。將C或組合語言原始檔案編譯或組譯成ARM的目的格式（.aof）檔案，進而連結為 ARM 映像（image）格式（.aif）檔案。映像格式檔案可以被構造為包括 ARM 符號除錯器（ARM 符號除錯器 ARMsd 可以在諸如 ARM 開發板的硬體上或使用 ARM 的軟體模擬器 ARMulator 來載

入、執行和除錯程式）所需的除錯表。ARMulator 被設計為允許容易擴展的軟
體模型，使之包括諸如 Cache、特殊記憶體時序（timing）特性等系統特徵。

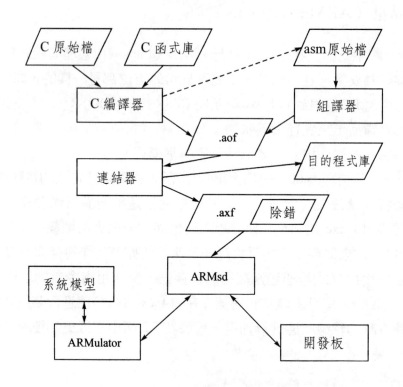

圖 2-4　ARM 跨平台開發工具套件的結構

ARM C 編譯器

　　ARM C 編譯器與 ANSI（American National Standards Institute）的 C 標準相
容，並得到適當的標準函式庫的支援。對於所有可用的外部函數，它使用 ARM
程序呼叫標準（參看 6.8 節）。它可以產生組合語言程式輸出，而不是 ARM 目
的格式，因此，對代碼可以檢查，甚至手工最佳化，接著進行組譯。

　　編譯器也可以產生 Thumb 代碼。

ARM 組譯器（assembler）

　　ARM 組譯器是完全巨集（full macro）組譯器，它產生 ARM 目的格式輸出。輸出可以與 C 編譯器的輸出連結。

　　組合語言原始（source）語言接近機器級語言，大多數組合語言指令被翻譯成單條 ARM（或 Thumb）指令。ARM 組合語言編程將在第 3 章介紹；ARM 指令集的全部細節，包括組合語言格式，將在第 5 章給出；Thumb 指令集和組合語言格式將在第 7 章給出。

連結器（linker）

　　連結器將一個或多個目的檔案組合為可執行的程式。它解決目的檔案之間的符號引用，以及在程式需要時從函式庫中提取目的模組。它可以用許多不同方式來組合各種程式元件，這取決於程式代碼是否執行在 RAM（Random Access Memory，它可被讀和寫）中，或是 ROM（Read Only Memory）中，及是否需要覆蓋（overlays）等。

　　一般情況下，連結器在輸出檔案中包含除錯表。如果目的檔案在編譯時使用了全部除錯訊息，這將包含全部的符號除錯表（因此，可以使用原始程式中的變數名來除錯程式）。連結器也可以產生目的程式庫模組（object library modules），它不是可執行的，但可在將來與目的檔案有效的連結。

ARMsd 除錯器

　　ARMsd（ARM 符號除錯器）是協助除錯程式的前端介面。除錯程式既可以在模擬環境下（在 ARMulator 上）執行，又可以在遠端的目標系統（如 ARM 開發板）上運行。遠端系統必須藉由串列線（serial line）或通過 JTag 測試介面（見 8.6 節）支援相應的遠端除錯協定。在處理器核心被嵌入至專用系統晶片的情況下，系統除錯非常複雜，這將在第 8 章討論。

　　總而言之，ARMsd 允許可執行程式載入 ARMulator 或開發板上執行。它允許設置中斷點。中斷點是代碼中的位址，如果執行到這裡，它就會使執行暫

停，以便檢查處理器的狀態。在 ARMulator 上或在適當支援下在硬體中執行時，也同樣允許設置觀察點（watchpoints）。觀察點是記憶體位址，如果作為資料位址來存取，它則會使執行以同樣方式停止。

在更高層級上，ARMsd 支援完全原始代碼除錯，使 C 程式設計師在除錯程式時可以使用原始檔案文件來定義中斷點以及使用原始程式中的變數名。

ARMulator

ARMulator（ARM 模擬器）是一套在主系統上用軟體模擬各種 ARM 處理器核心行為的程式。它可以在不同的精度（accuracy）級別上執行。

(1)指令精度模型給出系統狀態的確切行為，而不考慮處理器的精確時序特性。

(2)週期精度模型逐個週期地給出處理器的確切行為，能準確給出程式所需的時脈週期數。

(3)時序精度模型給出訊號在週期內的準確時序，能夠考慮邏輯延時。

所有這些方式的執行都比實際硬體慢得多。但是，指令精度模型的速度最快，最適合於軟體開發。

簡單地說，ARMulator 使得用 C 編譯器或組譯器開發的 ARM 程式能夠在沒有 ARM 處理器連接的主機上進行測試和除錯。使得程式執行所用的時脈週期數得以精確測量，因此，目標系統的性能得以評估。

複雜地說，ARMulator 可以作為目標系統的完全的、具有時序精度的 C 模型來使用，它具有全部的 Cache 細節和記憶體管理功能，執行某一作業系統。

在這些兩個極端的 ARMulator 之間，是一系列模型原型的模組，包括快速原型記憶體模型和協同處理器介面支援（更詳細的內容見 8.5 節）。

ARMulator 還可以用做在基於如 VHDL（VHDL 是標準的、被廣泛支援的硬體描述語言）等語言的硬體模擬環境中具有時序精度的 ARM 行為模型的核心。必須生成一個 VHDL 的外覆（wrapper）以作為 ARMulator C 代碼到 VHDL 環境的介面。

ARM 開發板（development board）

ARM開發板是包含一系列元件和介面的電路板，支援基於ARM系統的開發。它包括一個ARM核心（例如ARM7TDMI）、能配置為與目標系統記憶體性能和匯流排寬度相匹配的記憶體元件，以及能配置成為用於模擬專用周邊的電子式可程式器（electrically programmable devices）。在拿到最終的專用硬體之前，能同時支援硬體和軟體的開發。

軟體工具套件

ARM 公司提供以上介紹的全套工具，以及一些實用程式和文件檔，作為ARM 軟體開發工具套件。工具套件的 CD-ROM 包括 PC 版本的工具集，它們可以使用於多數版本的Windows作業系統，也包括所有基於Windows的專案管理器。當出現新版本的 ARM 時，工具集就會更新。

ARM 專案管理器是上述工具的圖形化前端。它支援由一個組成個別專案的檔案列表來構建單一程式庫或可執行映像檔（image）。這些檔案可能是：

⑴原始檔案（C、組合語言等）。

⑵目的檔案（object files）。

⑶程式庫檔案（library files）。

可以在專案管理器中編輯原始檔案，產生相關列表及建立程式庫輸出或可執行映像檔。建構時有許多選項可以選擇，例如：

⑴輸出代碼大小或執行時間是否被最佳化。

⑵用除錯格式還是用發行格式輸出。

（由於從原始代碼到全面最佳化的輸出之間的映射過於含糊而不適合於除錯，因此，為了原始等級除錯而編譯的代碼不能被充分最佳化。）

⑶目標是哪一種 ARM 處理器（特別是它是否支援 Thumb 指令集）。

CD-ROM 還包含執行在 Sun 或 HP UNIX 主機上的工具版本，它們使用命令列（command-line）形式的介面。所有的版本都有線上（on-line）輔助。

JumpStart

VLSI 技術公司的 JumpStart 工具包括相似的基本開發系列工具，不過提供的是在適當工作站上的完全 X-Windows 界面，而不是標準的 ARM 工具套件的命令列（command-line）介面。

還有許多其他公司提供支援 ARM 開發的工具。

2.5 例題與練習

☞ 例題 2.1

描述 ARM 體系結構的主要特徵。

ARM 的架構的主要特徵如下：

(1)大量的暫存器，它們都可以用於多種用途。

(2) Load-Store 的架構。

(3) 3 位址指令（亦即兩個來源運算元暫存器和結果暫存器都獨立設定）。

(4)每條指令都條件執行。

(5)包含非常強大的多暫存器 Load 和 Store 指令。

(6)能在單時脈週期執行的單條指令內完成一項普通的移位操作（shift operation）和一項普通的 ALU 操作。

(7)藉由過協同處理器指令集來擴展 ARM 指令集，包括在編程模式中增加了新的暫存器和資料類型。

如果把 Thumb 指令集也當做 ARM 架構的一部分，那麼還可以加上：

(8)在 Thumb 架構中以高密度 16 位元壓縮形式表示指令集。

練習 2.1.1

哪條特徵是 ARM 和許多其他 RISC 的架構所共有的？

練習 2.1.2

ARM 的架構中哪條特徵是大多數其他 RISC 架結構所不具有的？

練習 2.1.3

大多數其他 RISC 的架構中哪條特徵是 ARM 所不具有的？

3 ARM 組合語言編程

ARM Assembly Language Programming

- ◆ 資料處理指令
- ◆ 資料傳送指令
- ◆ 控制流程指令
- ◆ 編寫簡單的組合語言程式
- ◆ 例題與練習

本章內容綜述

　　雖然在許多應用中更適於採用 C 或 C＋＋等高階語言編程，但 ARM 處理器在組語層級（assembly level）編程是非常容易的。

　　組合語言編程需要程式設計師在逐條機器指令的層次上考慮。ARM 指令長度為 32 位元，因此，大致有 40 億種不同的二進制機器指令。幸運的是，指令空間有良好的結構，程式設計師不必每個人都熟悉所有這 40 億種二進制編碼。即使如此，每條指令還是有很多需要掌握的細節。組譯器會為程式設計師處理大多數這類細節。

　　在這一章中，我們將著重於用戶級的 ARM 組合語言編程，並指出如何編寫一個簡單的程式，使它可以執行於 ARM 開發板或 ARM 模擬器（例如，作為 ARM 開發工具套件之一的 ARMulator）。熟悉了基本指令集之後，將在第 5 章中著重於介紹系統級的編程，以及 ARM 指令集的細節，包括指令的二進制編碼。

　　一些 ARM 處理器支援壓縮成 16 位元 Thumb 指令的指令集，這些將在第 7 章討論。

3.1　資料處理指令

　　ARM 的資料處理指令使得程式設計師能夠完成暫存器中資料的算術和邏輯操作。其他指令只是傳送資料和控制程式執行的順序。因此，資料處理指令是唯一可以修改資料值的指令。這些指令的典型特徵是需要兩個運算元，產生單個結果。不過上述兩個特徵也有例外。典型的操作是將兩個數加在一起產生單個結果，即它們的和。

　　下面是一些應用於 ARM 資料處理指令的原則：

⑴所有運算元是 32 位元寬，或來自暫存器，或在指令中定義的字面量。

⑵如果有結果，則結果為 32 位元寬，放在一個暫存器中。（有一個例外是：長乘指令產生 64 位元的結果，這將在 5.8 節討論。）

⑶每一個運算元暫存器和結果暫存器都在指令中獨立地指定，這就是說，ARM 指令中使用 3 位址（3-address）模式。

簡單的暫存器運算元（register operands）

典型的 ARM 資料處理指令用組合語言寫出的格式如下：

```
ADD      r0, r1, r2      ; r0：=r1+r2
```

這一行的分號表示它的右邊是注解，應該被組譯器忽略。在組語原始碼中加入注解使它易讀和易理解。

這個例子只是簡單地取兩個暫存器（r1 和r2）的值，將它們加起來，將結果放在第 3 個暫存器。來源暫存器的值是 32 位元寬，可以認為是無號整數或有號整數的 2 的補數值。加法可能產生進位輸出，或在有號數的 2 的補數的加法中產生到符號位元的內部溢位。但這兩種情況都會被忽略。

在寫組合語言原始碼時，必須注意運算元的正確順序，第一個是結果暫存器，然後是第一運算元，最後是第二運算元（對於交換操作，第一和第二運算元都是暫存器，它們的次序並不重要）。當這些指令執行時，對系統狀態而言唯一的變化是目的暫存器 r0 的值（CPSR 中的旗標 N、Z、C 和 V 的值也會有選擇地變化，這些稍後我們將看到）。

按照這種格式，各種指令分類排列如下：

1. 算術操作

這類指令對兩個 32 位元運算元進行二進制算術運算（加、減和反向減，後者指把運算元次序顛倒後相減）。運算元可以是無號的或以 2 為補數的有號整數。當使用進位位元時，進位位元為當前 CPSR 中 C 位元的值。

```
ADD      r0, r1, r2      ; r0：=r1+r2
ADC      r0, r1, r2      ; r0：=r1+r2+C
SUB      r0, r1, r2      ; r0：=r1−r2
SBC      r0, r1, r2      ; r0：=r1−r2+C−1
RSB      r0, r1, r2      ; r0：=r2−r1
RSC      r0, r1, r2      ; r0：=r2−r1+C−1
```

ADD 是簡單的加法，ADC 是帶進位的加法，SUB 是減法，SBC 是帶進位的減法，RSB 是反向減法，RSC 是帶進位的反向減法。

2. 逐位元（Bit-wise）邏輯操作

這類指令對輸入運算元的對應位元進行指定的布林邏輯操作。例如，下面的第一個例子即是對第 0～31 位元執行「r0[i]：=r1[i] AND r2[i]」操作。式中 r0[i]是 r0 的第 i 位。

```
AND     r0, r1, r2      ; r0：=r1 and r2
ORR     r0, r1, r2      ; r0：=r1 or r2
EOR     r0, r1, r2      ; r0：=r1 xor r2
BIC     r0, r1, r2      ; r0：=r1 and not r2
```

3. 暫存器傳送（movement）操作

這些指令不用第一運算元，它在組合語言格式中被省略。傳送指令只是簡單地將第二運算元（可能逐位取反相（invert））傳送到目的暫存器。

```
MOV     r0, r2      ; r0：=r2
MVN     r0, r2      ; r0：=not r2
```

MVN 助憶碼（mnemonic）意為「取反傳送（move negated）」，它是把來源暫存器的每一位元取反相，將得到的值置入結果暫存器。

4. 比較（Comparison）操作

這類指令不產生結果（因此，結果在組合語言格式中被省略），僅根據所選擇的操作來設置 CPSR 中的條件代碼位（N、Z、C 和 V）。

```
CMP     r1, r2      ; 根據 r1 – r2 的結果設置 cc
CMN     r1, r2      ; 根據 r1 – r2 的結果設置 cc
TST     r1, r2      ; 根據 r1 and r2 的結果設置 cc
TEQ     r1, r2      ; 根據 r1 xor r2 的結果設置 cc
```

助憶碼表示比較（compare）（CMP）、取反比較（compare negated）（CMN）、（位元）測試（bit）test（TST）、相等測試（test equal）（TEQ）。

立即數運算元（Immediate operands）

如果只是希望把一個常數加到暫存器，而不是兩個暫存器相加，可以用立即數值（immediate value）取代第二運算元。立即數值是字面量（literal），前面加一個「#」。

ADD	r3, r3, #1	; r3 : = r3 + 1
AND	r8, r7, #& ff	; r8 : = r7$_{[7:0]}$

第一個例子也說明雖然 3 位址格式允許分別指定來源和目的運算元，但是，它們可以使用同一個暫存器。第二個例子中，在「#」後的「&」表示以 16 進制（基於 16）的形式定義立即數。

因為立即數的值是在 32 位元指令字內編碼，所示不可能將所有可能的 32 位元值作為立即數。只能是一個 8 位元數按 2 位元為邊界進行的調整。多數有效的立即數可表示為

$$立即數 =（0→255）\times 2^{2n} \tag{10}$$

式中：$0 \leqslant n \leqslant 12$。組譯器也會用 MVN 代替 MOV，用 SUB 代替 ADD 等等。這樣可以把立即數置於可以設置的範圍之內。

這樣做看來會對立即數的值帶來複雜的限制，但實際上它確實含蓋了大多數的一般情形，例如在 32 位元字 4 個位元組中任何一個位元組的值，2 的任何次冪等等。在任何情況下，如果遇到無法編碼的數，則組譯器都會報告。

（對立即數的值限制的原因在於它是在 2 進制指令的級別上指定的。在第 5 章中將說明這一點。想要充分理解這個問題的讀者應到第 5 章尋找完整的解釋。）

移位暫存器運算元（Shifted register operands）

第三種定義資料操作的方式同第一種類似，但允許第二個暫存器運算元在同第一運算元運算之前完成移位（shift）操作，例如：

ADD 　　r3, r2, r1, LSL #3 　　　; r3： = r2 + 8 × r1

注意它是一條 ARM 指令，在單個時脈週期內執行。許多處理器採用獨立的指令提供移位操作，但ARM將它們同基本的ALU操作合併在單條指令中。

這裡LSL意指「邏輯左移指定的位元數」，在該例中為3。可以指定0～31範圍內所有的數，但是，「0」相當於忽略移位操作。如前所述，「#」表示立即數。可以得到的移位操作如下：

(1) LSL：邏輯左移 0～31 位，空出的最低有效位元用 0 填充。

(2) LSR：邏輯右移 0～32 位，空出的最高有效位元用 0 填充。

(3) ASL：算術左移，與 LSL 同義。

(4) ASR：算術右移 0～32 位。如果來源運算元是正數，則空出的最高有效位元用 0 填充；如果是負數，則用 1 填充。

(5) ROR：循環右移 0～32 位，移出的字的最低有效位元依次填入空出的最高有效位。

(6) RRX：擴展 1 位的循環右移，空位（第 31 位元）是用原來旗標 C 的值填充，運算元右移 1 位。適當地使用條件碼（見下），可以執行運算元和旗標位 C 的 33 位元循環操作。

這些移位操作如圖 3-1 所示。

同樣可以使用暫存器值定義第二運算元的移位位數，例如：

ADD 　　r5, r5 ,r3, LSL r2 　　; r5： = r5 + r3 × 2^{r2}

這是 4 位址指令。只有 r2 的低 8 位元是有意義的。但由於移位超過 32 位元不是非常有用，所以，這種限制對於許多用途是不重要的。

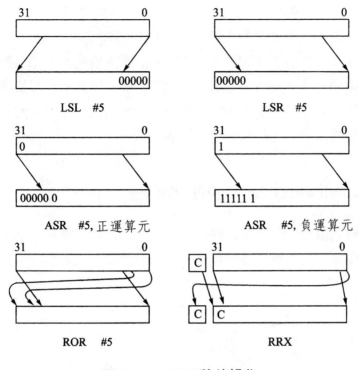

圖 3-1 ARM 移位操作

設置條件碼（condition codes）

如果程式設計師需要，那麼任何資料處理指令都能設置條件碼（N、Z、C 和 V）。比較操作只能設置條件碼，因此，對比較操作來說別無選擇。但對所有其他資料處理指令則必須專門提出要求。在組合語言級，這種要求以增加 S 操作碼來指明，意為「設置條件碼」。例如，下面的代碼完成兩個數的 64 位元加法，一個數存於 r0+r1，另一個數存於 r2+r3，用 C 條件碼旗標存立即數進位，即

```
ADDS    r2, r2, r0      ; 32 位元進位輸出→C…
ADC     r3, r3, r1      ; …再加到高位字元中
```

由於操作碼的S擴展使程式設計師能夠控制指令是否修改條件碼,所以,在適當時,可以在長指令序列中把條件代碼保護起來。

算術操作(在此包含 CMP 和 CMN)根據算術運算的結果設置所有旗標位。邏輯或傳送操作不產生有意義的 C 或 V 值,這些操作根據結果來設置 N 和 Z,保留 V。當沒有移位操作時,保留 C;或者當移位時,將最後移位移出的最後位元設置為 C。這些細節通常意義不大。

條件碼(condition codes)的使用

我們已看到旗標C作為算術資料處理指令的輸入來使用的情形,然而還未看到條件碼最重要的用途,這就是透過條件分歧指令來控制程式流程。這些將在 3.3 節中介紹。

乘法

有專門的資料處理指令支援乘法(multiplication),即

MUL   r4, r3, r2   ;r4 := (r3 × r2)$_{[31:0]}$

它與其他算術指令有一些重要的不同,即

(1)不支援第二運算元為立即數。

(2)結果暫存器不允許同為第一來源暫存器。

(3)如果設置位元 S,則旗標 V 保留(如同邏輯指令),而且旗標 C 不再有意義。

兩個 32 位元整數相乘得到 64 位元結果,將低 32 位元有效位放在結果暫存器,其餘的忽略。這可以被看作是 modulo(模數)2^{32}算法的乘法,無論運算元被看作是有號的還是無號的整數,都可以給出正確的結果。(ARM 也支援長乘(long multiplication),高 32 位元有效位放入第二個結果暫存器,這些將在 5.8 節描述。)

受到同樣制約的還有一種指令,把乘積加到一個執行中的和數(running

total）。這就是乘加指令：

$$MLA \quad r4, r3, r2, r1 \qquad ; r4 := (r3 \times r2 + r1)_{[31:0]}$$

乘以一個常數可以由載入一個常數到暫存器，然後使用這些指令中的一種來實作。但是，使用移位和加法或減法構成一小段資料處理指令通常更加有效。例如，將 r0 乘以 35：

$$ADD \quad r0, r0, r0, LSL \#2 ; \qquad r0' := 5 \times r0$$
$$RSB \quad r0, r0, r0, LSL \#3 ; \qquad r0'' := 7 \times r0' \ (= 35 \times r0)$$

3.2 資料傳送指令

資料傳送指令在 ARM 暫存器和記憶體中間傳送資料。ARM 指令集中有 3 種基本的資料傳送指令：

1. 單暫存器的 Load 和 Store 指令

這些指令在 ARM 暫存器和記憶體之間提供最彈性的單資料項傳送方式。資料項可以是位元組、32 位元字元或 16 位元半字元（原 ARM 晶片可能不支援半字元）。

2. 多暫存器 Load 和 Store 指令

這些指令的彈性比單暫存器傳送指令差，但可以使大量的資料更有效地傳送。它們用於行程的進入和退出，保存和恢復工作暫存器，以及拷貝記憶體中一區塊（block）資料。

3. 單暫存器置換（swap）指令

這些指令允許暫存器和記憶體中的數值進行交換，在 1 條指令中有效地完成 Load 和 Store 操作。它們在用戶級編程中很少使用，在本節中不作進一步的

討論。它的主要用途是在多處理器系統中實現訊號標（semaphores），以保證不會同時存取公用的資料結構。如果讀者現在還不明白這些話的意思，也不必擔心。

暫存器間接定址

在 1.4 節的後部，是有關記憶體定址機制的討論，這對處理器指令集的設計者是有用的。ARM 的資料傳送指令都是基於暫存器間接定址，還包括基址偏移和基址索引（base-plus-index）的定址模式。

暫存器間接定址利用一個暫存器的值（基址暫存器）作為記憶體位址，或者從該位址取值存放到暫存器，或者將另一個暫存器的值存入該記憶體位址。

這些指令的組合語言格式如下：

LDR　r0, [r1]；　r0：= mem_{32}[r1]
STR　r0, [r1]；　mem_{32}[r1]：= r0

其他形式的定址都是建立在這種形式上，並在基址上加上立即數或暫存器偏移量。在任何情況下都需要有一個 ARM 暫存器來寄存位址。該位址靠近需要傳送資料的位址，所以，我們將首先探討將位址放入暫存器的方式。

初始化位址指標

要訪問一個特定的記憶體單元，必須把一個 ARM 暫存器初始化，使之包含這個單元的位址。在單暫存器傳送指令的情況下，也可以是距這個單元位址 4KB 之內的一個位址（後面將對 4KB 的範圍進行解釋）。

如果要存取的資料位址靠近正被執行的代碼，那麼程式計數器 r15 的內容則接近所需的資料位址。通常都可以利用這種情形。可以用一條資料處理指令給 r15 增加微小的偏移量，但是，偏移量的計算可能不是那麼簡單。然而，這類複雜的計算正是組譯器的所長。而且 ARM 組譯器有一個內置的偽（pseudo）指令 ADR，它使計算更加簡單。在組合語言原始代碼中，偽指令就像一般的

指令，只是它沒有直接對應於特定的 ARM 指令。在使用偽指令時，組譯器有一系列規則，它能按照這些規則選擇最適當的指令或幾條相連的指令。（事實上，ADR 總是被編譯成單條 ADD 或 SUB 指令。）

　　如同下列範例所示，考慮一個程式，它必須從 TABLE1 向 TABLE2 拷貝資料。TABLE1 和 TABLE2 都接近代碼。

```
COPY      ADR      r1, TABLE1      ; r1 指向 TABLE1
          ADR      r2, TABLE2      ; r2 指向 TABLE2
          …
TABLE1                             ; <資料源>
          …
TABLE2                             ; <目標>
          …
```

　　這裡引入了標號（COPY、TABLE1 和 TABLE2），它只是在組合語言代碼中給一個特定位置賦予的名字。第一個 ADR 偽指令使得 r1 包含 TABLE1 之後的資料位址；第二個 ADR 同樣使得 r2 包含從 TABLE2 開始的記憶體位址。

　　當然 ARM 指令能用來計算記憶體資料項的位址。但是，想要縮短程式，則需要發揮 ADR 偽指令的作用。

單暫存器 Load 和 Store 指令

　　這些指令使用基址暫存器（base register）來計算傳送資料的位址。基址暫存器應該包含一個接近目標位址的位址，還要計算偏移量（offset）。它可能是另外一個暫存器或者立即數（immediate）。

　　下面僅看一下這些指令中最簡單的，它沒有使用位址偏移量。

```
LDR      r0, [r1]      ; r0：＝mem₃₂[r1]
STR      r0, [r1]      ; mem₃₂ [r1]：＝r0
```

這裡使用的符號指出資料的屬性是由 r1 為位址的 32 位元記憶體字元（word），r1 中的位址應對準 4 位元組（byte）的分界處，因此，r1 的兩位最低有效位應是 0。現在可以把一個表中的第一個字拷貝到另一個表中，即

```
COPY    ADR    r1, TABLE1      ; r1 指向 TABLE1
        ADR    r2, TABLE2      ; r2 指向 TABLE2
        LDR    r0, [r1]        ; 加載第一個值…
        STR    r0, [r2]        ; 將它存入 TABLE2
        …
TABLE1                         ; <資料源>
        …
TABLE2                         ; <目標>
        …
```

現在能使用資料處理指令為下一次傳送修改基址暫存器，即

```
COPY    ADR    r1, TABLE1      ; r1 指向 TABLE1
        ADR    r2, TABLE2      ; r2 指向 TABLE2
LOOP    LDR    r0, [r1]        ; 取 TABLE1 第一個字
        STR    r0, [r2]        ; 拷貝到 TABLE2
        ADD    r1, r1, #4      ; r1 進 1 個字
        ADD    r2, r2, #4      ; r2 進 1 個字
        ???                    ; 若拷貝多字，則返回 LOOP
        …
TABLE1                         ; <資料源>
        …
TABLE2                         ; <目標>
        …
```

注意基址暫存器增加 4（位元組），因為這是字元的長度。如果基址暫存

器在增加前是字元對齊的，那麼增加後也是字元對齊的。

　　所有的 Load 和 Store 指令只能使用這種暫存器間接定址的簡單形式。而 ARM 指令集包含更多的定址模式，使得代碼更高效。

基址偏移（Base plus offset）定址

　　如果基址暫存器不包含確切的位址，則可以在基址上加上不超過 4KB 的偏移量來計算傳送位址，即

LDR　　　r0, [r1, #4]　　　; r0：=mem$_{32}$[r1＋4]

　　這是一個前索引（pre-indexed）定址模式。採用這種模式可以使用一個基址暫存器來存取位於同一區域的多個記憶體單元。

　　有時修改基址暫存器的內容使之指向資料傳送位址是很有用處的。可以使用帶有自動索引（auto-indexing）的前索引定址來實現對基址暫存器的修改，這樣可以讓程式追蹤一個資料表，即

LDR　　　r0, [r1, #4]！　　　; r0：=mem$_{32}$[r1＋4]
　　　　　　　　　　　　　　　; r1：=r1＋4

　　上面程式中的驚嘆號表示在開始傳送資料後，基址暫存器將更新，在ARM中自動索引並不花費額外的時間，因為這個過程是在資料從記憶體中取出的同時，在處理器的資料通路中完成的。它嚴格地等效於先執行一條簡單的暫存器間接Load指令，再執行一條資料處理指令，以向基址暫存器加一個偏移量（本例為 4 位元組），但避免了額外的指令時間和代碼空間開銷。

　　另一個有用的指令形式叫做後索引（post-indexed）定址，它允許基址不加偏移即作為傳送位址使用，而後再自動索引，即

LDR　　　r0, [r1], #4　　　; r0：=mem$_{32}$[r1]
　　　　　　　　　　　　　　; r1：=r1＋4

在此不再需要驚嘆號，因為立即數偏移量的唯一用途是作為基址暫存器修改量。這種形式的指令嚴格地等效於簡單的暫存器間接定址加載，後面再加一條資料處理指令，但它速度快並占用較小的代碼空間。

現在能夠使用最後這種形式來改進先前介紹的表格拷貝程式，即

```
COPY    ADR     r1, TABLE1      ; r1 指向 TABLE1
        ADR     r2, TABLE2      ; r2 指向 TABLE2
LOOP    LDR     r0, [r1], #4    ; 取 TABLE1 第一個字
        STR     r0, [r2], #4    ; 拷貝到 TABLE2
        ???                     ; 若拷貝多字，則返回 LOOP
        ...
TABLE1                          ; <資料源>
        ...
TABLE2                          ; <目標>
        ...
```

Load 和 Store 指令被重複執行，直到將所需數量的資料拷貝到 TABLE2 為止，然後退出迴圈。需要控制流程指令來確定迴圈何時退出。下面會簡單地介紹控制流程指令。

在以上例子中，基址暫存器的位址偏移一直是一個立即數。它同樣可以是另一個暫存器，並且在加到基址暫存器前還可以經過移位操作。但與立即數偏移形式相比，這種形式的指令很少使用。這在 5.10 節會全面討論。

作為最後的一種變形，傳送資料的大小可以是一個無號 8 位元的位元組，而不是 32 位字元。在操作碼中增加一個字母 B 即可選用這個選項，即

```
LDRB    r0, [r1]        ; r0：= mem₈[r1]
```

LDRB   r0, [r1]   ; $r0 := \text{mem}_8[r1]$

在這種情況下，傳送的位址可以對準任意位元組，而不限於 4 位元組的分界處，因為位元組可以存在任意位元組的位址中。取出的位元組被放在 r0 最低的位元組，r0 的其餘位元組填充 0。

（除了最早期的之外，所有的 ARM 處理器也支援有號位元組（signed

bytes），位元組的最高位元表示該值是作為正數處理還是作為負數處理，也支援有號和無號的 16 位半字元。當在 5.11 節再一次更詳細地考慮指令集時，將會解釋這些變數。）

多暫存器資料傳送

當大量的資料需要傳送時，最好能同時存取幾個暫存器。這些指令允許 16 個暫存器的任意子集合（或全部）用單條指令傳送。但是與單暫存器傳送指令相比，多暫存器資料傳送可用的定址模式更加有限。

這類指令的一個簡單例子如下：

LDMIA　　r1, {r0, r2, r5}　　　; r0： $= \text{mem}_{32}[r1]$

　　　　　　　　　　　　　　　　; r2： $= \text{mem}_{32}[r1+4]$

　　　　　　　　　　　　　　　　; r5： $= \text{mem}_{32}[r1+8]$

因為傳送的資料項總是 32 位字元，基址位址（r1）應是字元對齊的。

在大括弧中的傳送列表可以包含 r0～r15 的任意暫存器或全部暫存器。列表中暫存器的次序是不重要的，它不影響傳送的次序和指令執行後暫存器中的值。但是，一般的習慣是在列表中按遞增的次序設定暫存器。

注意，如果在列表中含有 r15，將引起控制流程發生變化，因為 r15 是 PC。當討論控制流程指令時，會再返回來考慮這種情況。在那時之前我們不作進一步的考慮。

上面的例子說明了所有這類指令的一般特徵：最低的暫存器被保存到最低位址或從最低位址中取數；其次是其他暫存器按照暫存器號的次序保存到第一個位址後面的相鄰位址或從中取數。然而依第一個位址形成的方式會產生幾種變形，而且還可以使用自動索引（也是在基址暫存器後加「！」）。

堆疊定址（Stack addressing）

定址的變形基於這樣的事實，即這類指令的一個用途就是在記憶體中實作

堆疊。堆疊是一種後進先出的儲存形式,它支援簡單的動態記憶體分配。這就是說,對於被用來儲存資料的儲存區域,其記憶體分配在編譯或組譯時是不知道的。遞迴函數就是一個例子,遞迴的深度取決於參變數。堆疊經常作為一個線性的資料結構來實現。當加入資料時,它就向上增大儲存空間(遞增堆疊)或向下增大儲存空間(遞減堆疊);而資料移走時,它又縮回來。堆疊指標總是保持在當前堆疊頂的位址。它指向最後壓入堆疊的有效資料(滿堆疊),或者指向將被壓入下一個資料的空位(空堆疊)。

以上的描述說明,對於堆疊有 4 種形式,分別表示由遞增、遞減、滿堆疊、空堆疊組成的所有組合。ARM 多暫存器傳送指令支援全部 4 種形式的堆疊。

(1)滿遞增:堆疊隨著增大記憶體位址而向上增長,基址暫存器指向儲存有效資料的最高位址。

(2)空遞增:堆疊隨著增大記憶體位址而向上增長,基址暫存器指向堆疊上方的第一個空位。

(3)滿遞減:堆疊隨著減小記憶體位址而向下增長,基址暫存器指向儲存有效資料的最低位址。

(4)空遞減:堆疊隨著減小記憶體位址而向下增長,基址暫存器指向堆疊下方的第一個空位。

區塊拷貝定址(Block copy addressing)

雖然關於多暫存器傳送指令的堆疊概念是很有用的,但是,有時其他的概念更容易理解。例如,當用這類指令把一個資料區塊從記憶體的一個位置拷貝到另一個位置時,定址過程的機器概念更有用。因此,ARM 組譯器支援關於定址機制兩種不同的概念。這兩種概念都可映射為同樣的基本指令,而且可以互換使用。區塊拷貝概念基於資料被儲存到基址暫存器中的位址以上還是以下,以及位址的增減開始於儲存了第一個資料之前還是之後。對於 Load 和 Store 操作,這兩種概念的映射是不同的,詳細映射情況列於表 3-1。

圖 3-2 說明了區塊拷貝的概念。從圖中可看出每條指令如何將 3 個暫存器的資料存入記憶體,以及在使用自動索引的情況下基址暫存器是如何改變的。在執行指令之前基址暫存器為 r9,自動索引之後為 r9'。

表 3-1　多暫存器 Load 和 Store 指令的堆疊和區塊拷貝對照

		遞增		遞減	
		滿	空	滿	空
增值	先增	STMIB STMFA			LDMIB LDMED
	後增		STMIA STMEA	LDMIA LDMFD	
減值	先減		LDMDB LDMEA	STMDB STMFD	
	後減	LDMDA LDMFA			STMDA STMED

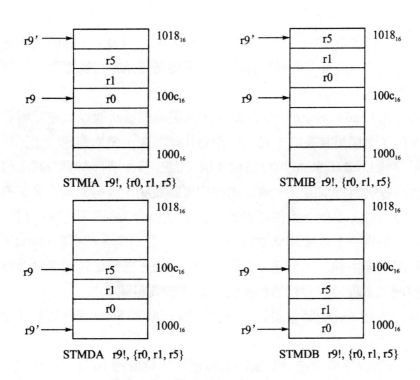

圖 3-2　多暫存器傳送定址模式

下面用兩條指令來說明這類指令的用途。它們把 8 個字元從 r0 指向的位置拷貝到 r1 指向的位置，即

```
LDMIA      r0 !,    {r2 − r9}
STMIA      r1,      {r2 − r9}
```

這些指令執行後，r0 增加了 32。這是由於「！」使其自動索引 8 個字元，而 r1 沒有改變。如果 r2～r9 含有有用的資料，則可以把它們壓入堆疊，從而在操作過程中把它們保留起來，即

```
STMFD      r13!,    {r2 − r9}        ；將暫存器存入堆疊
LDMIA      r0!,     {r2 − r9}
STMIA      r1,      {r2 − r9}
LDMFD      r13!,    {r2 − r9}        ；從堆疊中恢復
```

這裡第一行和最後一行指令的字尾（postfix）「FD」表示前面所述的滿遞減堆疊位址模式。注意，在堆疊操作中幾乎總是要指定自動索引，以便保證堆疊指標具有一致的行為。

多暫存器 Load 和 Store 指令為保存和恢復處理器狀態以及在記憶體中移動資料塊提供了一種很有效的方式。它節省代碼空間，使操作速度比循序執行等效的單暫存器 Load 和 Store 指令快達 4 倍（因改善後續行為而提高兩倍，因減少指令數而提高將近兩倍）。這個重要的優點說明，值得認真考慮資料在記憶體內的組織方式，以便增大使用多暫存器傳送指令去存取記憶體的潛力。

或許這些指令不是純 RISC 的，即使使用分開的指令和資料 Cache，也不能在單個時脈週期內執行。但是，其他 RISC 結構正在開始採用多暫存器傳送指令，以便增加處理器的暫存器和記憶體之間的資料頻寬。

在另一方面，我們將會看到，多暫存器 Load 和 Store 指令實行起來是很複雜的。

ARM 多暫存器傳送指令有獨特的彈性，能夠傳送 16 個當前可見暫存器的任何子集合。ARM 程序呼叫機制充分利用了這個優點，在 6.8 節將給予說明。

3.3 控制流程（Control flow）指令

第 3 類指令既不處理資料，也不存取資料。它只是確定哪一條指令應在下一步執行。

分歧指令（Branch instructions）

將程式的執行從一個位置切換到另一個位置最常用的方法是使用分歧（branch）指令，即

```
            B       LABEL
            …
LABEL       …
```

通常，處理器循序地執行指令。但當它執行到分歧指令時，它直接執行 LABLE 處的指令，而不是執行緊跟在分歧指令後面的指令。在本例中，程式的分歧指令後面出現了 LABLE，所以，兩者之間的指令就被跳過。但是，LABLE 也同樣可以在分歧指令前面出現。在這種情況下，處理器將返回到那裡，並有可能重複執行一些早已執行過的指令。

條件分歧（Conditional branches）

有時想讓微處理器決定是否進行分歧。例如，為了實作迴圈，需要分歧回到迴圈的開始。但是，這種分歧應該僅發生在執行到所需的迴圈次數之前。在這以後分歧則應被跳過。

控制迴圈退出的機制是條件分歧。這時，分歧是與條件連結在一起的，只有條件碼具有正確的值時分歧才被執行。一種典型的迴圈控制指令序列可能如下：

```
          MOV      r0, #0        ；計數器初始化
  LOOP    …
          ADD      r0, r0, #1    ；迴圈計數器加 1
          CMP      r0, #10       ；與迴圈的限制比較
          BNE      LOOP          ；如果不相等，則返回
          …                      ；否則迴圈中止
```

此範例給出了一類條件分歧，即BNE，或「若不相等則分歧」。條件有許多種形式。表3-2中列出了所有這些形式，以及對它們的標準解釋。在表中同一行的一對條件（例如BCC和BLO）的涵義相同，它們得出同樣的二進制代碼。

表 3-2　分歧條件

轉　　移	解　　釋	一般應用
B	無條件的	總是執行分歧
BAL	總是	總是執行分歧
BEQ	相等	比較的結果為相等或零
BNE	不等	比較的結果為不等或非零
BPL	正	結果為正數或零
BMI	負	結果為負數
BCC	無進位	算術操作未得到進位
BLO	低於	無號數比較，結果為低於
BCS	有進位	算術操作得到了進位
BHS	高於或相等	無號數比較，結果為高於或相等
BVC	無溢位	有號整數操作，未出現溢位
BVS	有溢位	有號整數操作，出現溢位
BGT	大於	有號整數比較，結果為大於
BGE	大於或相等	有號整數比較，結果為大於或相等
BLT	小於	有號整數比較，結果為小於
BLE	小於或相等	有號整數比較，結果為小於或相等
BHI	高於	無號數比較，結果為高於
BLS	低於或相等	無號數比較，結果為低於或相等

但兩者都是有用的，因為在特定的環境中，每一種條件都可能使組合語言原始
代碼的編譯更加容易。當表中提到有號數和無號數的比較時，它並不是要選擇
比較指令本身，而只是支援運算元選擇的解釋。

條件執行（Conditional execution）

　　ARM指令集有一條不尋常的特徵，就是：條件執行不僅應用於分歧指令，
也應用於所有的ARM指令。一條分歧指令本來是用於跳過其後的幾條指令的，
但如果給予這些指令以相反的條件，則分歧將被忽略。例如，考慮下面的指令
序列：

```
            CMP     r0, #5
            BEQ     BYPASS      ; if（r0 != 5）{
            ADD     r1, r1, r0  ; r1：= r1 + r0 − r2
            SUB     r1, r1, r2  ; }
BYPASS      …
```

這可以被替代為

```
            CMP     r0, #5          ; if（r0 != 5）{
            ADDNE   r1, r1, r0      ; r1：= r1 + r0 − r2
            SUBNE   r1, r1, r2      ; }
            …
```

　　新的指令序列比原先的既短小又快速。不管條件序列是 3 條指令還是更
少，使用條件執行都要比使用分歧為好，即使被跳過的指令序列與其中的條件
代碼並不作什麼複雜的操作。

　　（對這3條指令採取的方針是基於下述事實，即 ARM 分歧指令一般要用
3 個週期來執行，而且這僅僅是個方針。如果代碼被充分最佳化，那麼是使用
條件執行還是分歧，必須根據代碼動態行為的測量來作決定。）

要啟動條件執行，須在 3 字母（letter）的操作碼之後增加 2 字母的條件碼（條件碼應在其他任何修正碼之前，例如在資料處理指令中控制設置條件碼的「S」或指定位元組存取的「B」）。

要強調這種技術的應用範圍，注意任何 ARM 指令，包括管理者程式呼叫和協同處理器指令都可以附加條件。如果條件不滿足，指令便會被跳過。

有時巧妙地使用條件，有可能寫出非常簡練的代碼，例如：

```
; if（（a==b）&&（c==d））e++;

CMP        r0, r1
CMPEQ      r2, r3
ADDEQ      r4, r4, #1
```

注意，如果第一個比較發現運算元不同，則第二個比較會被跳過，並導致加 1 指令也被跳過。由於第二個比較指令使用了條件執行，從而實作了 if 語句中的邏輯「AND」。

分歧和連結（Link）指令

在一個程式中通常需要能分歧到副程式中，並且當副程式執行完畢時能確保恢復到原來的代碼位置。這就需要把執行分歧之前程式計數器的值保存下來。

ARM 使用分歧和連結指令來提供這一功能。該指令完全像分歧指令一樣地執行分歧，還把分歧後面緊接的一條指令的位址保存到連結暫存器 r14 中。

```
        BL    SUBR        ; 分歧到 SUBR
        …                 ; 返回到這裡
SUBR    …                 ; 副程式入口
        MOV   pc, r14      ; 返回
```

注意，由於返回位址保存在暫存器裡，在保存 r14 之前副程式不應再呼叫下一級的巢狀（nested）副程式；否則，新的返回位址將覆蓋原來的返回位址，就無法返回到原來的呼叫位置。這時常見的機制是把 r14 壓入記憶體中的堆疊。由於副程式經常還需要一些工作暫存器，所以，可以使用多暫存器 Store 指令同時把這些暫存器中原有的資料一起儲存。

```
            BL        SUB1
            …
SUB1        STMFD     r13!, {r0 − r2, r14}      ；保存工作和連結暫存器
            BL        SUB2
            …
SUB2        …
```

不會呼叫其他副程式的副程式（葉副程式（a leaf subroutine））不需要儲存 r14，因為它不會被覆蓋。

副程式返回指令

為了返回呼叫程式，必須將分歧連結指令保存到 r14 中的值拷貝回程式暫存器。對於在最簡單的葉副程式，一條 MOV 指令，再利用程式計數器 r15 的可見性就足夠了。

```
SUB2        …
            MOV       pc, r14        ；把 r14 拷貝到 r15 來返回
```

事實上，程式計數器 r15 的可見性意味著任何資料處理指令都可以用來計算返回位址，儘管 MOV 指令是至今最常用的形式。

對於返回位址壓入堆疊的情況，返回位址和任何保存的工作暫存器都可用多暫存器 Load 指令恢復。

```
SUB1    STMFD    r13!, {r0 – r2, r14}      ；保存工作暫存器和連結
        BL       SUB2
        …
        LDMFD    r13!, {r0 – r2, pc}       ；恢復工作暫存器並返回
```

　　這裡要注意返回位址是直接恢復到程式計數器，而不是連結暫存器。這種單條恢復和返回指令是非常有用的。還要注意多暫存器傳送定址模式的堆疊概念的使用。Store 和 Load 使用了同樣的堆疊模式（在此為「滿遞減」，ARM 代碼最常用的堆疊類型），確保能收集到正確的資料。對於任何特定的堆疊，使用同樣的定址模式對於堆疊的任何應用都是非常重要的，除非你知道你正在幹什麼。

管理者程式呼叫（Supervisor calls）

　　只要程式需要輸入或輸出，例如把一些文字（text）送到顯示器，通常要呼叫管理者程式。管理者程式是一個執行於特權級別的程式，這就意味著它可以做用戶級程式不能直接做的事情。對用戶級程式效力的限制在不同的系統中是不同的。但是，在很多系統中，用戶不能直接存取硬體設備。

　　管理者程式提供了委託存取系統資源的方式，對用戶級程式它更像一個專門的副程式入口。指令集包含一個專門的指令 SWI，用來呼叫這類功能。（SWI 代表軟體中斷，但人們通常將它視為「管理者程式呼叫」。）

　　管理者程式呼叫是在系統軟體中實現的，因此，從一個 ARM 系統到另一個系統的管理者程式呼叫可能會完全不同。儘管如此，大多數 ARM 系統在實作特定應用所需的專門呼叫之外，還實作了一個共同的呼叫子集。其中最有用的是把底部位元 r0 中的字元符號（character）送到用戶顯示元件的一段程式：

```
SWI     SWI_WriteC        ；輸出 r0[7:0]
```

另一個有用的呼叫把控制從使用者程式返回到管理者程式,即

  SWI SWI_Exit ;返回到管理者程式

SWI 的操作將在 5.6 節詳細講解。

跳躍表(Jump tables)

經驗較少的編程人員通常不使用跳躍表(jump table)。因此,如果讀者在組譯級編程方面還是個新手,則可以忽略這一節。

跳躍表的思想是程式設計師有時想呼叫一系列副程式中的一個,而決定究竟呼叫哪一個須由程式的計算值確定。顯然用已有的指令完成這件事也是可能的。假設這個值在 r0 中,可以寫成:

```
              BL        JUMPTAB
              ...
JUMPTAB       CMP       r0, #0
              BEQ       SUB0
              CMP       r0, #1
              BEQ       SUB1
              CMP       r0, #2
              BEQ       SUB2
              ...
```

然而當副程式列表較長時,這種解決方案則變得非常慢,除非確認後面的選擇很少使用。在此情況下,一個更有效的解決方案是利用程式計數器在通用暫存器檔案中的可見性來實作。

```
              BL        JUMPTAB
              ...
```

```
JUMPTAB    ADR      r1, SUBTAB            ; r1→SUBTAB
           CMP      r0, #SUBMAX          ; 檢查越限…
           LDRLS    pc, [r1, r0, LSL #2]  ; …如果 OK，則跳躍到表中
           B        ERROR                ; …否則，發出錯誤訊息
SUBTAB     DCD      SUB0                 ; 副程式表入口
           DCD      SUB1
           DCD      SUB2
           …
```

DCD 指示組譯器保留一個儲存字，將它初始化為右邊表示式的值。在這種情況下只是標籤的位址。

不管表中有多少副程式，以及它們使用的頻繁度如何互不相關，這種方法的性能不變。但是要注意，在讀跳躍表時，若超出了表的末端，則結果很可能是可怕的，因此，檢查越限（overrun）是必須的！在此注意，越限檢查是透過有條件地向 PC 置數來實作的。因此，越限時 Load 指令被跳過，並分歧到錯誤處理。越限檢查唯一的性能代價是同最大值比較。更直接的代碼可以是：

```
CMP      r0, #SUBMAX          ; 檢查越限…
BHI      ERROR                ; …如果越限，則呼叫錯誤處理
LDR      pc, [r1, r0, LSL #2]  ; …否則跳躍到表中
         …
```

但是在此要注意，每次使用跳躍表都要承受有條件地跳過分歧的代價。原版本更為有效，除非檢測到越限的時候。但越限應該是不會頻繁發生的，而且因為越限代表錯誤，在這種情況下性能則不是最關心的。

另一個可選用的、不太直接地實現跳躍表的方法將在 6.6 節的「切換（switches）」部分討論。

3.4　編寫簡單的組合語言程式

　　現在我們有了寫簡單組合語言程式的所有基本工具。面對任何一個編程任務，重要的是在把指令鍵入計算機之前對於你的演算法有一個清楚的思路。幾乎肯定的是，較大的程式用 C 或 C＋＋編寫比較好，因此，我們僅考慮小的組合語言程式的例子。

　　即便是最有經驗的程式設計師，開始時也要檢查是否能夠使一個很簡單的程式執行起來，然後再去完成他們的實際任務。有很多複雜的事情要做，例如，學習使用文字編輯器，學會怎樣使編譯器執行，怎樣將程式載入機器，怎樣使它開始執行等等。這類簡單的測試程式常常歸類於 Hello World 程式，因為它所做的就是在程式結束之前，在顯示器上列印 Hello World。下面是 ARM 組合語言的一個版本：

```
            AREA      HelloW, CODE, READONLY   ; 聲明代碼區
SWI_WriteC            EQU      &0              ; 輸出 r0 中的字元
SWI_Exit             EQU      &11             ; 程式結束
            ENTRY                             ; 代碼的入口
START       ADR       r1, TEXT                ; r1→「Hello World」
LOOP        LDRB      r0, [r1], #1            ; 讀取下一位元組
            CMP       r0, #0                  ; 檢查文字終點
            SWINE     SWI_WriteC              ; 若非終點，則列印
            BNE       LOOP                    ; …並返回 LOOP
            SWI       SWI_Exit                ; 執行結束
TEXT        =         "Hello World", &0a, &0d, 0
            END                               ; 程式原始代碼結束
```

這段程式說明了 ARM 組合語言和指令集的許多特徵：

⑴帶有適當屬性的代碼 AREA 的聲明。

⑵系統呼叫的定義。這些系統呼叫將在程式中使用（在大的程式中，這些呼叫將在一個檔案中定義，由其他代碼檔案引用）。

(3)使用 ADR 偽指令，以將位址寫入基址暫存器。

(4)使用自動索引定址，以掃描一系列位元組。

(5) SWI 指令的條件執行，以避免額外的分歧。

還要注意使用位元組「0」標記字串（跟在換行（line-feed）和歸位（carriage return）特殊字元符號之後）的結束。只要採用循環結構，就必須確保它有結束的條件。

為了執行這一程式，將需要下列工具。它們都可以在 ARM 軟體開發工具套件中得到，即

(1)鍵入程式的文字編輯器。

(2)將程式轉變為 ARM 二進制代碼的組譯器。

(3)執行二進制代碼的ARM系統或模擬器。ARM系統必須有某種文字輸出能力（例如，ARM 開發板將文字輸出送回到主機，以便在主機的顯示器上輸出）。

一旦使這個程式執行了，就可以試一些更有用的事情。從現在起，唯一變化的是程式文字。編輯器、組譯器、測試系統或模擬器的使用與你已經做過的非常相似。而當遇到你的程式拒絕做你希望做的，而你又不明白它為什麼拒絕時，你將需要使用除錯器來搞清在程式中發生了什麼。這就意味著學習怎樣使用另一個複雜的工具。因此，我們將儘可能地推延這個時刻。

在下一個例子中將完成區塊拷貝程式。這個程式已經在前面部分地開發過了。為了確保我們知道它已經正確地工作了，將用一個文字的來源字串，這樣就能從目標位址輸出它。我們還將把目標區初始化，使之與來源區不相同。

```
            AREA      BlkCpy, CODE, READONLY
SWI_WriteC            EQU    &0            ; 輸出 r0 中的字元
SWI_Exit             EQU    &11           ; 程式結束
            ENTRY                          ; 代碼的入口
            ADR      r1, TABLE1            ; r1→TABLE1
            ADR      r2, TABLE2            ; r2→TABLE2
            ADR      r3, T1END             ; r3→T1END
LOOP1       LDR      r0, [r1], #4          ; 讀取 TABLE1 第一字
```

```
            STR      r0, [r2], #4              ; 拷貝到 TABLE2
            CMP      r1, r3                    ; 結束?
            BLT      LOOP1                     ; 若非，則再拷貝
            ADR      r1, TABLE2                ; r1→TABLE2
LOOP2       LDRB     r0, [r1], #1              ; 讀取下一個字
            CMP      r0, #0                    ; 檢查文字終點
            SWINE    SWI_WriteC                ; 若非終點，則列印
            BNE      LOOP2                     ; …並返回 LOOP
            SWI      SWI_Exit                  ; 結束
TABLE1      =        "This is the right string!", &0a, &0d, 0
T1END
            ALIGN                              ; 保證字對準
TABLE2      =        "This is the wrong string!", 0
            END                                ; 程式來源代碼結束
```

　　這個程式使用字元的 Load 和 Store 來拷貝表，這就是為什麼表必須是字元對齊的。然後使用與在 Hello World 程式中使用過的相同的程式，採用位元組 Load 把結果列印出來。

　　注意使用 BLT 來控制迴圈結束。如果 TABLE1 包含位元組的數目且不是 4 的倍數，那麼就有個危險，即 r1 將越過 T1END 而不是正好等於它。這樣，基於 BNE 的結束條件就會失效。

　　如果你已經成功地使程式執行了，那麼你在理解 ARM 指令集的基本操作上已經開始起步。你應該研究後面的例題與練習，以便加強理解。當嘗試更加複雜的編程任務時，還會產生細節問題。這些將在第 5 章給出的全部指令集描述中解答。

程式設計

　　對指令集有了基本的理解後，就可以比較順利地編寫和除錯小的程式了。你只需把程式鍵入編輯器再看它是否工作即可。但是，如果以為這種簡單的方

法能用於成功地開發複雜的程式,可以指望這些程式會工作很多年,將來會由其他程式設計師改寫,而且會傳送到以意想不到的方式使用它的用戶手中,那麼,這種設想是很危險的。

本書不是程式設計的教程。但在提供了編程入門之後,如果不指出編寫一個有用的程式與僅僅坐下來並編寫代碼相比,還有更多的事情要做,那將是一個很嚴重的疏忽。

認真地編程不應由寫代碼開始,而應由仔細地設計開始。開發過程的第一步是把要求釐清楚。令人驚訝的是,經常因為程式設計師沒能釐清要求,而使程式不能像預期的那樣工作!然後應把要求(常常是不正規的)轉化為含義明確的說明書。現在可以開始設計了,定義程式結構、程式工作時使用的資料結構以及用來完成所需資料操作的演算法。演算法可以用偽碼(pseudocode)表達。所謂偽碼是一種類程式的符號,它不遵循特定編程語言的語法,但可使程式的意思清晰。

僅當設計完成後,才可開始寫代碼。應該分別編寫各個模組的代碼,徹底地測試(這可能需要設計專門的程式作為「測試裝置」)並寫說明檔,再把程式一塊一塊地拼起來。

今天,差不多所有編程都是基於高階語言的,所以,大程式很少採用這裡介紹的組合語言編程。然而,有時可能需要用組合語言開發小的軟體組件,以達到關鍵應用所需的最佳性能。因此,了解如何編寫組合代碼是很有用處的。

3.5 例題與練習

一旦讀者對指令集有了基本的了解,學習編程最容易的方法就是閱讀一些例子,然後嘗試編寫自己的程式,做一些稍有變化的工作。為了驗證程式是否工作,需要 ARM 組譯器,以及 ARM 模擬器或者包含 ARM 處理器的硬體。本節包括 ARM 程式的例子和修改的建議。應該首先使原始程式正常工作,然後再看是否能編輯它,以完成練習中建議修改的功能。

☝ **例題 3.1**

以 16 進制列印輸出 r1。

這是一個很有用的小程式。它把一個暫存器的內容以 16 進制符號在顯示器上列印出來。可以用它來幫助除錯程式。做法是把暫存器的值列印出來，並與演算法產生的預期結果進行核對。雖然在多數情況下使用除錯程式來了解程式裡面在做什麼是更好的方法。

```
            AREA    Hex_Out, CODE, READONLY
SWI_WriteC      EQU    &0              ; 輸出 r0 中的字元
SWI_Exit        EQU    &11             ; 程式結束
            ENTRY                       ; 代碼的入口
            LDR     r1, VALUE           ; 讀取要列印的資料
            BL      HexOut              ; 呼叫 16 進制輸出
            SWI     SWI_Exit            ; 結束
VALUE       DCD     &12345678           ; 測試資料
HexOut      MOV     r2, #8              ; 半位元組數= 8
LOOP        MOV     r0, r1, LSR #28     ; 讀取頂半位元組
            CMP     r0, #9              ; 0～9 還是 A～F？
            ADDGT   r0, r0, #"A" − 10   ; ASCII 字母
            ADDLE   r0, r0, #"0"        ; ASCII 數字
            SWI     SWI_WriteC          ; 列印字元
            MOV     r1, r1, LSL #4      ; 左移 4 位
            SUBS    r2, r2, # 1         ; 半位元組數減 1
            BNE     LOOP                ; 若還有，則進行
                                        ;   下一個半位元組
            MOV     pc, r14             ; 返回
            END
```

練習 3.1.1

修改上面的程式，以 2 進制格式輸出r1。對於上例中讀入r1 的數值，應得到：000100100011010001010110011111000。

練習 3.1.2

以 HEXOUT 程式為基礎顯示記憶體一個區域的內容。

☞ 例題 3.2

編寫一段副程式，以輸出緊接在呼叫指令後的文字字串。

如果能輸出一個文字字串而不必為文字設置單獨的資料區，則會非常有用（儘管若處理器像 StrongARM 那樣有分開的資料和指令 Cache，這種方法則是低效的。在此情況下，最好設置一個單獨的資料區）。一個呼叫應該如下：

```
BL        TextOut
=         "Test string", &0a, &0d, 0
ALIGN
…                                    ; 返回到此
```

這裡的問題是，從副程式返回時不能直接回到由呼叫放入到連結暫存器中的位址，因為這會使程式在讀下一個字串時擱淺。下面是一個適當的副程式和測試程式：

```
          AREA    TestOut, CODE, READONLY
SWI_WriteC          EQU    &0            ; 輸出 r0 中的字元
SWI_Exit            EQU    &11           ; 程式結束
          ENTRY                          ; 代碼的入口
          BL      TextOut                ; 列印一下字串
          =       "Test string", &0a, &0d, 0
```

```
            ALIGN
            SWI     SWI_Exit                    ；結束
TextOut     LDRB    r0,[r14], #1                ；讀取下一個字元
            CMP     r0, #0                      ；檢測結束符
            SWINE   SWI_WriteC                  ；若未結束，則打印…
            BNE     TextOut                     ；…並循環
            ADD     r14, r14, #3                ；跨過下一個字的分界
            BIC     r14, r14, #3                ；退回到字的分界
            MOV     pc, r14                     ；返回
            END
```

從這個例子可看出，r14 沿著字串遞增，在返回前被調整到下一個字的分界。如果這個調整（加 3，再將低兩位清除為 0）看起來小了點，再請查對一下。只有 4 種情形。

練習 3.2.1

使用本例和上例的程式碼編寫一個程式，按下列格式的 16 進制輸出 ARM 暫存器。

r0 = 12345678
r1 = 9ABCDEF0

練習 3.2.2

試將你需要的暫存器在使用之前保存起來。例如，使用 PC 相對定址方式將它們保存在代碼附近。

4 ARM 的組織和實作

ARM Organization and Implementation

- ◆ 3 級數管線 ARM 的組織
- ◆ 5 級數管線 ARM 的組織
- ◆ ARM 指令執行
- ◆ ARM 的實作
- ◆ ARM 協同處理器介面
- ◆ 例題與練習

本章內容綜述

從 Acorn Computer 公司在 1983～1985 年間開發的第一個 3μm 元件，到 ARM 公司在 1990～1995 年間開發的 ARM6 和 ARM7，ARM 整數處理器核心的組織結構變化很小。這些處理器都使用的是 3 級管線，而這一時期 CMOS 技術幾乎將特徵尺寸減小了一個數量級。因此，核心的性能提高很快，但基本的操作原理大部分沒有變化。

從 1995 年以來，ARM 公司推出了幾個新的 ARM 核心。它們採用 5 級管線和分開的程式和資料記憶體（通常採用的形式是將分開的 Cache 連接到指令和資料共享的主記憶體系統），獲得了顯著的高性能。

這一章包括對這兩種基本類型處理器核心內部結構的描述，含蓋了 3 級和 5 級管線的一般操作原理和實作細節。特殊核心的細節將在第 9 章介紹。

4.1　3 級數管線（3-stage pipeline）ARM 的組織

3 級管線 ARM 的組織如圖 4-1 所示，其主要的組成如下：

⑴保存處理器狀態的暫存器組（register bank）；它有兩個讀取埠和一個寫入埠，每個埠都可以存取任意暫存器，再加上專門存取程式計數器 r15 的一個附加讀取埠和一個附加寫入埠（r15 的附加寫入埠可以在取指位址增加後更新 r15，讀取埠可以在資料位址發出之後重新開始取指（fetch））。

⑵桶式移位器（barrel shifter）；它可以把一個運算元移位或循環移位任意位數。

⑶ ALU；完成指令集要求的算術或邏輯功能。

⑷位址暫存器和累增器（incrementer）；它選擇和保存所有的記憶體位址，並在需要時產生順序位址。

⑸資料暫存器；保存傳送到記憶體或從記憶體取出的資料。

⑹指令解碼器和相關的控制邏輯。

在單週期資料處理指令中，需存取兩個暫存器運算元，B 匯流排上的資料移位後與 A 匯流排上的資料在 ALU 中組合，再將結果寫回暫存器組。程式計

數器的資料放在位址暫存器中，位址暫存器的資料送入累增器。然後將增加後
的資料複製到暫存器組的 r15，同時還複製到位址暫存器，作為下一次取指的
位址。

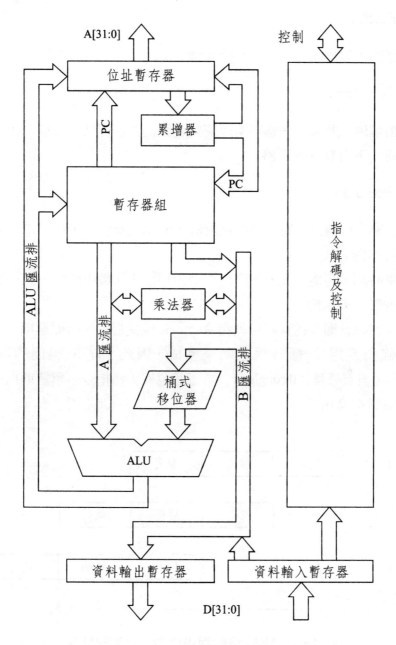

A[31:0]

控制

位址暫存器

累增器

PC

暫存器組

PC

ALU 匯流排

A 匯流排

乘法器

B 匯流排

桶式
移位器

ALU

指令解碼及控制

資料輸出暫存器

資料輸入暫存器

D[31:0]

圖 4-1　3 級數管線 ARM 的組織

3 級數管線 (3-stage pipeline)

到 ARM7 為止的 ARM 處理器使用簡單的 3 級管線，包括下列管線級數：

1. 取指 (Fetch)

從記憶體中取出指令，放入指令管線。

2. 解碼 (Decode)

指令被解碼，並為下一週期準備資料通路的控制訊號。在這一級，指令占有解碼邏輯，不占有資料通路。

3. 執行 (Execute)

指令占有資料通路，暫存器組被讀取，運算元被移位，ALU 產生結果並回寫到目的暫存器。

在任意時刻，可能有 3 種不同的指令占用這 3 級數中的每一級，因此，每一級中的硬體必須能夠獨立操作。

當處理器執行簡單的資料處理指令時，管線使得每個時脈週期能完成 1 條指令。1 條指令用 3 個時脈週期來完成，因此，有 3 週期的等待時間 (latency)，但流通量 (throughput) 是每個週期 1 條指令。單週期指令的 3 級管線操作如圖 4−2 所示。

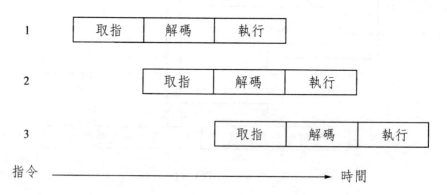

圖 4−2　ARM 單週期指令的 3 級管線操作

當執行多週期指令時，流程不太規則，如圖4−3所示。圖中表示了一組單週期指令 ADD，而在第一個 ADD 指令的後面出現一個資料儲存指令 STR。存取主記憶體的週期用淺陰影表示，因此，可以看到在每一個週期中都使用了記憶體。同樣，在每一個週期也使用了資料通路，這涉及到所有的執行週期、位址計算和資料傳送。解碼邏輯總是產生資料通路在下一週期使用的控制訊號。因此，除解碼週期外，在STR位址計算週期中也產生資料傳送所需的控制訊號。

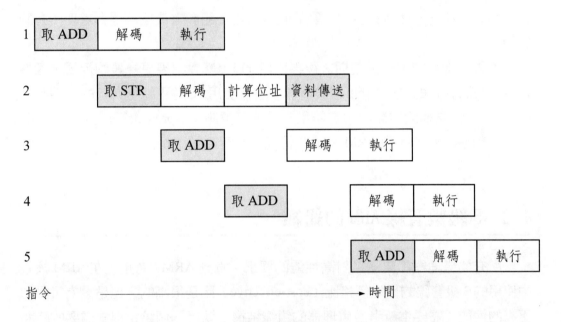

圖4−3 ARM 多週期指令的 3 級管線操作

這樣，在這個指令序列中，處理器的所有元件在每個週期中都是活動的。而記憶體是一個限制因素，它規定程式必須花費的週期數。

查看 ARM 管線間斷的最簡單方式是觀察：

⑴所有指令都占用資料通路一個或多個相鄰週期。

⑵在指令占用資料通路的每一個週期，都在前面的相鄰週期占有解碼邏輯。

⑶在第一個資料通路週期，每條指令為下下條指令發出取指訊號。

⑷分歧指令清空（flush）和重填指令管線。

PC 的行為

ARM 使用的管線執行模式導致一個結果，就是程式計數器 PC（對使用者是可見的 r15）必須在當前指令之前計數。如前所述，如果指令在其第一個週期為下下條指令取指，這就意味著 PC 必須指向當前指令之後的 8 個位元組（兩條指令）。

事實確實是這樣的，試圖通過 r15 直接訪問 PC 的程式員必須考慮到此時管線的真實情況。然而對於大多數的正常應用，組譯器或編譯器會處理所有的細節。

如果在指令的第一個週期之後再使用 r15，就會出現更複雜的行為，因為指令本身將在它的第一週期使 PC 增加。這樣使用 PC 並不總是有益的。因此，ARM 在體系結構的定義中規定結果為「不可預測（unpredictable）」，應該避免，特別是因為後期的 ARM 在這些情況下的行為並不相同。

4.2　5 級數管線 ARM 的組織

所有的處理器都要滿足對高性能的要求。直到 ARM7 為止，在 ARM 核心中使用的 3 級管線的性能價格比（cost-effective）比是很高的。但是，為了得到更高的性能，需要重新考慮處理器的組織結構。執行一個給定程式需要的時間 T_{prog} 由下式確定：

$$T_{prog} = \frac{N_{inst} \times CPI}{f_{clk}} \tag{11}$$

式中：N_{inst}——在程式中執行的 ARM 指令數；

　　　CPI——每條指令的平均時脈週期數；

　　　f_{clk}——處理器的時脈頻率。

因為 N_{inst} 對給定程式（使用給定的最佳化集並用給定的編譯器來編譯等）是常數，所以，僅有兩種方法來提高性能，即

1. 提高時脈頻率 f_{clk}

這就要求簡化管線每一級數的邏輯，因而管線的級數就要增加。

2. 減少每條指令的平均時脈週期數 CPI

這就要求重新考慮 3 級管線 ARM 中多於 1 個管線槽的指令的實作方法，以便使它占有較少的槽；或者減少因指令相關造成的管線停頓，也可以將這兩者結合起來。

記憶體瓶頸（Memory bottleneck）

與 3 級核心有關的減少 CPI 的根本問題與馮‧諾曼（von Neumann）瓶頸有關——指令和資料放在同一個記憶體的任何儲存程式計算機，其性能將受到現有記憶體頻寬的限制。3 級管線 ARM 核心（幾乎）在每一個時脈週期都存取儲存器，或者取指令，或者傳輸資料。只是抓緊記憶體不用的幾個時脈週期，只能使性能增加很少。為了明顯改善 CPI，記憶體系統必須在每個時脈週期中給出多於 1 個的資料。方法可以是在每個時脈週期從單個記憶體中給出多於 32 位元資料，或為指令和資料分別設置記憶體。

作為上述討論的結果，較高性能的 ARM 核心使用 5 級管線，且具有分開的指令和資料記憶體。把指令的執行分割為 5 部分而不是 3 部分，這就減少了在每個時脈週期內必須完成的最大工作，進而允許使用較高的時脈頻率（倘若其他的系統元件，特別是指令記憶體，也重新設計以較高的時脈頻率操作）。分開的指令和資料記憶體（可能是分開的Cache連接到統一的指令和資料主記憶體上）使核心的 CPI 明顯減少。

在 ARM9TDMI 中使用了典型的 5 級 ARM 管線。ARM9TDMI 的組織結構如圖 4-4 所示。

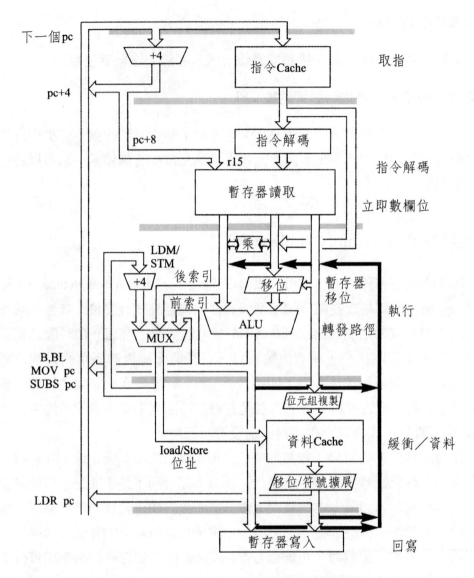

圖 4−4 ARM9TDMI 5 級管線的組織結構

5 級數管線（5-stage pipeline）

使用 5 級管線的 ARM 處理器具有下面管線級數：

1. 取指（Fetch）

從記憶體中取出指令，並將其放入指令管線。

2. 解碼（Decode）

指令被解碼，從暫存器檔中讀取暫存器運算元。在暫存器檔中有 3 個運算元讀取端口，因此，大多數 ARM 指令能在 1 個週期內讀取其運算元。

3. 執行（Execute）

把一個運算元移位，產生 ALU 的結果。如果指令是 Load 或 Store，則在 ALU 中計算記憶體的位址。

4. 緩衝／資料（Buffer/data）

如果需要，則存取資料記憶體；否則 ALU 的結果只是簡單地緩衝 1 個時脈週期，以便使所有的指令具有同樣的管線流程。

5. 回寫（Write-back）

將指令產生的結果回寫（write-back）到暫存器檔，包括任何從記憶體中讀取的資料。

這種 5 級管線在許多 RISC 處理器中使用過，而且被認為是設計處理器的經典方法。儘管 ARM 指令集設計時並不是針對這樣的管線，但是，將它映射過來相對還是簡單的。在組織結構（示於圖 4-4）上對 ARM 指令體系結構的主要妥協是暫存器檔有 3 個來源操作數讀取埠和 2 個寫入埠（典型的 RISC 有 2 個讀取埠和 1 個寫入埠）以及在執行級包含了位址增值硬體，以支援多暫存器 Load 和 Store 指令。

資料轉發（Data forwarding）

因為 5 級數管線的指令執行分佈在 3 個管線級數中，所以，解決資料相關而不使管線停頓的惟一方法是引入轉發（forwarding）通路，這是 5 級數管線

（與 3 級管線相比）複雜性的主要根源。

　　當指令需要使用前一條指令的結果，而這個結果還未回寫到暫存器檔時，便產生資料相關（這些問題在前面 1.5 節的「管線危險」中討論過）。轉發通路使結果產生後可以立即在級數間傳送。5 級 ARM 管線要求 3 個來源運算元都能從任何 3 個中間結果暫存器中轉發，如圖 4-4 所示。

　　有一種情況，即使使用轉發，也不可能避免管線的停頓。考慮下列代碼的序列：

```
LDR      rN, [⋯]        ；從某處載入 rN
ADD      r2, r1, rN     ；立即使用它
```

　　因為載入到 rN 的值在緩衝／資料級結束時剛剛進入處理器，而後面的指令在執行級的開始就需要它，所以，處理器無法避免 1 個週期的停頓。避免這種停頓的唯一方法是鼓勵編譯器（或組合語言程式設計師）不要緊跟在 Load 指令後面放置一個相關的指令。

　　因為 3 級管線 ARM 核心不受這種代碼序列的影響，已有的 ARM 程式常會使用這種序列。這樣的程式在 5 級 ARM 核心上也能正確執行。但如果重新改寫這個程式，透過簡單地重新排列指令來去除這些相關，程式會執行得更快。

PC 的產生

　　r15 的行為，正如程式設計師所看到的並在 4.1 節「PC 行為」一段中所描述的，是基於 3 級管線的操作特性。5 級管線在管線中提前了 1 級數來讀取指令運算元，自然得到不同的值（PC＋4 而不是 PC＋8）。這產生的代碼不相容是無法接受的。但是 5 級管線 ARM 全都模擬較早的 3 級管線的行為。參考圖 4-4，在取指級增加的 PC 值被直接送到解碼級的暫存器檔案（file），穿過兩級數之間的管線暫存器。下一條指令的 PC＋4 等於當前指令的 PC＋8，因此，未使用額外的硬體便得到了正確的 r15。

4.3　ARM 指令執行

　　參考圖 4-1 給出的資料通路組織結構，可以很好地理解 ARM 指令的執行。我們將使用這個圖的注釋版本，省略控制邏輯部分，突顯作用中的匯流排來表示運算元在處理器各個單元間的移動。下面從簡單的資料處理指令開始。

資料處理指令

　　資料處理指令需要兩個運算元，其中一個總是暫存器，另外一個是第二暫存器或立即數。第二運算元經過桶式移位器，在那裡經過一般的移位操作後，於 ALU 中用一般的 ALU 操作同第一運算元結合。最後 ALU 的結果回寫到目的暫存器（條件碼暫存器可能被更新）。

　　所有的這些操作都發生在同一時脈週期，如圖 4-5 所示。注意位址暫存器中的 PC 值是如何增值並拷貝到位址暫存器和暫存器組的 r15，下下條指令是如何裝入到指令管線（i. pipe）底部的。在需要時，從指令管線頂部的當前指令提取立即數。對於資料處理指令，只有指令的低 8 位元（位[7：0]）用做立即數。

資料傳送指令

　　資料傳送（Load 或 Store）指令計算記憶體位址的方式與資料處理指令計算其結果的方式非常相似。一個暫存器用做基址，它的值加上（或者減去）偏移量。偏移量可能是另外的暫存器或立即數。但是，這次使用的是不移位的 12 位元立即數，而不是移位的 8 位元值。位址送到位址暫存器，並在第二週期進行資料傳送。在資料傳送週期沒有在資料通路留下大量的空閒時間。ALU 保持從第一個週期得到的位址分量，如果需要，則可以用來計算自動索引對基址暫存器的修改。（如果不需要自動索引，則計算值在第二週期不被回寫到基址暫存器。）

　　帶有一個立即數偏移的資料 Store 指令（STR）在這兩個週期中的資料通路操作如圖 4-6 所示。注意，增加後的 PC 值如何在第一週期末存入暫存器

組，以使位址暫存器在第二週期能空下來接受資料傳送位址，然後在第二週期末，再將 PC 送回位址暫存器，使預取指得以繼續。

或許在這一級應該注意，在一個時脈週期中送到位址暫存器的值是用做下一個時脈週期記憶體存取的值，位址暫存器在效果上是處理器的資料通路與外部記憶體之間的管線暫存器。

（位址暫存器能在臨近當前週期結束前，產生下一個時脈週期的記憶體位址。如果需要，則可以把管線延遲的責任轉移給記憶體，這可以使一些存儲元件以較高的性能工作。這裡我們把這一細節留到以後討論。現在我們將把位址暫存器看作是通向記憶體的管線暫存器。）

當指令指定儲存的資料為位元組類型時，資料輸出模組便從暫存器提取最低位元組，並在 32 位元資料匯流排上把它重複 4 次。這時外部記憶體控制邏輯使用位址匯流排的低兩位元來啟動在記憶體系統中適當的位元組。

Load指令也使用同樣的模式，不同的只是來自記憶體的資料在第 2 週期僅到達資料輸入暫存器，還需要第 3 週期將資料從這裡傳送到目的暫存器。

分歧（Branch）指令

分歧指令在第一週期計算目標位址，如圖 4-7 所示。從指令中提取一個 24 位元立即數，並左移兩位元產生字元對齊的偏移，再與 PC 相加。結果作為取指的位址發送出去。在重新填充指令管線時，如果需要（這指的是，如果指令為分歧連結），則將返回位址拷貝到連結暫存器（r14）。

要完成管線再填充則還需要第 3 週期。這個週期也用來對儲存在連結暫存器中的值作小的修正，以便能直接指向跟在分歧指令後面的指令。這是必須的，因為r15包含pc＋8，而下一條指令是pc＋4（參看4.1節「PC行為」一段）。

其他 ARM 指令的操作方式同上面所述類似。下面將轉向更詳細地討論資料通路如何完成這些操作。

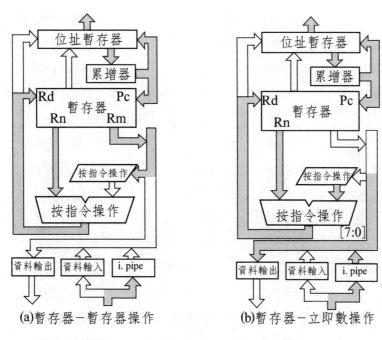

(a)暫存器－暫存器操作　　　(b)暫存器－立即數操作

圖 4-5　資料處理指令的資料通路行為

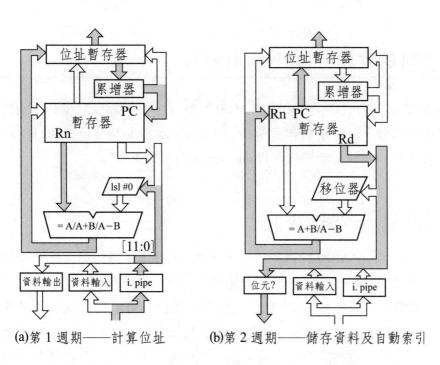

(a)第 1 週期——計算位址　　　(b)第 2 週期——儲存資料及自動索引

圖 4-6　STR（儲存暫存器）指令的資料通路行為

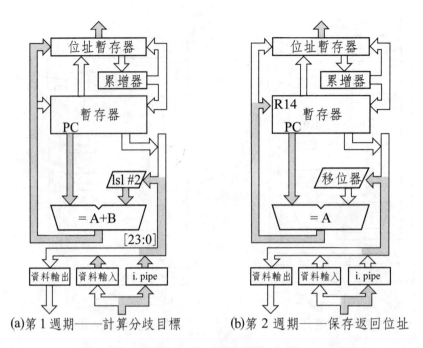

(a)第 1 週期──計算分歧目標　　　　(b)第 2 週期──保存返回位址

圖 4-7　分歧指令的 3 個週期中的前兩個週期

4.4　ARM 的實作 (implementation)

　　ARM 的實作方式與第 1 章中對 MU0 的概述相似。將設計畫分為資料通路部分和控制部分，前者用暫存器傳輸級（Register Transfer Level, RTL）描述，後者可看成是一個有限狀態機（Finite State Machine, FSM）。

時脈方案（Clocking scheme）

　　與 1.3 節中給出 MU0 的例子不同，多數 ARM 不用邊緣感測的暫存器來工作，而是根據如圖 4-8 所示的兩相非重疊時脈來設計。兩相非重疊時脈是在內部由輸入的同一個時脈訊號產生的。這個方案允許使用電位感測的透明栓鎖器。資料移動是透過使資料交替地通過栓鎖器來進行控制的。這些栓鎖器有些在第 1 相導通，有些在第 2 相導通。第 1 相和第 2 相時脈的非重疊特徵確保在電路中沒有競爭條件。

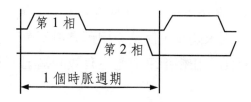

圖 4-8　兩相非重疊時脈方案

資料通路時序（Datapath timing）

　　3 級管線資料通路的正常時序如圖 4-9 所示。暫存器讀取匯流排是動態的，在第 2 相預充電（這裡「動態」意指它們有時沒有驅動，由電荷保持其邏輯值。使用充電保持電路使它具有準靜態的行為，即使時脈在週期內任意點停止，資料也不會丟失）。當第 1 相變高時，所選的暫存器就對讀取匯流排放電，在第 1 相的早期變為有效值。一個運算元通過桶式移位器（它也使用了動態技術），移位器的輸出在第 1 相稍晚變為有效值。

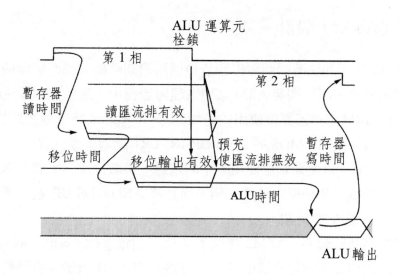

圖 4-9　ARM 資料通路的時序（3 級管線）

ALU 的輸入栓鎖器在第 1 相導通,使運算元一旦有效,便可開始在 ALU 組合。但是它們在第 1 相末關閉,使第 2 相預充電不會到達 ALU。這樣 ALU 在第 2 相繼續處理運算元,在相結束前產生有效的輸出,並在第 2 相結束時栓鎖到目的暫存器。

但要注意資料如何藉由 ALU 輸入栓鎖。它們並不影響資料通路的時序,因為當有效的資料到達時它們導通。透明栓鎖器的這一特性在 ARM 設計中被用在許多地方,以確保時脈不減慢關鍵訊號。

因此,最小資料通路週期時間是下列時間的總和,即

⑴暫存器讀取時間。

⑵移位延遲。

⑶ ALU 延遲。

⑷暫存器寫入建立時間。

⑸第 1 相和第 2 相非重疊時間。

當然,ALU 延遲是主要因素。ALU 延遲的變化很大,依賴於它執行的操作。邏輯操作相對較快,因為它不涉及進位傳輸。算術操作(加、減和比較)涉及較長的邏輯路徑,因為進位的傳輸可能會穿越整個字元寬。

加法器(Adder)設計

因為 32 位元加法時間明顯影響資料通路週期時間,進而影響最大時脈速率和處理器性能,所以開發 ARM 系列處理器過程中,這一直是關注的焦點。

第一個 ARM 處理器原型使用的是如圖 4–10 所示的簡單漣波進位(ripple-carry)加法器。使用 CMOS 的 AND-OR-INVERT 閘產生進位邏輯,再將 AND / OR 邏輯交換,以便偶數位使用圖中的電路,奇數位使用對偶的電路。對偶電路的輸入和輸出都是原電路的反相,而且將 AND 閘同 OR 閘交換。最壞情況下的進位路徑為 32 個閘。

為了提高時脈頻率,ARM2 使用了 4 位元前置進位(carry look-ahead)方案以減少最壞情況下進位通路的長度,電路如圖 4–11 所示。邏輯發出進位產生(Generate, G)和傳遞(Propagate, P)訊號,它們控制 4 位元進位輸出。進位傳遞通路的長度減少到 8 個閘延遲,也使用了合併的AND-OR-INVERT閘和交替的 AND / OR 邏輯。

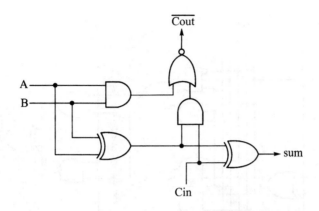

圖 4-10　原用於 ARM1 的漣波進位加法器電路

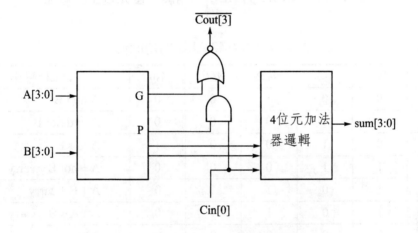

圖 4-11　ARM2 的 4 位元前置進位方案

ALU 的功能

　　ALU 不僅是將兩個輸入相加。它必須完成指令集定義的全部資料操作，包括記憶體傳送所需的位址計算、分歧計算和逐位元式（bit-wise）邏輯功能等。

　　ARM2 ALU 的全部邏輯如圖 4-12 所示。這個 ALU 產生的全部功能和 ALU 功能選擇的相關數值如表 4-1 所列。

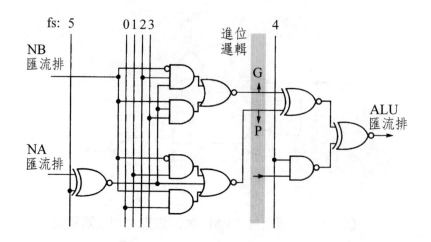

圖 4-12　ARM2 的 ALU 中用於 1 位元輸出的邏輯

表 4-1　ARM2 ALU 的功能代碼

fs5	fs4	fs3	fs2	fs1	fs0	ALU 輸出
0	0	0	1	0	0	A and B
0	0	1	0	0	0	A and not B
0	0	1	0	0	1	A xor B
0	1	1	0	0	0	A + not B + carry
0	1	0	1	1	0	A + B + carry
1	1	0	1	1	0	not A + B + carry
0	0	0	0	0	0	A
0	0	0	0	0	1	A or B
0	0	0	1	0	1	B
0	0	1	0	1	0	not B
0	0	1	1	0	0	0

ARM6 的進位選擇加法器（carry-select adder）

在 ARM6 中使用進位選擇加法器使最壞情況下的加法時間得到進一步的提高。這種形式的加法器在計算各字元欄的和時，同時計算進位輸入為 0 及進位

輸入為 1 的兩種情況。然後用正確的進位輸入值來控制多工器（multiplexer），選擇最終的結果。完整的電路方案如圖 4–13 所示。

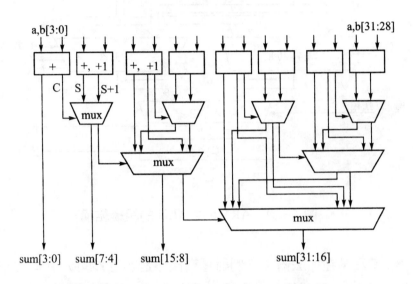

圖 4–13　ARM6 的進位選擇加法器方案

其關鍵路徑是 O（$\log_2$[字寬]）個邏輯閘的長度。儘管因為這些閘中有些扇出（fan-out）較高，因而難於同先前的方案直接比較，但是，最壞情況的加法時間比 4 位元前置進位加法器明顯加快，代價是晶片面積也明顯增加了。

ARM6 的 ALU 結構

ARM6 進位選擇加法器使 ALU 的算術和邏輯功能不容易合併為像 ARM2 所用的那種單一結構。相反地，分離的邏輯單元和加法器並行執行，根據需要，用多工器從加法器或邏輯單元中選擇輸出。

完整的 ALU 結構如圖 4–14 所示。每個運算元可以選擇是否取反相然後相加並在邏輯單元中組合，最後選出所需的結果並發送到 ALU 的結果匯流排。

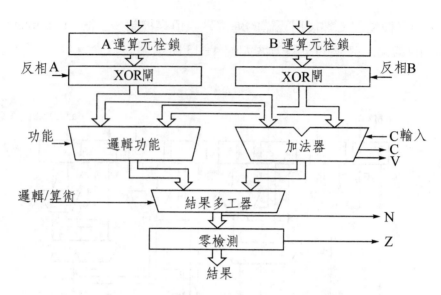

圖 4-14　ARM6 中 ALU 的組織結構

旗標位 C 和 V 在加法器（它們對邏輯操作是無意義的）中產生，旗標位 N 來自結果的第 31 位元的拷貝，旗標 Z 則從整個結果匯流排求值。注意產生旗標 Z 需要一個 32 個輸入端的 NOR 閘，這會很容易成為關鍵路徑的訊號。

進位仲裁加法器（Carry arbitration adder）

加法器的邏輯在 ARM9TDMI 中得到進一步的改進。在那裡使用了進位仲裁（carry arbitration）加法器。這種加法器使用一種非常快速的並行邏輯結構「並行前置（parallel-prefix）」樹來計算所有的中間進位。

進位仲裁方案使用兩個新的變數 u 和 v 來記錄傳統的進位傳遞和進位產生訊息。加法器的輸入為 A 和 B，考慮一個特定位的進位輸出 C 的計算演算法。在進位輸入確定之前，可以得到的訊息如表 4-2 所列。該表還給出這些訊息如何由 u 和 v 編碼。這些訊息可以用以下公式與相鄰位元的訊息來組合，即

$$(u, v) \cdot (u', v') = (v + u \cdot u', v + u \cdot v') \tag{12}$$

可以看出這個組合操作是相關的，因而可以使用規則的並行前置樹來計算求和中所有位元的 u 和 v。算式（12）所需的的邏輯可以在單個 CMOS 閘上將 4 對輸入組合在一起，從單個電晶體結構中產生新的 u 和 v 輸出。

表 4-2　ARM9 進位仲裁編碼

A	B	C	u	v
0	0	0	0	0
0	1	未知	1	0
1	0	未知	1	0
1	1	1	1	1

此外，還可以看出，如果進位輸入為 1，則 u 給出進位輸出；如果進位輸入為 0，則 v 給出進位輸出。因此，u 和 v 可以用來產生混合的進位仲裁／進位選擇加法器所需的（Sum, Sum＋1），產生一系列可以在性能、面積和功耗之間折衷考慮的、可能的設計。

桶式移位器（barrel shifter）

ARM 體系結構支援與 ALU 操作串列完成移位操作的指令，其組織結構如圖 4-1 所示。因此，移位器的性能是關鍵的，因為移位時間直接計入資料通路的週期時間，如圖 4-9 的資料通路時序圖所示。

（其他處理器的體系結構趨向於使 ALU 與移位器並行。這樣，只要移位器不比 ALU 慢，它就不影響資料通路的週期時間。）

為了減少因移位器的延遲，使用一個交叉切換（cross-bar switch）矩陣把每一個輸入引導到適當的輸出。交叉切換的原理如圖 4-15 所示。圖中顯示了一個 4×4 的矩陣（ARM 處理器使用 32×32 矩陣）。每一個輸入都藉由開關與一個輸出相連。如果使用預充（pre-charged）動態邏輯，正像它在 ARM 資料通路中那樣，每一個開關可以用單 NMOS 電晶體來實作。

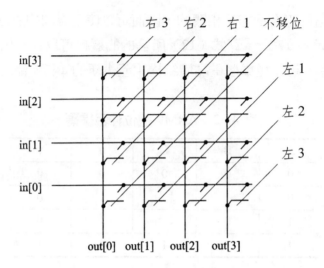

圖 4-15　交叉切換桶式移位器原理

把沿著一條對角線的開關連接到共同的控制輸入，即可實現移位功能，即

   (1)對於左移或右移功能，將一條對角線的開關導通。這將所有的輸入位元與所使用的輸出分別相連。（不是所有的都使用，因為一些位元從末端移出。）在ARM中，桶式移位器的操作使用反邏輯，「1」代表接近地的電位，「0」代表接近電源的電位。預充電將所有的輸出置為「0」，因此，那些在特定的切換操作中沒有同任何輸入相連的輸出保留為「0」，得出了移位語義所需要的「0」填充。

   (2)對於循環右移功能，右移對角線同互補的左移對角線一起致能。例如，在4位元矩陣中使用「右1」和「左3」（3＝4－1）對角線來實現右循環1位元。

   (3)對於未連接的輸出位元，算術右移使用符號擴展而不是0填充。使用另外的邏輯進行移位總量解碼以及適當地為那些未連接的輸出放電。

乘法器（Multiplier）設計

與第一個原型機不同，所有的ARM處理器都實作了支援整數乘法的硬體。使用過兩種類型的乘法器：

⑴早期的 ARM 核心使用低成本乘法器硬體，它只支援 32 位元結果的乘法和乘累加（multiply-accumulate）指令。

⑵近期的 ARM 核心具有高性能的乘法器硬體，支援 64 位元結果的乘法和乘累加指令。

　　低成本方式重複使用主要的資料通路，使用桶式移位器和 ALU 在每一個時脈週期產生 2 位元乘積。當乘法暫存器不再有資料時，早期終止（early-termination）邏輯停止迭代。

　　乘法器使用改進的 Booth 演算法，利用「×3」可以由「×（−1）＋×4」這樣的事實來產生 2 位元積。這就使 2 位元乘法器的全部 4 個值都能藉由簡單的移位以及加或減來實作，有可能將「×4」進位到下一個週期。

　　乘法運算第 N 個週期的控制設置情況如表 4−3 所列。（注意「×2」的情況也採用減法和進位來實作。同樣也可以採用加法和不進位，但採用這種方法控制邏輯稍簡單些。）

表 4−3　兩位元乘法演算法，第 N 個時脈週期

進位輸入	乘　　數	移　　位	ALU	進位輸出
0	×0	LSL #2N	A＋0	0
	×1	LSL #2N	A＋B	0
	×2	LSL #（2N＋1）	A−B	1
	×3	LSL #2N	A−B	1
1	×0	LSL #2N	A＋B	0
	×1	LSL #（2N＋1）	A＋B	0
	×2	LSL #2N	A−B	1
	×3	LSL #2N	A＋0	1

　　因為這種乘法使用已有的移位器和 ALU，所以，它所需要的額外硬體只限於乘法器專用的、每週期兩位元的移位暫存器，以及用於 Booth 演算法控制邏輯的少許閘。把這些總合起來等於 ARM 核心面積百分之幾的開銷。

高速乘法器

當乘法性能非常重要時，必須使用較多的硬體資源。在一些嵌入式系統中，ARM核心除了執行一般控制功能外，還要進行即時數位訊號處理（DSP）。DSP程式的特點是大量使用乘法。乘法硬體的性能可能是滿足即時制約的關鍵。

在一些 ARM 核心中，高性能乘法採用的是廣泛應用的冗餘二進制表示，以避免與部分乘積相加有關的進位傳遞延遲。中間結果被保存為部分和（partial sums）及部分進位（partial carries），再使用像 ALU 中加法器那樣的進位傳遞（carry-propagate）加法器把這二者加起來，得到真正的二進制結果。但這僅在乘法結束時做一次。在乘法期間，部分和及進位在保留進位（carry-save）加法器中結合，在每級加法中進位僅傳遞 1 位元。這就使保留進位加法器的邏輯路徑比進位傳遞加法器短得多，而後者可能要將進位傳遞 32 位元。因此，可以在單時脈週期完成幾個保留進位操作，而這段時間僅能容納 1 個進位傳遞操作。

有許多方法可構造保留進位加法器，但最簡單的是 3 輸入和 2 輸出的形式。它把部分和、部分進位和部分積作為輸入，3 者有相同的二進制權重，產生新的部分和及部分進位以作為輸出，進位具有和的 2 倍權重。每位的邏輯功能與傳統的漣波進位傳遞加法器（見圖 4-10）中的加法器一致，但結構是不同的。圖 4-16 說明了這兩種結構。進位傳遞加法器取兩個傳統的（非冗餘）二進制數作為輸入，產生二進制和。保留進位加法器取 1 個二進制和 1 個冗餘（部分和與部分進位）輸入，產生以冗餘二進制表示的和。

在反覆進行的乘法操作中，每一級產生的和被反饋（fed back）回去，並與一個新的部分積相加。當所有的部分積都加過後，把部分和及部分進位在 ALU 的進位傳遞加法器中加起來，把冗餘表示轉化為傳統的二進制數。

高速乘法器（high-speed multiplier）具有幾層相互串聯的保留進位加法器，每層處理 1 個部分積。如果部分積是按照類似表 4-3 描述的一種改進的 Booth 演算法產生的，那麼每一級保留進位加法器在每個週期處理兩位元乘數。

用於一些 ARM 核心的高性能乘法器的整體結構如圖 4-17 所示。暫存器名稱指的是將在 5.8 節描述的指令。保留進位陣列有 4 層加法器，每層處理兩位元乘數，因此，陣列每個週期能乘 8 位元。部分和及進位暫存器在指令的開始被清除，或者可以將部分和暫存器初始化為累加值。因為乘數在 Rs 暫存器

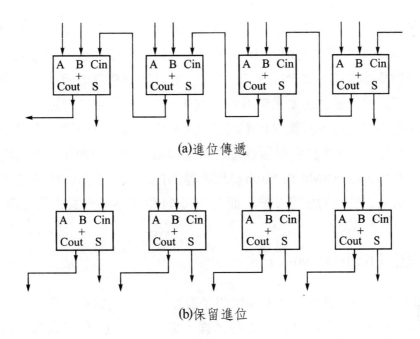

(a)進位傳遞

(b)保留進位

圖 4-16 進位傳遞和保留進位加法器結構

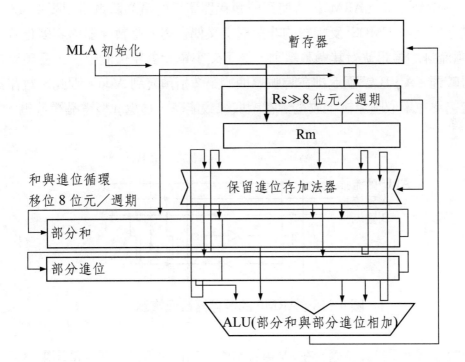

圖 4-17 ARM 高速乘法器組織結構

中每週期右移 8 位元，所以部分和及進位每週期循環右移 8 位元。陣列最多循環 4 次。當乘數在高位有很多 0 時，可提前終止以便在較少的週期內完成指令，部分和及進位被一次合成為 32 位元，並寫回到暫存器組。（當乘法提前結束時，部分和及進位需要重新對齊，圖 4-17 沒有表示這一點。）

　　高速乘法器比用於其他 ARM 的低成本解決方案需要更多的硬體。有 160 位元移位暫存器和 128 位元保留進位加法器邏輯。增加的面積成本大約是簡單處理器的 10%，在 ARM8 和 StrongARM 等高性能核心中占的比例就更小了。獲得的好處是乘法大約加速 3 倍，而且支援 64 位元結果形式的乘法指令。

暫存器組（register bank）

　　ARM 資料通路最後一個主要模組是暫存器組。在這裡，所有的用戶可見狀態被保存在 31 個通用 32 位元暫存器裡，總共有約 1K 位元資料。因為在設計中 1 位元暫存器單元重複許多次，因此，值得花力氣來減小它的尺寸。

　　到 ARM6 為止，ARM 核心使用的暫存器單元的電晶體電路如圖 4-18 所示。儲存單元是 CMOS 反相器的非對稱交叉偶合對。當暫存器內容變化時，ALU 匯流排的強訊號對其過載驅動。為了減小單元對新值的阻抗，反饋反相器做得較弱。A、B 讀匯流排在時脈週期的第 2 相預充到 Vdd。因此，暫存器單元僅需要在讀取匯流排上放電。當讀取線致能時，透過 n 型電晶體放電。

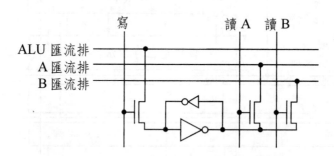

圖 4-18　ARM6 的暫存器單元電路

　　此暫存器單元設計為適於在 5V 電源電壓下工作。但是，在低電源電壓下，透過 n 傳輸電晶體寫「1」就很困難。因為低電壓可以得到好的電源效率，從

ARM6 開始，ARM 核心或者使用全 CMOS 傳輸閘（在寫入電路的 N 型電晶體上並聯一個 P 型，需要互補的寫致能控制線），或者使用更複雜的暫存器電路。

這些暫存器單元被按列組織成 32 位元暫存器。各列組合在一起形成整個暫存器組。然後將讀寫致能線的解碼器排列在單元列的上面，如圖 4-19 所示，因而致能訊號垂直佈線，資料匯流排水平跨越暫存器單元陣列。由於解碼器在邏輯上比暫存器單元本身複雜，但又要按照單元來選擇水平間距，所以，解碼器版圖變得非常緊湊，解碼器本身必須又高又窄。

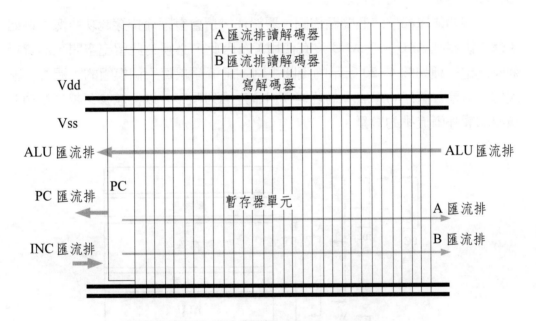

圖 4-19 ARM 暫存器組的版圖規劃

在較簡單的核心中，ARM 程式計數暫存器在實體上是暫存器組的一部分，但它有 2 個寫埠及 3 個讀埠，而其他的暫存器有 1 個寫埠和 2 個讀埠。將 PC 安排在一端，使它可以靠近額外的埠而且可以作得較「胖」，暫存器陣列的對稱因而得以保持。

在簡單的 ARM 核心中，暫存器組的電晶體占總數的 1/3。但是，由於其類似記憶體一樣的緊密結構，占用的晶片面積相比之下要小得多。它不能同 SRAM 塊的電晶體密度相比，因為它有兩個讀埠，並且要與資料通路的間距匹配。間

距由較複雜的邏輯功能（如ALU）決定。但由於較高的規則性，它的密度還是比其他邏輯功能要大。

資料通路的版圖

　　ARM 資料通路中的每一位元都按等間距佈圖。複雜的功能（例如 ALU）適於大間距佈圖；而簡單的功能（例如移位暫存器）按小間距佈圖最有效。實際的間距將是這兩者的折衷。

　　每個功能塊都按這個間距佈圖。要記住，還會有匯流排穿越功能塊（例如 B 匯流排穿越 ALU，但 ALU 沒有使用），因此，必須為此留出空間。為資料通路制定一種如圖 4–20 所示的版圖規劃，記下穿越每一個模組的「過客」匯流排，這是一個好的想法。為功能模組確定排列順序，以便減少穿越複雜功能模組的額外匯流排的數量。

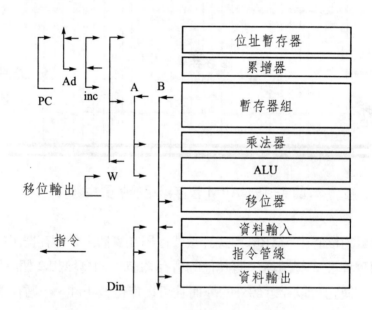

圖 4–20　ARM 核心的資料通路匯流排

　　現代 CMOS 技術允許用多個金屬層佈線（早期 ARM 核心使用兩層金屬）。必須仔細選擇哪層佈線用做電源和地，哪層佈線用做資料通路中的匯流排訊

號,以及哪層佈線用做跨越資料通路的控制訊號(例如在 ARM2 中,Vdd 和 Vss用第 2 層金屬走在資料通路兩邊,跨越資料通路的控制線使用第 1 層金屬,而匯流排總是沿第 2 層金屬走線)。

控制結構

在較簡單的 ARM 核心中,控制邏輯有 3 種彼此相關的結構元件,如圖 4-21 所示。

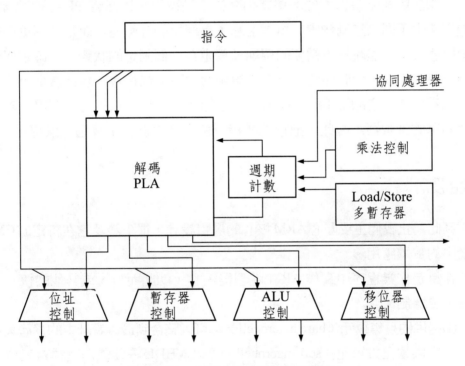

圖 4-21 ARM 控制邏輯的結構

(1)指令解碼器 PLA(Programmable Logic Array,可程式邏輯陣列)。這個
    單元使用指令中的某些位元和內部的週期計數器來定義下一個週期在資
    料通路上完成的操作類型。
(2)分散且與每個主要資料通路功能塊相關的二級控制單元。該邏輯使用來
    自從主解碼器 PLA 的類訊息,選擇其他指令位元和/或處理器狀態訊

息，以便控制資料通路。

(3)分散的控制單元。用於週期數可變的特殊指令（多暫存器Load和Store、乘法和協同處理器操作）。這時主解碼器 PLA 鎖定在一個固定狀態，直到遠端控制單元指明操作完成為止。

主解碼器 PLA 有約14個輸入、40個乘積項和40個輸出，對於不同的核心，精確的數目稍有不同。在最近的ARM核心中，它以兩個PLA實作：較小的、快的 PLA 產生時間關鍵的輸出；較大的、慢的 PLA 產生所有其他輸出。然而從功能上它們可被視為同一個 PLA 單元。

週期計數模組可以標識多週期指令的不同週期，以便將 PLA 解碼為每一個週期產生不同的控制輸出。事實上它不是簡單的計數器，而是一個更一般的有限狀態機。它能跳過不需要的週期及鎖定在一個固定的狀態。它確定何時當前指令將要完成，何時開始從指令管線中傳送下一條指令，包括當指令的條件測試未滿足時在它的第1個週期末尾中止指令。但是，它的行為在很多時候像一個簡單的計數器，因此，把它看成指令週期計數器也不算過於誤導。

實體設計

到此為止我們主要關心ARM核心的邏輯設計，很少談及它在特定的CMOS技術中的實體應用。

在特定作業程序中實作 ARM 處理器核心（就此而言，或其他的核心）有兩種主要機制：

(1)提供硬巨集單元（hard macrocell）：可以整合到最終設計中的實體版圖。

(2)提供軟巨集單元（seft macrocell）：以 VHDL 等硬體描述語言表述的、可合成（synthesizable）的設計。

硬巨集單元在目標作業程序的全部特性都已確定，具有完全定製（full-custom）手工佈圖的面積優勢，但只能應用於設計所採用的特定作業程序。每次改變作業程序都必須修改版圖和重新確定特性。軟巨集單元可以容易地轉向新的作業程序技術，但每一次作業程序變化後，也必須重新確定它的特性。

早期的 ARM 核心僅以硬巨集單元交付。它們的資料通路採用完全定製設計，在邏輯原理圖的等級設計控制邏輯，使用自動佈局佈線工具和標準單元庫

（cell library）將邏輯轉化為版圖。為便於作業程序移植，使用普通的設計規則（單元庫和完全定制資料通路都是如此）來設計。這樣就可以對上述實體佈圖進行幾何轉換，將其映射到一些設計規則類似但不完全一致的其他作業程序上。

　　最近的 ARM 核心有了軟、硬核心兩種形式。硬巨集單元在保留手工完全定制資料通路的同時，其控制邏輯用合成實現。軟巨集單元為暫存器傳輸級（RTL）描述，是完全可合成的。

　　一些 ARM 合作伙伴採用中間路線，使用 ARM 核心的閘級網表（netlist）描述作為基礎，向新作業程序移植。在移植過程中不進行再合成，只是將上述網表（使用自動佈局佈線工具）映射到以新作業程序實現的標準單元庫。

　　在軟、硬巨集單元（或閘級網表）間選擇是一個複雜的決定。硬巨集單元顯然能給出在特定作業程序下最佳的面積、性能和電源效率，但是要移植到其他作業程序則需花費大量時間、勞動和成本。軟巨集單元和可移植的網表則更靈活，而且現在自動化工具的品質已經很高。也就是說，在性能上它們正接近手工佈圖。軟巨集單元的可移植性則意味著我們要在最新作業程序的軟巨集單元和舊作業程序的硬巨集單元之間進行選擇，而作業程序技術的先進性可輕易地勝過最佳化方面的微小損失。

4.5　ARM 協同處理器介面 (coprocessor interface)

　　ARM 藉由增加硬體協同處理器來支援對其指令集的通用擴展，透過未定義指令陷阱（trap）支援這些協同處理器的軟體模擬。

協同處理器的體系結構

　　協同處理器的體系結構將在 5.16 節說明。它最重要的特徵如下：

　⑴支援多達 16 個邏輯協同處理器。

　⑵每個協同處理器可以有多達 16 個專用的暫存器，其大小不限於 32 位元，可以是任何合理的位元數。

(3)協同處理器使用 Load-Store 體系結構，有對內部暫存器操作的指令，有
　　從記憶體讀取資料裝入暫存器以及將暫存器資料存入記憶體的指令，以
　　及與 ARM 暫存器傳送資料的指令。

簡單的 ARM 核心提供電路板等級（board level）協同處理器介面，因此，
協同處理器可以作為一個獨立的元件接入。高速時脈使得電路板等級介面非常
困難，因此，高性能的 ARM 協同處理器介面僅限於晶片上使用，特別是 Cache
和記憶體管理控制功能，但是也可以支援其他的晶片上協同處理器。

ARM7TDMI 協同處理器介面

ARM7TDMI 協同處理器介面是基於匯流排監視（bus watching）的技術（其
他 ARM 使用不同的技術）。協同處理器與一個用於 ARM 指令流流入 ARM 的
匯流排相連。協同處理器將指令拷貝到內部的管線，並在內部管線中模仿 ARM
指令管線的行為。

當每一個協同處理器指令開始執行時，在 ARM 和協同處理器之間有一個
「交握」，以確認它們兩者都準備執行它。交握（hand shake）使用 3 種訊號：

(1) $\overline{cpi}$（從 ARM 到所有的協同處理器）：該訊號代表「協同處理器指令」，
　　指示 ARM 已識別到一個協同處理器指令，希望執行它。

(2) cpa（從協同處理器到 ARM）：「協同處理器不存在」訊號，告訴 ARM
　　沒有能執行當前指令的協同處理器。

(3) cpb（從協同處理器到 ARM）：「協同處理器忙碌」訊號，告訴 ARM
　　協同處理器還不能開始執行指令。

在時序上，ARM 和協同處理器兩者都必須獨立地產生它們各自的訊號。
協同處理器不可能在產生 cpa 和 cpb 之前一直等到看到 $\overline{cpi}$ 訊號。

交握的結果（Handshake outcomes）

一旦協同處理器指令進入 ARM7TDMI 和協同處理器管線，依靠交握訊號
的不同，可能有 4 種方式處理這條指令，即

⑴ ARM 可以確定不執行它，或者由於它處於分歧中，或者由於未能透過條件碼測試。（所有的 ARM 指令，包括協同處理器指令，都是條件執行。）ARM 將不會聲明 $\overline{\text{cpi}}$，指令將被完全放棄。

⑵ ARM 可能確定執行它（透過聲明 $\overline{\text{cpi}}$ 來發出訊號），但是沒有協同處理器可以接收它，因此 cpa 保持有效。ARM 將採用未定義的指令陷阱，並使用軟體來恢復（可能透過模擬被捕獲的指令來恢復）。

⑶ ARM 確定執行指令且有協同處理器接收它，但還執行它。協同處理器使 cpa 變低，但使 cpb 仍保持為高。ARM 將在此停止指令流，遇忙碌等待，直到協同處理器將 cpb 變低為止。如果在協同處理器忙碌時有中斷請求到達，則 ARM 將暫停以處理中斷，稍後返回以重試協同處理器指令。

⑷ ARM 確定執行指令，而且協同處理器接收並立即執行它。cpi、cpa 和 cpb 都變低，雙邊按約定完成指令。

資料傳送

如果指令是協同處理器資料傳送指令，則 ARM 負責產生初始記憶體位址（協同處理器不需要與位址匯流排有任何連接），但協同處理器需要確定傳送的長度。ARM 將連續增加位址，直到協同處理器發出訊號表示傳送已經完成為止。交握訊號 cpa 和 cpb 也用於這個用途。

因為資料傳送一旦開始便不可中斷，所以，協同處理器應將最大的傳送長度限制為 16 個字元（同多暫存器 Load 和 Store 指令的最大長度一樣），以至不會危及 ARM 中斷反應。

優先執行（Pre-emptive execution）

如果交握沒有最終完成，那麼只要它能恢復狀態，一旦指令進入管線，協同處理器就可以開始執行。直到提交時，所有的活動都必須是等冪的（idempotent）（可重複為同樣的結果）。

4.6 例題與練習

☞ 例題 4.1

為什麼ARM7 中的r15 在指令的第1 週期給出pc＋8，而在後續的時脈週期給出 pc＋12？

這是展示在程式設計師面前的 ARM 管線。參照圖4-2，可以看到，在當前指令（在下圖中的指令1）取指時以及它的後續指令（指令2）取指時，pc值都要增加，在第1 個執行週期開始時得到pc＋8。在第1 個執行週期，第3 個指令（指令3）取指，在所有的後續執行週期給出 pc＋12。

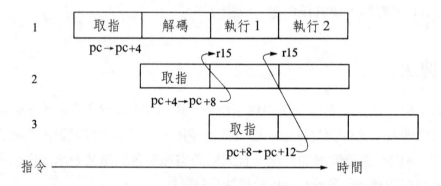

當多週期指令中斷管線的流程時，它們不影響這方面的行為。一條指令總是在它的第1 個執行週期進行下下條指令的取指，因此，r15 總是從第1 個執行週期開始時的pc＋8 變為第2 個（及後續）執行週期開始時的pc＋12。（注意其他 ARM 處理器不具有這一行為，因此，當寫 ARM 程式時，不要依靠它。）

練習 4.1.1

接續上例畫一個管線的流程圖，舉例說明 ARM 分歧指令的時序。（分歧目標在指令的第1 執行週期計算，在隨後的週期發送到記憶體。）

練習 4.1.2

在分歧目標計算之後和分歧目標處的指令準備執行之前有多少執行週期？處理器使用這些執行週期做什麼？

☞ 例題 4.2

完成圖 4−11 和圖 4−12 中 ARM2 的 4 位元進位邏輯電路。

4 位元前置進位（look-ahead）的設計使用各位的進位產生和進位傳遞訊號。這些訊號由如圖 4−12 所示的邏輯產生。這些位由 G[3：0] 和 P[3：0] 表示，從 4 位元群組的最高位給出的進位輸出由下式給出：

$$Cout = G[3] + P[3] \cdot (G[2] + P[2] \cdot (G[1] + P[1] \cdot (G[0] + P[0] \cdot Cin)))$$

因此，在圖 4−11 使用的塊進位產生和傳遞訊號 G4 和 P4，則由下式給出：

$$G4 = G[3] + P[3] \cdot (G[2] + P[2] \cdot (G[1] + P[1] \cdot G[0]))$$
$$P4 = P[3] \cdot P[2] \cdot P[1] \cdot P[0]$$

這兩個訊號獨立於進位輸入訊號，因此，能在它到來之前被建立，使得進位僅用 1 個 AND-OR-INVERT 閘延遲時間就傳遞通過 4 位元群組。

練習 4.2.1

使用輸入和功能選擇訊號，寫出圖 4−12 所示電路產生的一位 ALU 輸出的邏輯算式，並由此表示出表 4−1 列舉的全部 ALU 功能是如何產生的。

練習 4.2.2

估計漣波進位（ripple-carry）加法器和 4 位元前置進位加法器的閘數。兩個設計都基於圖 4−12 所示的電路，不同的只是進位方案。

前置進位方案的額外速度以多少閘為代價？它是怎樣影響加法器的規則性，進而影響了設計代價的？

5 ARM 指令集

The ARM Instruction Set

本章內容綜述

在第 3 章我們著重於用戶級 ARM 組合語言編程,對 ARM 指令集有了初步的了解。在本章我們將關注指令集更詳盡的細節,介紹標準 ARM 指令集中的全部指令。

一些 ARM 核心同時可以執行壓縮形式的指令集,它將 ARM 指令集的一個子集編碼為 16 位元指令,這就是將在第 7 章討論的 Thumb 指令。在本章中會看到有關 Thumb 體系的唯一內容就是在 ARM 指令集中這樣一條指令,它可以使處理器切換到執行 Thumb 指令。同樣,一些 ARM 核心支援擴展指令集以增強它們的訊號處理能力。對它們的討論推延到 8.9 節。

像所有處理器的全部指令集一樣,ARM 指令集也有一些隱藏複雜行為的地方。這些地方對程式設計師通常是完全沒有用處的,ARM 公司沒有定義在該情況下處理器的行為,相應的指令也是不能使用的。這種以特殊方式實作的 ARM 行為在將來也不一定會以同樣的方式實作。程式應當僅使用定義了語義的指令!

一些 ARM 指令並非在所有的 ARM 晶片中都能使用。當出現這種情況時將會強調指出。

5.1　引　言

在圖 2-1 中曾介紹了 ARM 的編程模型。在本章將考慮管理者(supervisor)和異常(exception)模式,因此會使用到陰影中(圖 2-1)的暫存器。

資料類型

ARM 處理器支援 6 種資料類型:

(1) 8 位元有號和無號位元組。

(2) 16 位元有號和無號半字元,它們以兩位元組的邊界對齊。

(3) 32 位元有號和無號字元,它們以 4 位元組的邊界對齊。

（一些早期的 ARM 處理器不支援半字元和有號位元組。）

ARM 指令全是 32 位元的字元並且必須是字元對齊的。Thumb 指令是半字元而且必須以兩位元組的邊界對齊。

在內部，所有的 ARM 操作都面向 32 位元的運算元。只有資料傳送指令支援較短的資料類型。當從記憶體加載一個位元組時，以零或符號擴展為 32 位元，然後作為 32 位元資料進行內部處理。

ARM 協同處理器可能支援其他資料類型，特別是定義了一些表示浮點數的資料類型。在 ARM 核心內沒有明確地支援這些資料類型。然而在沒有浮點協同處理器的情況下，這些類型可由軟體用上述標準類型來解釋。

記憶體組織

在以位元組為單位定址的記憶體中，有兩種方式來儲存字元，這根據最低有效位元組與相鄰較高有效位元組相比是存在較低的還是較高的位址來劃分。由於沒有充足的理由來選擇一種方式而否定另一種方式，關於哪種方式更好的爭論就更像是宗教之爭。

兩種方式如圖 5-1 所示。圖中展示了在兩種方式下各種類型的資料是如何儲存的。（半字元 12 儲存於位址 12，等等。）

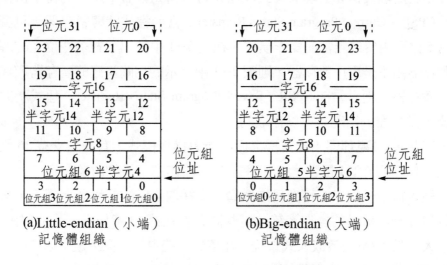

圖 5-1　Little 和 Big-endian 記憶體組織

用來表示兩種儲存方式的術語「小端（little-endian）」和「大端（big-endian）」源於Swift的《格利佛遊記》。小人國的居民以矮小而著名，法律強迫他們在打雞蛋時只能打小端。當這一法律實施時，那些喜歡在大端打雞蛋的公民對新的規則產生異議，內戰爆發。最後大端派在鄰近的島嶼避難，這就是Blefuscu王國。內戰導致了許多傷亡。

用「big-endian」和「little-endian」這兩個詞來表示計算機記憶體的兩種組織方法源於 Danny Cohen 於 1981 年 10 月在《Computer》上發表的「論聖戰與懇求和平」一文。

就我所知，在位元組排序的爭論中還沒有人受到致命的傷害。但是，這個問題造成了在不同排序規則的機器之間傳送資料時的重大實際困難。

大多數 ARM 晶片在爭論中保持嚴格的中立，並能配置為使用任何一種記憶體管理方式來工作，但它們的預設設置為 little-endian 格式。在本書中將全部採用 little-endian 格式，即較高的有效位元組存放在較高的記憶體位址。ARM 可以是中立的，但我不是！

特權模式（Privileged modes）

正如第 3 章所述，絕大多數程式都在使用者模式下操作。但是 ARM 還有一種用於處理異常和管理者程式呼叫（有時稱為軟體中斷）的特權操作模式。

CPSR（Current Program Status Register，當前程式狀態暫存器，見圖 2-2）的低 5 位元用於定義當前操作模式。在表 5-1 中給出了對這些位元的解釋。如果暫存器組不是用戶暫存器，則圖 2-1 中所示的相關灰底的暫存器取代相應的用戶暫存器，而且當前 SPSR（Saved Program Status Register，程式狀態保存暫存器，見後面）也變為可以存取的。

有些 ARM 處理器不能支援上面的所有操作模式，有些還支持 26 位元模式以便同較早的 ARM 相容。這些將在 5.23 節作進一步的討論。

進入特權模式只能藉由受控機構。當採取適當的記憶體保護後，這些模式可以建立全面保護的操作系統。這些問題將在第 13 章作進一步的討論。

大多數 ARM 用於嵌入式系統。在這類系統中此類保護是不適當的。但是，仍然可以使用特權模式給出較弱的保護，這對中斷錯誤軟體是有用的。

表 5-1 ARM 操作模式和暫存器使用

CPSR[4:0]	模　式	用　途	暫存器
10000	使用者	正常使用者模式	用戶
10001	FIQ	處理快速中斷	_fiq
10010	IRQ	處理標準中斷	_irq
10011	SVC	處理軟體中斷（SWI）	_svc
10111	中止	處理記憶體故障	_abt
11011	未定義	處理未定義的指令陷阱	_und
11111	系統	運行特權操作系統任務	用戶

SPSR

　　每一種特權模式（系統模式除外）都有一個與之相關的程式狀態保存暫存器 SPSR。這個暫存器在進入特權模式時保存 CPSR 的狀態，以便當重新開始用戶行程時能全部恢復用戶狀態。從進入特權模式的時候開始，到用 SPSR 來恢復 CPSR 的時候為止，在這段時間 SPSR 通常不會改變。但是如果特權軟體重新進入（例如，管理者程式碼使得管理者程式呼叫自己），那麼必須把SPSR拷貝到一個通用暫存器並保存起來。

5.2　異常 (Exceptions)

　　通常用異常來處理在執行程式時發生的意外事件，如中斷、記憶體故障。在 ARM 的架構中，異常也用來指軟體中斷、未定義指令陷阱（undefined instruction traps）（它不是真正的「意外」事件）及系統重置功能（它在邏輯上發生在程式執行前而不是在程式執行中，儘管處理器在執行中可能再次重置）。這些事件都被劃歸「異常」，因為在處理器中它們都使用同樣的基本機制。

　　ARM 異常可以分為 3 類：

(1)指令執行引起的直接異常。軟體中斷，未定義指令（包括所要求的協同處理器不存在時的協同處理器指令）和預取指中止（因為取指過程中的記憶體故障導致的無效指令）屬於這一類。

(2)指令執行引起的間接異常。資料中止（在 Load 和 Store 資料存取時的記憶體故障）屬於這一類。

(3)外部產生的與指令流無關的異常。重置、IRQ 和 FIQ 屬於這一類。

異常的進入

當發生異常時，ARM 儘量完成當前指令（除了重置異常立即中止當前指令），然後脫離當前的指令序列去處理異常。間接或外部事件引起的異常將占據當前序列中的下一條指令。直接異常在產生時就按順序處理。處理器將執行下列動作：

(1)進入與特定異常相應的操作模式。

(2)將引起異常指令的下一條指令的位址保存到新模式的 r14 中。

(3)將 CPSR 的原值保存到新模式的 SPSR 中。

(4)藉由設置 CPSR 的第 7 位元來禁止 IRQ。如果異常為快速中斷，則還要設置 CPSR 的第 6 位元來禁止快速中斷。

(5)給 PC 強制賦值，使程式從表 5-2 給出的相應的向量位址開始執行。

表 5-2　異常的向量位址

異　　常	模　　式	向量位址
重置	SVC	0x00000000
未定義指令	UND	0x00000004
軟體中斷（SWI）	SVC	0x00000008
預取指中止（取指記憶體故障）	Abort	0x0000000C
資料中止（讀取資料記憶體故障）	Abort	0x00000010
IRQ（正常中斷）	IRQ	0x00000018
FIQ（快速中斷）	FIQ	0x0000001C

一般來說，向量位址處將包含一條指向相應程式的分歧指令。但FIQ可以立即開始執行，因為它占據最高向量位址。

每個特權模式的兩個暫存器用來保存返回位址和堆疊指標。堆疊指標可以用來保存其他用戶暫存器，這樣異常處理程式就可以使用這些暫存器。FIQ模式還有額外的專用暫存器，使用這些暫存器可以使大多數情況不必保存用戶暫存器而得到較好的性能。

異常的返回

一旦異常處理完畢，用戶任務便恢復正常。這就要求異常處理程式代碼精確恢復異常發生時的用戶狀態，即

(1)所有修改過的用戶暫存器必須從處理程式的堆疊中恢復。

(2) CPSR 必須從相應的 SPSR 中恢復。

(3) PC 必須變回到在用戶指令流中相應的指令位址。

注意，這些步驟中的最後兩步不能獨立完成。如果先恢復 CPSR，則保存返回位址的當前異常模式的r14 就不能再存取了；如果先恢復PC，則異常處理程式將失去對指令流的控制，使得CPSR不能恢復。為確保指令總是按正確的操作模式讀取，以保證記憶體保護方案不被繞過，還有更加微妙的困難。因此，ARM 提供了兩種機制，利用這些機制，可以使上述兩步作為一條指令的一部分同時完成。當返回位址保存在當前異常模式的r14 時，使用其中一種機制，當返回位址保存在堆疊時使用另一種機制。首先看一看返回位址保存在r14 的情形。

(1)從 SWI 或未定義指令陷阱（trap）返回，使用：

      MOVS   pc, r14

(2)從 IRQ、FIQ 或預取指中止返回，使用：

      SUBS   pc, r14, #4

(3)從資料中止返回並重新存取資料，使用：

      SUBS   pc, r14, #8

當目的暫存器是 PC 時，操作碼後面的修飾符 S 表示特殊形式的指令。注意返回指令如何在必要時對返回位址進行調整：

(1)IRQ和FIQ必須返回前一條指令，以便執行因進入異常而被占據的指令。

(2)預取指中止必須返回前一條指令，以便執行在初次請求讀取時造成記憶體故障的指令。

(3)資料中止必須返回前面第二條指令，以便重新執行因進入異常而被占據的指令之前的資料傳送指令。

如果異常處理程式把返回位址拷貝到堆疊（例如為了能夠再次進入異常，但要注意，在這種情況下 SPSR 也同 PC 一樣必須保存），可以使用一條如下的多暫存器傳送指令來恢復用戶暫存器並實現返回，即

LDMFD 　　　r13!,（r0 − r3, pc）^ 　　　；恢復和返回

這裡，暫存器列表（其中必須包括PC）後面的「^」表示這是一條特殊形式的指令。在從記憶體中載入PC的同時，CPSR也得到恢復。由於暫存器是按照順序裝入的，所以 PC 是從記憶體傳送的最後一個資料。

這裡使用的堆疊指標（r13）是屬於特權操作模式的暫存器。每個特權模式都可以有它自己的堆疊指標。該堆疊指標必須在系統啟動時進行初始化。

顯然，只有當 r14 的值在存入堆疊之前進行過調整，才可以使用堆疊的返回機制。

異常的優先權（Exception priorities）

因為多種異常可以同時產生，需要定義優先權以便確定處理異常的順序。對於 ARM，優先權如下：

(1)重置（最高優先權）。

(2)資料異常中止。

(3) FIQ。

(4) IRQ。

(5)預取指異常中止。

(6) SWI，未定義指令（包括缺少協同處理器）。這兩者是互斥的指令編碼，因此不可能同時發生。

重置從確定的狀態啟動微處理器，這使得所有其他未解決的異常都沒有關係了。

最複雜的是FIQ、IRQ和第3個異常（不是重置）同時發生的情形。FIQ比IRQ的優先權高並將IRQ遮罩，所以IRQ將被忽略，直到FIQ處理程式明確地將IRQ致能或返回用戶代碼為止。

如果第3個異常是資料中止，那麼因為進入資料中止異常並未將FIQ遮罩，所以處理器將在進入資料中止處理程式後立即進入FIQ處理程式。資料中止將被「記」在返回路徑中，當FIQ處理程式返回時對其進行處理。

如果第3個異常不是資料中止，將立即進入FIQ處理程式。當FIQ和IRQ兩者都完成時，程式返回到產生第3個異常的指令，在餘下的所有情況下異常將重現並作相應的處理。

位址異常（Address exceptions）

細心的讀者會注意到，在表5–2中，在記憶體的前8個字元區域中，除了位址0x00000014之外，其餘全部被用做異常向量位址。

在早期26位元位址空間的 ARM 處理器中，曾使用位址0x00000014來捕獲落在位址空間外的Load和Store位址。這些陷阱（traps）稱為「位址異常」。

因為32位元的ARM不會產生落在該32位元位址空間之外的位址，所以，位址異常在當前的架構中沒有作用，0x00000014的向量位址也就不再使用了。

5.3 條件執行 (Conditional execution)

ARM 指令集不同尋常的特徵是每條指令（除了某些 v5T 指令）都是條件執行。條件分歧是絕大多數指令集的標準特徵，但 ARM 將條件執行擴展到所有的指令，包括管理者程式呼叫和協同處理器指令。條件欄位占據 32 位元指令欄位的高 4 位元，如圖 5–2 所示。

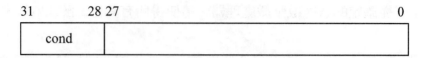

圖 5-2 ARM 的條件碼欄位

條件欄位共有 16 個值，每個值都根據 CPSR 中旗標 N、Z、C 和 V 的值來確定指令是執行還是跳過。表 5-3 給出了這些條件。每條 ARM 指令助憶碼都可以擴展兩個字母，在表中定義了這些字母。「always」條件（AL）可以省略，因為它是預設條件。如果沒有其他指定，就假定是該條件。

表 5-3 ARM 的條件碼

操作碼 [31 : 28]	助憶碼擴展	解　釋	用於執行的旗標狀態
0000	EQ	相等／等於 0	Z 設定
0001	NE	不等	Z 清除
0010	CS/HS	進位／無號數高於或等於	C 設定
0011	CC/LO	無進位／無號數低於	C 清除
0100	MI	負數	N 設定
0101	PL	正數或 0	N 清除
0110	VS	溢位	V 設定
0111	VC	未溢位	V 清除
1000	HI	無號數高於	C 設定且 Z 清除
1001	LS	無號數低於或等於	C 清除或 Z 設定
1010	GE	有號數大於或等於	N 等於 V
1011	LT	有號數小於	N 不等於 V
1100	GT	有號數大於	Z 清除且 N 等於 V
1101	LE	有號數小於或等於	Z 設定或 N 不等於 V
1110	AL	（always）	任何狀態
1111	NV	（never）（不要使用）	無

「never」條件

「never」（NV）條件是不應使用的——有很多其他方式可以在ARM代碼中寫入對處理器狀態沒有任何作用的指令。避免使用「never」條件的原因是ARM 公司已指出，將來可能使用這部分指令空間作其他用途（已在 v5T 體系中使用），因此，儘管現在的 ARM 微處理器會按照預期方式執行，但不能保證未來的機型也同樣地執行。

可選用的助憶碼（mnemonics）

如果在表 5–3 中的同一行有兩種助憶碼供選用，則表示有 1 種以上的方式來解釋條件欄位。例如在第 3 行，助憶碼擴展 CS 或 HS 可以使用同一個條件欄位的值。只要CPSR的位元 C 設定，兩者都會使指令執行。出現兩種可選用的助憶碼是因為在不同的環境下進行的是同樣的檢測。如果想先將兩個無號整數相加，並想測試加法是否有進位輸出，則應當使用 CS。如果想比較兩個無號整數並想測試是否第 1 個大於等於第 2 個，則應當使用 HS。可選擇的助憶碼使程式員不需要記住無號數比較在較高或相同時設置進位。

細心的讀者將注意到，條件是成對的，意即第 2 個條件是第 1 個的反相，所以，對於任一條件都有其相反條件（除了「always」，因為「never」不應該使用）。因此，只要能用條件指令來實現「if…then…」，就能用帶有相反條件的指令加入「…else…」。

5.4　分歧及分歧連結（B，BL）指令

分歧和分歧連結（Branch with Link）指令是改變指令執行順序的標準方式。ARM 一般按照記憶體的字元位址循序執行指令，需要時使用條件執行跳過個別指令。只要程式必須偏離順序執行，就要使用控制流程指令來修改程式計數器。儘管在特定情況下還有幾種方式實作這個目的，但分歧和分歧連結是標準的方式。

二進制編碼

分歧和分歧連結指令的二進制編碼如圖 5-3 所示。

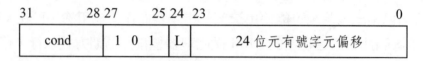

圖 5-3　分歧和分歧連結指令的二進制編碼

說　明

分歧和分歧連結指令使處理器開始執行來自新位址的指令。這個位址是這樣計算出來的：先對指令中定義的 24 位元偏移量進行符號擴展，左移兩位形成字元的偏移，然後將它加到程式計數器，相加前程式計數器的內容為分歧指令位址加 8 個位元組（參看 4.1 節中「PC 的行為」一段關於 PC 偏移的解釋）。一般情況下，組譯器將會計算正確的偏移。

分歧指令的範圍為 ±32MB。

分歧指令有 L（第 24 位元）設定的連結形式，它將分歧後下一條指令的位址傳送到當前處理器模式下的連結暫存器（r14）。這一般用於實現副程式呼叫，返回時將連結暫存器的內容拷貝回 PC。

兩種形式的指令都可以條件執行或無條件執行。

組譯格式（Assembler format）

B{L}{<cond>}　　<target address>

「L」指定分歧與連結屬性。如果不包含 L，便產生沒有連結的分歧。「<cond>」應是表 5-3 給出的助憶碼擴展。如果省略，則假設為「AL」。「<target address>」一般是組合語言代碼中的標號。組譯器將產生偏移（它將是目標位址和分歧指令位址加 8 的差值）。

舉　例

無條件跳躍：

```
                B       LABEL       ;無條件跳躍…
                …
LABEL           …                   ;…到這裡
```

執行 10 次迴圈：

```
                MOV     r0, #10     ;初始化迴圈計數器
LOOP            …
                SUBS    r0, #1      ;計數器減 1，設置條件碼
                BNE     LOOP        ;如果計數器≠0，則重複迴圈…
                …                   ;…否則中止迴圈
```

呼叫副程式：

```
                …
                BL      SUB         ;分歧連結到副程式 SUB
                …                   ;返回到這裡
                …
SUB             …                   ;副程式入口
                MOV     pc, r14     ;返回
```

條件副程式呼叫：

```
                …
                CMP     r0, #5      ;如果 r0<5
                BLLT    SUB1        ;則呼叫 SUB1
                BLGE    SUB2        ;否則呼叫 SUB2
                …
```

（注意，只有 SUB1 不改變條件碼，本例才能正確工作，因為如果 BLLT 執行了分歧，將返回到 BLGE。如果條件碼被 SUB1 改變，則 SUB2 可能又會被執行。）

注意事項

(1)如果你熟悉其他RISC處理器，你可能會預料在上面第一個例子中ARM
將遵循許多其他RISC所採用的延遲分歧模式，在分歧到標號LABEL之
前會執行分歧指令之後的指令。但是，這種預料將不會實現，因為ARM
不使用分歧延遲的機制。

(2)應該避免試圖分歧到 32 位元位址空間的範圍之外，因為這種分歧可能
導致不可預測的結果。

5.5　分歧交換和分歧連結交換（BX，BLX）指令

這些指令用於支援 Thumb（16 位元）指令集的 ARM 晶片，是一種將處理
器切換到執行 Thumb 指令或返回到 ARM 和 Thumb 呼叫程式的機制。一條類似
的 Thumb 指令可以使處理器切換回 32 位元 ARM 指令。Thumb 指令集將在第 7
章講解。

二進制編碼

分歧交換（帶連結選項）指令的二進制編碼如圖 5-4 所示。

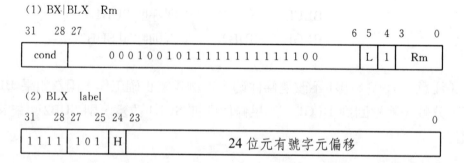

圖 5-4　分歧交換（帶連結選項）指令的二進制編碼

說　明

在圖 5-4 第 1 種格式中，暫存器 Rm 指定分歧目標，Rm 的第 0 位元拷貝到 CPSR 中的 T 位元，位元[31：1]移入 PC。

(1)如果 Rm[0]是 1，則處理器切換執行 Thumb 指令，並在 Rm 中的位址處開始執行。但須將最低位清除，使之以半字元的邊界對齊。

(2)如果 Rm[0]是 0，則處理器繼續執行 ARM 指令，並在 Rm 中的位址處開始執行。但須將 Rm[1]清除，使之以字元的邊界對齊。

在第 2 種格式中，分歧目標是這樣計算的：將指令中指定的 24 位元偏移進行符號擴展，左移兩位形成字元的偏移，然後將它加到程式計數器。這時程式計數器的內容為 BX 指令位址加 8 位元組（參看 4.1 節中「PC 的行為」一段關於 PC 偏移的解釋）。位元 H（第 24 位元）也加到結果位址的第 1 位，使得可以為目標指令選擇奇數的半字元位址，而該目標指令將總是 Thumb 指令（BL 用做轉向 ARM 指令）。組譯器將計算正常情況下的正確偏移。分歧指令的範圍是 ±32MB。

如果在第 1 種形式中使 L（第 5 位元）設定，那麼這兩種形式具有連結屬性的分歧指令（BLX 僅用於 v5T 處理器），也將分歧指令後下一條指令的位址傳送到當前處理器模式的連結暫存器（r14）。當呼叫 Thumb 副程式時，一般用這類指令來保存返回位址。如果用 BX 作為副程式返回機制，那麼呼叫程式的指令集能連同返回位址一起保存。因此，可使用同樣的返回機制從 ARM 或 Thumb 副程式對稱地返回到 ARM 或 Thumb 的呼叫程式。

圖 5-4 第 1 種格式的指令可以條件或無條件執行，但第 2 種格式的指令是無條件執行。

組譯格式

(1) B{L}X{<cond>} Rm

(2) BLX <target address>

「<target address>」一般是組合語言代碼中的一個標號。組譯器將產生偏移（它將是目標的字元位址和分歧指令位址加 8 的差值），並在適當時設置位元 H。

舉　例

無條件跳躍：

BX	r0	;分歧到 r0 中的位址
		;如果 r0[0]＝1，則進入 Thumb 狀態

呼叫 Thumb 副程式：

CODE32	．	;以下是 ARM 代碼
…		
BLX	TSUB	;呼叫 Thumb 副程式
…		
CODE16		;開始 Thumb 代碼
TSUB	…	;Thumb 副程式
BX	r14	;返回到 ARM 代碼

注意事項

(1)一些不支援 Thumb 指令集的 ARM 處理器將捕獲這些指令，允許軟體模擬 Thumb 指令。

(2)只有實作 v5T ARM 體系結構的處理器支援 BLX 指令的任意形式（參看 5.23 節）。

5.6　軟體中斷（SWI）指令

軟體中斷指令用於呼叫作業系統，常稱為「管理者程式呼叫（supervisor call）」。它將處理器置於管理者模式，從位址 0x08 開始執行指令。

如果記憶體的這部分區域被適當保護，就有可能在 ARM 上構建一個全面防止惡意用戶的作業系統。但是，由於 ARM 很少用於多用戶應用環境，通常不要求這種等級的保護。

二進制編碼

軟體中斷指令的二進制編碼如圖 5−5 所示。

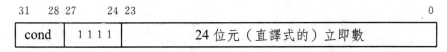

31 28	27 24	23 0
cond	1 1 1 1	24 位元（直譯式的）立即數

圖 5−5　軟體中斷指令的二進制編碼

說　明

24 位元立即數欄位並不影響指令的操作，但可以由系統代碼來解釋。

如果條件通過，則指令使用標準的 ARM 異常入口（entry）進入管理者模式。具體地說，處理器的行為如下：

(1)將 SWI 後面指令的位址保存到 r14_svc。

(2)將 CPSR 保存到 SPSR_svc。

(3)進入管理者模式，將 CPSR[4：0]設置為 10011_2 以及將 CPSR[7]設置為 1，以便禁止 IRQ（但不是 FIQ）。

(4)將 PC 設置為 08_{16}，並且開始執行那裡的指令。

為了返回 SWI 後的指令，系統的程式不但必須將 r14_svc 拷貝到 PC，而且必須由 SPSR_svc 恢復 CPSR。這需要使用一種特殊形式的資料處理指令，將在下一節介紹。

組譯格式

SWI {<cond>}　　　　<24 位元立即數>

舉　例

輸出字元符號「A」：

```
        MOV        r0,# 'A'                ;將「A」移入到 r0 中…
        SWI        SWI_WriteC              ;…列印它
```

輸出呼叫語句之後文字串的副程式：

```
        …
        BL        STROUT                  ;輸出下列訊息
        =         "Hello World", &0a, &0d, 0
        …                                 ;返回這裡
STROUT  LDRB  r0, [r14], #1               ;取字元符號
        CMP    r0, #0                     ;檢查結束標誌
        SWINE SWI_WriteC                  ;如果沒有結束，
                                          則列印…
        BNE    STROUT                     ;…並循環
        ADD    r14, #3                    ;對準下一個字
        BIC    r14, #3
        MOV    pc, r14                    ;返回
```

為結束執行用戶程式，返回到監控程式：

```
        SWI        SWI_Exit                ;返回監控
```

注意事項

(1)當處理器已經處於管理者模式，只要原來的返回位址（在 r14_svc）和
SPSR_svc 已保存，就可以執行 SWI；否則當執行 SWI 時，這些暫存器
將被覆蓋。

(2)對 24 位元立即數的解釋依賴於系統。但大多數系統支援一個標準的子
集用於字元符號的輸入輸出及類似的基本功能。

立即數可以指定為常數運算式，但是通常最好是在程式的開始處為所需
要的呼叫宣告名稱（並設置它們的值），（或者導入一個檔案，該檔案

為本地作業系統宣告它們值）然後在代碼中使用它們的名字。

至於如何宣告名稱和設置它們的值，可參考第 3 章的「例題與練習」。

⑶在管理者模式下執行的第 1 條指令位於 08_{16}，一般是一條指向 SWI 處理程式的分歧指令。而 SWI 處理程式則位於記憶體內附近某處。不可能在 0816 處開始寫 SWI 處理程式，因為記憶體中位於 $0C_{16}$的下一個字元正是取指中止處理程式的入口。

5.7 資料處理指令

ARM 資料處理指令用於修改暫存器中資料的值。支援的操作包括各種 32 位元資料類型的算術運算和邏輯運算。一個運算元在到達 ALU 之前可以移位或變換，這樣就能在 1 條指令中完成像移位又相加這樣的操作。

乘法指令使用不同格式，因此將在下一節單獨考慮。

二進制編碼

資料處理指令的二進制編碼如圖 5-6 所示。

說　明

ARM 資料處理指令使用 3 位址格式，這就意味著分別指定兩個來源運算元和一個目的暫存器。一個來源運算元總是暫存器，第二個可能是暫存器、移位後的暫存器或立即數。第二運算元如果是暫存器，則應用於它的移位可能是邏輯或算術移位，或是循環移位（參見圖 3-1）。移位的位數可以由立即數指定，也可以由第 4 暫存器指定。

可以指定的操作列表如表 5-4 所列。

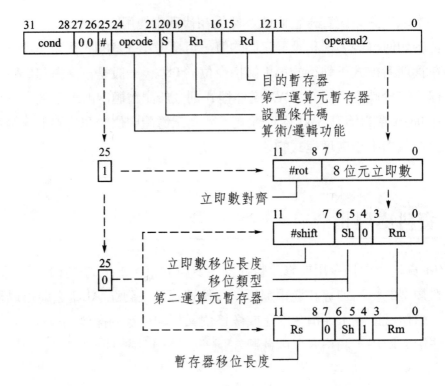

圖 5-6　資料處理指令的二進制編碼

　　當指令不需要全部的可用運算元時（例如，MOV 忽略 Rn，CMP 忽略 Rd），不用的暫存器欄位應該設置為 0。組譯器將自動完成這項工作。

　　藉由設定 S（第 20 位元），這些指令可以直接控制處理器的條件碼是否受指令執行的影響。當 S 清除時，條件碼不改變；當 S 設定時（並且 Rd 不是 r15，見下面），則有

(1)如果結果為負，則旗標 N 被設定；否則被清除（也就是說，N 等於結果的第 31 位）。

(2)如果結果為 0，則旗標 Z 被設定；否則被清除。

(3)當操作定義為算術操作（ADD、ADC、SUB、SBC、RSB、RSC、CMP 或 CMN）時，旗標 C 設置為 ALU 的進位輸出；否則設置為移位器的進位輸出。如果不需要移位，則 C 保持。

(4)在非算術的操作中，旗標 V 保持原值。在算術操作中，如果有從第 30 到第 31 位元的溢位，則被設定；若不發生溢位，則清除。僅當算術操

表 5−4 ARM 資料操作指令

操作碼 [24:21]	助記符	意 義	效 果
0000	AND	邏輯位元 AND	Rd：＝Rn AND Op2
0001	EOR	邏輯位元 XOR	Rd：＝Rn EOR Op2
0010	SUB	減	Rd：＝Rn − Op2
0011	RSB	反向減	Rd：＝Op2 − Rn
0100	ADD	加	Rd：＝Rn ＋ Op2
0101	ADC	帶進位加	Rd：＝Rn ＋ Op2 ＋ C
0110	SBC	帶進位減	Rd：＝Rn − Op2 ＋ C − 1
0111	RSC	反向帶進位減	Rd：＝Op2 − Rn ＋ C − 1
1000	TST	測試	根據 Rn AND Op2 設置條件碼
1001	TEQ	測試相等	根據 Rn EOR Op2 設置條件碼
1010	CMP	比較	根據 Rn − Op2 設置條件碼
1011	CMN	負數比較	根據 Rn ＋ Op2 設置條件碼
1100	ORR	邏輯位元 OR	Rd：＝Rn OR Op2
1101	MOV	移動	Rd：＝Op2
1110	BIC	位元清除	Rd：＝Rn AND NOT Op2
1111	MVN	Move negated （求反相）	Rd：＝NOT Op2

作中運算元被認為是 2 的補碼的有號數時，這個旗標才有意義，而且指示結果超出範圍。

乘以常數

用這些指令可以完成暫存器乘以小的常數，比使用下節描述的乘法指令更有效。例子在下面給出。

r15 的使用

PC 可以用做來源運算元，但是使用暫存器來指定移位位數時除外。在這種情況下，3 個來源運算元都不應是 r15。當 r15 用做來源運算元時，提供的數

值是指令的位址加 8 個位元組。（8 位元組的偏移顯示了處理器的管線操作，參看 4.1 節「PC 行為」一段。）

　　PC 還可以指定為存放結果的目的暫存器。在這種情況下，指令是某種形式的分歧指令。這被用來作為一種由副程式返回的標準方法。

　　當指定 PC 為目的暫存器 Rd 時，位元 S 仍然控制著指令對 CPSR 的作用，但卻是以一種非常不同的方式。不再如前面所述的那樣根據 ALU 的輸出來更新旗標。如果設置了 S 位，則將當前模式的 SPSR 拷貝到 CPSR。這可能影響中斷致能旗標和處理器操作模式。這種機制自動恢復 PC 和 CPSR，是從異常返回的標準方式。因為在使用者及系統模式沒有 SPSR，在這些模式中不應該使用這種形式的指令。

組譯格式

　　組合語言的表示法是下列格式中的一種，且當指令為一元（monadic）指令（MOV、MVN）時省略 Rn，當指令為僅產生條件碼輸出的比較指令（CMP、CMN、TST、TEQ）時省略 Rd。

> <op> {<cond>} {S} Rd, Rn, #<32 位元立即數 >
> <op> {<cond>} {S} Rd, Rn, Rm, {<shift>}

　　這裡「<shift>」指定移位類型（LSL、LSR、ASL、ASR、ROR 或 RRX）和移位位數。移位位數可以是 5 位元立即數（#<# shift>）或暫存器（Rs）。只有當移位的類型為 RRX 時才不需指定移位位數。

舉　例

　　　　r1 加 r3，結果放在 r5：
　　　　　　　　ADD　　r5, r1, r3
　　　　r2 遞減並檢查是否為 0：
　　　　　　　　SUBS　r2, r2, #1　　　　　　　　; r2 減 1，設置條件碼

```
                         BEQ    LABEL              ；如果 r2 為 0 則分歧
                         …                        ；…否則繼續向下
r0 乘以 5：
                         ADD    r0, r0, r0, LSL #2
r0 乘 10 的副程式：
                         MOV    r0, #3
                         BL     TIMES10
                         …
TIMES10                  MOV    r0, r0, LSL #1     ；乘以 2
                         ADD    r0, r0, r0, LSL #2 ；乘以 5
                         MOV    pc, r14            ；返回
```

將 r0、r1 中的 64 位元整數加到 r2、r3 的 64 位元整數上：

```
                         ADDS   r2, r2, r0         ；加低位，保存進位
                         ADC    r3, r3, r1         ；加高位和進位
```

注意事項

因為立即數值欄位必須在 32 位元指令的子集內編碼，所以不能表示所有的 32 位元立即數值。圖 5-6 所示的二進制編碼表示立即數的值是如何編碼的。將 8 位元立即數欄位循環移位來產生立即數的值，而循環移位的位數為一偶數。

5.8 乘法指令

ARM乘法指令完成兩個暫存器中資料的乘法。兩個 32 位元二進制數相乘的結果是 64 位元乘積。某些指令形式將整個結果儲存到兩個獨立指定的暫存器中。這些指令僅用於某幾個版本的處理器。另外一些指令形式僅將最低有效 32 位元存放到一個暫存器中。

在所有情況下，都有乘法累加的變型，將乘積連續相加成為總和，而且有號和無號運算元都能使用。對於有號和無號運算元，結果的最低有效 32 位元

是一樣的。因此,對於只保留 32 位元結果的乘法指令,不需要區分有號數和
無號數兩種指令格式。

二進制編碼

乘法指令的二進制編碼如圖 5-7 所示。

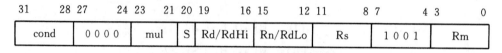

31	28 27	24 23	21 20 19		16 15	12 11	8 7	4 3	0
cond	0 0 0 0	mul	S	Rd/RdHi	Rn/RdLo	Rs	1 0 0 1	Rm

圖 5-7　乘法指令的二進制編碼

說　明

表 5-5 列出了各種形式乘法的功能,表中使用的符號如下:

(1)「RdHi:RdLo」是由 RdHi(最高有效 32 位元)和 RdLo(最低有效 32
位元)連接形成 64 位元數,「[31:0]」只選取結果的最低有效 32 位元。

(2)簡單的賦值由「:=」表示。

(3)累加(將右邊加到左邊)是由「+=」表示。

同其他資料處理指令一樣,位元 S 控制條件碼的設置。當在指令中設定了
位元 S 時,則

(1)對於產生 32 結果的指令形式,將旗標 N 設定為 Rd 的第 31 位元的值;
對於產生長結果的指令形式,將其設定為 RdHi 的第 31 位元的值。

(2)如果 Rd 或 RdHi 和 RdLo 為 0,則旗標 Z 被設定。

(3)將旗標 C 設置為無意義的值。

(4)旗標 V 不變。

表 5-5　乘法指令

操作碼 [23：21]	助憶碼	意　義	效　果
000	MUL	乘（32 位元結果）	Rd：=（Rm＊Rs）[31：0]
001	MLA	乘－累加（32 位元結果）	Rd：=（Rm＊Rs＋Rn）[31：0]
100	UMULL	無號數長乘	RdHi：RdLo：=Rm＊Rs
101	UMLAL	無號長乘－累加	RdHi：RdLo＋=Rm＊Rs
110	SMULL	有號數長乘	RdHi：RdLo：=Rm＊Rs
111	SMLAL	有號數長乘－累加	RdHi：RdLo＋=Rm＊Rs

組譯格式

產生最低有效 32 位元乘積的指令：

MUL{<cond>}{S}　　　Rd, Rm, Rs

MLA{<cond>}{S}　　　Rd, Rm, Rs, Rn

下列指令產生全部 64 位元結果：

<mul>{<cond>}{S} RdHi, RdLo, Rm, Rs

在此<mul>是 64 位元乘法類型（UMULL、UMLAL、SMULL、SMLAL）。

舉　例

形成兩個向量的純量積（scalar product）：

MOV　　　r11, #20　　　　　　;初始化迴圈計數

MOV　　　r10, #0　　　　　　;初始化總和

LOOP	LDR	r0, [r8], #4	;讀取第一分量
	LDR	r1, [r9], #4	;…第二分量
	MLA	r10, r0, r1, r10	;乘積累加
	SUBS	r11, r11, #1	;減迴圈計數
	BNE	LOOP	

注意事項

(1)應該避免 r15 定義為任一運算元或結果暫存器，否則，將產生不可預知的結果。

(2) Rd、RdHi 和 RdLo 不能與 Rm 為同一暫存器，RdHi 和 RdLo 不能為同一暫存器。

(3)早期的 ARM 處理器僅支援 32 位元乘法指令（MUL 和 MLA）。64 位元乘法僅在名字中具有「M」的 ARM7 版本（ARM7DM、ARM7TM 等）和後續的處理器中使用。

5.9　前導 0 計數（CLZ——僅用於 v5T 體系結構）

這條指令僅用於支援 v5T 體系的 ARM 處理器。它對於數字的重新正規化（renormalizing）是有用的，比起使用其他 ARM 指令，它能更有效地實作其功能。

二進制編碼

前導 0 計數（count leading zeros）指令的二進制編碼如圖 5−8 所示。

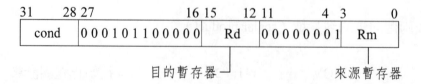

圖 5−8　前導 0 計數指令的二進制編碼

說　明

本指令將 Rd 設置為 Rm 中為 1 的最高有效位的位置數。如果 Rm 為 0，則 Rd 設置為 32。

組譯格式

CLZ {＜cond＞} Rd, Rm

舉　例

```
MOV      r0, #&100
CLZ      r1, r0              ; r1： ＝23
```

注意事項

只有實作 ARM v5T 體系結構的處理器才支援 CLZ 指令（參見 5.23 節）。

5.10　單字元和無號位元組的資料傳送指令

這些指令是 ARM 在暫存器和記憶體傳送單個位元組和字元的最彈性方式。通常大區塊資料的傳送最好使用多暫存器傳送指令。最近 ARM 處理器也支援傳送半字元和有號位元組的指令。

只要暫存器已被初始化並指向接近（通常在 4KB 內）所需的記憶體位址的某處，這些指令就可提供有效的記憶體 Load ／ Store 機制。此機制有比較豐富的定址模式，包括立即數和暫存器偏移、自動索引和相對 PC 的定址。

二進制編碼

　　單字元和無號位元組資料傳送指令的二進制編碼如圖5-9所示。

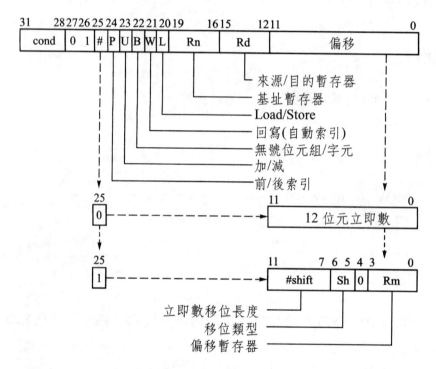

圖5-9　單字元和無號位元組資料傳送指令的二進制編碼

說　明

　　這些指令構造一個位址，它從基址暫存器（Rn）開始，然後加上（U=1）或減去（U=0）一個無號立即數或（可能是縮放的）暫存器偏移量。基址或計算出的位址用於從記憶體（Rd）讀取（L=1）一個無號位元組（B=1）或字元（B=0），或者向記憶體（Rd）儲存（L=0）一個無號位元組（B=1）或字元（B=0）。當一個位元組加載到暫存器時，它會以0擴展到32位元。當將一個位元組儲存到記憶體時，暫存器的低8位元寫到位址指向的位置。

　　一種前索引（P＝1）的定址模式使用計算出的位址進行傳送操作。然後當要求回寫時（W＝1），將基址暫存器更新為計算出的值。

　　一種後索引（P＝0）的定址模式用未修改的基址暫存器來傳送資料，然後將基址暫存器更新為計算出的位址，而不管位元 W 如何（因為偏移除了作為基址暫存器的修改量之外已沒有其他意義。如果希望不變化，則可將偏移設置為立即數0）。由於在這種情況下位元W是不使用的，所以它有一個替換功能（該功能與不執行在使用者模式的代碼有關）：設定 W＝1，使處理器要求使用者模式存取記憶體，這樣使作業系統採用用戶角度（user view）來看待記憶體變換和保護方案。

組譯格式

　　前索引（pre-indexed）的指令形式如下：

　　　　LDR|STR {<cond>} {B} Rd, [Rn, <offset>] {!}

　　後索引（post-indexed）的指令形式如下：

　　　　LDR|STR {<cond>} {B} {T} Rd, [Rn], <offset>

　　一種有用的相對 PC 的形式（由組譯器計算所需立即數）：

　　　　LDR|STR {<cond>} {B} Rd, LABEL

　　LDR是從記憶體加載到暫存器，STR是將暫存器儲存到記憶體；選擇項B用於選擇無號位元傳送，預設為字元；<offeset>可能是「#±<12 位元立即數>」或「±Rm{, shift}」，在此移位指示符與資料處理指令的用法相同，除非暫存器指定的移位量不存在；「！」在前索引定址的方式下選擇是否回寫（自動索引）。

　　旗標T用於選擇用戶角度的記憶體變換和保護系統，它只能在非使用者模式下使用。用戶應當全面理解處理器工作的記憶體管理環境，而這對於作業系統的專家而言實際上只是一個技巧。

舉　例

將 r0 中的一個位元組存到周邊：

```
        LDR      r1, UARTADD        ；將 UART 位址裝入 r1 中
        STRB     r0, [r1]           ；將資料存到 UART 中
        …
UARTADD  &       &1000000；              字面量的位址
```

組譯器將使用前索引的 PC 相對定址模式將位址裝入 r1。要做到這一點，字面值（literal）必須限定在一定的範圍內（Load 指令附近 4KB 範圍內）。

注意事項

(1)使用 PC 作為基址時得到的傳送位址為指令位址加 8 位元組。它不能用做偏移暫存器，也不能用於任何自動索引定址模式（包括任何後索引模式）。

(2)把一個字元加載到 PC 將使程式分歧到所加載的位址，這是一個公認的實作跳躍表的方法。應當避免將一個位元組加載到 PC。

(3)把 PC 存到記憶體的操作在不同體系結構的處理器中產生不同的結果，因此應儘可能避免。

(4)在一般情況下，Rd、Rn 和 Rm 應當是不同的暫存器，儘管加載基址暫存器（Rd＝Rn）是可以接受的，只要同一指令中沒有使用自動索引。

(5)當從非字元對齊的位址讀取一個字元時，所讀取的資料是包含所定址位元組的字元對齊的字。藉由循環移位使定址位元組處於目的暫存器最低有效位元組。對於這些情況（由 CP15 暫存器 1 中第 1 位的旗標 A 控制，參見 11.2 節），一些 ARM 可能產生異常。

(6)當將一個字元存入到非字元對齊的位址時，位址的低兩位元被忽略。當存入這個字元時，把這兩位元當做 0。對於這些情況（也是由 CP15 暫存器 1 中的旗標 A 控制），一些 ARM 系統可能產生異常。

5.11 半字元和有號位元組的資料傳送指令

這些指令不為某些早期的 ARM 處理器支援。後來把它們加入到體系結構中。結果，正如分開的立即數欄位所顯示的那樣，它們成為某種硬塞進指令空間的東西。

這些指令使用的定址模式是無號位元組和字元的指令所用定址模式的子集。

二進制編碼

半字元和有號位元組資料傳送指令的二進制編碼如圖 5-10 所示。

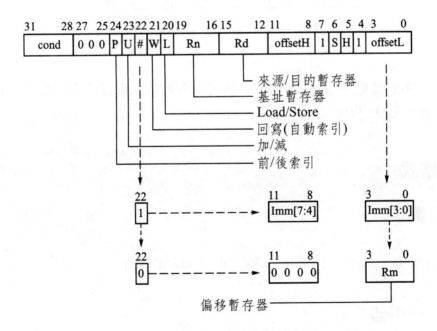

圖 5-10 半字元和有號位元組資料傳送指令的二進制編碼

說 明

這些指令與 5.10 節敘述的字元和無號位元組的指令形式類似，但這裡的立

即數偏移限定在 8 位元，也不再使用可縮放（scaled）的暫存器偏移。

位元 S 和 H 定義所傳送的運算元的類型，如表 5-6 所列。注意，這些位元的第 4 種組合在這種格式中沒有使用，它對應於無號位元組的資料類型。無號位元組的傳送應當使用前一節講述的格式。因為在儲存有號資料和無號資料之間沒有差別，這條指令唯一的相關形式如下：

⑴加載有號位元組、有號半字元或無號半字元。

⑵儲存半字元。

表 5-6　資料類型編碼

S	H	資料類型
1	0	有號位元組
0	1	無號半字元
1	1	有號半字元

在加載無號數時用 0 擴展到 32 位元；有號數則重複其最高有效位元，將其符號擴展到 32 位元。

組譯格式

前索引格式：

LDR|STR{ <cond>} H|SH|SB Rd, [Rn, <offest>]{!}

後索引格式：

LDR|STR {<cond>} H|SH|SB Rd, [Rn], <offest>

其中，<offset>是「#±<8 位元立即數>」或「#±Rm」；H|SH|SB 用於選擇資料類型。其他部分的組譯器格式與傳送字元和無號位元組相同。

舉　例

把一個有號半字元陣列擴展到字元陣列：

```
                ADR        r1,ARRAY1        ；半字元陣列開始
                ADR        r2,ARRAY2        ；字元陣列開始
                ADR        r3,ENDARR1       ；ARRAY1 的端點 + 2
LOOP            LDRSH      r0, [r1], #2     ；取符號半字元
                STR        r0, [r2], #4     ；保存字元
                CMP        r1, r3           ；檢查陣列是否結束
                BLT        LOOP             ；如果沒有結束，則循環
```

注意事項

(1)如同 5.10 節描述的傳送字元和無號位元組的情況，也有對使用r15 和暫存器運算元的類似限制。

(2)所有的半字元傳送應當使用半字元對齊的位址。

5.12　多暫存器傳送指令

ARM多暫存器傳送指令允許當前操作模式的 16 個可見暫存器的任意子集（或全部）從記憶體加載或儲存到記憶體中。一種指令形式還允許作業系統 Load 或 Store 使用者模式暫存器來保存或恢復用戶處理狀態。另一種形式允許從 SPSR 恢復 CPSR 作為從異常處理返回的一部分。

這些指令用於在進入程序或返回時保存或恢復工作暫存器，對高頻寬記憶體區塊拷貝程式特別有用。

二進制編碼

多暫存器資料傳送指令的二進制編碼如圖 5−11 所示。

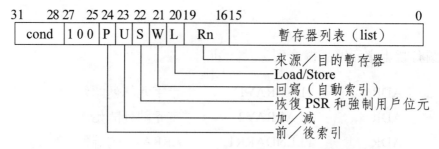

圖 5–11　多暫存器資料傳送指令的二進制編碼說明

　　指令的低 16 位元為暫存器列表，其中的每一位元對應一個可見暫存器。第 0 位元控制是否傳送 r0，第 1 位元控制 r1，依次類推到第 15 位元控制傳送 PC。

　　暫存器從記憶體的連續區塊（contiguous block）加載或被儲存到這些連續的區塊。這些連續的區塊由基址暫存器和定址模式來定義。在傳送每一個字元之前（P＝1）或之後（P＝0），基址將增加（U＝1）或減少（U＝0）。支援自動索引。當指令完成時，如果 W＝1，則基址暫存器將增加（U＝1）或減少（U＝0）所傳送的位元組數。

　　指令有一種特殊形式可以用來恢復 CPSR：如果 PC 是在多暫存器 Load 指令的暫存器列表中，而且 S 被設定，則當前模式的 SPSR 將被拷貝到 CPSR，成為一個不可分的（atomic）返回和恢復狀態指令。這種形式不能在使用者模式的代碼中使用，因為在使用者模式下沒有 SPSR。

　　如果 PC 不在暫存器列表中且 S 被設定，則在非使用者模式執行的多暫存器 Load/Store 指令將傳送使用者模式下暫存器（雖然使用當前模式的基址暫存器）。這使得作業系統可以保存和恢復用戶處理狀態。

組譯格式

　　指令的一般形式如：

```
LDM|STM{<cond>}<add mode>    Rn{!},  <registers>
```

這裡<add mode>指定一種在表 3-1 中所述的定址模式。指令中的各位元如該表中的各項機械式地對應,「累增（increment）」對應於U＝1,「先增」或「先減」對應於P＝1。「！」定義自動索引（W＝1）,<registers>是暫存器列表,暫存器的範圍括在大括弧內,例如：{r0, r3 - r7, pc}。

在非使用者模式下,CPSR 可以由下式恢復：

LDM {<cond>}<add mode> Rn{!}, <registers＋pc>^

暫存器列表必須包含 PC。在非使用者模式下,用戶暫存器可以藉由下式保存和恢復：

LDM|STM{<cond>}<add mode> Rn, <registers - pc>^

在這裡暫存器列表不得包含 PC,並且不允許回寫（write-back）。

舉　例

在進入副程式之前,保存 3 個工作暫存器和返回位址：

STMFD　　r13!, {r0 - r2, r14}

這裡假設 r13 已被初始化用做堆疊指標。恢復工作暫存器和返回：

LDMFD　　r13!, {r0 - r2, pc}

注意事項

(1)如果在多暫存器 Store 指令的暫存器列表裡指定了 PC,則保存的值與體系結構的實作方式有關。因此,一般應當避免在 STM 指令中指定 PC。（向 PC 加載會得到預期的結果,這是從過程返回的標準方法。）

(2)可以在多暫存器 Load/Store 指令的傳送列表中指定基址暫存器，但不應在同一指令中指定回寫，因為這樣做的結果是不可預測的。

(3)如果基址暫存器包含的位址不是字元對齊的，則忽略最低兩位元。一些 ARM 系統可能產生異常。

(4)只有在 v5T 體系結構中，加載到 PC 的最低位元才會更新 Thumb 位元。

5.13　記憶體和暫存器置換指令（SWP）

置換（swap）指令把字元或無號位元組的 Load 和 Store 組合在一條指令中。通常都把這兩種傳送結合成為一個不能被外部記憶體存取（例如來自DMA 控制器的存取）分隔開的基本的記憶體操作，因此，該指令可以作為一種訊號標（semaphore）機制的基礎。這種機制可以對多處理器之間、處理器之間或處理器與DMA控制器之間共享的資料結構進行互斥的存取。這些指令的使用很少超出其在訊號結構方面的作用。

二進制編碼

記憶體與暫存器置換指令的二進制編碼如圖 5-12 所示。

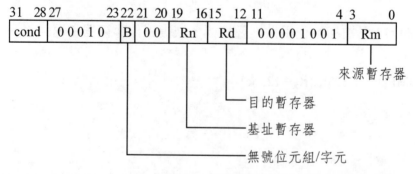

圖 5-12　記憶體與暫存器置換指令的二進制編碼

說　明

本指令將記憶體中位址為暫存器 Rn 處的字元（B＝0）或無號位元組（B＝1）載入暫存器 Rd，又將 Rm 中同樣類型的資料存入記憶體中同樣的位址。Rd 和 Rm 可以是同一暫存器（但兩者應與 Rn 不同）。在這種情況下，暫存器與記憶體中的值交換。ARM 對記憶體的讀寫週期是分開的，但發出一個「鎖住」訊號以向記憶體系統指明兩個週期不應分離。

組譯格式

SWP{＜cond＞} {B} Rd, Rm, [Rn]

舉　例

ADR　　　r0, SEMAPHORE
SWPB　　r1, r1, [r0]　　　　　　　　　　;交換位元組

注意事項

⑴ PC 不能用做指令中的任何暫存器。
⑵基址暫存器（Rn）不應與來源暫存器（Rm）或目的暫存器（Rd）相同。

5.14 狀態暫存器到通用暫存器的傳送指令

當需要保存或修改當前模式下 CPSR 或 SPSR 的內容時，首先必須將這些內容傳送到一般暫存器中，對選擇的位元進行修改，然後將資料回寫到狀態暫存器。本節講述的指令完成這一過程的第一步。

二進制編碼

狀態暫存器向通用暫存器傳送指令的二進制編碼如圖 5-13 所示。

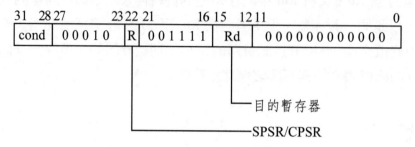

圖 5-13   狀態暫存器向通用暫存器傳送指令的二進制編碼

說　明

將 CPSR（R=0）或當前模式的 SPSR（R=1）拷貝到目的暫存器（Rd），全部 32 位元都被拷貝。

組譯格式

　　　　MRS{<cond>} Rd, CPSR|SPSR

舉　例

　　　　MRS　　　r0,CPSR　　　;將 CPSR 傳送到 r0
　　　　MRS　　　r3,SPSR　　　;將 SPSR 傳送到 r3

注意事項

　　⑴ SPSR 形式不能用在使用者或系統模式，因為在這些模式下沒有可存取的 SPSR。

(2)當修改 CPSR 或 SPSR 時，必須注意保存所有未使用位元的值。這將使這些位元在將來使用時相容的可能性最大。使用這些指令將狀態暫存器傳送到通用暫存器，只修改必要的位元，再將結果傳送回狀態暫存器。這樣做可以最好地完成對 CPSR 或 SPSR 的修改。

5.15　通用暫存器到狀態暫存器的傳送指令

當需要保存或修改當前模式下 CPSR 或 SPSR 的內容時，首先必須將這些內容傳送到通用（general）暫存器中，對選擇的位元進行修改，然後將資料回寫到狀態暫存器。這裡講述的指令完成這一過程的最後一步。

二進制編碼

通用暫存器到狀態暫存器傳送指令的二進制編碼如圖 15-14 所示。

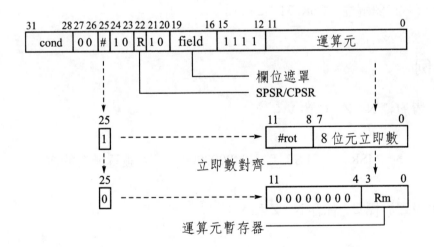

圖 5-14　通用暫存器到狀態暫存器傳送指令的二進制編碼說明

運算元，可能是一個暫存器（Rm）或循環移位的 8 位元立即數（指定的方式與資料處理指令中第二運算元的立即數相同），在欄位遮罩（field mask）

控制下被傳送到 CPSR（R＝0）或當前模式的 SPSR（R＝1）。

　　欄位遮罩控制 PSR 暫存器內 4 個位元組的更新。指令的第 16 位元決定 PSR [7：0]是否更新，第 17 位元控制 PSR[15：8]，第 18 位元控制 PSR[23：16]，第 19 位元控制 PSR[31：24]。

　　當使用立即數運算元時，只有旗標（PSR[31：24]）可以選擇更新。（只有這些位元可以由使用者模式代碼來更新。）

組譯格式

　　　　　MSR{＜cond＞} CPSR_f｜SPSR_f,　#＜32-bit immediate＞
　　　　　MSR{＜cond＞} CPSR_＜field＞｜SPSR_＜field＞, Rm

這裡＜field＞表示下列情況之一：
⑴ c：控制欄位，PSR[7：0]。
⑵ x：擴展欄位，PSR[15：8]（在當前 ARM 中未使用）。
⑶ s：狀態欄位，PSR[23：16]（在當前 ARM 中未使用）。
⑷ f：旗標欄位，PSR[31：24]。

舉　例

　　設置旗標 N、Z、C 和 V：

　　　　　MSR　　　CPSR_f,　#&f0000000　　　　;設置所有的旗標

　　僅設置旗標 C，保存 N、Z 和 V：

　　　　　MRS　　　r0,CPSR　　　　　　　　　　;將 CPSR 傳送到 r0
　　　　　ORR　　　r0, r0, #&20000000　　　　;設置 r0 的第 29 位元
　　　　　MSR　　　　CPSR_f, r0　　　　　　　　;傳送回 CPSR

從管理者模式切換到 IRQ 模式（例如，啟動時初始化 IRQ 堆疊指標）：

MRS	r0,CPSR	；將 CPSR 傳送到 r0
BIC	r0,r0, #&1f	；低 5 位元清除
ORR	r0,r0, #&12	；將位元設置為 IRQ 模式
MSR	CPSR_c, r0	；傳送回 CPSR

在這種情況下，需要拷貝原來CPSR的值以便不改變中斷致能設定。在例舉的特殊情況下可以簡化代碼，因為從管理者模式切換到 IRQ 模式（參見表 5-1）僅需要將 1 位元清除。但以上代碼可以用來在任何兩個非使用者模式之間或從非使用者模式到使用者模式之間進行切換。

只有在MSR完成後，模式的改變才起作用。在將結果拷貝回CPSR之前，中間的工作對模式沒有影響。

注意事項

(1)試圖在使用者模式下對 CPSR[23：0]進行任何修改都是無效的。

(2)儘量避免在使用者或系統模式下讀取 SPSR，因為在這些模式下沒有 SPSR，讀取會產生無法預想的結果。

5.16　協同處理器（Coprocessor）指令

ARM 體系結構支援經由增加協同處理器來擴展指令集的機制。最常使用的協同處理器是用於控制晶片上功能的系統協同處理器，例如控制ARM720上的 Cache 和記憶體管理單元等。也開發了浮點數 ARM 協同處理器，還可以開發專用的協同處理器。

協同處理器暫存器

ARM 協同處理器具有它們自己專用的暫存器組，它們的狀態由控制 ARM 暫存器的指令的鏡像（mirror）指令來控制。

控制流程指令由 ARM 負責處理，所以協同處理器指令只與資料處理和資料傳送有關。按照 RISC 的 Load/Store 體系原則，這些指令類別是被清楚區分的。指令的格式反應了這種情況。

協同處理器資料操作

協同處理器資料操作完全是協同處理器內部的操作，它完成協同處理器暫存器的狀態改變。一個例子是浮點加法。在浮點協同處理器中兩個暫存器相加，結果放在第 3 個暫存器。

協同處理器資料傳送

協同處理器資料傳送指令從記憶體讀取資料裝入協同處理器暫存器，或將協同處理器暫存器的資料存入記憶體。因為協同處理器可以支援它自己的資料類型，所以每個暫存器傳送的字數與協同處理器有關。ARM 產生記憶體位址，但協同處理器控制傳送的字數。協同處理器可能執行一些類型轉換作為傳送的一部分（例如浮點協同處理器將所有加載的值轉換成它的 80 位元內部表示形式）。

協同處理器暫存器傳送

除了以上情況，在 ARM 和協同處理器暫存器之間傳送資料有時是有用的。再以使用浮點協同處理器為例，FIX 指令從協同處理器暫存器取得浮點資料，將它轉換為整數，並將整數傳送到 ARM 暫存器中。經常需要用浮點比較產生的結果來影響控制流程，因此，比較的結果必須傳送到 ARM 的 CPSR。

這些指令合起來即可支援 ARM 指令集的擴展，以支援專用的資料類型和功能。

5.17 協同處理器的資料操作

這些指令用於控制資料在協同處理器暫存器內部的操作。標準格式遵循ARM整數資料處理指令的3位址形式，但是對所有協同處理器欄位（field）可能會有其他的解釋。

二進制編碼

協同處理器資料處理指令的二進制編碼如圖5-15所示。

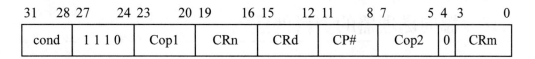

31 28	27 24	23 20	19 16	15 12	11 8	7 5	4	3 0
cond	1 1 1 0	Cop1	CRn	CRd	CP#	Cop2	0	CRm

圖 5-15 協同處理器資料處理指令的二進制編碼

說 明

ARM 對可能存在的任何協同處理器提供這條指令。如果它被一個協同處理器接受，則 ARM 繼續執行下一條指令；如果它沒有被接受，則 ARM 將產生未定義指令的陷阱（可以用來實作「協同處理器丟失」的軟體模擬）。

通常，與協同處理器編號「CP#」一致的協同處理器將接受指令，執行由Cop1 和 Cop2 欄位定義的操作，使用 CRn 和 CRm 作為來源運算元，並將結果放到 CRd。

組譯格式

CDP{<cond>} <CP#>, <Cop1>, CRd, CRn, CRm{, <Cop2>}

舉　例

CDP　　　　　p2, 3, C0, C1, C2
CDPEQ　　　　p3, 6, C1, C5, C7, 4

注意事項

對 Cop1、Crn、CRd、Cop2 和 CRm 欄位的解釋與協同處理器有關。以上的解釋是推薦的用法,它最大程度地與 ARM 開發工具相容。

5.18　協同處理器的資料傳送

協同處理器資料傳送指令類似於前面講述的字元和無號位元組資料傳送指令的立即數偏移格式,但偏移量限於 8 位元而不是 12 位元。

可使用自動索引,以及前索引和後索引定址。

二進制編碼

協同處理器資料傳送指令的二進制編碼如圖 5-16 所示。

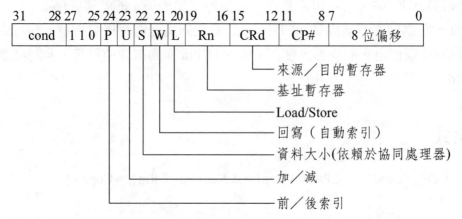

圖 5-16　協同處理器資料傳送指令的二進制編碼說明

　　該指令可用於任何可能存在的協同處理器。如果沒有協同處理器接受它，則ARM將產生未定義指令陷阱，可以使用軟體模擬協同處理器。一般情況下，具有協同處理器編號「CP#」的協同處理器（如果存在）將接受這條指令。

　　位址計算將在 ARM 內進行。使用 ARM 基址暫存器（Rn）和8位元立即數偏移量進行計算。8 位元立即數偏移應左移兩位產生字元偏移。定址模式和自動索引則以與 ARM 字元和無號位元組傳送指令相同的方式來控制。這樣定義了第一個傳送位址，隨後的字元則傳送到遞增的字元位址或從遞增的字元位址讀取。

　　資料由協同處理器暫存器（CRd）提供或由協同處理器暫存器接收，由協同處理器來控制傳送的字數，位元 N 從兩種可能的長度中選擇一種。

組譯格式

　　前索引的格式如下：

　　　　LDC|STC{<cond>}{L} <CP#>, CRd, [Rn, <offset>]{!}

　　後索引的格式如下：

　　　　LDC|STC{<cond>}{L} <CP#>, CRd, [Rn,<offset>]

　　在這兩種情況下，LDC 選擇從記憶體中讀取資料裝入協同處理器暫存器，STC 選擇將協同處理器暫存器的資料儲存到記憶體。旗標 L 如果存在，則選擇長資料類型（N＝1）。<offset>是「#±<8 位元立即數>」。

舉 例

　　　　LDC　　　　　p6, C0, [r1]
　　　　STCEQL　　　 p5, C1, [r0], #4

注意事項

(1)對 N 和 CRd 欄位的解釋與協同處理器有關。以上用法是推薦的用法，且最大限度地與 ARM 開發工具相容。

(2)如果位址不是字元對齊的，則最低兩位有效位元將被忽略，但是一些 ARM 系統可能產生異常。

(3)字元的傳送數目由協同處理器控制。ARM 將連續產生後續位址，直到協同處理器指示傳送應該結束（參看 4.5 節中「資料傳送」一段）。在資料傳送過程中，ARM 將不回應中斷請求，所以，協同處理器設計者應該注意不應因為傳送非常長的資料而損害系統的中斷反應時間。

將最大傳送長度限制到 16 個字元將確保協同處理器資料傳送的時間不會長於多暫存器 Load/Store 指令的最壞情況。

5.19　協同處理器的暫存器傳送

這些指令使得協同處理器中產生的整數能直接被傳送到 ARM 暫存器和 ARM 條件碼旗標。

典型的使用如下：

(1)浮點 FIX 操作：它把整數返回到 ARM 的一個暫存器。

(2)浮點比較：它把比較的結果直接返回到 ARM 條件碼旗標。此旗標將確定控制流程。

(3) FLOAT 操作：它從 ARM 暫存器中取得一個整數，並傳送給協同處理器，在那裡整數被轉換成浮點表示並裝入協同處理器暫存器。

在一些較複雜的 ARM CPU（中央處理單元）中，常使用系統控制協同處理器來控制 Cache 和記憶體管理功能。這類協同處理器一般使用這些指令來讀取和修改晶片上的控制暫存器。

二進制編碼

協同處理器暫存器傳輸指令的二進制編碼如圖 5-17 所示。

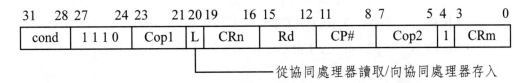

圖 5-17 協同處理器暫存器傳送指令的二進制編碼說明

說 明

本指令可用於任何可能存在的協同處理器。通常，具有協同處理器編號「CP#」的協同處理器將接受這條指令。如果沒有一個協同處理器接受這條指令，ARM 將產生未定義指令的陷阱（trap）。

如果協同處理器接受了從協同處理器中讀取資料的指令，那麼一般它將執行由 Cop1 和 Cop2 定義的、對於來源運算元 CRn 和 CRm 的操作，並將 32 位元整數結果返回到 ARM，ARM 再把它裝入 CRd。

如果協同處理器接受了向協同處理器存入資料的指令，那麼它將接受一個來自 ARM 暫存器 Rd 的 32 位元整數，並對它進行一些操作。

如果在從協同處理器讀取資料的指令中將 PC 定義為目的暫存器 Rd，則由協同處理器產生 32 位元整數的最高 4 位元將被放在 CPSR 中的旗標 N、Z、C 和 V 中。

組譯格式

從協同處理器傳送到 ARM 暫存器：

MRC{<cond>} <CP#>, <Cop1>, Rd, CRn, CRm{, <Cop2>}

從 ARM 暫存器傳送到協同處理器：

MCR{<cond>} <CP#>, <Cop1>, Rd, CRn, CRm{, <Cop2>}

舉　例

MCR　　　p14, 3, r0, C1, C2
MRCCS　　p2, 4, r3, C3, C4, 6

注意事項

(1) Cop1、CRn、Cop2 和 CRm 欄位由協同處理器直譯（interpreted），推薦使用以上的解釋以最大限度與 ARM 開發工具相容。

(2) 若協同處理器必須完成一些內部工作來準備一個 32 位元值向 ARM 傳送（例如，浮點 FIX 操作必須將浮點值轉換為等效的定點值），那麼這些工作必須在協同處理器提交傳送前進行。因此，在準備資料時經常需要協同處理器交握（handshake）訊號處於「忙碌－等待（busy-wait）」狀態。ARM 可以在忙碌－等待時間內產生中斷。如果它確實得以中斷，那麼它將暫停交握以服務中斷。當它從中斷服務程式返回時，將可能重試協同處理器指令，但也可能不重試。例如，中斷可使任務切換。在任一情況下，協同處理器必須給出一致的結果，因此，在交握提交階段之前進行的準備工作不許改變處理器的可見狀態。

(3) 從 ARM 到協同處理器的傳送一般比較簡單，因為任何資料轉換工作都可以在傳送完成後在協同處理器中進行。

5.20　中斷點指令（BRK——僅用於 v5T 體系結構）

中斷點指令（breakpoint instructions）用於軟體除錯。它使處理器停止執行正常指令而進入相應的除錯程式。

二進制編碼

中斷點指令的二進制編碼如圖5-18所示。

31 28	27 20	19 16	15 12	11 8	7 4	3 0
1110	00010010	××××	××××	××××	0111	××××

圖5-18　中斷點指令的二進制編碼

說　明

當除錯的硬體單元被適當配置時，本指令使處理器中止預取指。

組譯格式

BRK

舉　例

BRK　　　　　　　　　　; !

注意事項

(1)僅實現v5T體系結構的微處理器支援BRK指令（參見5.23節）。

(2) BRK指令是無條件的──條件欄位必須包含「always」代碼。

5.21　未使用的指令空間

並非全部 2^{32} 種指令位元編碼都指定了含義。迄今為止還未使用的編碼可用於未來指令集的擴展。

每個未使用的指令編碼都處於使用的編碼所留下的特定間隙中,可以從它們所處的位置來推斷它們未來可能的用途。

未使用的算術指令

這些指令看起來非常像 5.8 節描述的乘法指令。對於如整數除法的指令,這也會是一種適當的編碼方式。算術指令擴展空間如圖 5−19 所示。

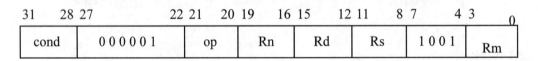

31　　28	27　　　　22	21 20 19	16 15	12 11	8 7	4 3	0
cond	0 0 0 0 0 1	op	Rn	Rd	Rs	1 0 0 1	Rm

圖 5−19　算術指令擴展空間

未使用的控制指令

這些指令包括 5.5 節描述的分歧和交換指令,以及 5.14 和 5.15 節描述的狀態暫存器傳送指令。這裡的間隙可以用於影響處理器操作模式的其他指令編碼。控制指令擴展空間如圖 5−20 所示。

31 28	27　　23	22 21 20	19	16 15	12 11	8 7 6	4 3	0
cond	0 0 0 1 0	op1	0	Rn	Rd	Rs	op2	0	Rm
cond	0 0 0 1 0	op1	0	Rn	Rd	Rs	0 op2	1	Rm
cond	0 0 1 1 0	op1	0	Rn	Rd	#rot	8 位元立即數		

圖 5−20　控制指令擴展空間

未使用的 Load/Store 指令

這些是由 5.13 節描述的 SWAP 指令以及 5.11 節描述的 Load 和 Store 半字元和有號位元組指令占據的區域中未使用的編碼。如果將來需要增加資料傳送指令，就可以使用這些指令。資料傳送指令擴展空間如圖 5−21 所示。

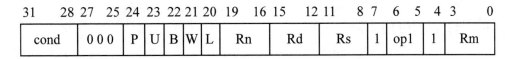

31	28 27	25 24	23	22	21	20	19	16 15	12 11	8 7	6	5	4 3	0
cond	0 0 0	P	U	B	W	L	Rn	Rd	Rs	1	op1	1	Rm

圖 5−21　資料傳送指令擴展空間

未使用的協同處理器指令

下面的指令格式類似於 5.18 節描述的資料傳送指令，可能用來支援所有可能需要增加的協同處理器指令。協同處理器指令擴展空間如圖 5−22 所示。

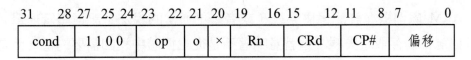

31	28 27	25 24	23	22	21	20 19	16 15	12 11	8 7	0
cond	1 1 0 0	op	o	×	Rn	CRd	CP#	偏移

圖 5−22　協同處理器指令擴展空間

未定義的指令空間

最大未定義指令的區域看起來像 5.10 節描述的字元和無號位元組資料傳送指令，然而未來對於這一空間的選用完全保持開放。未定義的指令空間如圖 5−23 所示。

圖 5-23　未定義的指令空間

未使用指令的行為

如果企圖執行一條指令，它符合如圖 5-23 所示的編碼，即在未定義的指令空間，那麼所有當前的 ARM 處理器將產生未定義指令的陷阱（trap）。

如果執行任何未使用的操作碼，則最新的 ARM 處理器產生未定義指令的陷阱。但早期版本（包括 ARM6 和 ARM7）的行為無法預測，因此，應該避免這些指令。

5.22　記憶體失誤（Memory faults）

ARM 處理器允許記憶體系統（或者，更通常的說法是記憶體管理單元）在任何記憶體存取時失誤。這就意味著不是從記憶體中返回需要的值，而是記憶體系統返回一個訊號，指示記憶體存取未能正確完成。處理器將進入異常處理，系統軟體將試圖從有問題的地方恢復。在通用機器中最普遍的記憶體失誤來源有缺頁、分頁保護和記憶體軟錯誤（soft memory errors），分別解釋如下：

缺頁（Page absent）

被定址的記憶體位址已分頁到（paged out）磁碟。

在虛擬記憶體系統中，把很少使用的分頁保存在磁碟中。試圖存取在這種分頁面上的指令或資料將會失敗，使 MMU 中止存取。系統軟體必須識別中止的原因，從磁碟中把所需的分頁讀進記憶體，據此修改 MMU 中的轉換表，並

重試被中止的存取。

　　由於從磁碟中讀取一個頁是一個緩慢的過程，作業系統常常跳出失誤行程，在傳送的同時安排另一個任務。

分頁保護（Page protected）

　　被定址的記憶體位址臨時不可存取。

　　當將一個分頁載入記憶體中時，作業系統起初可能將它置為唯讀。試圖寫這個分頁將出現失誤，並警告作業系統：此分頁已被修改，當再次將它置換到硬碟時必須保存。（如果仍有原拷貝，則不必將未修改的分頁再次寫到磁碟。）

　　一些作業系統間隔一段時間就將分頁置為不可讀取的，以便產生有關它們用於分頁調度演算法的統計。

記憶體的軟錯誤（Soft memory errors）

　　在記憶體中檢測到軟錯誤（soft error）。

　　由於 α 粒子的輻射改變動態 RAM 儲存單元的狀態，會使大型記憶體系統產生不可忽略的錯誤率。如果記憶體系統只有簡單的檢錯能力（諸如奇偶校驗），則錯誤不可恢復，因此必須終止此失誤的行程。如果記憶體系統具有全面的檢錯和容錯（ECC）硬體，那麼處理器一般將覺察不到問題，儘管還會產生失誤以便作業系統能夠累加對記憶體失誤率的統計。在折衷情況下，記憶體具有硬體檢錯，但依靠軟體來校正錯誤。這時將順序執行失誤、容錯和重新存取記憶體。

嵌入式系統（Embedded systems）

　　在典型的小型嵌入式 ARM 應用中，通常不使用硬碟。在任何情況下，對磁碟劃分頁面通常與系統必須滿足的即時性（real-time）限制不相容。另外，記憶體系統通常較小（最多幾兆個位元組，包括幾塊記憶體晶片），所以，軟錯誤率（soft error rate）可以忽略不計，很少包含錯誤檢測。因此，許多嵌入

式系統根本不使用記憶體失誤。

在嵌入式系統中，典型的應用可能是將副程式庫以壓縮形式存入 ROM 中，使用虛擬儲存技術捕捉對單個副程式的呼叫，根據需要將其載入到 RAM 中來執行。以壓縮的方式保存的好處是可減小 ROM 的容量和降低其成本；代價是解壓縮需要的時間加長。

在嵌入式系統中另一個用途可能是為在即時作業系統（RTOS）中執行的行程（process）提供一些保護。

記憶體失誤

ARM 分別處理在取指過程中檢測到的記憶體失誤（prefetch abort，預取指中止）和在資料傳送過程中檢測到的記憶體失誤（data abort，資料中止）。

預取指中止（Prefetch aborts）

如果發生取指失誤，則記憶體系統產生一個異常中止訊號（一個給處理器的專用輸入訊號）並返回一個沒有意義的指令字元。在內部，ARM 將沒有意義的指令字元和中止旗標一同放到指令管線中，然後繼續進行一般的操作，直到指令進入解碼級為止。在那裡中止旗標取代指令，並使解碼器使用預取指中止向量產生一個異常進入程序。

如果中止的指令沒有得到執行，例如因為它是緊跟在分歧指令後取指，而且分歧指令最終執行了，那麼這時將不產生異常，失誤被忽略。

資料中止

對正在存取記憶體資料的過程中產生的記憶體失誤，處理起來要複雜得多。記憶體系統不需要區分是存取指令還是存取資料，當它看到一個無法處理的位址時，只是產生一個中止的輸入訊號。但是，處理器在回應資料中止時更為困難，因為這是與當前正在執行的指令有關的問題，而預取中止是與還沒有進入解碼的指令有關的問題。

因為在某些情況下，失誤的原因解決後需要重新執行指令，指令應盡力確保它在中止後的狀態（亦即暫存器中的值）與它開始執行前的狀態相同。若做不到這一點，那麼它應至少確保恢復足夠的狀態，以便指令在第二次執行後，它的狀態與假如它第一次就被完全執行的情形相同。

LDM 資料中止

為了看一看這有多麼困難，考慮一個多暫存器 Load 指令，其中暫存器列表中有 16 個暫存器，使用 r0 為基址暫存器；起初位址是正常的，所以開始載入。加載的第一個資料覆蓋 r0，以後的暫存器相繼被覆蓋，直到最後一個位址（預定為 PC）跨越分頁的邊界並發生失誤為止。此時多數的處理器狀態已經丟失，處理器怎能恢復呢？

中止訊號恰好能及時地防止 PC 被覆蓋，所以，我們至少有一個用於這個指令的位址，而它就是造成失誤的位址。看起來已經把基址暫存器丟失了很長時間，如何能去重新執行指令？幸運的是，處理器在執行指令的同時，在另一個角落保存了基址暫存器（可能是自動索引以後的）的一個拷貝。因此，假若存取 PC 沒有發生失誤，那麼在應該將 PC 的值變為新值時，指令的最後一個動作就是把這個保存的值拷貝回基址暫存器。

我們保存了 PC 和（修改過的）基址暫存器，但是我們同時也覆蓋了若干其他暫存器。對基址暫存器的修改可以用軟體改回來，因為可以檢查指令並確定暫存器列表中暫存器的數目及定址模式。而被覆蓋的暫存器正是重新執行指令時將用正確的資料再次載入的，所以萬事大吉（恰好！）。

歷史的記錄

在開發第一片 ARM 處理器的過程中，很晚的時候才提出從中止的資料進行恢復的要求。直到這時，各種多暫存器 Load 和 Store 定址模式都是根據模式從基址開始向上增加或向下減少記憶體的位址。因此，晶片設計中使用了位址增／減單元。

當明顯看出必須支援虛擬記憶體時，人們很快看到遞減模式使異常中止更

難恢復，因為在中止被告知前，PC 可能被覆蓋。因此，就將設計改變為總是增加位址。使用的記憶體位址也是這樣，暫存器到記憶體的映射沒有改變（見圖 3-2），只是傳送的順序改變為最低位址優先，最後是 PC。

這些變化實現得太晚，以致於沒能影響位址產生邏輯（address generating logic）的佈局圖，因此，在第一個 ARM 晶片中位址增／減的硬體配線總是使用增加。無需多說，這些多餘部份沒有在後續的實作中延續下來。

中止時序（Abort timing）

處理器越早地從記憶體系統得到失誤的指示，就越容易保留狀態；而處理器要求失誤訊號越早，記憶體系統就越難設計。因此，在處理器失誤處理的結構簡化和記憶體系統的工程效率之間有一種緊繃的關係。

這些緊繃的關係不影響記憶體管理單元。如果處理器具有 Cache 記憶體，則 Cache 的設計也會受到異常中止時序的影響。

早期的 ARM 處理器需要在時脈週期的第一相位結束且在記憶體存取週期的一半之前，（參見圖 4-8）就得到失誤訊號。具有一個 CAM-RAM（CAM 是按內容存取記憶體）組織的全相關 Cache 可以設計為僅從 CAM 存取中產生它的命中／未命中（hit/miss）訊號，這樣就能及時確認良好的存取，或在第一相位停止處理器。一旦處理器停止，MMU 就有時間來控制產生中止訊號。另一方面，組相關（set-associative）Cache 通常在時脈週期末產生它的命中／未命中訊號，這太晚了，以致不能把未命中推遲到 MMU（它可能產生一個異常中止）而沒有明顯的性能損失。（ARM710 具有組相關 RAM-RAM Cache，它沒有遵從這一規則，Cache 仍然在第一相位結束之前產生它的命中／未命中訊號和 MMU 的保護訊息。）

為了更容易對 Cache 和 MMU 的設計進行約束，後期的 ARM 被重新設計為使中止在週期的結束處標記，與讀資料具有同樣的時序。必須接受的妥協是現在處理器狀態改變得更多了，因此，在中止的恢復軟體方面有許多工作要做。

一些 ARM 處理器可以配置（藉由外部硬體配線或使用位元 L，CP15 暫存器 1 的第 6 位元，可參見 11.2 節）為使用早期或晚期的中止時序來工作。

ARM 資料中止

在資料中止後 ARM 的狀態與處理器型號有關。在一些採用早期／晚期的中止配置的處理器中，則有

(1)在所有的情況下 PC 被保護（因此，在資料中止時，異常入口 r14_abt 的內容為失誤指令的位址加 8 個位元組）。

(2)基址暫存器不會被修改，或者包含一個由自動索引修改的值（它不會被載入的值覆蓋）。

(3)其他目的暫存器可能被覆蓋。當指令重執行時，正確的值將被載入。

因為基址暫存器可能被自動索引修改，所以應該避免使用某些（不是非常有用的）自動索引模式，例如：

　　　　LDRr0,　　[r1], r1

這條指令使用 r1 作為 Load 位址，然後使用後索引將 r1 自身相加，在過程中丟失了最高位元。如果跟著就是資料中止，只留下了 r1 的修改後的值，則不可能恢復原先的傳送位址。一般來說，在定址模式中應該避免使用同一暫存器作為基址和索引。

5.23　ARM 體系結構的各種版本

ARM 體系結構在其發展過程中經歷了多次修訂。對各種體系結構的版本介紹如下：

版本 1

ARM 架構版本 1 描述的是第一個 ARM 處理器，由 Acorn Computer 公司在 1983～1985 年間開發。第一批 ARM 晶片僅支援 26 位元定址，不支援乘法或協同處理器。在附屬於 BBC 微電腦的 ARM 第二個處理器中，它得到了唯一的應

用。這種微計算機製造得很少，但是使 ARM 成為第一個商用單片 RISC 微處理器。它們也在 Acorn 內部用於 Archimedes（阿基米德）個人工作站的原型機。

版本 2

ARM2 晶片在 Acorn 的 Archimedes 和 A3000 產品中大量銷售。它仍然是 26 位元位址的機器，但包含了對 32 位元結果的乘法指令和協同處理器的支援。ARM2 使用了 ARM 公司現在稱為 ARM 體系結構版本 2 的架構。

版本 2a

ARM3 晶片是第一片具有晶片上 Cache 的 ARM。這一體系結構非常類似於版本 2，但是增加了合併的 Load 和 Store（SWP）指令，並引入了使用協同處理器 15 作為系統控制協同處理器來管理 Cache。

版本 3

ARM 公司成為獨立的公司後，在 1990 年設計的第一個微處理器是 ARM6。它作為巨集單元（macrocell），作為獨立的處理器（ARM60）和作為具有晶片上 Cache、MMU 和寫入緩衝（用於 Apple Newton 的 ARM600 和 ARM610）整合的 CPU 來出售。ARM6 引入 ARM 體系結構版本 3，它具有 32 位元位址以及分開的 CPSR 和 SPSR，並增加了未定義和異常中止模式，以便在管理者模式下支援協同處理器模擬和虛擬記憶體。

ARM 體系結構版本 3 向後與版本 2a 相容，允許硬體配線 26 位元操作或在行程之間 26 位元和 32 位元混合操作。

版本 3G

ARM 體系結構 3G 是不與版本 2a 向後相容（backwards compatibility）的版本 3。

版本 3M

ARM 體系結構版本 3M 引入了有號和無號數乘法和乘加（multiply-accumulate）指令。這些指令產生全 64 位元結果。

版本 4

體系結構版本 4 增加了有號和無號半字元和有號位元組 Load 和 Store 指令，並為結構定義的操作預留了一些 SWI 空間。引入了系統模式（使用用戶暫存器的特權模式），將幾個未使用指令空間的角落作為未定義指令使用。

在這一級，在早期 ARM 中用 r15 產生「PC＋12」的用法將給出無法預測的結果（因此，體系結構版本 4 所依從的體系結構不需要複製「PC＋12」的行為）。這是第一個具有全部正式定義的體系結構版本。

版本 4T

在體系結構版本 4T 中引入了 16 位元 Thumb 壓縮形式的指令集。

版本 5T

最近已經引入 ARM 體系結構版本 5T。在寫本書時只有 ARM10 處理器支援它（很快也會支援 5TE 版本）。它是體系結構版本 4T 的擴展集，加入了 BLX、CLZ 和 BKPT 指令。

版本 5TE

版本 5TE 在體系結構版本 5T 的基礎上增加了 8.9 節介紹的訊號處理指令集。

總　結

表 5-7 總結了每個核心使用的 ARM 體系結構的版本。

表 5-7　ARM 體系結構總結

核	體系結構
ARM1	v1
ARM2	v2
ARM2aS, ARM3	v2a
ARM6, ARM600, ARM610	v3
ARM7, ARM700, ARM710	v3
ARM7TDMI, ARM710T, ARM720T, ARM740T	v4T
StrongARM, ARM8, ARM810	v4
ARM9TDMI, ARM920T, ARM940T	v4T
ARM9E-S	v5TE
ARM10TDMI, ARM1020E	v5TE

5.24　例題與練習

（還可參閱 3.4 節和 3.5 節。）

☞ 例題 5.1

寫一個純量乘法的程式，要明顯地快於 5.8 節給出的程式。

在原程式中，每對資料花費 10 個時脈週期再加上（與資料相關的）乘的時間。每個資料的讀入花費 3 個時脈週期，每次迴圈的分歧花費 3 個時脈週期。

可以使用多暫存器 Load 指令來減少加載所用的時間，還可以用迴圈展開來減少分歧所用的時間。將這兩種技巧結合起來，得到如下程式：

	MOV	r11, #20	；初始化迴圈計數器
	MOV	r10, #0	；初始化總和
LOOP	LDMIA	r8!, {r0 − r3}	；加載 4 個第 1 個向量值…
	LDMIA	r9!, {r4 − r7}	；…和 4 個第 2 個向量值
	MLA	r10, r0, r4, r10	；累加第 1 次乘積
	MLA	r10, r1, r5, r10	；累加第 2 次乘積
	MLA	r10, r2, r6, r10	；累加第 3 次乘積
	MLA	r10, r3, r7, r10	；累加第 4 次乘積
	SUBS	r11, r11, #4	；迴圈計數減 4
	BNE	LOOP	；如果沒有結束，則循環

現在迴圈的開銷為 16 個週期加上乘的時間，完成 4 對數值的累加，或者說每對資料用 4 個週期。

練習 5.1.1

編寫一個副程式，從記憶體某處拷貝一個位元組的字串到記憶體的另一處。來源字串的開始位址放入 r1，長度（以位元組為單位）放入 r2 中，目的字串的開始位址放入 r3。

練習 5.1.2

使用以上例題中示範的技巧重複前一個練習以改善性能。假設來源和目的字串是字元對齊的，而且字串的長度是 16 位元組的倍數。

練習 5.1.3

現在假設來源字串是字元對齊的，但目的字串可以任意位元組對齊。字串的長度仍是 16 位元組的倍數。編寫一個程式，一次處理 16 位元組，使用多暫存器傳送指令進行大量儲存，使用位元組儲存指令處理兩端的情形。

6 體系結構對高階語言的支援

Architectural Support for High-Level Languages

- ◆ 軟體設計中的抽象
- ◆ 資料類型
- ◆ 浮點數資料類型
- ◆ ARM 浮點數體系結構
- ◆ 運算式
- ◆ 條件述句
- ◆ 迴　圈
- ◆ 函式與程序
- ◆ 記憶體的使用
- ◆ 執行期的環境
- ◆ 例題與練習

本章內容綜述

高階語言使程式能以抽象的方式來表述，例如資料類型、結構、程序、函式等等。有些指令集努力去支援這些高階的概念，而 RISC 方法則表現為偏離這樣的指令集。所以我們必須了解，雖然 RISC 指令集是更加基本的，它仍然能提供可以組譯的積木塊，對高階語言給予必要的支援。

在本章中，我們將考察高階語言對體系結構的要求，以及怎樣可以滿足這些要求。我們將使用 C 作為高階語言的例子（儘管有些人對它充當這個角色的資格有異議），把 ARM 指令集作為這種語言的編譯目標。

在分析過程中，我們會清楚地看到，RISC 體系結構（例如 ARM 使用的結構）很有味道，而且若干重要的決定可以由編譯器的編寫者根據口味來確定。其中一些選擇將影響到是否容易由不同的原始語言產生的常式來構成程式。因為這是一個重要的問題，所以規定了 ARM 程序呼叫標準。編譯器的編寫者應該使用這個標準以確保呼叫的入口與現存條件的一致性。

另一個從編譯器的一致性受益的領域是對浮點運算的支援。它使用在 ARM 硬體指令集未定義的資料類型。

6.1　軟體設計中的抽象

我們已介紹過對軟體設計很重要的一個抽象化等級——組譯等級。ARM 處理器的精髓是在其指令集中，這已在第 5 章介紹過了。在第 9 章中我們將看到有很多方式實作 ARM 體系結構，但是體系結構的全部要點就是要確保程式設計師不必關心詳細的實作細節。如果一個程式在一種實作中能正確地執行，它就應該在所有實作中正確地執行（帶有一定的限制）。

組譯等級的抽象（Assembly-level abstraction）

在組譯等級上編寫程式的程式設計師（幾乎）直接用原始的機器指令集工作，用指令、位址、暫存器、位元組和字元來表示程式。

當優秀的程式設計師面對一個不尋常的任務時，一開始就會決定用能簡化程式設計的較高等級的抽象。例如，一個圖形程式可能會畫大量的線，所以，畫一條已知端點座標的線的副程式將是很有用的。其他的程式就可以僅僅是處理這些端點座標。

在組合語言編程級，抽象是很重要的。但是，支援抽象以及用機器的原始語言來表示抽象則取決於程式設計師。因此，程式設計師必須能理解這些原始語言，並準備經常退回到在機器語言的等級上思考。

高階語言

高階語言使程式設計師可以在比機器語言更高的抽象層次上思考。確實，程式設計師可能甚至不知道程式最終會在什麼機器上執行。例如，暫存器號碼這樣的參數對不同的體系結構是不同的，所以很明顯，這些參數不能反映在語言的設計中。

用於高階語言的、在目標架構上支援抽象的任務是在編譯器（compiler）身上。編譯器本身是一個非常複雜的軟體，而編譯器產生的代碼的效率在相當大的範圍內依賴於目標架構對編譯器提供的支援。

在某個時期內曾公認的明智看法是，支援編譯器的最好方式是增加指令集的複雜度，來直接實作語言的高階操作。RISC 原理的引入改變了這種方式，把指令集的設計集中於彈性的基本操作，編譯器可以由這些基本操作來構造它的高層級操作。

本章介紹高階語言的要求，並表明基於 RISC 原理的 ARM 體系結構如何滿足這些要求。

6.2 資料類型（Data types）

有可能用基本的布林邏輯變數「真」（1）和「偽」（0）來表示計算機程式，儘管很不方便。我們可以看到這是可能的，因為在閘級全部都可以用硬體來操作。

在 ARM 指令集的定義中，在用指令、位元組、字元和位址等表示處理器的功能時，已經引入了不同於邏輯變數（logic variables）的抽象概念。每一個這類術語都描述了一個以獨特方式觀察的邏輯變數的集合。注意，例如指令、資料字元和位址都是 32 位元長，而存放它們的記憶體單元不能區分存放的是何種類型。區別不在於訊息儲存的方式，而在於它們的使用方法。計算機的資料可以用下列各項來表徵，即

(1)它需要的位元數。

(2)這些位元的順序。

(3)這些位元的用途。

一些資料類型，例如位址和指令，主要是供計算機使用；而其他的資料則以使用者可以獲取的方式表示訊息。用計算的術語來說，後一類中最基本的是數。

數

數（numbers），據推測在最初只是用於檢查是否有羊在夜間被偷的簡單概念。隨著歲月流逝，已經發展為非常複雜的機制。它能計算只有（1/1000）mm 寬，每秒鐘開關 1 億次的電晶體行為。

羅馬數字

下面是人類書寫的一個數字：

MCMXCV

十進制數（Decimal numbers）

對羅馬數字的解釋是很複雜的。符號的值不僅依賴於符號，還依賴於符號相對於近鄰符號的位置。書寫數字的方式在很大程度上（但不是全部，見原書開頭幾頁的頁數）被十進制方案所取代。用這種方式，同一個數可表示如下：

1995

我們知道，最右邊的數字代表單位數，它左邊的一個數字代表十，然後是百、千等等。每向左移動 1 位，數字的值就增大 10 倍。

二進制編碼的十進制數（Binary coded decimal）

為了用一組布林變數來表示這樣一個數字，最簡單的是找到一種方式來表示每一個數字，再用 4 個這樣的表示來代表整個數。我們需要 4 個布林變數才能表示從 0 到 9 的不同數字，所以，第一種易於用邏輯閘處理的數字形式如下：

0001 1001 1001 0101

這就是被一些計算機支援並通用於小型計算器的二進制編碼的十進制數。

二進制計數法

多數計算機在多數時間都摒棄人為的十進制計數方法，而通通偏愛純二進制計數法。用二進制計數法同樣的數變為

11111001011

這裡，最右邊的數字代表單位數，它左邊的代表 2，然後是 4，等等。每向左移動 1 位，數字的值就增大 1 倍。因為某一列的數值 2 可以由左邊一列的數值 1 來代表，所以，只需要 0 和 1 兩個數字就可以表述任何數值，並且每個二進制數字都可以用單個布林變數來表示。

十六進制計數法（Hexadecimal notation）

機器內部廣泛地使用二進制數，儘管典型的 32 位元二進制數相當難記，

但是也不願把它轉換成熟悉的十進制形式（它很難處理且易出錯）。計算機用戶經常用十六進制（基於 16）的計數法來表示數。這是很容易的，因為二進制數可以劃分為 4 個數字一組，把每一組替換成一個十六進制數字。因為在十六進制中需要表示數字 0～15 的符號，所以，當十進制的符號用完後，就使用了字母表裡靠前面的幾個字母：用 0～9 表示它們自己，而用 A～F 表示 10～15。數字變為

$$7CB$$

（在一個時期，流行用八進制（基於 8）計數法達到類似的作用。該方法避免了使用字母，但是與 4 個數字一組相比，3 個一組使用起來不太方便，所以，八進制的使用在很大程度上被捨棄了。）

數值的範圍（Number ranges）

在紙上書寫時，我們根據我們想要寫的數的需要來選用十進制數字。計算機通常預留固定數目的位元來表示數，所以，如果數目太大，就不能表示了。ARM 安排了 32 位元來表示數量，所以該體系結構支援的第一種資料類型就是 32 位元的（無號（unsigned））整數，它的數值範圍為

$$0 \sim 4\,294\,967\,295_{10} = 0 \sim FFFFFFFF_{16}$$

（下標表示數字的基數。上述數的範圍首先用十進制表示，然後用十六進制。注意十六進制的 F 代表全「1」的二進制數。）

這看來是很大的範圍，對多數用途來說也確實是足夠的，但是程式設計師必須知道它的限制。將此範圍內兩個接近最大值的無號數相加，將得到錯誤的結果，因為正確的答案已經不能在 32 位元之內表示了。只有程式狀態暫存器中的旗標 C 能給出指示，指出發生了錯誤，答案不可信。

如果從一個小數中減掉一個大數，結果將為負數，也不能用任何無號整數來表示。

有號整數（Signed integers）

在很多情況下，既能表示負數又能表示正數是很有用的。ARM 支援 2 的補數的 2 進制計數法，這時最高位元的值成為負數。在 32 位元有號數中，除了第 31 位元外，所有位元都有著與在無號數中相同的數值，而第 31 位元的值為 -2^{31}，而不是 $+2^{31}$。現在，數值的範圍為

$$-2\,147\,483\,648_{10} \sim +2\,147\,483\,647_{10} = 80000000_{16} \sim 7\text{FFFFFFF}_{16}$$

注意，數的正負號（sign）只由第 31 位元決定，正整數的數值和它對應的無號數的表示相同。

ARM 與多數處理器一樣，用 2 的補數計數法表示有號整數。因為它們的加和減與無號整數使用同樣的布林邏輯功能，所以不需要另外的指令（例外的情況是全 64 位元結果的乘法，ARM 對有號數和無號數有分別的指令）。

體系結構對有號數的支援是程式狀態暫存器中的旗標 V，在運算元為無號數時該旗標無作用。但是在有號數參加運算時表示溢位（超範圍）錯誤。來源運算元不會超過範圍，因為它們被表示為 32 位元的數值。但是當兩個接近範圍的極端值的數相加或相減時，結果可能跑到範圍之外。它的 32 位元表示將是一個在範圍之內的、數值和正負號錯誤的數。

其他數值的長度

在 ARM 中數的自然表示為有號的和無號的 32 位元整數。實際上，在處理器內部就是這樣的。但是所有 ARM 處理器還執行 8 位元的 Load 和 Store，使小的正數在記憶體內占據比 32 位元的字元更小的空間。除了最早期的處理器以外，所有處理器還都支援有號位元組及有號和無號 16 位元半字元的傳送，主要是為了減少儲存小數值所需的記憶體空間。

如果 32 位元的整數太小，可以使用多字元和多暫存器來操作更大的數。可以用兩個 32 位元的加法來執行一個 64 位元的加法，使用狀態暫存器中的旗標 C 從低字元向高字元傳送進位，即

```
                    ；將 [r1, r0] 加到 [r3, r2] 的 64 位元加法
       ADDS      r2, r2, r0          ；加低位，保存進位
       ADC       r3, r3, r1          ；加高位及進位
```

實數（Real numbers）

　　至此，我們僅僅考慮了整數。實數用來表示分數和超越（transcendental）數，在處理實體量時它們是很有用的。

　　實數在計算機中的表示是個大問題，延到下一節講述。ARM 核心不支援實數類型，儘管 ARM 公司定義了一系列有關實數的類型和指令。這些指令或者在浮點協同處理器中執行，或者用軟體來模擬。

可列印的字元符號（Characters）

　　除了數以外，下一種最基本的資料類型是可列印的字元符號。為控制標準的印表機，需要一種方法來表示一般的字元符號，例如大寫和小寫的字母、1～9 的十進制數字、標點符號和若干特殊符號（如£、$、%等）。

ASCII 碼

　　數一數這些不同的字元符號，總數很快就達到一百多個。某些時候之前，這些字元符號的二進制表示被標準化為 7 位元 ASCII（American Standard for Computer Information Interchange，美國計算機訊息交換標準）碼，其中包括這些可列印字元符號和一些控制碼。控制碼的命名參照了這些碼原來在打字電報機上的名稱，例如「歸位（carriage return）」、「換行（line feed）」和「鈴（bell）」等。

　　在計算機中儲存 ASCII 字元符號的一般方法是將 7 位元二進制代碼放入 8 位元的位元組。許多系統擴展了這些代碼，例如使用 8 位元的 ISO 字元集，其中用位元組所表示的另外 128 個代碼表示特殊的字元符號（例如帶重音號（accents）的字元符號）。表示字元符號最彈性的方法是 16 位元的 Unicode，它包含很多單位元組編碼的 8 位元字元集。

按照 8 位元可列印字元符號編碼，「1995」是：

$$00110001001110010011100100110101 = 31\ 39\ 39\ 35_{16}$$

ARM 對字元符號的支援

ARM 體系結構中支援字元符號操作的是無號位元組的 Load 和 Store 指令。前面已經提到過，這些指令可用來支援小的無號整數。但是與它們頻繁地用來傳送 ASCII 字元符號相比，前面講到的作用就小得多了。

ARM 體系結構中沒有任何東西反應 ASCII 定義的特殊編碼。如果其他編碼使用的位數不多於 8 位元，那麼也會得到同樣好的支援。但是，目前如果沒有極好的理由而選用其他代碼來表示字元符號，將是荒謬的。

位元組順序（Byte ordering）

上面 ASCII 碼的例子向我們提示了一個潛在的困難。它是從左向右書寫以供讀取的。但是如果作為 32 位元的字元來讀，最低有效的位元組在最右面。一個輸出字元符號的常式（routine）可以順序地按遞增的位元組位址列印字元符號。在這種情況下，用 little-endian（小端）定址，將列印出「5991」。顯然需要小心對待記憶體中一個字元內位元組的順序。

高階語言

高階語言定義其規範中需要的資料類型，通常不會參照任何特定的體系結構。有時用於表示特定資料類型的位數依賴於體系結構，以便機器使用其最有效的寬度。

ANSI C 的基本資料類型

由美國國家標準學會（American National Standards Institute, ANSI）定義的

一種 C 語言，被稱為「ANSI 標準 C」或簡稱「ANSI C」。

它定義了以下基本資料型態：

(1)至少 8 位元的有號和無號的字元符號（characters）。

(2)至少 16 位元的有號和無號的短整數（short integers）。

(3)至少 16 位元的有號和無號的整數（integers）。

(4)至少 32 位元的有號和無號的長整數（long integers）。

(5)浮點數，雙精度和擴展雙精度浮點數（longdouble floating-point）。

(6)列舉類型（enumerated）。

(7)位元欄（bitfields）。

除了標準的整數外，ARM C 編譯器接受以上各種資料類型的最小寬度。它使用 32 位元整數，因為這是最經常使用的資料類型，而且與 16 位元操作相比，ARM 能更有效地支援 32 位元操作。

列舉類型（變數在指定的一系列數值中選取 1 個值）是用所需取值範圍內最小的整數類型來實作的。位元欄型（布林變數的集合）在整數內實作，可能幾個變數共用一個整數，第一個聲明的變數占據最低位元，但不可跨越字元的邊界。

ANSI C 延伸出的資料類型

此外，ANSI C 標準還定義了延伸的資料型態：

(1)由同一資料類型的幾個對象組成的陣列（arrays）。

(2)返回特定類型對象的函式（functions）。

(3)包含一系列不同類型的對象的結構（structures）。

(4)指向特定類型對象的指標（pointers）（它通常為機器位址）。

(5)允許不同類型對象在不同時間占據同一空間的聯合（unions）資料類型。

ARM的指標長度為 32 位元（ARM本身的位址寬度），類似於無號整數，但是它遵從不同的算術規則。

ARM C 編譯器把字元符號對齊位元組的邊界（也就是說在下一個可用的位址），短整數在偶數位址，所有其他類型在字元的邊界。結構總是在字元的邊界開始它的第一個元件，然後按照這些對齊規則儘量緊湊地排列其他的元件。

（壓縮的（packed）結構違反對齊規則。記憶體的使用將在 6.9 節更廣泛地討論。）

ARM 體系結構對 C 資料型態的支援

上面我們已經看到，對有號和無號的 32 位元整數以及無號的位元組，包括 C 整數（用 32 位元數值來實作）、長整數和無號的字元符號，ARM 整數核心都提供自然的支援。指標是用 ARM 本身的位址實作的，因而正好可以支援。

ARM 的定址模式對陣列和結構提供了一定的支援。使用基址比例索引的定址模式，可以搜索對象寬度為 2^n 位元組的陣列。搜索時用指標指向陣列的開始處，將迴圈變數作為索引。使用基址加立即數偏移定址模式，可以存取結構中的對象。然而，要執行更複雜的存取，必須有另外的位址計算指令。

ARM 的現行版本包括有號位元組以及有號和無號 16 位元資料的 Load 和 Store，自然對短整數和有號字元符號類型提供支援。

下一節將討論浮點類型。然而我們在這裡可以說，基本的 ARM 核心幾乎不直接支援它們。在沒有專門支援浮點數的硬體的情況下，這種類型（以及處理它們的指令）是靠複雜的軟體模擬程式來處理的。

6.3　浮點數（floating-point）資料類型

浮點數試圖以相同的精確度表示實數。表示一個實數的一般方法如下：

$$R = a \times b^n \tag{13}$$

其中 n 的選取要使 a 落在一個定義的數值範圍之內。b 通常隱含在資料類型中且常常等於 2。

IEEE 754

　　在計算機中操作浮點數，要確保在不同機器上運行同一個問題時結果的一致性，則有很多複雜的問題要解決。1985 年發佈的關於二進制浮點數運算的 IEEE 標準（ANSI/IEEE 標準 754-1985，有時簡稱為 IEEE 754）對解決一致性問題有極大的幫助。標準中相當詳盡地定義了浮點數應如何表示，計算的精確度（accuracy）應如何執行，誤差應如何檢測並返回等等。

　　根據 IEEE 754，浮點數最緊湊的表示法是 32 位元單精度格式。

單精度（Single precision）

　　IEE 754 單精度浮點數格式如圖 6–1 所示。

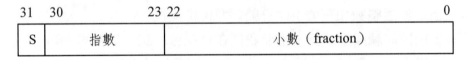

圖 6–1　IEEE 754 單精度浮點數格式

　　數值由 3 部分組成，即正負號位元（「S」）、指數和小數。指數是有 +127 偏置（bias）（用於正規化）的無號整數。對前一句話中的一些術語可能不熟悉。為了解釋它們，讓我們看一看「1995」這個我們認識的數是如何轉換成這種格式的。

　　我們先由 1995 的二進制表示開始，它已經被表示為

$$11111001011$$

　　這是一個正數，所以 S 位為 0。

正規化的數（Normalized numbers）

　　第一步是將數正規化，這就是將它轉換為式（13）所示的格式，其中 $1\leqslant a<2$ 且 $b=2$。看一下該數的二進制形式，在第一個「1」後面插入一個二進制小數點（其意義類似於熟悉的十進制小數點）就可將 a 限制在這個範圍之內。在二進制整數的表示中，二進制小數點的隱含位置就是最右一個數字的右面，所以，在此把它向左移動了 10 位。這樣，1995 的正規化表示成為

$$1995 = 1.1111001011 \times 2^{1010} \tag{14}$$

式中 a 和 n 都採用了二進制計數法。

　　任何數被正規化後，a 中二進制小數點前面的一位元將為「1」（否則該數未被正規化）。因此，不需要存儲這一位元。

指數偏置（Exponent bias）

　　最後，由於需要格式表示很小的數和很大的數，所以有些數在其正規化格式中可能需要負的指數。標準沒有使用有號的指數，而是規定了偏置（bias）。將偏置（在單精度正規化數中為 +127）加到指數中。在此 1995 表示為如圖 6-2 所示。

31	30	23	22	0
0	1 0 0 0 1 0 0 1		1 1 1 1 0 0 1 0 1 1 0 0 0 0 0 0 0 0 0 0 0 0 0	

圖 6-2　1995 的 IEEE 754 單精度表示

指數為 127 + 10 = 137；小數的右邊用 0 擴充以填滿 23 位元的欄位。

正規化數值（Normalized value）

一般來說，32 位元正規化數的值由下式給出：

$$值（正規化）=(-1)^S \times 1.小數 \times 2^{(指數-127)} \qquad (15)$$

儘管這個格式有效地代表一個很廣的數值範圍，但它有一個相當明顯的問題：無法表示 0。因而 IEEE 754 標準保留了指數為 0 或 255 的數，用來表示特定的數，即

(1)用 0 指數和小數來表示 0（正負號為任何值，所以正 0 和負 0 都可以表示）。

(2)用最大的指數和 0 小數以及適當的正負號位元來表示正負無窮。

(3)用最大的指數和非 0 的小數表示 NaN（Not a Number）；「quiet」NaN 在最高有效小數位的位置為「1」，而「signalling」NaN 在最高有效小數位的位置為「0」（但是其他位應為「1」，否則就與無窮一樣了）。

(4)**非正規化數**，即一些僅僅因為太小以致於不能按此格式正規化的數。它們指數為 0，小數為非 0，值由下式給出，即

$$值（非正規化）=(-1)^S \times 0.小數 \times 2^{(-126)} \qquad (16)$$

NaN 格式用來表示浮點數無效操作的結果，例如取負數的對數；還用於防止在一系列操作中，當中間的錯誤條件未被檢查出時產生表面上合法的結果。

雙精度（Double precision）

在許多應用中單精度格式提供的精確度是不夠的。使用雙精度格式，即用 64 位元儲存每個浮點數，可以大大提高精確度。

對格式的解釋與單精度數類似，但是這裡正規化數的指數偏置為 + 1023。IEEE 754 雙精度浮點數格式如圖 6-3 所示。

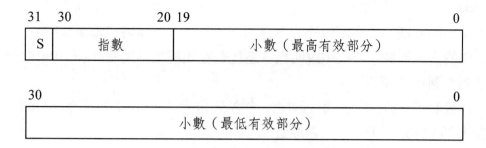

圖 6-3　IEEE 754 雙精度浮點數格式

雙擴展精度（Double extended precision）

　　雙擴展精度格式提供了更高的精確度。它使用擴展到 3 個字元的 80 個訊息位元。指數偏值為 16383，而 J 位是二進制小數點左邊的一位元（對於所有正規化數，該位元為「1」）。IEEE 754 雙擴展精度浮點數格式如圖 6-4 所示。

圖 6-4　IEEE 754 雙擴展精度浮點數格式

壓縮的十進制數（Packed decimal）

　　除了上面所述的二進制浮點數表示法之外，IEEE 754 標準還規定了壓縮

（packed）的十進制格式。對於前面的式（13），在壓縮的十進制格式中，b是 10，而 a 與 n 則以二進制編碼的十進制格式儲存。這種格式曾在 6.2 節「二進制編碼的十進制數」一段中說明過。這種數在正規化時要使 $1 \leq a < 10$。壓縮的十進制如圖 6-5 所示。

　　指數的正負號位元於第一個字元的第 31 位元（「E」），十進制數的正負號在第 30 位元（「D」）。數的值為

$$值（壓縮）=(-1)^{D} \times 十進制數 \times 10^{((-1)^{E} \times 指數)} \tag{17}$$

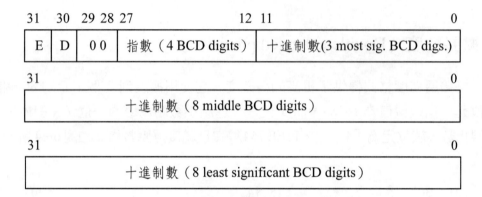

圖 6-5　IEEE 754 壓縮的十進制浮點數格式

擴展的壓縮十進制數

　　擴展的壓縮十進制數占據 4 個字元以得到更高的精度。其數值依然如式（17）所示，其格式如圖 6-6 所示。

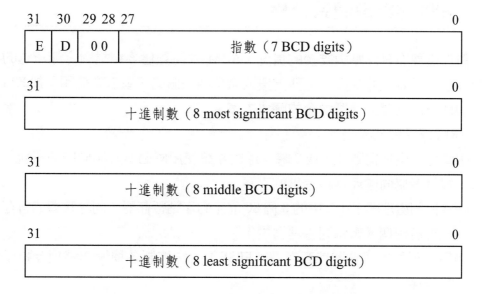

圖 6-6　IEEE 754 擴展的壓縮十進制浮點數格式

ARM 浮點數指令

　　儘管在 ARM 整數核心中沒有直接支援任何浮點數資料類型，但 ARM 公司在協同處理器指令空間定義了一系列浮點數指令。通常這些指令全部通過未定義指令陷阱（它收集所有硬體協同處理器不接受的協同處理器指令）在軟體中實作，但是一個子集可由 FPA10 浮點協同處理器以硬體操作。

ARM 浮點數函式庫

　　作為 ARM 浮點數指令集（對於 Thumb 代碼是唯一的選擇）的替代方法，ARM 公司還提供了 C 浮點數函式庫。該函式庫支援 IEEE 單精度和雙精度格式。C 編譯器有一個旗標來選擇這個常式。它產生的代碼與軟體模擬相比既快（因避免中斷、解碼和浮點數指令模擬）又緊湊（僅由於所使用的函式必須包括在映像（image）中）。

6.4　ARM 浮點數體系結構

　　對於需要充分浮點數支援的情況，ARM 浮點數體系結構對上節所述的各資料類型提供廣泛的支援。這種支援或者是純軟體的，或者是使用基於FPA10浮點加速器的軟體／硬體聯合的解決方案。

　　ARM 浮點數架構提供：

(1)當協同處理器號為 1 或 2 時（浮點系統使用兩個邏輯協同處理器號），提供對協同處理器指令集的直譯。

(2)在協同處理器 1 和 2 中的 8 個 80 位元的浮點暫存器（同樣實體的暫存器出現於兩個邏輯協同處理器中）。

(3)用戶可見的浮點狀態暫存器（FPSR）。它控制各種操作選項及指示錯誤條件。

(4)可選用的浮點控制暫存器（FPCR）。它是用戶不可見的，並且只能由硬體加速器專用的支援軟體使用。

　　注意，ARM協同處理器架構使用戶可以使用浮點模擬器（FPE）軟體，也可以將FPA10與浮點加速器支援代碼（FPASC）結合起來使用，或者將任何其他支援同樣指令集的軟硬體結合起來使用。二進制應用軟體在各種支援環境下工作，儘管編譯器的最佳化策略是不同的（FPE軟體適合於分組的（grouped）浮點指令，而 FPA10/FPASC 適合於分散式（distributed）指令）。

FPA10 資料類型

　　ARM FPA10 硬體浮點加速器支援單精度、雙精度和擴展雙精度格式。壓縮（packed）的十進制格式僅由軟體支援。

　　協同處理器中的暫存器全都是擴展的雙精度，除了某些指令的快速版本外，所有內部的計算也都是在這種最高的精度格式下進行的。這些快速指令不產生全 80 位元的精確結果。但是，在記憶體和這些暫存器之間的Load和Store可以按照需要來轉換資料的精度。

　　這類似於ARM的整數架構中的整數處理：所有的內部操作都是基於 32 位元的數值，但是記憶體傳送可以指定為位元組和半字元。

Load 和 Store 浮點數指令

因為只有 8 個浮點暫存器,在協同處理器資料傳送指令(見圖 5-16)中的暫存器指示符(specifier)欄位就有一個多餘的位元。該位元被用做附加的資料大小指示符。Load 和 Store 浮點數的二進制編碼如圖 6-7 所示。

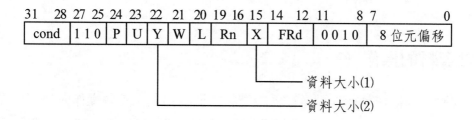

圖 6-7　Load 和 Store 浮點數的二進制編碼

該格式中的其他欄位已在 5.18 節中說明。X 和 Y 兩位元用於指定 4 種精度之一,即從單精度、雙精度、擴展的雙精度和壓縮的十進制這 4 種精度中選擇一種。(在壓縮十進制和擴展壓縮十進制之間如何選擇,則由 SPSR 中的某一位元控制。)

Load 和 Store 多浮點數

Load 和 Store 多浮點暫存器指令用於儲存和恢復浮點暫存器的狀態。每個暫存器用 3 個記憶體字元來儲存,沒有規定精度的格式。所儲存資料的唯一作用就是使用相應的 Load 多浮點指令重新讀取它們以恢復暫存器內容。FRd 用於指定第一個要傳送的暫存器;X 和 Y 指定要傳送的暫存器數目,可以是 1~4。注意,這些指令使用 2 號協同處理器,而其他浮點數指令使用 1 號協同處理器。Load 和 Store 多浮點數的二進制編碼如圖 6-8 所示。

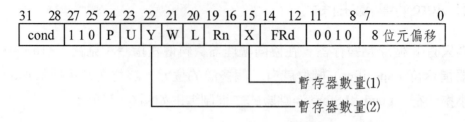

圖 6-8　Load 和 Store 多浮點數的二進制編碼

浮點資料的操作

　　浮點資料操作執行浮點暫存器中資料的運算功能。這些操作與外部世界唯一的互動就是藉由 ARM 協同處理器交握訊號確認操作應當完成。（實際上，浮點協同處理器只需要在完成狀態改變之前等待來自 ARM 的確認，它可以在交握訊號開始之前就開始執行一條這類指令）。浮點資料操作的二進制編碼如圖 6-9 所示。

31　　28	27　　24	23　20	19	18　　16	15	14　　12	11　　　8	7　　5	4	3　2　　0
cond	1 1 1 0	Cop1	e	FRn	j	FRd	0 0 0 1	Cop2	0	i	FRm

圖 6-9　浮點資料操作的二進制編碼

　　由於在 8 個浮點暫存器中指定 1 個只需要 3 位元，因此，可以將指令格式中 3 個暫存器指示符域中多餘的 3 位元擴充為操作碼位元：

　　(1) i：選擇第二運算元是暫存器（「FRm」）還是 8 個常數之一。

　　(2) e 和 Cop2：控制目標的大小和捨入模式（rounding mode）。

　　(3) j：選擇一元（單運算元）還是二元（雙運算元）操作。

　　指令包括簡單算術操作（加、減、乘、除、餘數和冪）、超越函數（對數、指數、正弦、餘弦、正切、反正弦、反餘弦和反正切）以及其他多種操作（平方根、傳送、絕對值和捨入）。

浮點暫存器傳送

暫存器傳送指令從 ARM 暫存器接收資料或向其返回資料。這一般都伴隨著浮點數處理功能。

浮點暫存器傳送二進制編碼如圖 6-10 所示。

31	28 27	24 23	21 20	19 18	16 15	12 11	8 7	5 4 3 2	0
cond	1 1 1 0	Cop1	L e	FRn	Rd	0 0 0 1	Cop2	1 i	FRm

圖 6-10 浮點暫存器傳送二進制編碼

從 ARM 向浮點單元的傳送包括「浮動（float）」（將 ARM 暫存器中的整數轉換為浮點暫存器中的實數）以及向浮點狀態和控制暫存器寫入；反方向傳送則包括「固定（fix）」（將浮點暫存器中的實數轉換為 ARM 暫存器中的整數）以及讀取狀態和控制暫存器。

浮點比較指令是這類指令中的特例。該指令中的 Rd 是 r15。當兩個浮點數比較時，比較的結果返回 ARM CPSR 中的旗標位 N、Z、C 和 V。這些旗標位可以直接控制條件指令的執行。

(1) N 表示小於。

(2) Z 表示相等。

(3) C 和 V 表示更複雜的條件，包括非正常的比較結果。當一個運算元是 NaN（非數值）時，就會出現這個結果。

浮點指令的頻率

FPA10 是按照各種浮點指令的典型使用頻率設計的。這些頻率是使用浮點模擬器軟體執行編譯過的程式來測定的，綜述於表 6-1。

統計後發現，Load 和 Store 操作的數量占優勢，因此，在 FPA10 的設計中，容許它們與內部算術指令並行操作。

表 6-1　浮點指令的頻率

指　令	頻率（％）
Load/Store	67
加	13
乘	10.5
比較	3
定點和浮點	2
除	1.5
其他	3

FPA10 的組織

FPA10 的內部組織如圖 6-11 所示。它的外部介面連接 ARM 的資料匯流排和協同處理器的交握訊號，所以它需要的腳位數目適中。主要的元件如下：

(1)協同處理器管線跟隨器（follower）（見 4.5 節）。

(2) Load/Store 單元　當從記憶體讀取或向記憶體寫入浮點資料時，它對浮點資料實行格式轉換。

(3)暫存器庫　它可以存儲 8 個 80 位元的擴展雙精度浮點運算元。

(4)算術單元　它包含加法器、乘法器和除法器，加上捨入（rounding）及正規化硬體。

Load/Store 單元和算術單元並行工作，使得從記憶體讀取新運算元時，可以同時處理以前讀取的運算元。硬體互鎖機構可以防止資料危險（hazard）。

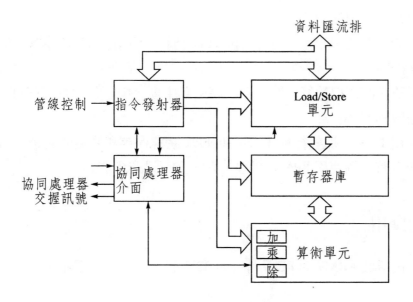

圖 6-11 FPA10 的內部組織

FPA10 管線

FPA10 的算術單元的操作分為 4 級數管線：

(1)準備（Prepare）：運算元對齊。

(2)計算（Calculate）：加、乘或除。

(3)對齊（Align）：將結果正規化。

(4)捨入（Round）：對結果進行適當的捨入。

只要在指令管線中檢測到浮點操作，就可以開始執行（也就是說，在ARM 交握訊號出現之前），但是結果的回寫必須等待交握訊號。

浮點 Context（環境內容）切換

FPA的暫存器代表附加的處理狀態，必須藉由context切換來保存和恢復。但是，在典型情況下只有少數的處理行程使用浮點指令。因此，在每次切換時都保存和恢復FPA暫存器是一項不必要的開銷。實際中採用下述演算法藉由軟

體來降低保存和恢復的次數，即

　　(1)當切斷一個使用FPA的行程（process）時，不保存FPA暫存器，但是將其關閉。

　　(2)如果隨後的行程執行浮點指令，將引起中斷，中斷代碼將保存FPA的狀態並啟動 FPA。

　　只有使用 FPA 的那些行程才會產生 FPA 狀態保存和恢復的開銷。若一個典型的系統只有一個使用 FPA 的行程，則完全可以避免開銷。

FPA10 的應用

　　FPA10 被用做 ARM7500FE 晶片（見 13.5 節）上的巨集單元。

VFP10

　　一個較高性能的浮點單元VFP10 用來與ARM10TDMI處理器核心（見 12.6 節）協同工作。VFP10 與 FPA10 支援不同的浮點指令集。VFP10 支援向量浮點操作。

6.5　運算式（Expressions）

　　在 ANSI C 中規定 n 位元整數的無號運算結果對 2^n 取模數（modulo），所以不會出現溢位。這樣，基本的 ARM 整數資料處理指令直接實作了大多數的 C的整數運算、逐位元（bit-wise）操作和移位操作。例外的情形是除法和餘數（remainder）運算，它們需要幾條 ARM 指令。

暫存器的使用

　　因為所有資料處理指令都是對整數資料操作的，所以複雜運算式有效求值的關鍵就是以正確的次序把所需數值放入暫存器，並確保經常使用的數值通常

要駐留在暫存器。這顯然需要在可以存入暫存器的數值的數量與在運算式求值過程中保留中間結果的暫存器的數量之間（記住還需要暫存器來保存那些必須從記憶體讀取的運算元的位址）進行折衷。最佳化這項折衷是編譯器的一個主要任務，這就是要排列出正確的次序，以便按照這個次序讀取資料，並把它們組合起來，得到符合語言中規定的操作優先順序（precedence）的結果。

ARM 的支援

ARM 使用的 3 位址指令格式使得編譯器在運算式求值過程中如何保留和複用暫存器方面有最大的彈性。

Thumb 指令一般是 2 位址指令，它在一定程度上限制了編譯器的自由。而且，由於通用暫存器數目較少，也使得編譯器的工作更為困難（並導致代碼效率較低）。

存取運算元（Accessing operands）

程序使用的運算元一般都以下列所述方式之一來給出，並可按所指出的方式存取，即

1. 藉由暫存器傳送的引數（argument）

這個數值已經在暫存器中，不需要進一步的操作。

2. 藉由堆疊傳遞的引數

在編譯時已確定立即偏移量的堆疊指標（r13）相對定址使運算元能用單個 LDR 來收集。

3. 程序的文字庫（literal pool）中的常數

在編譯時已確定立即偏移量的 PC 相對定址使其能用單個 LDR 來存取。

4. 區域變數（local variable）

區域變數（local variable）在堆疊分配空間，用相對堆疊指標的 LDR 指令來存取。

5. 全域變數

全域（和靜態）變數（global（and static）variable）在靜態區域分配空間，用靜態基址的相對定址來存取。靜態基址通常存於 r9（見 6.8 節中「ARM 程序呼叫標準」一段）。

如果傳送的數值是指標，則可能需要一個額外的 LDR（帶偏移量）來存取指標指向的結構中的運算元。

指標運算

指標的運算依賴於該指標指向的資料類型的寬度。如果指標是遞增的，它每次變化的位元組數為資料項的寬度。

因而：

```
int *p;
p = p + 1;
```

將 p 的值增加 4 個位元組。由於資料類型的寬度在編譯時已確定，編譯器可以將常數以適當的尺度縮放。如果偏移量是一個變數，則它必須在執行時縮放（scaled）：

```
int i = 4;
p = p + i;
```

如果 p 存放於 r0 而 i 存放於 r1，則 p 的變化可以編譯為

```
ADD       r0, r0, r1, LSL #2        ;將 r1 放大到整數（字）
```

若資料的型態為結構，且其位元組數不是 2 的冪（次方）時，需要乘上一個小的常數。使用移位和加法指令，需要時使用臨時暫存器，通常可以經過少量的操作得到所需的乘積。

陣列（Arrays）

C 中的陣列與指標操作的速記符號沒多大差別，所以以上的說明在這裡也同樣適用。

宣告：

```
int a[10]；
```

陣列的名字 a 只是指向陣列第一個元素的指標，引用 a[i]則相當於指標加偏移量的形式*(a＋i)。這兩種方式可互換使用。

6.6　條件述句 (Conditional statements)

如果檢測到布林運算結果為真（或假），則條件述句執行；在 C 中，這包括 if…else 述句和 switches（C 中的 case 述句）。

if…else

如果條件執行述句很小，則 ARM 體系結構對條件運算式提供非常有效的支援。

例如，下面是一個在兩個整數中選擇最大值的 C 述句：

```
if（a>b） c＝a; else c＝b;
```

如果變數 a、b 和 c 在暫存器 r0、r1 和 r2 中，則編譯後的代碼會如下簡單：

```
CMP        r0, r1      ;if（a＞b）…
MOVGT      r2, r0      ;…c＝a…
MOVLE      r2, r1      ;…else c＝b
```

（在這個特例中，C 編譯器可以產生一個更清楚的代碼序列：

```
MOV        r2, r0      ;c＝a…
CMP        r0, r1      ;if（a＞b）…
MOVLE      r2, r1      ;…c＝b
```

但是這些並不能擴展到更複雜的 if 述句，所以，我們在這個一般性的討論中忽略這種情況。）

if 與 else 序列的長度可以為少數幾條指令，每條指令的條件是相同的（只要條件執行的指令沒有改變條件碼）。但是，如果超過 2 或 3 條指令，一般最好使用更常規的解決方法：

```
        CMP    r0, r1      ;if（a＞b）…
        BLE    ELSE        ;如果為偽，則跳過子句
        MOV    r2, r0      ;…c＝a…
        B      ENDIF       ;跳過 else 子句
ELSE    MOV    r2, r1      ;…else c＝b
ENDIF   …
```

這裡 if 和 else 序列可以任意長，可以自由地使用條件代碼（例如包括巢狀（nested）的 if 述句），因為分歧指令不需要緊跟著比較指令。

但應注意，對於這個簡單的例子，無論是否執行了分歧，第二個代碼序列的執行時間大約是第一個代碼序列的兩倍。在 ARM 中分歧是昂貴的，所以沒有使用分歧的第一個代碼序列非常有效率。

switch

switch，或 case 述句將 if…else 述句的兩路判定（two-way decision）擴展到多路。switch 述句的標準 C 格式為

```
switch （expression） {
    case constant-expression₁：statements₁
    case constant-expression₂：statements₂
    …
    case constant-expressionN：statementsN
    default：statementsD
}
```

通常每一組述句（statement）都以 break（或 return）結束，以使 switch 述句終止；否則按照 C 的語法將執行到下一組述句（statement）。帶有 break 的 switch 述句總是可以解釋為等效的 if…else 述句：

```
temp = expression;
if （temp = = constant-expression₁） {statements₁}
else
else if （temp = = constant-expressionN） {statementsN}
else {statementD}
```

但是，如果 switch 述句中有很多 case，程式碼就會執行得很慢。一種替代的方法是使用跳躍表（jump table）。形式最簡單的跳躍表中包含 switch 運算式的每一個可能數值對應的目標位址：

```
            ; r0 包含運算式的值
ADR     r1, JUMPTABLE        ; 得到跳躍表的基址
CMP     r0, #TABLEMAX        ; 檢查是否越限
LDRLS   pc, [ r1, r0, LSL #2 ]   ; …如果不越限，則得到 pc
```

```
                   ; statements_D           ; …否則，預設值
          B        EXIT                      ; 中斷
L1        …        ; statements_1
          B        EXIT                      ; 中斷
          …
LN        …        ; statements_N
EXIT      …
```

　　顯然，跳躍表不可能包含每一個可能的 32 位元整數值對應的位址。同樣，確保跳躍表的對照範圍不超過表的末端（越限）是至關重要的，所以必須進行檢查。

　　switch 述句的另一種編譯方法可用 Dhrystone 基準程式（benchmark program）中的程序來說明，它是這樣結束的：

```
switch（a）{
    case 0: *b = 0; break;
    case 1: if（c > 100） *b = 0; else *b = 3; break;
    case 2: *b = 1; break;
    case 3: break;
    case 4: *b = 2; break;
  } / * end of switch */
} / * end of procedure */
```

　　產生的代碼突出顯示了 ARM 指令集的若干特點。switch 述句的實作方式是將運算式的值（存於 v2，暫存器的命名習慣遵從在 6.8 節將會講到的 ARM 過程調用標準）進行字元偏移後再加到 PC。在越限的情況下，由加法指令設定 PC，使執行程式落入到由字元偏移產生的指令行。只需要 1 條指令的任何 case（例如 case 3）以及最後的 case（無論長度如何），都可以編譯為一行；其他的 case 則需要分歧。這個例子還可以說明 if…then…else 的使用條件指令的實作方法。

```
                                    ；在入口，a1 = 0, a2 = 3, v2 = switch 運算式
            CMP       v2, #4                      ；檢查是否越限
            ADDLS     pc, pc, v2, LSL #2          ；…如果不越限，則加到 pc（+8）
            LDMDB     fp, {v1, v2, fp, sp, pc}    ；…如果越限，則返回
            B         L0                          ；case 0
            B         L1                          ；case 1
            B         L2                          ；case 2
            LDMDB     fp, {v1, v2, fp, sp, pc}    ；case 3（返回）
            MOV       a1, #2                      ；case 4
            STR       a1, [v1]
            LDMDB     fp, {v1, v2, fp, sp, pc}    ；返回
            STR       a1, [v1]
            LDMDB     fp, {v1, v2, fp, sp, pc}    ；返回
            LDR       a3, c_ADDR                  ；得到 c 的位址
            LDR       a3, [ a3 ]                  ；得到 c
            CMP       a3, #&64                    ；c > 100 ?…
            STRLE     a2, [ v1 ]                  ；…否：*b = 3
            STRGT     a1, [ v1 ]                  ；…是：*b = 0
            LDMDB     fp, {v1, v2, fp, sp, pc}    ；返回
c_ADDR      DCD       < address of c >
L2          MOV       a1, #1
            STR       a1, [ v1 ]                  ；*b = 1
            LDMDB     fp, {v1, v2, fp, sp, pc}    ；返回
```

6.7 迴圈（Loops）

C 語言支援 3 種形式的迴圈控制結構：

⑴ for（e1; e2; e3）{…}

⑵ while（e1）{…}

⑶ do{…}while（e1）

這裡，e1、e1 和 e3 是運算式，它們取值為「真」或「假」；{…}是迴圈主體，它執行的次數取決於控制結構。迴圈主體通常很簡單，它將負擔給予編譯器，以減小控制結構的開銷。每個迴圈必須至少有 1 條分歧指令，但是再多也會是浪費。

for 迴圈

典型的 for 迴圈使用控制運算式來管理索引。

for（i＝0; i＜10; i＋＋）{ a（i）＝0 }

第 1 個控制運算式在迴圈開始前執行一次；第 2 個在每次進入迴圈時進行檢測並控制迴圈是否執行；第 3 個在每次迴圈的結束時執行，準備下一次循環。這個迴圈可以編譯成：

```
          MOV     r1, #0                ；數值存入 a[i]
          ADR     r2, a[0]              ；r2 指向 a[0]
          MOV     r0, #0                ；i＝0
LOOP      CMP     r0, #10               ；i＜10 ?
          BGE     EXIT                  ；如果 i >= 10，則結束
          STR     r1, [r2, r0, LSL #2]  ；a[i]＝0
          ADD     r0, r0, #1            ；i＋＋
          B       LOOP
EXIT      …
```

（這個例子中可以看到稱為簡化強度（strength reduction）的最佳化技術，也就是說，把固定的操作移到迴圈的外部。最前面兩行指令邏輯上是在 C 語言的迴圈之內的，但是，因為它們在每一次循環中都把暫存器初始化到同一個常數，所以被移到了迴圈外部。）

可以改善上述代碼，即把到 EXIT 的條件分歧省略，在隨後的指令上施加相反的條件，使得在迴圈的終止條件滿足時程式繼續向下執行而不是藉由分歧來繞過它們。然而，代碼還可以繼續改善，即把檢測移到迴圈的末尾（這裡之

所以可以這樣作，是因為初始化和檢測都是針對常數的，所以編譯器可以確信迴圈至少會執行一次）。

while 迴圈

　　while 迴圈結構簡單。一般來說，當迭代（iterations）的數不是常數，或者明確地在執行時由變數來定義的情況下，使用它來控制迴圈。在概念上 while 迴圈的標準排列如下：

```
LOOP       …                        ；求值運算式
           BEQ          EXIT
           …                        ；迴圈主體
           B            LOOP
EXIT       …
```

　　看來需要兩個分歧指令，因為有時迴圈主體完全不執行，代碼必須容許這種情況。稍微改變以下順序會得到更有效的代碼，即

```
           B            TEST
LOOP       …                        ；迴圈主體
TEST       …                        ；求值運算式
           BNE          LOOP
EXIT       …
```

　　與原來的代碼相比，第二種代碼以完全相同的方式執行迴圈主體和對控制運算式求值，而且代碼的規模也相同。但是它每次迭代都少執行一次分歧，所以，第二個分歧從迴圈的開銷中去除了。編譯器還可以產生一種更有效的代碼：

```
           …                        ；運算式取值
           BEQ          EXIT        ；需要時跳過迴圈
```

```
LOOP        …                              ; 迴圈主體
TEST        …                              ; 運算式取值
            BNE         LOOP
EXIT        …
```

這樣當遇到整個 while 結構時少執行一次分歧（假設迴圈主體至少執行一次）。這種代碼獲益適度但多用一條指令，所以僅當性能比代碼規模重要很多時它才值得使用。

do…while 迴圈

do…while 迴圈在概念上的排列類似於上述改善了的 while 迴圈。但是因為迴圈主體在檢測之前執行（因而總是至少執行一次），所以沒有初始的分歧。

```
LOOP        …                              ; 迴圈主體
            …                              ; 運算式取值
            BNE         LOOP
EXIT        …
```

6.8   函式與程序 (Functions and procedures)

程式設計

在實際的編程中需要將大的程式分解為足夠小的元件以便充分地測試。大的單區塊（monolithic）程式太複雜，不能充分測試，容易在角落中隱藏 bug。而這些 bug 在程式編寫完成後並不會很早地顯露出來，因而不能在程式提交給用戶之前得到糾正。

每個小的軟體元件應有定義良好的介面並執行特定的操作。它實現這個操

作的方式對程式的其他部分應該是不重要的（這是抽象的原理，見 6.1 節）。

程式的階層（hierarchy）

此外，應把整個程式設計為元件的階層架構，而不是簡單的並列。

圖 6-12 表示了一種典型的階層架構。頂層是稱為 main 的主程式。其他的層次是相當隨意的。低層程式可以被多個高層程式共用。呼叫可以跨越層次，而且在整個階層架構中深度（depth）可以是不同的。

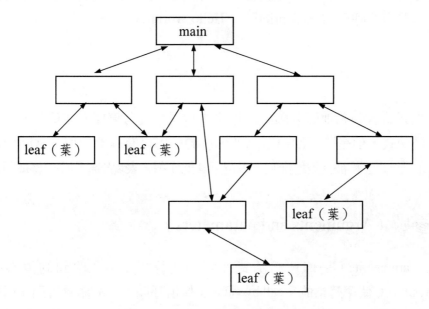

圖 6-12　典型的階層化程式結構

葉程式（Leaf routines）

在階層化結構的最低層的是葉程式。這些程式本身不再呼叫更低層的程式。在典型的程式中，一些底層的程式是函式庫（library）或系統函式（system functions）。它們是預先定義的操作，可以是葉程式，也可以不是葉程式（這就是說，它們可以有內部結構，也可以沒有）。

術語（Terminology）

有一些術語用於描述程式結構中的元件，它們常常是不嚴密的。我們將使用以下術語：

(1)副程式（Subroutine）：這個術語一般是指被高層程式呼叫的程式，特別是以組合語言級看一個程式時。

(2)函式（Function）：一種副程式，它藉由它的名字返回一個值。典型的呼叫方式為 $c = \max(a, b)$。

(3)程序（Procedure）：一種副程式，呼叫它對特定的資料項執行某種操作。典型的呼叫方式為 printf（"Hello World\\n"）。

C 函式

一些程式語言明確地區分函式和程序，但是 C 沒有這樣。在 C 中，所有的副程式都是函式。但是除了回傳值以外，它們還可以有其他作用。當回傳值是 void 類型時，回傳值將被有效地抑制，只留下其他作用，表現出像程序一樣的行為。

引數與參數（Arguments and parameters）

引數（arguments）是傳遞給函式呼叫的運算式。函式收到的值為參數（parameter）。C 使用嚴格的「call by value（傳值呼叫）」的語義規則。因此，當呼叫一個函式時，對每個引數進行複製，儘管函式可能會改變其參數的值。但是，因為它們只是引數的複製，引數本身不會受到影響。

（call by reference 語義可使函數內參數的任何改變傳遞到呼叫程式。顯然，只有當引數是簡單變數時才有意義。但是 C 不支援這一點。）

若 C 函數要改變呼叫程式中的資料，除了回傳單個數值外，還可以將資料的指標作為引數。這樣函式可以使用指標來讀取和修改資料結構。

ARM 程序呼叫（Procedure Call）標準

為了使不同編譯器產生的程式、組合語言編寫的程式能彈性地混合，ARM公司定義了一系列程序進入和退出規則。ARM C 編譯器使用 ARM 程序呼叫標準（ARM Procedure Call Standard, APCS）。但只有在必須詳細理解組譯級輸出的時候，這對於 C 程式設計師才是重要的。

APCS 在 ARM 體系結構的完美風格中施加了若干約定：

⑴規定了通用暫存器的特殊用法。

⑵規定了使用哪一種 ARM 指令集支援的滿堆疊／空堆疊、遞增／遞減的各種堆疊形式。

⑶規定了在除錯程式時用於回溯（back-tracing）的基於堆疊的資料結構的格式。

⑷規定了引數和結果的傳遞機制，以供所有外部可見函式及程序使用。
（「外部可見」的意思是程序的介面在當前程式模組的外部提供。僅在當前模組內部使用的函式可以不遵循這個約定從而得到最佳化。）

⑸支援 ARM 的共享程式庫機制，也就是說它支援一種共享（在進入）代碼存取靜態資料的標準方式。

APCS 暫存器的使用

16 個當前可見（currently visible）ARM暫存器用法的相關約定如表 6-2 所列。暫存器分為 3 組：

1. 4 個引數暫存器，它們將數值傳遞給函式

函式不需要保留這些暫存器。一旦函式使用或保存其參數值，可以把它們用做臨時暫存器。如果這個函式呼叫了另一個函式，那麼由於暫存器將不保留，所以，若暫存器中的數值還有用，就必須在呼叫前保存。因此，當這樣使用時，這些數值是呼叫者保存的暫存器變數。

2. 5 個（到 7 個）暫存器變數，函式不能影響這些暫存器中的數值

這些是被呼叫者保存的暫存器變數。如果函式想使用這些暫存器，就必須先保存它們。但是它可以依賴它呼叫的函式而不改變它們。

3. 7 個（到 5 個）至少在部分時間內具有專門用途的暫存器

例如，連結暫存器（Link Register, LR）在函式進入時裝入返回位址。但是如果進行了保存（正如當函式呼叫子函式時它必須作的那樣），就可以把它當做臨時暫存器使用。

表 6-2　APCS 暫存器的使用約定

寄存器	APCS 名稱	APCS 作用
0	a1	引數 1／整數結果／臨時暫存器
1	a2	引數 2／臨時暫存器
2	a3	引數 3／臨時暫存器
3	a4	引數 4／臨時暫存器
4	v1	暫存器變數 1
5	v2	暫存器變數 2
6	v3	暫存器變數 3
7	v4	暫存器變數 4
8	v5	暫存器變數 5
9	sb/v6	靜態基／暫存器變數 6
10	sl/v7	堆疊限／暫存器變數 7
11	fp	frame 指標
12	ip	臨時暫存器／新 sb 內部連結單元呼叫
13	sp	當前堆疊幀的低端
14	lr	連結位址／臨時暫存器
15	pc	程式計數器

APCS 變數（Variants）

有一些（16）不同的APCS變數，用於為不同的系統產生代碼。它們支援：

1. 32 位元或 26 位元 PC

老的ARM處理器工作於26位元的位址空間。一些較晚的版本為了向後相容而繼續支援它。

2. 隱式與顯式的堆疊界限檢查

若要代碼可靠執行，則必須檢查堆疊的溢位。編譯器可以插入指令來執行顯式的（explicit）溢出檢查。

若存在記憶體管理硬體，則 ARM 系統可以將記憶體以分頁為單位分配給堆疊。如果下一個邏輯分頁映射完了，則堆疊溢位將會造成資料的異常終止，並被檢測出來。因而，記憶體管理單元可以執行堆疊界限檢查，編譯器不需要插入指令進行顯式檢查。

3. 傳遞浮點引數的兩種方式

ARM 浮點架構（見 6.4 節）規定了 8 個浮點暫存器。APCS 可以使用它們向函式傳遞浮點引數，而且當系統大量使用浮點變數時，這是最有效的方法。但是，如果系統很少使用或不用浮點型資料（很多 ARM 系統不使用），那麼這個方法招致很少的開銷，因為避免了將浮點引數傳遞到整數暫存器和／或堆疊中。

4. 可重入（re-entrant）和非可重入代碼

可重入的代碼是與位置無關的，並且藉由靜態基址暫存器（SB）間接地對所有資料定址。該代碼可以放入 ROM，還可以被幾個客戶程式共享。一般來說，放在ROM或共享程式庫的代碼應是可重入代碼，而應用程式代碼則不是。

引數的傳遞

一個C函式可能有很多（甚至可變數量）的引數。APCS按如下方式組織引數：

(1)如果藉由浮點暫存器傳遞浮點數值，則前面的4個浮點引數裝入前4個浮點暫存器中。

(2)其餘所有的引數組織為一系列字元。前面的4個字元裝入a1～a4，其餘的字元按倒序壓入堆疊。

注意，多字元的引數，包括雙精度浮點數，可以在整數暫存器、堆疊，甚至分割開在暫存器和堆疊傳遞。

結果的回傳

簡單的結果（例如整數）藉由 a1 回傳。更複雜的結果藉由記憶體回傳。指定記憶體位置的位址藉由 a1 作為附加的第一引數有效地傳遞到函式。

函式的進入和退出

如果一個簡單的葉函式（leaf function）只使用a1～a4即可完成它的全部功能，那麼它可以編譯為呼叫開銷最少的代碼：

```
        BL          leaf1
        …
leaf1   …
        MOV         pc, lr              ；返回
```

在一些典型的程式中，大約50%的函式呼叫是呼叫葉函數，而這些呼叫通常是很簡單的。

當必須保存暫存器時，函式必須創建一個堆疊 frame（框）。這可以有效地利用 ARM 的多暫存器 Load 和 Store 指令來編譯，即

```
            BL              leaf 2
            …
leaf 2      STMFD           sp!, {regs, lr }        ；保存暫存器
            …
            LDMFD           sp!, {regs, pc}         ；恢復和返回
```

這裡，保存和恢復的暫存器的數量將是實現函式所需要的最小數量。注意，從連結暫存器（LR）保存的數值直接返回到程式計數器（PC），因而 LR 可以作為函式主體中的臨時暫存器使用（這個函式不是上面那種簡單的形式）。

在以下情況下使用更複雜的函式呼叫程式：需要創建堆疊回溯資料結構，處理浮點暫存器傳遞的浮點引數，檢查堆疊溢位等等。

尾隨函式（Tail continued functions）

在即將返回之前立即呼叫其他函數的簡單函數，通常並不會造成明顯的呼叫負擔。編譯器將讓代碼直接從後續的函數返回。這使得飾面（veneer）函數（指一些函式，它們只是對引數簡單地重排序、改變其類型或增加額外引數）特別有效。

ARM 的效率

總而言之，ARM 可以高效而彈性地支援函式和程序。程序呼叫標準的各種風格更能與不同的應用要求相匹配，而且都可得到高效的代碼。編譯器使用多暫存器 Load 和 Store 指令以得到良好功效。沒有這些指令，呼叫非葉（non-leaf）函式的花費將會大得多。

編譯器還能對葉函式及尾隨函式進行有效的最佳化，從而鼓勵好的編程風格。當葉函式呼叫效率很高時，程式設計師就可以使用較好的結構化設計；當飾面函式效率很高時，程式設計師就更可以使用抽象。

6.9 記憶體的使用

像多數計算機系統一樣，ARM 系統的記憶體也以線性邏輯位址進行組織。C 程式希望存取的程式記憶體是固定區域（應用程式的映像駐留在該區域），記憶體還會支援兩個資料區，這些資料區的大小動態地變化，且編譯器使用資料區時通常不能超出資料區的最大範圍。這兩個動態資料區為：

1. 堆疊（Stack）

只要有一個（non-trivial）函數被呼叫，在堆疊中就產生一個新的活動框（activation frame），其中包含回溯記錄、區域（非靜態）變數等等。

2. 堆積（heap）

堆積是記憶體中一個區域，用於滿足程式中新的資料結構對更多儲存空間的要求（malloc（ ））。如果程式在一段長時間內連續地要求記憶體，那麼它就應該注意釋放不再需要的所有儲存空間；否則堆積會漲大到將記憶體用完。

位址空間模型（Address space model）

記憶體的通常用法如圖 6-13 所示。圖中應用程式可以使用整個儲存空間（或者說記憶體管理單元可以讓應用程式認為它擁有整個記憶體空間）。應用程式的映像被裝入最低的位址。堆積從應用程式的頂端向上生長，堆疊從記憶體的頂端向下生長。位於堆積頂和堆疊底之間未使用的記憶體會按堆積或堆疊的需要來分配，如果這部分記憶體用完了，那麼程式將因缺乏記憶體而停止。

在一個典型具有記憶體管理的 ARM 系統中，分配給單個應用程式的邏輯空間是非常大的，為 1～4GB。記憶體管理單元將根據需要向堆積或堆疊分配附加的分頁，直到把所有可分配的分頁都用完為止（分配完所有實體的記憶體分頁，或者在有虛擬記憶體的系統中用完硬碟上的置換（swap）空間）。通常需要很長時間堆積頂才能與堆疊底相遇。

在沒有記憶體管理支援的系統中，一旦作業系統的需要得到滿足，應用程式會分配到全部（如果它是當時執行的唯一應用程式）或部分（如果執行 1 個

以上應用程式）剩餘實體的儲存位址空間。然後，當堆積頂與堆疊底相遇時，應用程式正好用完記憶體。

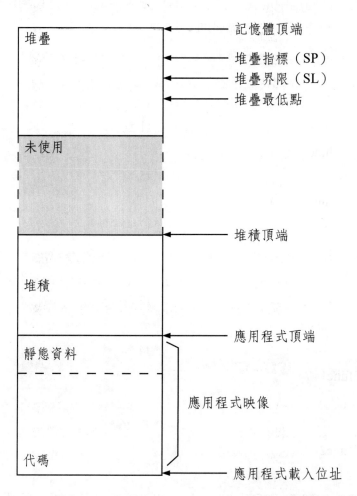

圖 6-13　標準的 ARM C 程式位址空間模型

組塊堆疊模型（Chunked stack model）

還可能有其他的位址空間模型，包括實作「組塊（chunked）」堆疊。這時的堆疊是堆積中一系列連接的組塊。這使應用程式占據記憶體中一塊連續的區域。該區域依需要向一個方向延伸，在記憶體非常小的情況下可能更加方便。

堆疊的行為

　　了解在程式執行過程中堆疊的動態行為是很重要的，因為它顯示出區域變數（在堆疊中被分配空間）的範圍規則。

　　考慮下面這個簡單的程式結構：

```
main（）{
            …                          /* t1 */
            func1（）；
            …                          /* t5 */
            func2（）；
            …                          /* t7 */
} /* end of main */
func1（）{
            …                          /* t2 */
            func2（）；
            …                          /* t4 */
}  /* end of func1 */
func2（）{
            …                          /* t3, t6 */
}  /* end of func2 */
```

　　假設編譯器為每個函式呼叫（function call）分配堆疊空間，堆疊的行為將如圖 6-14 所示。每次函式呼叫時，都為引數分配堆疊空間（如果它們不能全部傳遞到暫存器），用來保存暫存器以便在函式內使用，保存返回位址和原來的堆疊指標，並為區域變數分配堆疊的記憶體。

　　注意當函式退出時堆疊的空間是如何恢復的，隨後的呼叫又是如何再使用的，兩次呼叫 func2（）時如何分配了不同的記憶體區域（圖 6-14 中的時間 t3 和 t6）。因而即使第一次呼叫時區域變數所用的記憶體在插入呼叫其他函式時沒有被覆蓋，在第二次呼叫時也不能存取原有的資料，因為不知道它的位址。

一旦程序退出，區域變數的數值就會永遠地丟失。

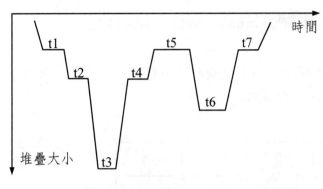

圖 6-14　堆疊行為範例

資料儲存（Data storage）

　　C語言支援的各種資料類型的二進制表示，且需要不同數目的記憶體來儲存。基本的資料類型占據一個位元組（字元符號）、半字元（短整數）、字元（整數和單精度浮點數）或多字元（雙精度浮點數）。衍生的資料類型（結構、陣列、聯合（unions）等）由多個基本資料類型來定義。

　　當資料在記憶體中適當對齊時，ARM 指令集與許多其他 RISC 處理器一樣，在存取資料項方面是最有效率的。以任何位元組位址存取一個位元組，其效率是相同的。但是，向非字元對齊的位址儲存一個字元將使用多達 7 條ARM指令，並需要臨時工作暫存器，效率很低。

資料對齊（Data alignment）

　　因此，ARM 的 C 編譯器通常按適當的邊界來對準資料。
　　⑴位元組儲存於任何位元組位址。
　　⑵半字元儲存於偶數的位元組位址。
　　⑶字元儲存於 4 位元組的邊界。
　　如果同時宣告幾個不同類型的資料項，那麼為實作對準，編譯器會在需要

的地方進行填充（padding），即

struct S1 { char c; int x; short s; } example1;

如圖 6–15 所示，這個結構體將占據記憶體中的 3 個字元。（注意，結構體也是填充到字元的邊界。）

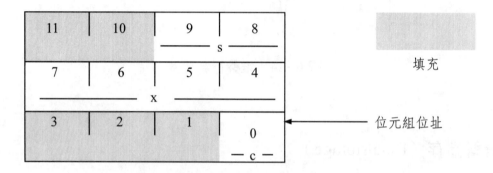

圖 6–15　一般結構記憶體分配的例子

陣列（array）在記憶體中將相應的基本資料項重複排列，每個資料項都要遵從對齊規則。

記憶體效率

根據上述資料對齊規則，程式設計師可以藉由適當的結構的組織來幫助編譯器減少記憶體的浪費。一個與上例同樣內容的結構，以下述方式重新排序，就只占據記憶體的兩個字元，而不是原來的 3 個字元。

struct S2 { char c;　short s;　int x; } example2;

其記憶體的占用方式如圖 6–16 所示。一般來說，編譯器必須插入一些填充的位元組以保持有效對齊。如果排列結構的元素，使得小於 1 個字元長的資料類型在 1 個字元內組合起來，會使填充部分最小化。

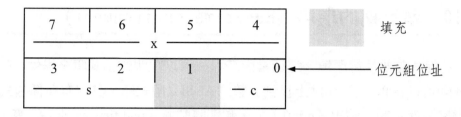

圖 6-16　更有效率的結構記憶體分配的例子

壓縮的結構（Packed structs）

有時需要與其他計算機交換資料，而那個計算機遵循另一種對齊規定；或者需要壓縮資料以減少記憶體的使用，即使這樣做會降低性能。為此目的，ARM 的 C 編譯器可以產生使用壓縮資料結構的代碼。在這種資料結構中去除了所有的填充部份。

　　__packed struct S3 { char C; int x; short s; } example3;

　　壓縮的結構對結構中所有欄位進行精確的控制，但招致的開銷是 ARM 對非對齊運算元存取的效率較低，因而應在確實需要時才使用。上面宣告的壓縮結構占用記憶體的情況如圖 6-17 所示。

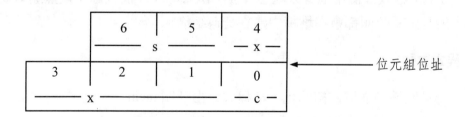

圖 6-17　壓縮的結構記憶體分配的例子

6.10　執行期的環境（Run-time environment）

C 程式需要執行環境。這通常由 C 程式可以呼叫的函式庫來提供。C 程式設計師可以在 PC 或工作站上找到完整的 ANSI C 函式庫。其中有多種函式，例如檔案管理、輸入輸出（printf（ ））和即時時脈（real-time clock）等等。

最小的執行時期函式庫（run-time library）

在如行動電話這樣的小型嵌入式系統中，這些函式中的多數是不相關的。ARM 公司提供一個最小的獨立執行期函式庫。一旦把它裝入目標環境，就可以執行基本的 C 程式。因此，這個函式庫反映出 C 程式的最低要求。它包括：

1. 除法和餘數函式

因為 ARM 指令集不包括除法指令，所以除法要作為函式庫函式來實作。

2. 堆疊限制檢查函式

小型嵌入式系統不太可能配備記憶體管理硬體來檢測堆疊的溢位，因而需要這些函式庫函式確保程式安全執行。

3. 堆疊和堆積（heap）的管理

所有 C 程式都使用堆疊來處理（多）函式呼叫，而且除了最無關緊要的之外，所有函式呼叫都會在堆積中建立資料結構。

4. 程式啟動

一旦堆疊和堆積被初始化，則程式藉由呼叫 main（ ）函式來啟動。

5. 程式終止

多數程式藉由呼叫_exit（ ）函式來終止。如果檢測到錯誤，即使永久執行的程式也應終止。

　　為這個最小的函式庫所產生的代碼的總數為 736 位元組。而且在實作時，它允許連結器忽略任何未引用的部分，以便在很多情況下把函式庫的映像（image）減小到 500 位元組。這比整個 ANSI C 函式庫要小得多。

6.11　例題與練習

☞ 例題 6.1

編寫、編譯並執行 C 語言的 Hello World 程式。

下面的程式實作了所要求的功能：

```
/* Hello World in C*/
#include <stdio.h>
int main（ ）
{
  printf（"Hello World\\n"）；
  return（ 0 ）；
}
```

在這個例子中需注意的主要事情為

(1) #include 指令，它使這個程式使用 C 中所有的標準輸入輸出函數。

(2) main 程序的宣告，每個 C 程式必須有這個程序，程式的執行是藉由呼叫它才開始的。

(3) printf（…）語句呼叫 stdio 中的一個函數，它將輸出送到標準輸出設備。預設時為顯示終端。

同組合語言編程的練習一樣，主要的挑戰是建立從編輯文字到編譯、連結和執行程式的使用工具的流程。一旦這個程式動作了，學習更複雜的程式就相當簡單了（至少在程式的複雜度使得程式設計變為一個真正挑戰之前）。

使用 ARM 軟體開發工具，上面的程式應保存為 HelloW. c。然後應使用專案管理器建立一個新的專案（project），並加入這個檔案（作為專案中的唯一檔案）。點擊 Build 按鈕使程式編譯和連結，再點擊 Go 按鈕使它在 ARMulator 上執行，在終端機視窗有希望得到預期的輸出。

練習 6.1.1

用編譯器（使用「-s」選項）產生組合語言程式，並查看產生的代碼。

練習 6.1.2

在除錯狀態下執行程式，使用單步執行以便觀察處理器執行代碼的過程。

☞ 例題 6.2

使用 32 位元二進制計數法、二進制編碼的十進制計數法、ASCII 和單精度浮點計數法寫出數字 2001。

二進制：　　2001　　$= 1024 + 512 + 256 + 128 + 64 + 16 + 1$

　　　　　　　　　　$= 00000000000000000000011111010001_2$

BCD：　　　2001　　$= 0010\ 0000\ 0000\ 0001$

ASCII：　　2001　　$= 00110010\ 00110000\ 00110000\ 00110001$

F-P：　　　2001　　$= 1.1111010001 \times 2^{1010}$

　　　　　　　　　　$= 01001001\ 11110100\ 01000000\ 00000000$

練習 6.2.1

寫一段 C 程式，將羅馬數字表示的資料轉換成十進制格式。

☞ 例題 6.3

畫出下列資料在記憶體中是如何組織的。

```
struct  S1 {char c; int x;};
struct  S2 {
    char c2[5];
    S1 s1[2];
} example;
```

第一個結構語句只是宣告了一個型態,所以不用分配記憶體。第二個結構語句建立了一個叫做 example 的結構,其中包含由 5 個字元組成的陣列,隨後是由兩個 S1 型態的結構組成的陣列。結構必須從字元邊界開始,所以,字元陣列將被填充以充滿兩個字元,每個S1 結構也將占據兩個字元。因此,記憶體的組織如下圖所示。

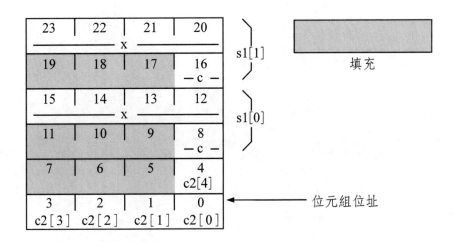

練習 6.3.1

畫出同樣的結構壓縮時在記憶體中是如何組織的。

7

Thumb 指令集

The Thumb Instruction Set

- ◆ CPSR 中的 Thumb 指示位元
- ◆ Thumb 編程模型
- ◆ Thumb 分歧指令
- ◆ Thumb 軟體中斷指令
- ◆ Thumb 資料處理指令
- ◆ Thumb 單暫存器資料傳送指令
- ◆ Thumb 多暫存器資料傳送指令
- ◆ Thumb 中斷點指令
- ◆ Thumb 的實作
- ◆ Thumb 的應用
- ◆ 例題與練習

本章內容綜述

Thumb 指令集是針對代碼密度的問題而提出的。它可以看作是 ARM 指令壓縮形式的子集。所有的 Thumb 指令都有相對應的 ARM 指令，而 Thumb 的編程模型（programmer's model）也對應於 ARM 的編程模型。在 ARM 指令管線中實作 Thumb 指令須先進行動態解壓縮，然後再把它視為處理器內的標準 ARM 指令來執行。

Thumb 不是一個完整的體系結構，不能指望微處理器只執行 Thumb 指令而不用 ARM 指令集的支援。因此，Thumb 只支援一般的功能，必要時可以藉助於完善的 ARM 指令集（例如，所有異常自動進入 ARM 模式）。

ARM 開發工具完全支援 Thumb 指令，應用程式可以彈性地將 ARM 和 Thumb 子程式混合編程，以便在例行程序的基礎上提高性能或代碼密度。本章將介紹 Thumb 的結構及實作，並提出適於採用 Thumb 指令的應用程式所具有的特徵。當應用得當時，使用 Thumb 指令集可以同時達到降低功耗、節約成本和提高性能的目的。

7.1　CPSR 中的 Thumb 指示位元

支援 Thumb 指令的 ARM 微處理器也可以執行標準的 32 位元 ARM 指令集。在任何時刻，對指令流的解釋取決於 CPSR 的第 5 位，即位元 T（參見圖 2.2）。若 T 設定，則認為指令流為 16 位元的 Thumb 指令；否則為標準的 ARM 指令。

並不是所有的 ARM 處理器都支援 Thumb 指令。只有在命名中有字母 T 的才支援，例如將在 9.1 節中介紹的 ARM7TDMI。

進入 Thumb 模式

重置後，ARM 啟動並執行 ARM 指令。轉向執行 Thumb 指令的常規方法是執行一條交換分歧指令 BX（Branch and Exchange，參見 5.5 節）。若 BX 指令指定的暫存器的最低位元為 1，則將 T 設定，並將程式計數器切換為暫存器

其他位元給定的位址。注意，由於該指令引起了分歧，它將清空指令管線，消除已在管線中的所有指令在直譯上的所有不確定性（不執行這些指令）。

異常返回也可以將微處理器從 ARM 狀態轉換為 Thumb 狀態。返回時可使用一種特殊形式的資料處理指令，或使用一種特殊形式的多暫存器 Load 指令（參見 5.2 節的「異常返回」）。通常這兩種指令用於返回到進入異常前所執行的指令流，而不是特地用於轉換到 Thumb 模式。同 BX 指令一樣，這兩種指令也改變程式計數器並因而清空指令管線。

退出 Thumb 模式

執行 Thumb BX 指令（將在 7.3 節中介紹）可以明顯地返回到 ARM 指令流。

由於進入異常總是在 ARM 模式進行，因此，任何時候發生異常都隱含著返回到 ARM 指令流。

Thumb 系統

從上面可知，如果只處理初始化和進入異常，則 Thumb 系統只需要包含部分 ARM 代碼。

但是大多數 Thumb 應用不會只包括這個 ARM 代碼的最小集。一個典型的嵌入式系統會在 ARM 核心所在的晶片上集成一個小的、高速的 32 位元記憶體，把有速度要求的關鍵程式（如數位訊號處理演算法）以 ARM 代碼形式保存在這個記憶體中。大多數對速度沒有要求的程式儲存在晶片外 16 位元 ROM 中。在本章的最後將對此進一步討論。

7.2　Thumb 編程模型 (Thumb programmer's model)

Thumb 指令集是 ARM 指令集的一個子集，並只能對限定的 ARM 暫存器進行操作。其編程模型如圖 7-1 所示。Thumb 指令集對低（Lo）8 個通用暫存器 r0～r7 具有全部存取權限，對暫存器 r13～r15 進行擴展以作特殊應用：

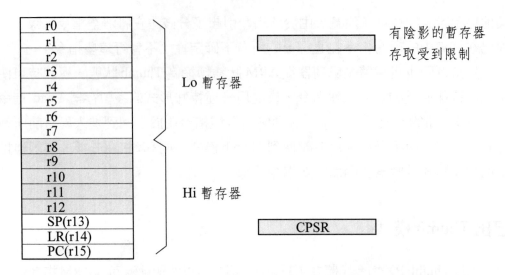

圖 7-1　Thumb 指令可存取的暫存器

(1) r13 用做堆疊指標。

(2) r14 用做連結暫存器。

(3) r15 用做程式計數器 PC。

　　這些用法與 ARM 指令集對這些暫存器的用法非常相似,儘管作為堆疊指標的r13 在ARM代碼中是純粹的軟體約定,而在Thumb代碼是某種硬體配線。其他暫存器(r8~r12 及 CPSR)只能作有限存取:

　　(1)少數指令可以使用高暫存器(Hi 暫存器,r8~r15)。

　　(2) CPSR 的條件碼旗標由算術和邏輯操作設定並控制條件分歧。

Thumb-ARM 相似處

　　所有的Thumb指令都是 16 位元的。它們都有相對應的ARM指令,因此,繼承了 ARM 指令集的許多特點:

　　(1) Load-Store 結構,有資料處理、資料傳送及流程控制指令。

　　(2)支援 8 位元位元組、16 位元半字元和 32 位元字元資料類型,半字元以兩位元組邊界對齊,字元以 4 位元組邊界對齊。

　　(3) 32 位元無分段記憶體。

Thumb-ARM 差異處

為了實作 16 位元指令長度,捨棄了 ARM 指令集一些特性:

(1)大多數 Thumb 指令是無條件執行的(所有 ARM 指令都是條件執行的)。

(2)許多 Thumb 資料處理指令採用 2 位址格式(目的暫存器與一個來源暫存器相同)。

(除 64 位元乘法指令外,ARM 資料處理指令採用 3 位址格式。)

(3)由於採用高密度編碼,Thumb 指令格式沒有 ARM 指令格式規則。

Thumb 異常(Thumb exceptions)

所有異常都使微處理器返回 ARM 執行狀態,並在 ARM 的編程模型中進行處理。由於位元 T 駐留在 CPSR 中,它在進入異常時被保存到相應的 SPSR 中。從異常指令返回時將恢復微處理器狀態,並按照發生異常時處理器的狀態繼續執行 ARM 或 Thumb 指令。

應該注意到,ARM 異常返回指令(見 5.2 節的「異常返回」)需要根據 ARM 管線的行為對返回位址進行調整。由於 Thumb 指令是 2 個位元組長,而不是 4 個位元組,所以,由 Thumb 執行狀態進入異常時其自然偏移(offset)應與 ARM 不同。這是因為拷貝到異常模式連結暫存器的 PC 位址值將以 2 個位元組的倍數而不是以 4 個位元組的倍數增加。但是,Thumb 結構要求連結暫存器的值能自動調整以與 ARM 返回偏移匹配,使得在兩種模式下可以使用同樣的返回指令,而不是使返回過程複雜化。

7.3　Thumb 分歧指令

這類控制流程指令包括在 ARM 指令集中已介紹過的、多種形式的、相對於 PC 的分歧指令和分歧連結(branch-and-link)指令,以及用於 ARM 和 Thumb 指令集切換的分歧交換(branch-and-exchange)指令。

ARM 指令有一個大的(24 位元)偏移欄位(offset field),這不可能在 16 位元的指令格式中表示。為此,Thumb 指令集有多種方法實作其子功能。

二進制編碼

Thumb 分歧指令二進制編碼如圖 7-2 所示。

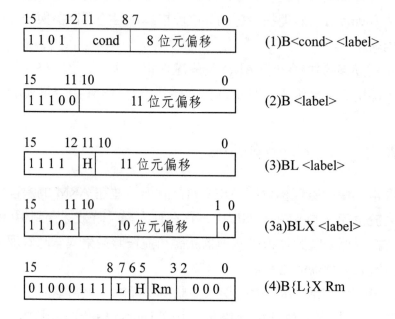

圖 7-2　Thumb 分歧指令二進制編碼

說　明

分歧指令的典型用法如下：

(1)短距離條件分歧指令可用於控制迴圈的退出。

(2)中等距離的無條件分歧指令用於實作 goto 功能。

(3)長距離子程式呼叫。

ARM 指令集用同一條指令處理所有這些情況。在前兩種情況下浪費了 24 位元偏移的很多位元。Thumb 指令集對每種情況採用不同的指令模式，分別如圖 7-2 所示，因而更有效。

前兩種分歧格式是條件欄位和偏移長度的折衷。第 1 種格式中條件欄位與 ARM 指令相同（參見 5.3 節）。這兩種情況的偏移值都左移 1 位元（以實現半字元對齊），且符號擴展（sign-extended）到 32 位元。

第 3 種格式更為精妙。分歧連結副程式通常需要一個大的範圍，很難用 16 位元指令格式實作。為此，Thumb 採用兩條這樣格式的指令組合成 22 位元半字元偏移（符號擴展為 32 位元），使指令分歧範圍為 ±4MB。為了使這兩條分歧指令相互獨立，以致使它們之間也能反應中斷等，將連結暫存器 LR 作為暫存器使用。LR 在這兩條指令執行完成後會被覆蓋，因此，LR 中不能裝有有效內容。這個指令對的操作如下：

(1)（H＝0）LR：＝PC＋（偏移量左移 12 個位置後符號擴展）

(2)（H＝1）PC：＝LR＋（偏移量左移 1 個位置）

　　　　　LR：＝oldPC＋3

這裡，oldPC 是第 2 條指令的位址；加 3 使產生的位址指向下一條指令，並且設定最低位元以指示這是一個 Thumb 程式。

用 3a 格式的指令代替上面的第 2 步就可以實作 BLX 指令。格式 3a 只在 v5T 結構中有效。它使用與上面 BL 指令同樣的第一步，即

(1)（BL, H＝0）LR：＝PC＋（偏移量左移 12 個位置後符號擴展）

(2)（BLX）　　PC：＝LR＋（偏移量左移 1 個位置）&0xffff_fffc

　　　　　　　LR：＝oldPC＋3

　　　　　　　Thumb 位清除。

應注意分歧的目標是 ARM 指令，偏移位址只需要 10 位元，而且 PC 值的位元[I]（PC[I]）可能為 1，因此，必須進行清除操作。

第 4 種格式直接對應 ARM 指令 B{L}X（參見 5.5 節，不同之處是 BLX（僅在 v5T 結構中有效）指令中 r14 值為後續指令位址加 1，以指示是被 Thumb 代碼呼叫）。當指令中 H 設定時，選擇高 8 個暫存器（r8～r15）。

組譯格式

B＜cond＞　　　　＜label＞　　　；格式 1：目標為 Thumb 代碼

B　　　　　　　　＜label＞　　　；格式 2：目標為 Thumb 代碼

BL	\<label\>	; 格式 3：目標為 Thumb 代碼
BLX	\<label\>	; 格式 3a：目標為 ARM 代碼
B{L}X	Rm	; 格式 4：目標為 ARM 或 Thumb 代碼

分歧連結產生兩條格式 3 指令。格式 3 指令必須成對出現而不能單獨使用。同樣 BLX 產生一條格式 3 指令和一條格式 3a 指令。

組譯器根據當前指令位址、目標指令標號的位址以及對管線行為的微調計算出應插入指令中相應的偏移量。若分歧目標不在定址範圍內，則給出錯誤訊息。

等效 ARM 指令

儘管格式 1～3 與 ARM 的分歧和分歧連結指令非常相似，但 ARM 指令只支援字元（4 位元組）偏移，而 Thumb 指令要求半字元（2 位元組）偏移，因此，這些 Thumb 指令不能直接映射為 ARM 指令。對支援 Thumb 的 ARM 核心進行了稍微修改以支援半字元分歧偏移，使 ARM 分歧指令支援半字元偏移。

格式 4 與 ARM 指令在組合語言語法上是等效的。BLX 指令只有 v5T 結構的 ARM 微處理器支援。

副程式呼叫及返回

上面的指令及等效的 ARM 指令所呼叫的函式可以用與呼叫程式相同或不相同的指令集編寫。

如果函式只由相同的指令集呼叫，則它可以用傳統的 BL 呼叫，用「MOV pc, r14」或「LDMFD sp!, {…,pc}」（在 Thumb 代碼中為 POP「{…,pc}」）返回。

如果函式可以由不相同的指令集呼叫，或可以由相同與不相同指令集呼叫，則可以用「BX lr」或「LDMFD sp!, {…, rN}；BX rN」（在 Thumb 代碼中為「POP {…, rN}; BX rN」）返回。

支援 v5T 結構的 ARM 微處理器也可以用「LDMFD sp!, {…, pc}」（在 Thumb 代碼中為「POP {…, pc}」）返回，因為這些指令採用加載的 PC 值的最低位元來更新 Thumb 位元。早於 v5T 結構的微處理器不支援這樣的用法。

7.4　Thumb 軟體中斷（software interrupt）指令

　　Thumb 軟體中斷指令的行為與 ARM 等效指令完全相同。進入異常的指令使微處理器進入 ARM 執行狀態。

二進制編碼

　　Thumb 軟體中斷指令的二進制編碼如圖 7-3 所示。

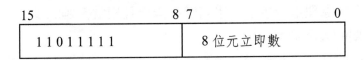

15	8 7	0
1 1 0 1 1 1 1 1	8 位元立即數	

圖 7-3　Thumb 軟體中斷指令的二進制編碼

說　明

　　這個指令將引起下列動作：

(1)將下一條 Thumb 指令的位址保存到 r14_svc。

(2)將 CPSR 暫存器保存到 SPSR_svc。

(3)微處理器關閉 IRQ，將 Thumb 位清除，並藉由修改 CPSR 的相關位元進入管理者模式。

(4)強制將 PC 值設置為位址 0x08。

　　然後進入 ARM 指令 SWI 的處理程式。正常的返回指令將恢復 Thumb 的執行狀態。

組譯格式

　　　　SWI　　　　<8 位元立即數>

等效 ARM 指令

等效的 ARM 指令有相同的組合語言語法。8 位元立即數以 0 擴展來填滿 ARM 指令的 24 位元立即數欄位。

很明顯，這將會把 Thumb 代碼的 SWI 指令限制到前 256 種，而 ARM 的 SWI 指令可以達到 1600 萬種。

7.5　Thumb 資料處理指令

Thumb 資料處理指令包括一組高度最佳化且相當複雜的指令，範圍涵蓋編譯器最常需要的大多數操作。

這些指令的功能足夠清楚，應選擇哪些指令和不應選擇哪些指令遠不是顯而易見的。但是這些選擇是基於對典型應用程式需求的詳細分析而做出的。

二進制編碼

Thumb 資料處理指令的二進制編碼如圖 7-4 所示。

說　明

這些指令都能夠映射到相應的 ARM 資料處理指令（包括乘法指令）。儘管 ARM 指令支援在單條指令中完成一個運算元的移位及一個 ALU 操作，但 Thumb 指令集將移位操作和 ALU 操作分離為不同的指令。因此，Thumb 指令集中移位操作是作為操作碼（opcode）出現的，而不是作為運算元的修改量出現。

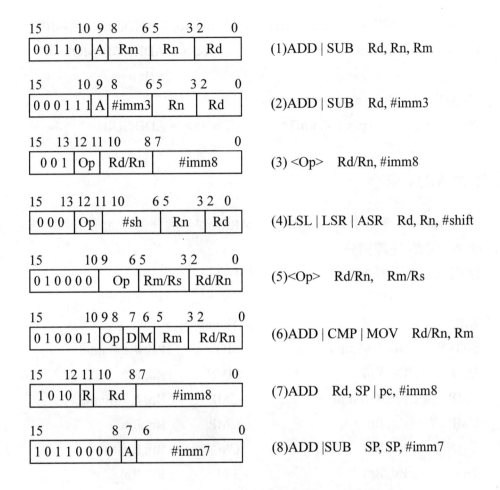

圖 7-4 Thumb 資料處理指令的二進制編碼

組譯格式

指令的各種格式如下：

(1) <op>　　　Rd, Rn, Rm　　　　　　　; <op> = ADD|SUB

(2) <op>　　　Rd, Rn, # <#imm3>　　　　; <op> = ADD|SUB

(3) <op>　　　Rd|Rn, # <#imm8>　　　　; <op> = ADD|SUB|MOV|CMP

(4) <op>　　　Rd, Rn, # <#sh>　　　　　; <op> = LSL|LSR|ASR

(5) <op>　　　Rd|Rn, Rm|Rs　　　　　　; <op> = MVN|CMP|CMN

```
        ; …TST|ADC|SBC|NEG|MUL|LSL|LSR|ASR|ROR|AND|EOR|ORR|BIC
(6) <op> Rd|R n, Rm              ; <op> = ADD|CMP|MOV
        ;                               （Hi regs）
(7) ADD      Rd, sp|pc, #<#imm8>
(8) <op>     sp, sp, #<#imm7>    ; <op> = ADD|SUB
```

等效的 ARM 指令

在 Thumb 指令集中有等效指令的 ARM 資料處理指令如下所列。等效的 Thumb 指令列在注釋部分。

使用低 8 個通用暫存器（r0～r7）的指令：

ARM 指令		Thumb 指令	
MOVS	Rd, #<#imm8>	MOV	Rd, #<#imm8>
MVNS	Rd, Rm	MVN	Rd, Rm
CMP	Rn, #<#imm8>	CMP	Rn, #<#imm8>
CMP	Rn, Rm	CMP	Rn, Rm
CMN	Rn, Rm	CMN	Rn, Rm
TST	Rn, Rm	TST	Rn, Rm
ADDS	Rd, Rn, #<#imm3>	ADD	Rd, Rn, #<#imm3>
ADDS	Rd, Rd, #<#imm8>	ADD	Rd, #<#imm8>
ADDS	Rd, Rn, Rm	ADD	Rd, Rn, Rm
ADCS	Rd, Rd, Rm	ADC	Rd, Rm
SUBS	Rd, Rn, #<#imm3>	SUB	Rd, Rn, #<#imm3>
SUBS	Rd, Rd, #<#imm8>	SUB	Rd, #<#imm8>
SUBS	Rd, Rn, Rm	SUB	Rd, Rn, Rm
SBCS	Rd, Rd, Rm	SBC	Rd, Rm
RSBS	Rd, Rn, #0	NEG	Rd, Rn
MOVS	Rd, Rm, LSL #<#sh>	LSL	Rd, Rm, #<#sh>
MOVS	Rd, Rd, LSL Rs	LSL	Rd, Rs

MOVS	Rd, Rm, LSR #<#sh>	LSR	Rd, Rm, #<#sh>
MOVS	Rd, Rd, LSR Rs	LSR	Rd, Rs
MOVS	Rd, Rm, ASR #<#sh>	ASR	Rd, Rm, #<#sh>
MOVS	Rd, Rd, ROR Rs	ASR	Rd, Rs
MOVS	Rd, Rd, ROR Rs	ROR	Rd, Rs
ANDS	Rd, Rd, Rm	AND	Rd, Rm
EORS	Rd, Rd, Rm	EOR	Rd, Rm
ORRS	Rd, Rd, Rm	ORR	Rd, Rm
BICS	Rd, Rd, Rm	BIC	Rd, Rm
MULS	Rd, Rm, Rd	MUL	Rd, Rm

使用高 8 個暫存器（r8～r15）的指令。在有些情況下結合低 8 個暫存器使用。

ARM 指令		Thumb 指令	
ADD	Rd, Rd, Rm	ADD	Rd, Rm （1/2 Hi regs）
CMP	Rn, Rm	CMP	Rn, Rm （1/2 Hi regs）
MOV	Rd, Rm	ADD	Rd, Rm （1/2 Hi regs）
ADD	Rd, pc, #<#imm8>	ADD	Rd, pc, #<#imm8>
ADD	Rd, sp, #<#imm8>	ADD	Rd, sp, #<#imm8>
ADD	sp, sp, #<#imm7>	ADD	sp, sp, #<#imm7>
SUB	sp, sp, #<#imm7>	SUB	sp, sp, #<#imm7>

注意事項

(1)所有對低 8 個暫存器操作的資料處理指令都更新條件碼位元（等效 ARM 指令的位元 S 設定）。

(2)對高 8 個暫存器操作的指令不改變條件碼位元。CMP 指令除外，它只改變條件碼。

(3)上面的指令中「1 or 2 Hi regs」表示至少有 1 個暫存器運算元是高 8 個暫存器。

(4)#imm3、#imm7、#imm8 分別表示 3 位元、7 位元和 8 位元立即數欄位。
#sh表示 5 位元的移位數欄位。

7.6   Thumb 單暫存器資料傳送指令

選擇哪些 ARM 指令並將其重新表示為 Thumb 指令是很複雜的事情。這主要是基於編譯器的行為來選擇的。

注意到對文字庫（literal pool）（相對於 PC）和堆疊（相對於 SP）的存取有較大的偏移。與對無號運算元的支援（基址偏移定址或基址索引定址）相比，對有號運算元的支援（僅有基址索引定址）有一定的限制。

二進制編碼

Thumb 單暫存器資料傳送指令二進制編碼如圖 7-5 所示。

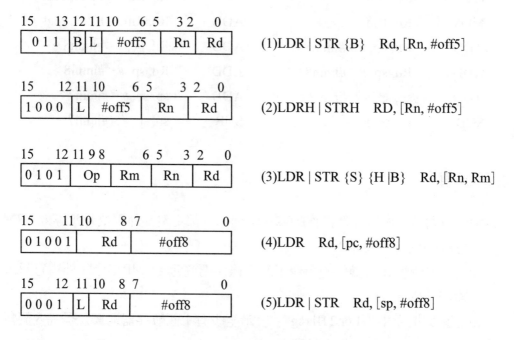

圖 7-5   Thumb 單暫存器資料傳送指令二進制編碼

說　明

　　這些指令是從 ARM 單暫存器傳送指令中精心導出的子集，並且與等效的 ARM 指令有嚴格相同的語義。

　　在所有的指令中，對偏移量需要根據資料類型按比例調整。例如，5 位元偏移量的範圍在位元組 Load 和 Store 指令中是 32 位元組，在半字元 Load 和 Store 指令中是 64 位元組，在字元 Load 和 Store 指令中是 128 位元組。

組譯格式

　　各種組譯格式如下：

(1) < op >　　Rd, [Rn, # <#off5 >]　　　　; < op > = LDR|LDRB|STR|STRB

(2) < op >　　Rd, [Rn, # <#off5 >]　　　　; < op > = LDRH|STRH

(3) < op >　　Rd, [Rn, Rm]　　　　　　　; < op > =···
　　　　　　　　　　　　　　　　　　　　; ···LDR|LDRH|LDRSH|LDRB|LDRSB|STR|STRH|STRB

(4) LDR　　　Rd, [pc, # <#off8 >]

(5) < op >　　Rd, [sp, # <#off8 >]　　　　; < op > = LDR|STR

等效 ARM 指令

　　與這些 Thumb 指令等效的 ARM 指令有完全相同的組譯（assembler）格式。

注意事項

(1) #off5 和 #off8 分別表示 5 位元和 8 位元的立即數偏移。在所有情況下，組譯格式用位元組表示偏移。在指令二進制編碼中的 5 位元和 8 位元偏移需要根據存取的資料類型進行比例調整。

(2) 與 ARM 指令相同，只有 Load 指令支援有號數。對於 Store 指令，有號和無號儲存有相同的結果。

7.7　Thumb 多暫存器資料傳送指令

　　同 ARM 指令一樣，Thumb 多暫存器資料傳送指令可以用於程序呼叫與返回以及記憶體區塊拷貝。但為了編碼的緊湊性，這兩種用法由分開的指令實作，其定址方式的數量也有所限制。在其他方面，這些指令的性質與等效的 ARM 指令相同。

二進制編碼

　　Thumb 多暫存器傳送指令的二進制編碼如圖 7−6 所示。

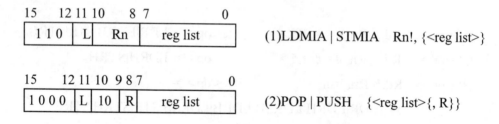

圖 7−6　Thumb 多暫存器傳送指令的二進制編碼

說　明

　　指令的區塊拷貝形式使用 LDMIA 和 STMIA 定址模式（參見圖 3.2）。Lo 暫存器（低 8 個暫存器 r0～r7）中的任何一個可以作為基址暫存器。暫存器列表可以是這些暫存器的任意子集，但不應包括基址暫存器，因為總是選擇回寫（write-back）（若 Load 和 Store 多暫存器與基址暫存器在暫存器列表中，同時又選擇回寫，將使結果不確定）。

　　堆疊形式使用 SP（r13）作為基址暫存器，並且也總是使用回寫。堆疊的模式也固定為滿堆疊遞減。暫存器列表除了可以是 8 個 Lo 暫存器外，連結暫存器 LR（r14）可以出現在 PUSH 指令中，PC（r15）可以出現在 POP 指令中，以最佳化程序的進入及返回程式，正如 ARM 代碼經常做的那樣。

組譯格式

<reg list>是暫存器的列表，暫存器範圍是 r0～r7。

LDMIA　　Rn!, {<reg list>}
STMIA　　Rn!, {<reg list>}
POP　　　{<reg list> {, pc}}
PUSH　　 {<reg list> {, lr}}

等效 ARM 指令

對於前兩種情況，等效的 ARM 指令有相同的組譯格式。在後兩種指令格式中要以合適的定址模式來代替 POP 和 PUSH。

區塊拷貝：

　　　　LDMIA　　　　　　Rn!, {<reg list>}
　　　　STMIA　　　　　　Rn!, {<reg list>}

Pop：

　　　　LDMFD　　　　　　SP!, {<reg list> {, pc}}

Push：

　　　　STMFD　　　　　　SP!, {<reg list> {, lr}}

注意事項

⑴基址暫存器必須是字元對齊的，否則，一些系統將忽略位址值的低 2 位元，而另一些系統會產生對齊異常情況。
⑵由於所有這些指令都採用基址回寫，因此，基址暫存器不應出現在暫存器列表中。
⑶編碼後暫存器列表的每一位元對應一個暫存器。位元[0]指示r0暫存器是否傳送；位元[1]控制r1等等。在POP和PUSH指令中，R位元控制PC和LR。

(4)在 v5T 結構中，加載的 PC 的最低位元更新 Thumb 位元，因此，可以直接返回到 Thumb 或 ARM 呼叫程式。

7.8　Thumb 中斷點（breakpoint）指令

Thumb 中斷點指令的行為與等效的 ARM 指令完全相同。中斷點指令用於軟體除錯，可以使微處理器中斷正常指令執行，進入相應的除錯程式。

二進制編碼

Thumb 中斷點指令二進制編碼如圖 7-7 所示。

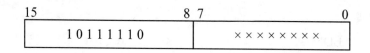

15	8	7	0
10111110		××××××××	

圖 7-7　Thumb 中斷點指令二進制編碼

說　明

當硬體除錯單元作適當配置時，斷點指令會使微處理器放棄指令預取。

組譯格式

BKPT

等效 ARM 指令

等效的 ARM 指令有完全相同的組合語言語法。只有實作了 v5T 結構的 ARM 處理器支援 BKPT 指令。

7.9　Thumb 的實作（implementation）

　　對 3 級數管線 ARM 處理器的大部分邏輯作相對較小的改動就可以實作
Thumb 指令集（5 級數管線的實作要複雜些）。增加的最大邏輯是指令管線中
的 Thumb 指令擴展邏輯。這部分邏輯將 Thumb 指令轉化為對應的等效 ARM 指
令，其邏輯組織如圖 7–8 所示。

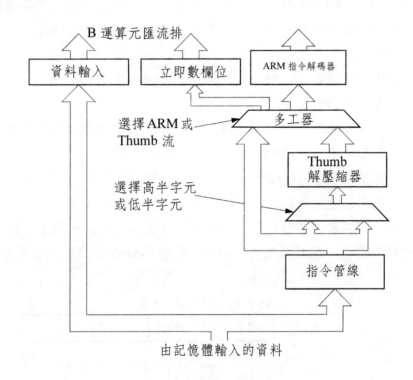

圖 7–8　Thumb 指令擴展邏輯組織

　　增加的指令擴展邏輯與指令解碼器串聯，可能會增加解碼時間。但是實際
上 ARM7 的管線在解碼週期的第一相只做了很少的工作。因此，可以把擴展邏
輯安排在這裡而不會影響週期時間或增加管線延遲。ARM7TDMI 的 Thumb 管
線操作與前面 4.1 節中「3 級數管線」一段所述的方式完全相同。

指令映射

Thumb 指令擴展邏輯將 16 位元 Thumb 指令靜態地轉換為等效的 32 位元 ARM 指令。這包括主操作碼和次操作碼（major and minor opcodes）的對照轉換，3 位元暫存器指示符（specifier）零擴展成 4 位元暫存器指示符，以及所需的其他欄位的映射。

例如，Thumb 指令「ADD Rd, #imm8」（參見 7.5 節）與對應的 ARM 指令「ADD Rd, Rd, #imm8」（參見 5.7 節）的映射如圖 7−9 所示。

注意：

(1)由於分歧指令是唯一條件執行的 Thumb 指令，因此，其他 Thumb 指令在轉換時使用條件「always」。

(2)在 Thumb 操作碼中隱含地指定 Thumb 資料處理指令是否應修改 CPSR 中的條件碼，在 ARM 指令中要明確指定。

(3)總是可以透過重複暫存器指示符將 Thumb 的 2 位址指令格式轉換為 ARM 的 3 位址指令格式（用其他方法一般不易完成）。

指令擴展邏輯的簡單性對 Thumb 指令集的效率是非常重要的。如果 Thumb 擴展邏輯複雜、速度低並且功耗大，那麼 Thumb 就沒有什麼價值了。

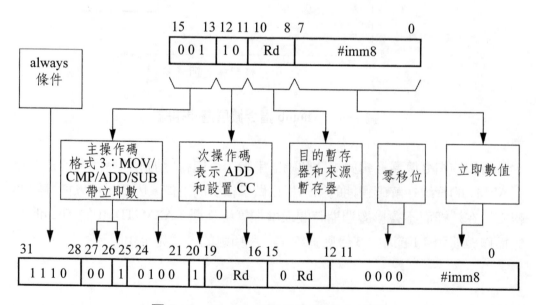

圖 7−9　Thumb 到 ARM 的指令映射

7.10　Thumb 的應用

　　我們需要回顧一下 Thumb 的特點來看一看它更適合哪方面的應用。Thumb 指令長為 16 位元,只用 ARM 指令一半的位元數來實作同樣的功能。但由於 Thumb 指令一般比 ARM 指令的語義內涵少,所以,實作特定的程式所需的 Thumb 指令數目較 ARM 的多。增加的比率因不同的程式而變化。在一個典型的例子中,Thumb 代碼所需的空間為 ARM 代碼的 70%。因此,在比較 Thumb 方案與純 ARM 方案時,我們會發現:

Thumb 的特點

　　(1) Thumb 代碼所需空間為 ARM 代碼的 70%。

　　(2) Thumb 代碼使用的指令數比 ARM 代碼多 40%。

　　(3)用 32 位元記憶體,ARM 代碼比 Thumb 代碼快 40%。

　　(4)用 16 位元記憶體,Thumb 代碼比 ARM 代碼快 45%。

　　(5)使用 Thumb 代碼,外部記憶體功耗比 ARM 代碼少 30%。

　　由此,若性能最重要,則系統應使用 32 位元記憶體和執行 ARM 代碼;若成本及功耗更重要,則最好選擇 16 位元記憶體系統及 Thumb 代碼。若兩者結合使用,會在兩方面取得最好的效果。

Thumb 系統

　　(1)高端的 32 位元 ARM 系統可以用 Thumb 代碼實作特定的非關鍵程式,以節省功耗或降低對記憶體的需求。

　　(2)低端的 16 位元系統可以有小規模的 32 位元晶片上 RAM 供執行 ARM 代碼的關鍵程式使用,所有非關鍵程式使用晶片外 Thumb 代碼。

　　上面第二種情況或許更接近於 Thumb 所適宜的應用。在行動電話和傳呼機的應用中,需要 ARM 最大處理能力的即時訊號處理(DSP)功能。但這些程式可以緊湊編碼並放在小規模的晶片上記憶體中。那些控制用戶介面、電池管理系統等等複雜的比較長的代碼是非即時的,可由 Thumb 代碼放在片外

ROM中，由 8 位元或 16 位元匯流排就可以得到好的性能，同時降低成本和延長電池壽命。

7.11 例題與練習

☞ 例題 7.1

用 Thumb 指令重新編寫 3.4 節中的 Hello World 程式。兩種實作的代碼長度相比會是怎樣呢？

下面是原先的 ARM 程式：

```
            AREA        HelloW, CODE, READONLY
SWI_WriteC      EQU     &0              ; 輸出 r0 中的字元
SWI_Exit        EQU     &11             ; 結束程式
            ENTRY                       ; 代碼的入口
START       ADR     r1, TEXT            ; r1 → "Hello World"
LOOP        LDRB    r0, [r1], #1        ; 取下一個位元組
            CMP     r0, #0              ; 檢查文本終點
            SWINE   SWI_WriteC          ; 若非終點，則列印…
            BNE     LOOP                ; …並返回 LOOP
            SWI     SWI_Exit            ; 執行結束
TEXT        = "Hello World", &0a, &0d, 0
            END                         ; 原始程式結束
```

這些 ARM 指令的大多數有直接等效的 Thumb 指令，但有些指令沒有。Load位元組指令不支援自動索引，管理者程式呼叫不能條件執行。因此，需要對 Thumb 代碼做些許改動，即

```
                AREA       HelloW_Thumb, CODE, READONLY
SWI_WriteC      EQU    &0                      ; 輸出 r0 中的字元
SWI_Exit        EQU    &11                     ; 結束程式
                ENTRY                          ; 代碼的入口
                CODE32                         ; 進入 ARM 狀態
                ADR    r0, START+1             ; 取 Thumb 入口位址
                BX     r0                      ; 進入 Thumb
                CODE   16                      ; 下面是 Thumb 代碼…
START           ADR    r1, TEXT                ; r1 ← "Hello World"
LOOP            LDRB   r0, [r1]                ; 取下一位元組
                ADD    r1, r1, #1              ; 指標加 1**T
                CMP    r0, #0                  ; 檢查文本終點
                BEQ    DONE                    ; 完成？**T
                SWI    SWI_WriteC              ; 若非終點，則列印…
                B      LOOP                    ; …並返回 LOOP
DONE            SWI    SWI_Exit                ; 結束執行
                ALIGN                          ; 保證 ADR 正常執行
TEXT            DATA
                =      "Hello World", &0a, &0d, 0
                END
```

上面的代碼中加入了兩條指令，用「**T」標記，用於補充 Thumb 指令的不足。ARM 代碼的長度為 6 條指令加上 14 位元組的資料，共 38 位元組。Thumb 代碼的長度為 8 條指令加 14 位元組的資料（不計將微處理器轉入 Thumb 指令狀態的部分），共 30 位元組。

這個例子給出了在編寫 Thumb 代碼時應記住的一些重點：

⑴組譯器需要知道什麼時候產生 ARM 代碼，什麼時候產生 Thumb 代碼。用 CODE32 和 CODE16 指令提供這類訊息。（這些是用於組譯的偽指令，它本身不產生任何代碼。）

⑵由於微處理器在呼叫這些代碼時處於 ARM 執行狀態,因此,必須做出明確的準備,指示微處理器執行Thumb指令。倘若將r0 適當地初始化,就可用「BX r0」指令來完成這種轉換。特別要注意,r0 暫存器的最低位元被設定,以便使微處理器在分歧目標處執行 Thumb 指令。

⑶ Thumb 指令 ADR 只能產生字元對齊的位址。由於 Thumb 指令是 16 位元的,不能保證任意數目的 Thumb 指令後面的位址是字元對齊的,因此,例中程式在文本字元串之前有一明確的「ALIGN」。

為了能在 ARM 軟體開發工具套件中編譯並執行這個程式,必須啟動可以產生 Thumb 代碼的組譯器,並用 ARMulator 模擬一個 Thumb-aware 的處理器核心。項目管理器的預設設置是 ARM6 核心,並且只產生 32 位元 ARM代碼。產生代碼之前在專案管理器中的 Options 選單下選擇 Project,並在 Tools 對話框中選擇 TCC / TASM,就可以改變原來的預設設置。這會使目標微處理器自動的轉換為支持 Thumb 的 ARM7t。

在其他方面,Thumb 代碼的編譯及執行與 ARM 代碼很相似。

練習 7.1.1

將 3.4 節和 3.5 節的其他程式轉換為 Thumb 代碼,並與原來的 ARM 代碼進行長度比較。

練習 7.1.2

使用 TCC 編譯 C 原始程式產生 Thumb 代碼(照例從 Hello World 程式開始)。查看C編譯器(用「-S」選項)產生的組合語言碼。與編譯為ARM代碼的相同程式比較代碼的長度及執行時間。

8

體系結構對系統開發的支援

Architectural Support for System Development

- ◆ ARM 記憶體介面
- ◆ AMBA 匯流排
- ◆ ARM 參考周邊規範
- ◆ 硬體系統原型的建立工具
- ◆ ARM 模擬器 ARMulator
- ◆ JTAG 邊界掃描測試架構
- ◆ ARM 除錯架構
- ◆ 嵌入式追蹤
- ◆ 對訊號處理的支援
- ◆ 例題與練習

本章內容綜述

設計任何計算機系統都是一個複雜的任務，設計一個嵌入式 SoC 更是如此。SoC 的開發是在一個 CAD 環境中進行的，而第一個晶片不但要正確工作，而且必須達到需要的性能並且是可製造的。修補設計缺陷的唯一機會是軟體，修改晶片來改正錯誤不但費時，並且會顯著地增加成本。

在過去的 20 年裡，微處理器系統開發的主要方法是使用實體電路模擬器 ICE（In-Circuit Emulator）。系統本身是包括微處理器晶片、各種記憶體和周邊元件的印刷電路板。使用模擬器時，目標板上的微處理器由 ICE 的模擬接頭代替。ICE 模擬微處理器的功能，使用戶能夠觀察系統內部的狀態，修改處理器內部暫存器及記憶體的值，設置中斷點等等。

現在，微處理器本身就是一個大的晶片中的單元，以前的方法完全失效了，因為不可能拔下一個晶片的一部分！到目前為止，沒有任何方法能夠完全取代 ICE 的作用，但是有幾項技術能發揮到一些作用，其中一些需要在處理器架構上的明確支援。本章介紹基於 ARM 核心的系統晶片開發技術，以及為了幫助開發而在 ARM 核心中實作的結構。

8.1　ARM 記憶體介面

本節介紹 ARM 處理器與標準記憶體元件構成的記憶體系統連接的基本原理。記憶體介面的效率是決定系統性能的重要因素，因此，開發高性能系統的設計工程師必須深入理解這些原理。最近的 ARM 核心已具有 AMBA 介面（參見 8.2 節），但這裡依然對許多基本問題進行討論。

ARM 匯流排訊號

ARM 處理器晶片的匯流排介面在細節上各有不同，但是，它們基本上是相似的。記憶體匯流排介面訊號包括下列部分：

(1) 32 位元位址匯流排 A［31：0］，給出被存取資料的位元組位址。

⑵32 位元雙向資料匯流排 D［31：0］，用於資料傳送。

⑶指定是否需要記憶體（$\overline{\text{mreq}}$）和位址是否為連續位址（seq）的訊號。這些訊號在前一個週期發出以使記憶體控制邏輯能夠做好準備。

⑷指定傳送方向（$\bar{\text{r}}$/w）及傳送位數（早期的處理器為$\bar{\text{b}}$/w，後期的處理器為 mas［1：0］）的訊號。

⑸匯流排時序（timing）及控制訊號（abe、ale、ape、dbe、lock 和 bl［3：0］）。

簡單記憶體介面

最簡單的記憶體介面適合於 ROM 和靜態 RAM（SRAM）。這些元件要求在週期結束之前位址都要穩定。後期的處理器可以藉由禁止位址管來實現這一點（將 ape 固定為低位），早期的處理器可以藉由重新安排位址匯流排的時序來實現（將 ale 連接到 $\overline{\text{mclk}}$）。位址和資料匯流排可以直接連接到記憶體，如圖 8-1 所示。圖中也給出了輸出致能訊號（$\overline{\text{RAMoe}}$和$\overline{\text{ROMoe}}$）和寫入致能訊號（$\overline{\text{RAMwe}}$）。

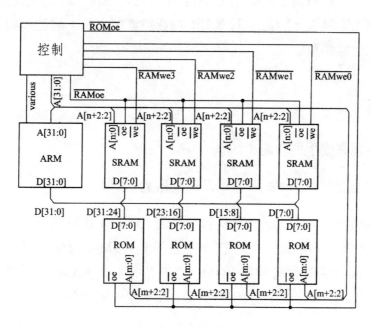

圖 8-1　基本的 ARM 記憶體系統

　　圖中給出的是 8 位元記憶體元件的連接，這是標準的 SRAM 和 ROM 的連接結構。每類記憶體都需要 4 個元件才能構成 32 位元寬的記憶體。每個的元件連接匯流排的單個位元組。圖中的標註給出了元件內部的元件匯流排標號以及它在元件外部連接的匯流排。比如，最靠近 ARM 處理器的 SRAM 元件的腳位 D[7：0] 連接到資料匯流排的接腳 D[31：24]。D[31：24] 連接到 ARM 的 D[31：24] 接腳。

　　由於最低位的兩條位址線 A[1：0] 用於位元組選擇，它們用於控制邏輯而不與記憶體相連，因此，記憶體元件連接到 A[2] 及更高位的位址線。使用位址線的精確數字依賴於記憶體的大小（如 128KB 的 ROM 使用 A[18：2]）。

　　儘管 ARM 支援位元組和字元的記憶體讀取，但記憶體系統忽略這些差別（以浪費一些功耗為代價）而總是提供一個字元的資料。ARM 將提取定址的位元組而忽略其他資料。這樣 ROM 記憶體不需要個別使用單獨的致能訊號，使用 16 位元元件也不會產生問題。但是對於位元組寫入，每一個需要一個單獨的致能訊號，因此，控制邏輯需要產生 4 個位元組寫入致能控制訊號。這使得寬資料的 RAM 很難使用（而且低效率），除非這些 RAM 提供位元組致能，因為寫一個位元組將需要對記憶體進行讀－修改－寫的操作。由於許多處理器需要支援位元組寫入，因此，若 RAM 的資料寬度大於 1 個位元組，它們必須提供獨立的位元組致能。

控制邏輯

　　控制邏輯完成下列功能：

1. 決定何時啟動（activate）RAM 及何時啟動 ROM

　　控制邏輯決定系統的記憶體映射。重置（reset）後處理器從 0 位址開始，由於 RAM 還沒有初始化，所以它肯定會找到 ROM。因此，最簡單的記憶體映射是當 A[31] 為低位時致能 ROM，為高位時致能 RAM（大多數 ARM 系統在啟動後立即改變記憶體映射，將 RAM 放在記憶體的低位址處以便使異常向量可以修改）。

2. 在寫入操作時控制位元組寫入致能訊號

當進行字元寫入時，應使所有的位元組寫入致能訊號有效；在位元組寫入時，僅使被定址位元組的致能訊號有效；對於支援半字元的 ARM，半字元寫入應使 4 個致能訊號中的兩個有效。

3. 在處理器繼續操作之前保證資料已準備好

最簡單的辦法是使時脈 mclk 降到足夠慢，以保證所有記憶體元件能夠在單個時脈週期內完成存取。更複雜的系統可以按照RAM的存取時間設置時脈。對於慢速的設備，如 ROM 及周邊埠，使用等待狀態存取。

完成上述功能的邏輯非常簡單，如圖 8-2 所示（全部邏輯可用一個可程式邏輯元件實作）。與雙向資料匯流排相關的設計可能是最微妙的部分。保證在任何時間只有 1 個元件驅動資料匯流排是非常重要的，所以將匯流排轉向寫入週期時，或者從讀 ROM 切換到讀 RAM 時，都需要小心。圖中採用的方法是在 mclk 為高位時啟動相應的資料源，而在 mclk 為低位時關閉所有的資料源，

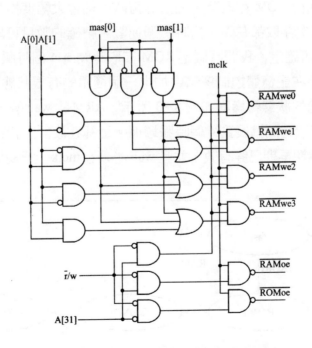

圖 8-2　簡單的 ARM 記憶體系統控制邏輯

因此，處理器資料匯流排致能訊號 dbe 也應與 mclk 連接。這是一個非常保守的方法，它限制了能夠使用的最大時脈頻率，從而損害了系統的性能。

要注意的是，這個設計假定 ARM 的輸出在時脈週期末已經穩定。在較新型的處理器中，當位址管線致能（ape）控制輸入固定為低位時即是如此。早期的處理器應使 ale=$\overline{\text{mclk}}$ 來重調整位址輸出的時序。這需要一個在 mclk 為低位時導通的外部透明栓鎖器（transparent latch），以重新調整 $\overline{\text{r}}$/w 和 $\overline{\text{b}}$/w 的時序（它取代 mas[1]，mas[0]固定為低位）。

這個簡單的記憶體系統沒有使用 $\overline{\text{mreq}}$（或 seq）訊號。它在每個週期都啟用記憶體。對於真正的記憶體存取，ARM 將只請求寫入週期，因而這種方法是安全的。在所有內部及協同處理器傳送週期，$\overline{\text{r}}$/w 保持為低位。

等待狀態

在這個系統中，如果提高系統的時脈速度，那麼當最慢路徑失敗時，系統將停止工作。最慢路徑通常是 ROM 存取。如果時脈速度以 RAM 存取時間為準，那麼在進行 ROM 存取時，插入等待狀態則會大幅度提高系統的性能。通常 ROM 的每次存取都有固定的時脈週期數。精確的數目可以根據時脈速率和 ROM 資料手冊確定。我們將假定 ROM 存取時間為 4 個時脈週期。

現在必須在記憶體控制邏輯中加上一個簡單的有限狀態機來控制 ROM 存取。一種合適的狀態轉換圖如圖 8-3 所示，ARM 的 $\overline{\text{wait}}$ 輸入後，3 個 ROM 狀態將 ROM 存取時間擴展到 4 個時脈週期。這裡在設計上存在的問題是，由於位址在當前週期早期已經有效，並且 $\overline{\text{wait}}$ 必須在 mclk 上升邊緣之前插入，但由

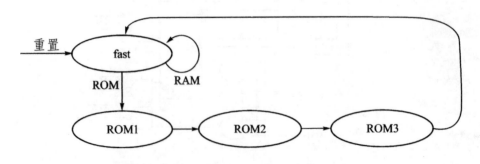

圖 8-3　ROM 等待控制狀態轉換圖

於沒有時脈沿用於產生 $\overline{\text{wait}}$ 訊號，因此，$\overline{\text{wait}}$ 不能作為簡單的狀態機輸出產生。另一個問題是要產生一個擴展的不受干擾的 $\overline{\text{ROMoe}}$ 訊號。

　　圖 8-4 給出了一種可採用的電路。狀態機是個同步計數器，使用了兩個邊緣觸發的正反器。當檢測到一個 ROM 存取操作時，使 $\overline{\text{wait}}$ 有效；而當 ROM3 訊號有效時，則停止發出 $\overline{\text{wait}}$ 訊號。兩個電位感測栓鎖器鎖存 $\overline{\text{wait}}$ 訊號以產生一個乾淨、擴展的 $\overline{\text{ROMoe}}$ 訊號。圖 8-5 中所示電路的時序圖可以清楚地說明這個電路的邏輯操作。

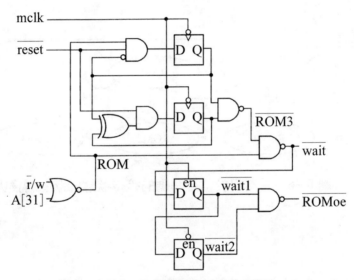

圖 8-4　ROM 等待狀態產生電路

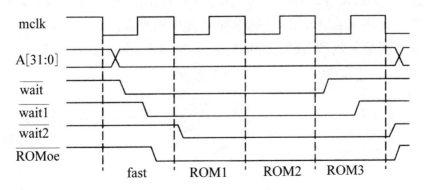

圖 8-5　ROM 等待狀態電路的時序

循序存取（Sequential accesses）

如果系統的工作速度更快，則有可能在單個時脈週期內不能完成一個新位址的解碼及 RAM 存取操作。只要發出了一個未知位址，就插入一個額外的週期使得有足夠的時間進行位址解碼。非順序位址都是未知的，但是，在一個典型的程式中，順序位址約占全部位址的 75%。

現在我們也應該開始考慮那些不使用記憶體的週期，因為它們沒有理由不在全時脈速率下工作。圖 8-6 給出了一個合適的狀態轉換圖。

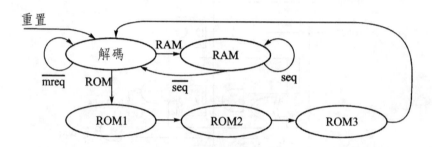

圖 8-6　具有用於位址解碼的等待狀態的狀態轉換圖

DRAM

動態隨機存取記憶體（DRAM）是最便宜的記憶體（用每位元的價格來衡量）。動態記憶體在電容中注入電荷來儲存訊息，這些電荷會逐漸漏掉（經過 1ms 左右），因此儲存的資料必須在電荷洩漏前讀出或重新寫入（更新）。對記憶體的更新通常由記憶體控制邏輯而不是由處理器完成，因此，我們不在這裡對其詳細討論。我們所關心的是記憶體的內部組織，如圖 8-7 所示。

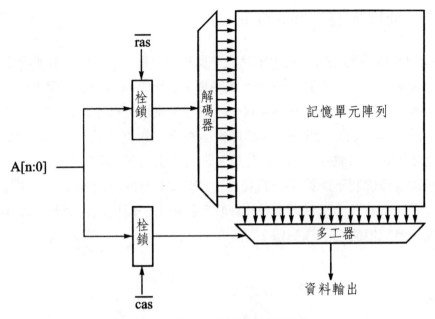

圖 8–7　DRAM 記憶體的組織

　　同大多數記憶元件一樣，DRAM 中的儲存單元以近似矩形的陣列形式組織。與其他大多數記憶元件不同的是，這種組織對用戶是可見的。陣列藉由行和列來定址。DRAM 從多路複用的位址匯流排（multiplexed address bus）分別接收行位址和列位址。首先給出行位址，並由低有效的行位址選通訊號 $\overline{ras}$（row address strobe）控制栓鎖；然後給出列位址，並由低有效的列位址選通訊號 $\overline{cas}$（column address strobe）控制栓鎖。如果下一個存取在相同的行中，則只需要給出新的列位址。這種只栓鎖新的列位址的記憶體存取方式（簡稱 $\overline{cas}$ 存取方式）不需要使整個陣列都處於活動狀態，因此，與整個行－列形式的存取方式相比，不但速度可以提高 2～3 倍，而且功耗也可以降低很多，因此，應儘可能多使用 $\overline{cas}$ 方式。

　　在記憶體存取過程中，要儘可能早地檢測出新的位址與前次位址在相同的行中。這是比較困難的。將新位址與前次位址的相關位元進行比較往往比較慢。

ARM 位址累加器（incrementer）

ARM 採取的解決方案利用了這樣一個事實，即大多數位址（典型為 75%）由位址累加器產生。如圖 8-8 所示的 ARM 位址選擇邏輯從 4 個來源中選擇下一週期所用的位址。累加器為 4 個來源之一。當下一個位址由累加器產生時，ARM 輸出一個 seq 指示訊號。外部邏輯檢查上一個位址是否在行的邊界。若上一個位址不在行末並且 seq 訊號有效，則可以進行 $\overline{cas}$ 讀取方式。

儘管這種機制不能找出所有在同一 DRAM 行的存取操作，但能找到大多數這種操作，並且非常易於實作。seq 訊號和上一個位址在時脈的前半週期已經有效，給記憶體控制邏輯留下充裕的時間。

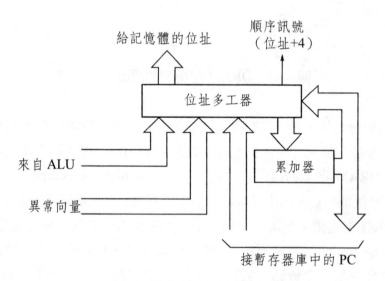

圖 8-8　ARM 位址暫存器結構

一個典型的 DRAM 時序如圖 8-9 所示。第一次的非順序存取需要鎖存行位址而花費兩個時脈週期；而隨後的順序讀取則使用 $\overline{cas}$ 存取方式，只需要 1 個時脈週期。（這裡使用的是早期的位址時序，ape 和 ale 為高電位。）

seq 訊號的另一種應用是指示一個週期與之前的內部或協同處理器暫存器傳送週期使用相同的位址。這也可以用來提高 DRAM 的存取性能。只有 seq 訊號有效時間足夠早，才有可能使 DRAM 存取提前 1 個週期開始。典型時序如圖 8-10 所示。（在這個過程中 $\overline{wait}$ 處於無效狀態（inactive）。）

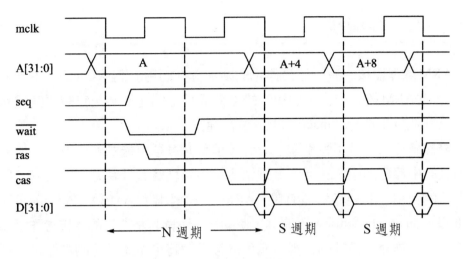

圖 8-9　DRAM 時序圖

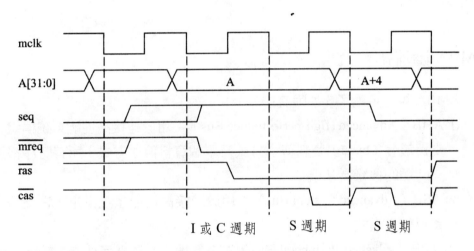

圖 8-10　一個內部週期之後的 DRAM 時序

周邊介面存取（Peripheral access）

大多數系統除了上述的記憶體元件之外，還有一些周邊介面元件。通常這些元件的存取速度較慢，可以使用與前面講到的 ROM 存取相似的技術實作其介面。

8.2 AMBA 匯流排

ARM 處理器核心有一個最佳化的匯流排介面用於高速 Cache。不管有沒有 Cache，當 ARM 核心作為一個複雜的系統晶片上的元件時，它需要某種介面與晶片上其他巨集單元（macrocells）進行通訊。

雖然這種介面並不特別難以設計，但是有多種可能的解決方案。如果在每一項設計中都專門選擇一種匯流排結構，這將耗費設計資源，並限制了周邊巨集單元的複用。為避免這種浪費，ARM 公司提出了 AMBA（Advanced Microcontroller Bus Architecture）匯流排，使晶片上不同巨集單元的連接實作標準化。以這種匯流排介面設計的巨集單元可以被看做將來系統晶片的零件箱，採用將現有的巨集單元重新組合的方法設計複雜的系統單晶片，最終將能變成一項非常簡單的任務。

AMBA 匯流排

AMBA 規範定義了 3 種匯流排：

(1) AHB（Advanced High-performance Bus）：用於連接高性能系統模組。它支援叢發（burst）資料傳送方式及單個資料傳送方式，所有時序都以單一時脈的邊緣為基準。

(2) ASB（Advanced System Bus）：用於連接高性能系統模組，它支援叢發資料傳送模式。

(3) APB（Advance Peripheral Bus）：為低性能的周邊元件提供較簡單的介面。

一個典型的基於 AMBA 的微控制器將使用 AHB 或 ASB 匯流排，再加上 APB 匯流排，如圖 8−11 所示。ASB 匯流排是舊版的系統匯流排；而 AHB 則較晚推出，以增強對更高性能、合成（synthesis）及時序驗證的支援。

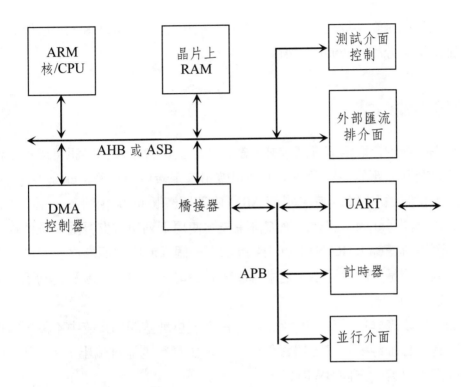

圖 8-11　典型的基於 AMBA 的系統

　　APB 匯流排通常用做局部的二級匯流排（local secondary bus）。它像是 AHB 或 ASB 上的單個從屬模組。

　　在以下幾節中，假定系統匯流排是 ASB。AHB 匯流排的細節將在本節的最後討論。

仲裁（Arbitration）

　　匯流排主控器向中央仲裁器（arbiter）發出請求後開始一個匯流排傳輸。當有請求衝突時，由仲裁器決定優先權。仲裁器設計是與系統相關的問題。ASB 只給出了必須遵守的協議：

　　⑴主控器 x 向中央仲裁器發出請求（AREQx）。

　　⑵當匯流排空閒時，仲裁器向主控器發出確認訊號（AGNTx）。（當仲裁

決定發出哪個確認訊號時，必須考慮匯流排鎖定訊號（BLOK），以保證不干擾匯流排不可分的（atomic）傳輸）。

匯流排傳輸

當主控器的存取匯流排請求被確認後，它發出位址及控制訊息以指示傳輸的類型以及應反應的從屬元件。下列訊號用來定義傳輸時序，即

匯流排時脈 BCLK：它通常與 ARM 處理器時脈 mclk 相同。

保持確認（grant）訊號的匯流排主控器使用下列訊號進行匯流排傳輸，即

(1)匯流排傳輸 BTRAN[1：0]：指示下一個匯流排週期為位址週期、順序週期還是非順序週期。它由確認訊號致能，並在其所涉及到的匯流排週期之前。

(2)位址匯流排BA[31：0]：（在只需適度位址空間的系統中不需要實作所有的位址線。在多工器實作中，位址由資料匯流排輸出）。

(3)匯流排傳輸方向 BWRITE。

(4)匯流排保護訊號 BPROT[1：0]：它指示是取指令還是取資料，是管理者程式存取還是普通用戶存取。

(5)傳輸長度 BSIZE[1：0]：指明傳輸的是位元組、半字元還是字元。

(6)匯流排鎖定 BLOK：使主控器保持匯流排以完成讀－修改－寫的傳輸。

(7)資料匯流排 BD[31：0]：用於發送寫入及接收讀取資料。在一個採用位址和資料多工器的實作中，位址訊號也藉由這個匯流排傳輸。

從屬單元可能立即處理所要求的傳輸，在 BD[31：0]上接收寫入或發送讀取資料，或發出下列反應訊號之一：

(1)匯流排等待 BWAIT：允許從屬模組不能在當前週期完成傳輸時插入等待狀態。

(2)匯流排終止 BLAST：允許從屬模組終止一次循序叢發傳輸，以強制匯流排主控器發出新的匯流排傳輸請求來繼續傳輸。

(3)匯流排錯誤BERROR：指示傳輸未能完成。如果主控器是處理器，則應中止傳輸。

匯流排重置

　　ASB支援多個獨立的晶片上模組,其中許多模組能夠驅動資料匯流排(及一些控制線)。只要所有模組都遵守匯流排協議,則在任何時間只有 1 個模組驅動任何匯流排。但是剛開機後,所有模組都進入未知狀態。開機後時脈振盪器需要一些時間才能穩定,因此,可能沒有可靠的時脈使所有模組循序進入已知狀態。在任何情況下,如果兩個以上的模組開機後試圖向相反的方向驅動匯流排,那麼輸出驅動的衝突可能會造成電源的急遽短路問題。這可能妨礙晶片正常啟動。

測試介面

　　AMBA的一個可能用途就是藉由測試介面控制器(Test Interface Controller)對模組測試方法提供支援。這種方法將外部測試儀器作為 ASB 匯流排上的一個主控器,使 AMBA 上的每個模組都可以單獨測試。

　　支援測試模式的唯一要求就是測試儀器能夠透過32 位元雙向埠存取 ASB 匯流排。如果存在對外部記憶體和周邊元件的 32 位元雙向資料匯流排介面,這就足夠了。如果晶片外資料介面只有 16 位元或 8 位元寬,那麼就需要其他訊號(如位址線)給出32 位寬以用於測試操作。

　　測試介面允許 ASB 位址和資料匯流排的控制使用兩個測試請求輸入訊號(TREQA 和 TREQB)上定義的協議,並且控制器中有位址栓鎖及累增器。一個設計合理的巨集單元模組允許其一組超過 32 位元的介面訊號能夠操作。例如,ARM巨集單元有13 個控制和配置輸入、32 位元資料輸入、15 位元狀態輸出和32 位元位址和資料輸出。在一個由 TREQA 和 TREQB 控制下進行狀態轉換的有限狀態機的自動控制下,測試向量的加入及其反應遵循一定的順序。

　　AMBA巨集單元測試方法與基於JTAG的測試方法(參見8-6節)相比,雖然可能缺少一般性,但由於使用並行測試介面從而降低了測試成本。

APB 匯流排

　　ASB提供了相對較高性能的晶片上互連，適合於處理器、記憶體和具有複雜內建介面的周邊巨集單元。對非常簡單且性能低的周邊元件，介面的開銷就太高了。作為ASB匯流排的補充，APB（Advanced Peripheral Bus）是一個簡單的靜態匯流排，為非常簡單的周邊巨集單元提供最小的介面。

　　APB 匯流排包括位址（PASSR[n：0]，通常不需要全部 32 位元）；讀資料和寫資料（PRDATA[m：0]和PWDATA[m：0]，其中m為 7、15 或 31）匯流排，不會寬於要連接的周邊元件必需的匯流排寬度；一個讀／寫方向指示訊號（PWRITE）；單獨的周邊選通訊號（PSELx）；一個周邊時間選通訊號（PEN-ABLE）。APB 傳送時序基於 PCLK。所有 APB 元件由訊號 PRESETn 重置。

　　所有位址和控制訊號都根據時間選通訊號建立及保持，以保證局部解碼時間，當局部致能時進行選擇的操作。基於簡單暫存器映射並作為從元件的周邊元件可用最小的邏輯開銷直接介面。

AHB 匯流排

　　AHB匯流排計畫在高性能系統中取代ASB匯流排，如那些基於ARM1020E的系統（在將 12−6 節中介紹）。

　　AHB 匯流排和 ASB 匯流排有下列不同的特點：

(1) AHB匯流排支援分時處理（split transactions）。有很長反應延遲的從屬元件在準備傳送的資料時，讓出匯流排使其從事其他傳送操作。

(2) 使用單一時脈邊緣控制所有操作，有利於合成和設計驗證（藉由使用靜態時序分析和其他相似工具）。

(3) 使用中央多工器匯流排方案而不是三態驅動的雙向匯流排（參見圖 8−12）。

(4) 支援更寬的 64 位元或 128 位元資料匯流排配置。

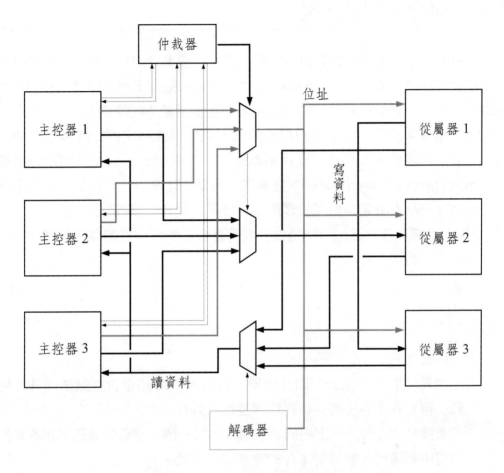

圖 8-12　AHB 多工器匯流排方案

　　多工器匯流排方法可能會帶來很多額外佈線。但雙向匯流排會帶來很多設計問題，對合成系統則問題更多。例如，當晶片特徵尺寸縮小時，佈線延時（wire delays）成為決定性能的主要因素。單向匯流排藉由重複插入驅動器而得到好處，但這對雙向匯流排就非常困難。

8.3 ARM 參考周邊規範

到目前為止，本章描述的對系統開發的支援基本集中於測試以及提供對處理器和系統狀態的低階存取。AMBA 提供了在同一晶片上連接硬體元件的系統方法。但對每一個新的晶片，軟體開發還必須從最基本的開始。

如果系統開發想從一個高的起點開始，例如根據特定的即時作業系統來開發軟體，則需要許多元件以支援基本的作業系統功能。ARM 參考周邊規範（reference peripheral specification）定義了一個基本元件集，提供了一個作業系統能夠運行的基本框架，但又給專用系統留下了足夠的擴展空間。

ARM 參考周邊規範的目標是便於在符合規範的實作之間移植軟體，從而提高新系統軟體開發的起步層次。

基本元件

參考周邊規範定義了下列元件：

(1)記憶體映射：它允許中斷控制器、計數計時器和重置控制器的基址變動，但定義了各種暫存器從這些基址的偏移。

(2)中斷控制器：帶有已定義的功能集，包括一個已定義的發送／接收通訊通道中斷機制（但通道本身的機制沒有定義）。

(3)計數計時器（counter timer）：帶有多種已定義的功能。

(4)重置控制器：帶有已定義的啟動行為、開機重置檢測、中斷等待暫停模式和一個識別（identification）暫存器。

至於這些元件與哪種 ARM 核心結合則沒有規定，因為這不影響系統程式開發的模型。

記憶體映射（Memory map）

系統必須定義中斷控制器（ICBase）、計數計時器（CTBase）、重置和暫停控制器（RPCBase）的基址。

參考周邊規範沒有定義這些位址，但定義了所有暫存器相對於這些基址的位址。

中斷控制器

中斷控制器提供了最多 32 個電位感測（level-sensitive）的 IRQ 源和一個 FIQ 源的狀態的致能、禁能和測試的統一方法。每一個中斷源都有一個中斷致能的遮罩位，它能使中斷有效。還定義了從ICBase加固定偏移的記憶體位址，用來檢測未遮罩、遮罩的中斷狀態以及設置與清除中斷源。

參考周邊規範定義了 5 個IRQ中斷源，分別是通訊接收和發送功能、兩個計數計時器，以及一個能直接由軟體產生的IRQ中斷源（主要是使能一個FIQ處理程式以產生一個 IRQ）。

計數計時器

需要兩個 16 位元計數計時器，但可能還會增加。這些計時器由相對於 CTBase有固定偏移的暫存器控制。由系統時脈控制計數操作，並有0、4、8位元可選的預計數（pre-scaling）（也就是說其輸入頻率是系統時脈頻率的1、16或 256 分頻）。

每個計數計時器有一個控制暫存器用於選擇預計數，致能或禁能計數器，以及設定自由的或週期的工作模式；還有一個 Load 暫存器用於設定計數器計數的初始值。對 Load 暫存器的寫操作將計數值初始化。當定時器減到 0 時產生一個中斷。對「清除」暫存器的寫操作將清除中斷。在自由模式下，計數器值為 0 時繼續減操作；而在週期模式下，重新讀入Load暫存器的值並減計數。

計數器當前值可以隨時從「數值」暫存器中讀出。

重置及暫停控制器

重置及暫停控制器中包括相對於 RPCBase 有固定偏移的暫存器。可讀暫存器給出識別及重置狀態訊息，包括是否發生開機重置。可寫暫存器可以設置或清除重置狀態（不包括開機重置狀態位，這只能透過開機重置硬體設置），清除重置映射（例如將 ROM 從 0 位址，即開機後需要使用的 ARM 重置向量位址，切換到正常記憶體映射），以及將系統置為最小功耗的暫停模式直至中斷將它喚醒。

系統設計

　　任何包含這個基本元件集的 ARM 系統都可以支援一個適當配置的作業系統核心。其後的系統設計包括進一步加入專用周邊介面及軟體，在這個功能基礎往上構建。

　　由於多數應用需要這些元件，使用參考周邊規範作為系統開發的起始點的開銷很小，並且從能工作的系統開始是非常有益的。

8.4　硬體系統原型的建立工具

　　今天SoC設計工程師面對的任務是可怕的。晶片上閘的數目已經是百萬閘級，且持續以指數增長。儘管市場上有最好的軟體設計工具，在上市時間的限制下，設計者不能保證這種複雜度的系統是完全可測試的。

　　就像以前指出的那樣，解決這個問題的第一步是使設計的重要部分是已設計好的元件。設計複用可以將新設計的工作量減小為晶片上閘總數的一小部分。晶片上互連使用如 AMBA 匯流排的系統方法進一步減小了設計工作量。但是仍舊有很難解決的問題，例如：

　　⑴如何保證從不同的地方選用的複用區塊（re-usable blocks）集成在一起能夠正確工作？

　　⑵如何保證專用系統達到含有複雜的即時要求的性能指標？

　　⑶如何能在晶片完成前進行軟體設計？

　　使用軟體工具模擬時，系統性能往往比最終系統低幾個數量級，使軟體開發及整個系統的驗證不符合實際。

　　一個解決所有這些問題的可行方案是使用硬體原型（hardware prototyping）：建造一個包括所需要元件的硬體系統。這個硬體系統不考慮對最終系統的功耗及尺寸限制，只提供一個系統驗證及軟體開發的平臺。ARM 整合器（integrator）就是這樣一個系統，VLSI 公司的快速矽原型（rapid silicon prototyping）也是一個這樣的系統。

快速矽原型（Rapid Silicon Prototyping）

VLSI 公司生產了一種開發系統稱為「快速矽原型」。這個系統的基礎是使用專門開發的參考晶片，每一個參考晶片都提供非常豐富的晶片上元件，並支援晶片外擴充。這個系統可以用於開發SoC設計的原型。目標系統建模分為兩個步驟：

(1)對選擇的參考晶片進行重構，使那些目標系統不需要的模組無效。

(2)目標系統需要但參考晶片又沒有的模組由晶片外擴充來實作，這也可以由已有的、具有必要功能的積體電路來實作，或是由FPGA實作（通常由高階語言如VHDL合成實作）。

使用已有的區塊，再用標準匯流排（如AMBA）完成內部連接，減少了生產最終晶片時的技術風險。參考晶片中所有的模組都是可合成的元件。將所需功能的高階語言描述加上用於配置FGPA的高階語言原始代碼，刪除沒有配置的功能，重新合成產生目標晶片。這個過程如圖 8–13 所示。

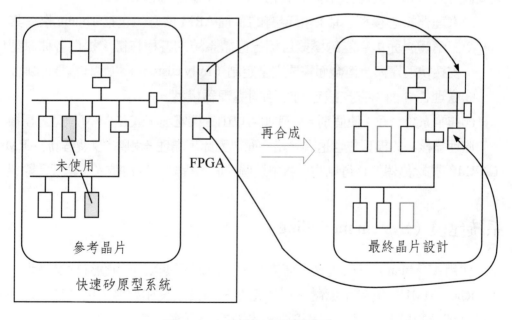

圖 8–13　快速矽原型理論

顯然，這種方法依賴於參考晶片所包含適當的關鍵元件，如 CPU 核心，還可能包含訊號處理系統（在目標系統需要它的場合）。儘管理論上能夠設計單個參考晶片使其包含每種不同的 ARM 處理器核心（包括所有不同的 Cache 和 MMU 配置），但實際上這樣一種晶片即使作為原型機也是不經濟的。因此，較好的方法是仔細選擇參考晶片上的元件，以保證它能夠含蓋大範圍的系統。另外，正在構建包含不同的 CPU 和其他關鍵核心的不同參考晶片，用於不同的應用領域。

8.5　ARM 模擬器 ARMulator

ARMulator 是 2.4 節介紹的跨平台開發工具套件的一部分。它是一個 ARM 處理器的軟體模擬器，不需要 ARM 處理器晶片就能除錯和評估 ARM 代碼。

ARMulator 用於嵌入式系統開發。它支援系統的各種元件的高階原型，以支援軟體開發和不同體系結構的評估。它由 4 個部分構成，即

(1)處理器核心模型：能模擬現有的各種 ARM 核心，包括 Thumb 指令集。

(2)記憶體介面：它能夠模擬目標記憶體系統的各種特徵。提供各種原型以支援快速建模，但介面需要完全定制（fully custom）以實作需要的細節。

(3)處理器介面：它支援定制的協同處理器模型。

(4)作業系統介面：使個別系統呼叫可以由主機處理，或在 ARM 模型上模擬。

處理器核心的模型包含遠端除錯介面，因此，處理器和系統狀態對於 ARMsd （ARM 符號除錯器）是可見的。藉由這個介面，程式可以被載入、執行及除錯。

系統建模（System modelling）

使用 ARMulator 可以建立一個完整的、時脈週期精確的系統軟體模型，包括 Cache、MMU、實體記憶體、周邊元件、作業系統和軟體。因為這可能是系統最高等級的模型，因此，最適合於完成設計方案的初始評估。

在設計相當的穩定時，硬體開發就可以進入時序精確的 CAD 環境，但軟體開發可以繼續使用基於 ARMulator 的模型（可能從週期精度時序提升到指令

精度時序以提高性能）。

在具體硬體設計時，原先軟體模型中的一些時序假設有可能被證明是不能滿足的。在設計過程中，重要的是保持軟體模型的同步，使軟體開發基於可得到的最精確的時序來估算。

目前，使用多個不同抽象等級的目標系統計算機模型來支援複雜系統的開發是比較普遍的做法。除非低階抽象等級模型是由更抽象的模型自動合成出來的，否則維護模型之間的一致性會花費很多精力。

8.6　JTAG 邊界掃描測試結構

在專用嵌入式系統晶片產品的開發中有兩個比較困難的地方，一個是VLSI元件的生產測試，另一個是組裝後電路板的生產測試。

電路板測試可由IEEE標準 1149，即「標準測試存取介面和邊界掃描結構」來解決。這個標準描述了一個用於數位電路接腳訊號電位存取和控制的 5 接腳串列協定，並擴展到測試晶片上的電路。這個標準由「測試聯合行動組」（Joint Test Action Group，簡稱 JTAG）開發。它描述的結構又稱為 JTAG 邊界掃描（JTAG boundary scan）或 IEEE 1149。

JTAG邊界掃描測試介面的一般結構如圖 8−14 所示。核心邏輯與接腳之間的所有訊號都被串列的掃描路徑截取。在正常工作模式下，掃描路徑能將邏輯核心連接到接腳上；在測試模式下，掃描路徑能夠存取原始資料並以新的資料代替。

測試訊號

支援這個測試標準的晶片必須提供 5 個專用訊號介面：
(1)$\overline{\text{TRST}}$：測試重置輸入，用於測試介面的初始化。
(2) TCK：測試時脈，獨立於任何系統時脈，用於控制測試介面的時序。
(3) TMS：測試模式選擇訊號，控制測試介面狀態機的操作。
(4) TDI：測試資料輸入，給邊界掃描鏈或指令暫存器提供資料。

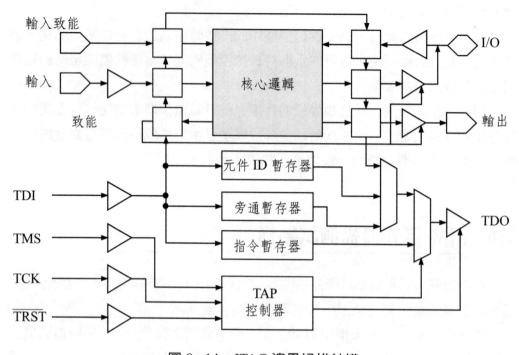

圖 8-14 JTAG 邊界掃描結構

(5) TDO：測試資料輸出。輸出邊界掃描鏈的採樣值。在晶片串列測試時，
將資料傳送給下一個晶片。

若電路板上有多個支援 JTAG 的晶片，則測試電路的通常組織方法是將
TRST、TCK 和 TMS 並行連接到每個晶片，將一個晶片的 TDO 連接到另外一
個晶片的 TDI。這樣使電路板測試介面同樣具有如上所述的 5 個訊號。

TAP 控制器

測試存取埠（Test Access Port, TAP）控制器控制測試介面的操作。這是個
由 TMS 控制狀態轉換的狀態機。其狀態轉換如圖 8-15 所示。所有狀態都有兩
個出口，因此，轉換可以由 1 個訊號 TMS 控制。狀態轉換圖中兩個主要路徑
分別控制資料暫存器（Data Register, DR）和指令暫存器（Instruction Register,
IR）的操作。

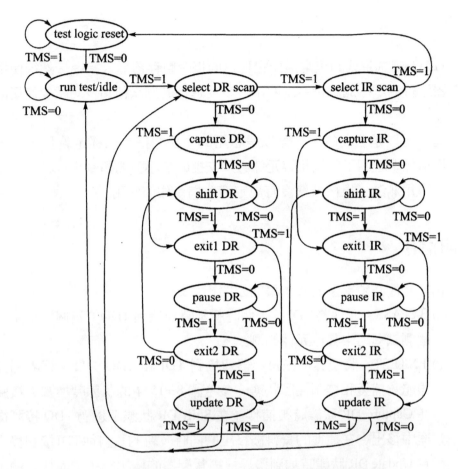

圖 8-15　測試存取介面（TAP）控制器狀態轉換圖

資料暫存器（DR）

特定晶片的行為由測試指令暫存器的內容決定。測試指令暫存器可用來選擇各種不同的資料暫存器：

(1)元件識別暫存器：讀出固定在晶片內的識別碼。

(2)旁通（bypass）暫存器：將 TDI 經過 1 個時脈週期的延遲連接到 TDO，使測試平臺可以快速讀取同一電路板上測試迴路中的另一個元件。

(3)邊界掃描暫存器：截取核心邏輯與接腳之間的所有訊號。它由一個個暫存器位元組成，如圖 8-14 中連接到核心邏輯的方塊所示。

(4)另外晶片上還可以有一些其他暫存器用於其他功能的測試。

指令

　　JTAG 測試系統的正常操作過程是向指令暫存器送入指令，然後使用資料暫存器進行測試。測試指令說明下一步要進行的測試種類及測試要使用的資料暫存器。

　　指令可以是公開的，也可以是私用的。公開指令已經定義且用於通用測試。規格標準說明了一個相容元件必須支援的最小公開指令集。私用指令用於晶片上專用測試，規格標準沒有規定這些指令如何使用。

公開指令

　　相容元件必須支援的最小集的公開指令如下：

(1) BYPASS：元件將 TDI 經 1 個時脈延時連接到 TDO。這個指令用於同一個測試迴路中其他元件的測試。

(2) EXTEST：將邊界掃描暫存器連接到 TDI 和 TDO 之間。邊界掃描暫存器能夠捕獲和控制接腳狀態。參考圖 8-15 中的狀態轉換圖，接腳狀態在 Capture DR 狀態時被捕獲並在 Shift DR 狀態下透過 TDO 接腳從暫存器中移出。在捕獲的資料被移出的同時，新的資料從 TDI 接腳移入，並在 Update DR 狀態時加到邊界掃描暫存器的輸出端（從而加到輸出接腳上）。這條指令用於支援電路板等級連接測試。

(3) IDCODE：將 ID 暫存器連接到 TDI 和 TDO 之間。在 Capture DR 狀態時，元件 ID（廠家賦與的固定識別數字，包括產品編號及版本碼）拷貝到暫存器，並在 Shift DR 狀態時移出。

　　其他可以支援的公開指令還包括：

(4) INTEST：將邊界掃描暫存器連接到 TDI 和 TDO 之間。暫存器可以捕獲和控制核心邏輯的輸入及輸出狀態。應注意的是，輸入完全由提供的值驅動。其他操作同 EXTEST 相似。這條指令用於內部邏輯核心的測試。

PCB 測試

　　JTAG 測試電路的主要目的是測試電路板上佈線與焊盤之間的連接。表面貼裝封裝不需要電路板上的通孔，這使得電路板的測試變得很困難。以前，探針測試儀能夠從電路板背面接觸到 IC 封裝的全部接腳來檢測其連接。表面封裝技術使接腳間距縮小了，而且只能從電路板的元件面才能接觸到佈線，這使得探針技術變得不適用了。

　　若表面封裝元件有 JTAG 測試介面，這個介面可用於控制晶片的輸出並觀測其輸入（使用 EXTEST 指令），而不依賴於晶片的正常功能。這樣，可以檢查晶片之間的電路板等級連接。如果板上同時包含不支援 JTAG 測試介面的元件，則還需要使用探針技術。但是探針與 JTAG 介面相結合可以降低製造產品測試儀的成本及難度。

VLSI 測試

　　高複雜度積體電路在用於產品前須進行廣泛的產品測試以鑑別不良的元件。IC 測試儀是非常昂貴的儀器，每個元件在測試儀花費的時間是生產成本的重要部分。由於 JTAG 測試電路以串列方式工作，因此，不能高速地將測試向量加到核心邏輯上，並且不能以元件正常工作速度藉由 JTAG 介面加入測試向量以測試元件的性能。

　　因此，JTAG 結構不是解決 VLSI 產品測試所有問題的通用解決方案。但是它仍然能解決下列問題：

⑴ JTAG 埠能用於 IC 內部電路功能測試（如果支援 INTEST 指令）。

⑵ 能較好地控制 IC 接腳用於參數測試（測試輸出緩衝的驅動能力、漏電、輸入門檻值等等）。這種測試只需要 EXTEST 指令，而這是所有 JTAG 相容元件必須具有的指令。

⑶ 可以用於存取內部掃描路徑，以提高從接腳難以存取的內部節點的可控制性和可觀察性。

⑷ 可以用於存取晶片上除錯功能，並且不需要額外接腳，也不會干擾系統的功能。這使用在 ARM EmbeddedICE 除錯結構中。ARM EmbeddedICE

將在後面簡單描述並在 8.7 節中詳細介紹。

(5)提供了下面將要介紹的基於巨集單元設計的功能測試方法。

以上用途都是電路板產品測試這一基本功能的之外的附加功能。

EmbeddedICE

ARM 除錯結構 EmbeddedICE 是基於 JTAG 測試埠的擴展，其詳細結構將在 8.7 節中介紹。EmbeddedICE 模組引入了附加的中斷點和觀測點暫存器。這些資料暫存器可以透過專用 JTAG 指令來存取。一個追蹤緩衝器也可用相似的方法存取。ARM核巨集單元周圍的掃描路徑可以將指令加入ARM管線，並且不會干擾系統的其他部分。這些指令可以存取及修改 ARM 和系統的狀態。

除錯結構提供了傳統的ICE系統的大部分功能，可以除錯一個複雜系統中的 ARM 巨集單元。由於使用了 JTAG 測試存取埠控制除錯硬體，使晶片不需要額外的接腳。

巨集單元測試（Macrocell testing）

使用大量複雜的、已設計好的巨集單元（macrocells），再加上一些專用用戶邏輯來設計複雜的系統晶片的趨勢越來越顯著。ARM 處理器核心本身就是一個巨集單元。其他巨集單元可以從 ARM 公司及其半導體合作伙伴或其他第三方供應商得到。在這種情況下，系統晶片的設計師對巨集單元的了解有限，而每一個巨集單元的產品測試向量主要依賴於巨集單元提供商。

由於巨集單元埋藏在系統晶片內部，設計時會遇到採取什麼樣的方法將得到的測試向量依次加到巨集單元上的問題。設計中用戶邏輯部分也需要產生測試圖形，但我們認為設計者了解這部分邏輯。

有多種方法將測試圖形加到巨集單元上，即·

(1)可以提供這樣一種測試模式，藉由多工器使每個巨集單元的訊號依次連接到系統晶片的接腳上。

(2)晶片上匯流排可以支援每個連接到匯流排上的巨集單元的直接測試存取（參見 8.2 節）。

(3)每個巨集單元可以有一個邊界掃描路徑。使用擴展的 JTAG 結構，測試
　　圖形可以透過掃描路徑加到巨集單元上。

　　最後一種方法如圖 8-16 所示。晶片周邊的邊界掃描路徑支援公開的 EXTEST
操作，而其他的與巨集單元一起設計的、環繞每個巨集單元的路徑用於加入功
能測試圖形。晶片中的用戶專用邏輯可以有自己的掃描路徑，或者如圖所示那
樣，其所有介面訊號必須截取一個已有的掃描路徑。

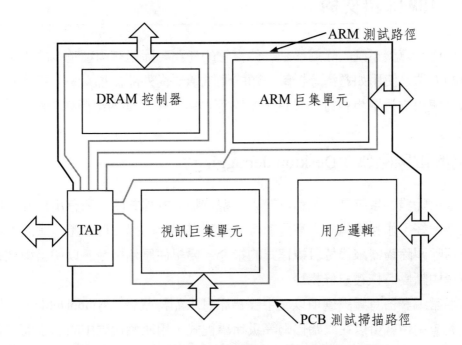

圖 8-16　用於巨集單元測試的可能的 JTAG 擴展

　　應該認識到，儘管功能測試是完全可行的，用於巨集單元測試的掃描路徑
方法與使用 JTAG 邊界掃描鏈測試晶片上邏輯核心有同樣的缺點。串列存取速
度大大低於通過接腳的並行存取速度，並且不可能進行全速性能測試。

　　基於巨集單元的系統晶片的、最有希望的產品測試方法是採用晶片上匯流
排對巨集單元進行並行存取（特別是那些專門設計有這種匯流排存取介面的巨
集單元）。對於那些需要進行性能測試而又不便於透過晶片上匯流排存取的周
邊巨集單元訊號，則採用多工器實作外部存取。其他訊號和內部狀態在需要時
使用 JTAG 埠藉由掃描鏈存取。在 8.2 節介紹的 ARM 的 AMBA 匯流排支援這

種測試方法，其測試方法也已在 8.2 節中介紹過。

JTAG 系統仍然是一種非常重要的電路板層級測試方法。這種方法還可以用於邏輯核心的內部測試以及存取晶片上除錯工具。大多數 ARM 設計採用了 JTAG，並將它作為其測試和除錯方法的重要組成。

8.7 ARM 除錯架構

任何計算機系統的除錯都是一件複雜的任務。除錯有兩種基本的方法，最簡單的方法是使用如邏輯分析儀一類的測試儀器從外部監視系統；更強有力的方法是使用支援單步執行、設置中斷點等功能的工具從內部觀察系統。

桌上型電腦除錯（Desktop debugging）

當要除錯的系統是一個執行於桌上型電腦上的程式時，所有用戶介面模組都已準備好，並且除錯器本身是執行於這臺機器上的另一個軟體。當設置中斷點時用呼叫除錯器來代替目標程式的指令。要記住原始指令，以便當程式的執行越過中斷點時恢復這條指令。

通常編譯器有編譯選項以產生除錯訊息，如符號表（symbol table）。使用符號表，用戶就可以在原始代碼等級除錯程式，用原始代碼中的名字而不是用記憶體位址對變數定址。原始代碼等級除錯非常有用，與目的碼等級（object-level）除錯相比，它對機器環境需要較少的了解。

軟體除錯工具的一個普遍弱點是缺少觀察點工具。一個觀察點（watchpoint）是一個記憶體位址，當這個位址作為資料傳送位址存取時會停止執行。由於大多數處理器不支援一個特定位址的捕捉（要與記憶體管理分頁失效故障相區別，失效分頁處理要粗糙得多）而缺少此功能。這是很遺憾的，因為在 C 程式中，一個非常普遍的代碼編寫錯誤是程式中一些不相關部分的錯誤指標造成資料破壞。若沒有觀察點工具，這是很難發現的。

嵌入式除錯

　　如果系統是嵌入式的，則除錯變得更為困難。由於系統中可能沒有用戶介面，因此，除錯工具必須在遠端主機上執行，並透過某種通訊方式與目標機器連接。如果代碼存放在 ROM 中，那麼由於不能進行寫入操作，指令不能簡單地由除錯工具呼叫來代替。

　　一個標準的解決方案是採用模擬器 ICE（In-Circuit Emulator）。目標系統中的處理器被取代掉，代之以與模擬器的連接。模擬器上的處理器可以是一個相同的晶片，也可以是一個有更多接腳的變型晶片（對內部狀態有更高的可觀察性）。但是模擬器上還有緩衝器，以便將匯流排上的活動複製到追蹤緩衝器（保存若干週期之內所有接腳上每個時脈週期的訊號），以及各種硬體資源，可以用來觀察像執行通過一個斷點這類的特殊事件。追蹤緩衝器和硬體資源由執行在主桌上型電腦系統上的軟體來管理。

　　當一個觸發事件發生時，追蹤緩衝器凍結。這樣用戶可以觀察感興趣點附近的活動狀態。主機軟體會顯示追蹤緩衝器的資料，用戶可以觀察處理器和系統狀態並進行修改，使其看起來與一個桌上型電腦系統除錯器儘可能相似。

處理器核心的除錯

　　ICE 方法依賴於系統中確實有能夠去除並由 ICE 代替的處理器晶片。很明顯，如果處理器是一個複雜的系統晶片上許多巨集單元中的一個，那麼這一點就是不可能的。

　　儘管使用軟體模型如 ARMulator 模擬在實體實作前可以去除許多設計錯誤，但通常在模擬時執行整個軟體系統是不可能的，並且精確描述所有即時限制也是困難的。由此看來，對整個硬體和軟體系統進行除錯是很有必要的。但怎樣才能做到這一點呢？確定一個硬體開銷可接受的、最好的、全面的策略仍然是一個研究熱點，但是，最近幾年在開發實用方法方面取得了相當的進展。本節餘下的部分介紹 ARM 公司提出的方法。

ARM 除錯硬體

　　為了提供與典型的ICE相似的除錯工具，用戶必須能夠設定中斷點和觀察點（對於執行在 ROM 中和 RAM 中的代碼），檢查並修改處理器和系統的狀態，觀察處理器在感興趣點活動的軌跡，而且所有這些都可在有著良好用戶介面的桌上型系統上方便地做到。ARM 系統使用的追蹤機制與其他除錯系統不同，這將在 8.8 節中討論。本節將注重中斷點、觀察點及狀態監視的資源。

　　目標系統與主機之間透過擴充 JTAG 測試埠的功能來實作通訊。為了便於電路板層級測試，大多數設計中都有 JTAG 測試接腳。透過這些接腳存取測試硬體不需要額外的專用接腳，節省了晶片的寶貴資源以備將來使用。JTAG 掃描鏈用於存取中斷點及觀察點暫存器，並向處理器施加指令來存取處理器及系統的狀態。

　　實作中斷點及觀察點暫存器的硬體代價非常小，一般是產品所能夠接受的。主機系統執行標準的 ARM 開發工具，並透過一個串列埠和／或並列埠與目標系統通訊。在主機串列埠與目標的 JTAG 埠之間有專用的協定轉換硬體。

　　除了中斷點和觀察點事件外，當系統級事件發生時也可能希望使處理器停止。除錯硬體有一些外部輸入來實作這一點。

　　包含這些工具的晶片上單元稱為 EmbeddedICE 模組。

EmbeddedICE

　　EmbeddedICE模組包括兩個觀察點暫存器和控制與狀態暫存器。當位址、資料和控制訊號與觀察點暫存器編程資料相符合時，觀察點暫存器可以中止處理器。由於比較是在遮罩控制下進行的，因此，當 ROM 或 RAM 中的一條指令執行時，任何一個觀察點暫存器可配置為能夠中止處理器的中斷點暫存器。比較及遮罩邏輯如圖 8–17 所示。

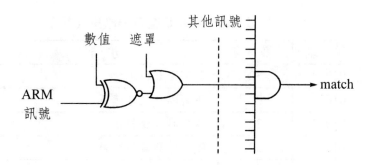

圖 8-17 EmbeddedICE 訊號比較邏輯

鏈接（Chaining）

每個觀察點可以觀察 ARM 位址匯流排、資料匯流排、$\overline{\text{trans}}$、$\overline{\text{opc}}$、$\overline{\text{mas}}$ [1：0] 和 $\bar{\text{r}}$/w 控制訊號的特定組合值，如果何任何一個組合值匹配，則中止處理器。另外一種方式是把兩個觀察點鏈接起來，只有第一個觀察點先匹配了，當第二個觀察點再匹配時才使處理器中止。

暫存器

EmbeddedICE 暫存器藉由 JTAG 測試埠使用專用掃描鏈（scan chain）編程。掃描鏈為 38 位元長，包括 32 個資料位元、5 個位址位元和 1 個控制暫存器是讀還是寫的 $\bar{\text{r}}$/w 位元，位址位元指定特定的暫存器，具體的映射關係如表 8-1 所列。

JTAG 掃描鏈的用法如圖 8-18 所示。當 TAP 控制器進入 updateDR 狀態時進行讀取或寫入。

表 8-1 EmbeddedICE 暫存器映射

位　址	寬　度	功　能
00000	3	除錯控制
00001	5	除錯狀態
00100	6	除錯 comms 控制暫存器
00101	32	除錯 comms 資料暫存器

表 8-1 EmbeddedICE 暫存器映射（續）

位　址	寬　度	功　能
01000	32	觀察點 0 位址值
01001	32	觀察點 0 位址遮罩
01010	32	觀察點 0 資料值
01011	32	觀察點 0 資料遮罩
01100	9	觀察點 0 控制值
01101	8	觀察點 0 控制遮罩
10000	32	觀察點 1 位址值
10001	32	觀察點 1 位址遮罩
10010	32	觀察點 1 資料值
10011	32	觀察點 1 資料遮罩
10100	9	觀察點 1 控制值
10101	8	觀察點 1 控制遮罩

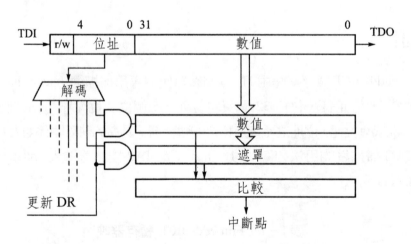

圖 8-18　EmbeddedICE 暫存器讀和寫結構

存取狀態

EmbeddedICE模組允許程式在指定點中止，但不允許直接觀測或修改處理器或系統狀態。這藉由（另外一個也是由）JTAG 埠存取的掃描路徑實作。

存取處理器狀態的方法是中止處理器，然後在處理器指令序列中強制插入一條指令，如多暫存器 Store 指令。接著藉由掃描鏈向處理器加入時脈，使得處理器將暫存器送到資料埠。每個暫存器的值都被掃描鏈採集並移出。

由於掃描路徑能提供的速度很低，使系統中有些位置不能存取，造成系統狀態的收集比較困難。這時可在處理器中預裝一些合適的指令，然後以系統速度存取這些位置。這樣將所需的系統狀態傳送到處理器的暫存器，因而可以藉由 JTAG 埠以上面所述方法把它傳送到外部除錯器中。

除錯 comms 埠

除了中斷點和觀察點暫存器外，EmbeddedICE 模組還有一個除錯 comms 埠。藉由這個埠，執行在目標系統上的軟體可以與主機通訊。執行在目標系統上的軟體將 comms 埠視為一個 6 位元控制暫存器和 32 位元可讀寫暫存器，可以使用對協同處理器 14 的 MRC 和 MCR 指令進行存取。主機將這些暫存器視為 EmbeddedICE 暫存器，其映射如表 8-1 所列。

除錯

基於 ARM 的、包括 EmbeddedICE 模組的系統晶片透過 JTAG 埠和協定轉換器與主計算機連接。這種配置支援正常的中斷點、觀察點以及處理器和系統狀態存取，（除上面介紹的comms埠以外）這是程式設計師在本地或基於ICE的除錯中習慣採用的方式。採用適當的主機軟體，以較少的硬體代價得到完全的原始代碼級除錯能力。

唯一的缺點是不能對代碼進行即時追蹤。這是將在下一節介紹的嵌入式追蹤巨集單元 ETM（Embedded Trace Macrocell）的功能。

8.8 嵌入式追蹤 (Embedded Trace)

在除錯即時系統時,若不能觀察其即時操作,則對應用程式的除錯將非常困難。EmbeddedICE 巨集單元提供的中斷點及觀察點工具不足以完成這個功能,因為使用它們時處理器將偏離正常執行序列,破壞了軟體的時間(temporal)行為。

這裡所需要的是:在程式執行時藉由產生對處理器位址、資料及控制匯流排活動的追蹤來獲得觀察處理器全速操作情況的能力。問題是這需要巨大的資料頻寬。一個以 100MHz 執行的 ARM 處理器產生的介面訊息超過 1 GB/s,將這些訊息從晶片取出需要大量的接腳。晶片產品要具有這種能力是不經濟的。因此需要專用的開發設備,這對開發新的 SoC 應用的成本產生不利的影響。

追蹤壓縮 (Trace compression)

ARM 公司採用的方法是使用智慧型追蹤壓縮技術來減小介面頻寬。例如:

(1)大多數 ARM 位址是順序的,因此,將每個位址送出晶片是沒有必要的。相反,在大多數週期只送出順序指示訊息,而只在發生分歧時才送出完整位址。

(2)如果有晶片外邏輯能夠存取處理器上執行的代碼,那麼處理器什麼時候執行了一條分歧指令及分歧目標將都是可知的。必須送出晶片的唯一訊息是是否執行了分歧。

(3)只有當分歧目標不可預知時才需要較完整的位址訊息,如副程式返回指令和跳躍表指令。即使如此,也只需要發送那些有變化的低端位址位元。

(4)這樣處理後的位址有很高的叢發性(bursty)。可以使用一個 FIFO 緩衝器來減緩資料速率,以便這些必需的位址訊息可以用穩定的速率以 4、8 或者 16 位元封包(packet)來傳送。

藉由使用一系列相似的技術,ARM 嵌入式追蹤巨集單元可以將追蹤訊息壓縮到必要的長度,使這些訊息依配置的不同通過 9、13 或 21 個接腳傳送到晶片外。在不需要輸出追蹤時,這些接腳可以用於其他目的。

即時除錯（Real-time debug）

　　一個即時除錯（real-time debug）的完整解決方案如圖 8–19 所示。EmbeddedICE 單元支援中斷點和觀察點功能以及主機和目標軟體的通訊通道。嵌入式追蹤巨集單元壓縮處理器介面訊息並藉由追蹤埠（Trace port）送到晶片外。這兩個單元都用 JTAG 埠控制。外部的 EmbeddedICE 控制器用於將主機系統連接到 JTAG 埠，外部追蹤埠分析器使主機系統與追蹤埠對接。主機透過一個網路可以與追蹤埠分析器和 EmbeddedICE 二者連接。

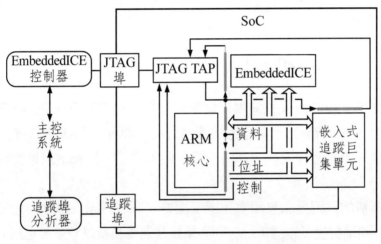

圖 8–19　即時除錯系統的組織

　　用戶控制中斷點和觀察點的設置及各種追蹤功能。可以追蹤所有應用軟體，也可以追蹤某一特定程式。觸發條件可以指定，追蹤採集可以在觸發之前、之後，或以觸發為中心。可以選擇追蹤是否包括資料讀取。追蹤採集可以只是資料存取的位址、只是資料本身，也可以是兩者都有。

嵌入式追蹤選項

　　如前所述，嵌入式追蹤巨集單元可以按照幾種不同的配置進行合成，使這個單元的功能根據成本（以閘和接腳的數目估算）進行權衡。

⑴最小系統需要 5 個接腳送出管線訊息，4 個接腳送出資料（再加上 JTAG
　介面的 5 個接腳）。這對執行追蹤是足夠的，但只支援有限的資料追
　蹤，觸發和過濾功能也有限制。一個 9 位元組的 FIFO 用於平滑資料傳
　輸速率。該實作的硬體成本大約為 15K 閘。

⑵最大系統使用 5 個接腳送出管線訊息，16 個接腳送出資料（也要再加上
　JTAG 埠的 5 個接腳）。除最壞情況外，能夠追蹤執行流及所有資料活
　動。一個 40 位元組的 FIFO 用於平滑資料流，硬體成本大約為 50K 閘。

在這兩種極端情況之間有多種中間配置。所有配置都允許使用外部接腳
（也就是從晶片上其他邏輯輸入）來控制追蹤觸發，並從 EmbeddedICE 中斷點
邏輯觸發。

追蹤溢位（Trace overflow）

即使實作了全部的嵌入式追蹤巨集單元，在有些情況下，追蹤 FIFO 緩衝
器仍可能溢位（overflow）。當發生這種情況時，單元可以設置為停止處理器
或者放棄追蹤。無論怎樣處理，即時追蹤是做不到了，儘管這只是暫時發生在
FIFO 耗盡時。

所發生事情的原因是訊息頻寬超過了壓縮演算法將訊息壓縮到追蹤埠頻寬
容量的能力。如果發生了這種情況，則必須修改過濾設置以減少要追蹤的資料。

N-Trace

即時追蹤技術是由 ARM 公司、VLSI Technology 公司和 Agilent Technology
公司（以前是 HP 公司的一部分）合作開發的。VLSI Technology 公司提供了一
個產品名為 N-Trace 的嵌入式追蹤巨集單元的可合成版本。

追蹤埠分析器

追蹤埠分析器可以是一個傳統的邏輯分析儀。但 Agilent Technology 公司開
發了一種 ARM 專用低成本追蹤埠分析儀。其他開發商也會陸續提供類似的系統。

追蹤軟體工具

嵌入式追蹤巨集單元是使用軟體透過 JTAG 埠進行配置的，所使用的軟體是 ARM 軟體開發工具的一個擴展。追蹤資料從追蹤埠分析儀下載並使用原始代碼訊息解壓。然後由帶有分散資料讀取的組譯列表表示，並反回連結到原始代碼。

有了 EmbeddedICE 和嵌入式追蹤工具，ARM SoC 開發者得獲得了傳統的模擬器（ICE）工具能夠提供的所有功能。藉由這些技術能夠全面觀察應用代碼的即時行為，並且能夠設置中斷點，檢查並修改處理器暫存器和記憶體單元，還總是能夠嚴格地連結回到高階語言原始代碼。

8.9　對訊號處理的支援

許多使用 ARM 處理器作為控制器的應用系統還需要有良好的數位訊號處理性能。一個典型的 GSM 行動手持電話就是這樣的一個例子。第一代基於 ARM 的設計經常在同一個晶片上同時包含 ARM 核心和一個 DSP 核心。系統設計師需要仔細考慮一個系統功能是在 DSP 核心上實作還是在 ARM 核心上實作更有利。

DSP 核心的編程模式與 ARM 核心有很大的不同。DSP 核心使用幾個分開的資料記憶體，程式設計師需要仔細地安排其內部管線以得到最大的流通量。並行執行的 ARM 代碼和 DSP 代碼的同步是一個非常複雜的任務。

ARM 公司推出了 ARM 體系結構的兩種不同的擴展：Piccolo 協同處理器和 ARM v5TE 體系結構的訊號處理指令集擴展，試圖簡化那些同時需要控制器和訊號處理功能的系統設計任務。

Piccolo

Piccolo 協同處理器是一個成熟的 16 位元訊號處理機，它使用 ARM 協同處理器介面與 ARM 核心協同操作，以便從記憶體讀取和向記憶體傳遞運算元和

結果，同時它還可以執行自己的指令集。

　　Piccolo 的組織如圖 8–20 所示。藉由 ARM 協同處理器介面加載運算元並保存結果，因此，ARM 核心必須產生合適的位址。輸入／輸出緩衝器使多個 16 位元資料能在 1 條指令中傳送，並且資料按對傳送，以充分利用 ARM 的 32 位元匯流排頻寬。輸入緩衝器保存資料直到訊號處理代碼呼叫它們為止，並且對這些值可以不按緩衝器的次序存取。

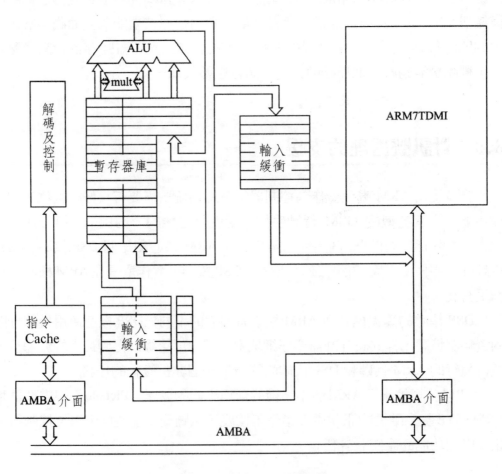

圖 8–20　Piccolo 的組織

　　Piccolo 暫存器集保存的運算元可以是 16 位元、32 位元或 48 位元寬。4 個 48 位元暫存器用於保存累加結果（如內部積）以防止溢位。處理邏輯能夠在單週期內計算 16×16 的乘法，並將結果累加到一個 48 位元累加暫存器中。它

還對定點（fixed point）操作提供很好的支援，並支援飽合演算法（saturating arithmetic）。

對暫存器檔案（file）中保存的值進行的訊號處理操作由單獨的指令集指定。這些指令由 Piccolo 藉由 AMBA 匯流排，從記憶體中載入到局部的指令 Cache 中。

Piccolo 體系結構的一個目標是以暫存器、指令Cache以及輸入／輸出緩衝器的形式提供充足的局部儲存。這樣一條 AMBA 匯流排就能很好地支援其流通量。相反，傳統的訊號處理器使用兩個獨立的資料記憶體和一個分開的指令記憶體。這樣，與ARM處理器核心結合傳統的訊號處理核心系統相比，Piccolo 具有更直接的編程模型。但是，有些情況下仍需要注意 ARM 代碼與 Piccolo 代碼同步。在一個強化的訊號處理應用中，ARM核心忙於運算元和結果的傳送，從而不可能同時完成大量的控制功能。ARM 體系結構 v5TE 擴展指令集提供了一個更加直接的編程模型。

v5TE 訊號處理指令

ARM 體系結構 v5TE 定義的訊號處理擴展指令集首先在 ARM9E-S 可合成核心中實作。與Piccolo使用的指令集相比，它使用了不同的解決問題的方法。這裡使用的所有指令都是仔細挑選的，加到 ARM 本來的指令集中，以對訊號處理應用中使用的資料類型提供更好的內在支援。

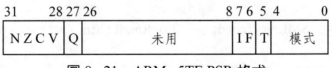

圖 8-21　ARM v5TE PSR 格式

ARM 編程模型在 v5TE 體系結構中的擴展如圖 8-21 所示。在 CPSR 的第 27 位元增加了一個旗標 Q，相應的所有 SPSR 也增加了一個旗標 Q。Q 是標定的（sticky）溢位旗標，可以由 v5TE 的特定指令設置，並由相應的 MSR 指令（參見 5.14 節）重置。「標定」的意思是，旗標一旦設置就一直保持，直到由 MSR 指令明確重置為止。這樣，可以執行一系列指令，而只在最後檢查一次

旗標 Q（使用 MRS 指令），測試是否在指令序列中的某一點發生了溢位。

　　訊號處理指令分為兩組：乘法和加法／減法。加法／減法指令使用飽合演算法，也就是當結果超過資料類型所能表示的範圍時，返回一個能夠表示的、最近似的值（同時旗標 Q 設定）。這與傳統的處理器演算法（以及由 C 定義的模數（modulo）2^{32} 演算法資料類型）相反。在傳統演算法中，當結果稍大於最大值時，其值接近最小值。而這裡當結果稍大於最大值時，則簡單地返回最大值。在典型的訊號處理演算法中，這減小了誤差，產生一個合理的結果。

v5TE 乘法指令

　　乘法指令提高了處理器處理 16 位元資料類型的能力，並且使一個 32 位元 ARM 暫存器可以保存兩個 16 位元值。因此，它們能夠有效地存取暫存器的低 16 位元和高 16 位元中的資料。這些乘法指令的二進制編碼如圖 8-22 所示。

31　28	27　　　23	22 21 20	19　　　16	15　　　12	11　　8	7　　4	3　　0
cond	0 0 0 1 0	mul 0	Rd/RdHi	Rn/RdLo	Rs	1 y x 0	Rm

圖 8-22　v5TE 體系結構乘法指令的二進制編碼

這個格式支援的指令如下：

$$\text{SMLAxy\{cond\}} \qquad \text{Rd, Rm, Rs, Rn} \qquad ; \text{mul} = 00$$

　　這條指令計算兩個有號 16 位元值的 16×16 乘積。這兩個 16 位元值是 Rm 的低 16 位元（x＝0）或高 16 位元（x＝1）與 Rs 的低 16 位元（y＝0）或高 16 位元（y＝1）。32 位元乘積與 Rn 中的 32 位元值相加，結果保存到 Rd。在組譯格式中，用 B 代替 x 和 y 表示低半字元，用 T 表示高半字元。

$$\text{SMLAWy\{cond\}} \qquad \text{Rd, Rm, Rs, Rn} \qquad ; \text{mul} = 01, x = 0$$

這條指令計算 32×16 的乘法，32 位元值保存到 Rm 中。16 位元值可以是 Rs 的低 16 位元（y＝0）或高 16 位元（y＝1）。48 位元乘積的高 32 位元與 Rn 中的 32 位元值相加，結果保存到 Rd 中。

SMULWy{cond}　　Rd, Rm, Rs　　; mul＝01, x＝1, Rn＝0

這條指令計算 Rm 中的 32 位元值與 Rs 的低 16 位元值（y＝0）或高 16 位元值（y＝1）的 32×16 乘積。48 位元結果的高 32 位元保存到 Rd 中。

SMLALxy{cond}　　RdLo, RdHi, Rm, Rs　　; mul ＝ 10

這條指令計算 Rm 的低 16 位元（x＝0）或高 16 位元（x＝1）值與 Rs 的低 16 位元（y＝0）或高 16 位元（y＝1）值的兩個有號數的 16×16 乘積。32 位元結果與 RdHi：RdLo 中的 64 位數相加，結果保存到 RdHi：RdLo 中。

SMULxy{cond}　　Rd, Rm, Rs　　; mul＝11, Rn＝ 0

這條指令計算兩個 16 位元有號數的 16×16 乘法。這兩個 16 位元數是 Rm 的低 16 位元（x＝0）或高 16 位元（x＝1）與 Rs 的低 16 位元（y＝0）或高 16 位元（y＝1）。32 位元結果保存到 Rd 中。

上面的所有指令不影響 CPSR 的旗標位 N、Z、C 和 V，並且 PC（r15）不能作為運算元或目的暫存器。如果累加時（SMLA 和 SMLAW）溢位，則 CPSR 中的位 Q 被設定，但加法使用傳統的模數 2^{32} 演算法而不是飽合演算法。

v5TE 加法／減法指令

v5TE 擴展體系結構的另一組指令是使用飽合演算法（saturating arithmetic）的 32 位元加法和減法指令。每種情況下都有一條附加指令，在進行加法和減法之前將一個運算元加倍。這提高了特定訊號處理演算法的有效性。這些指令的二進制編碼如圖 8−23 所示。

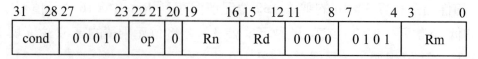

31	28 27	23 22 21 20 19	16 15	12 11	8 7	4 3	0
cond	0 0 0 1 0	op	0	Rn	Rd	0 0 0 0	0 1 0 1	Rm

圖 8-23　v5TE 體系結構加法／減法指令的二進制編碼

對這種格式支援的指令如下：

QADD{cond}　　　Rd, Rm, Rn　　; op = 00

這條指令完成 Rm 和 Rn 的 32 位元飽合加法，結果保存到 Rd。

QSUB{cond}　　　Rd, Rm, Rn　　; op = 01

這條指令完成從 Rm 減 Rn 的 32 位元飽合減法，結果保存到 Rd。

QDADD{cond}　　　Rd, Rm, Rn　　; op = 10

這條指令先將 Rn 加倍（使用飽合演算法），然後完成其結果與 Rm 的 32 位元飽合加法，結果保存到 Rd。

QDSUB{cond}　　　Rd, Rm, Rn　　; op = 11

這條指令先將 Rn 加倍（使用飽合演算法），然後完成從 Rm 減其結果的 32 位元飽合減法，結果保存到 Rd。

上面的所有指令不影響 CPSR 的旗標位 N、Z、C 和 V，並且 PC（r15）不能作為運算元或目的暫存器。如果飽合加法或減法溢位，或者 Rn 加倍時產生溢位，則 CPSR 中的位元 Q 被設定。

v5TE 代碼的例子

為了表示這些指令的用法，考慮保存在記憶體中的兩個 16 位元有號數向量的點積（inner product）問題，分別在支援 v5TE 擴展的 ARM9E-S 核心和不支援 v5TE 擴展的 ARM9TDMI 核心上的計算。點積計算是訊號處理應用中常用的過程。為了減小誤差，應使用飽合演算法。用於中央迴圈的 v5TE 代碼為

```
loop        SMULBB      r3, r1, #2        ; 16×16 乘法
            SUBS        r4, r4, #2        ; 迴圈計數器減 1
            QADD        r5, r5, r3        ; 飽合的×2 及累加
            SMULTT      r3, r1, r2        ; 16×16 乘法
            LDR         r1, [r6], #4      ; 取兩個乘數
            QDADD       r5, r5, r3        ; 飽合的×2 及累加
            LDR         r2, [r7], #4      ; 取兩個被乘數
            BNE         loop
```

從代碼舉例中可以看出以下幾個要點：

(1)指令進行了調整以避免管線阻塞。對於 ARM9E-S，這意味著 Load 或 16 位元乘法的結果不應在隨後的週期中使用。

(2)儘管運算元是 16 位半字元，但它們成對地以 32 位字元讀入。與半字元讀入相比，這更有效地使用了 ARM 的 32 位元記憶體介面，並且 v5TE 乘法指令可以直接對暫存器的半字元進行個別讀取。

(3)飽合的加倍與累加指令用來在累加前對乘積調整。這是非常有用的，因為在訊號處理中使用的定點演算法通常假設運算元在 −1～1 的範圍內，但某些演算法需要大於 1 的係數。加倍操作產生從 −2～2 的有效範圍，這對大多數演算法是足夠的。

性能比較

ARM9E-S 中的單週期 32×16 乘法使它能在 10 個週期內完成上述迴圈，其

中 4 個週期是迴圈的開銷（迴圈計數器減 1 和在迴圈末轉移回去）。每個迴圈計算兩個乘積，因此，每個乘積需要 5 個週期。若解開迴圈（複製代碼在 1 個迴圈中計算更多的乘積），則每個乘積可以減少到 3 個週期。在 ARM9TDMI 中完成 1 個乘積最少需要 10 個週期，差不多慢 3 倍。造成這個差別的一部分原因是 ARM9TDMI 的乘法慢，另一部分原因是處理 16 位元運算元的效率低。其他原因是對飽合測試及校正需要額外的指令。

8.10　例題與練習

例題 8.1

估算藉由 JTAG 和 AMBA 介面測試 ARM 核心所需要的測試向量數目的比例。ARM 核心大約有 100 個連接介面（32 個資料、32 個位址、控制、時脈、匯流排和模式等等）。JTAG 介面是串列的。如果測試儀器允許用一個向量說明一個 TCK 脈衝，則需要 100 個向量向 ARM 核心加入一個並行測試圖形。AMBA 測試介面分 5 個部分存取 ARM 周邊介面（見 8.2 節「測試介面」一段），在標準測試儀器上只需要 5 個測試向量。

因此，JTAG 介面看起來需要 20 倍的測試向量（應記住的是 JTAG 主要應用於電路板測試，而不是 VLSI 產品測試）。實際上基於 JTAG 的 EmbeddedICE 和 AMBA 介面都包括最佳化以提高向 ARM 核心送指令的效率，這是測試的主要需求。考慮到這些因素，在估算時需要更為詳細的分析。

練習 8.1.1

總結基於複雜巨集單元的系統晶片的 VLSI 產品測試的問題所在，並討論各種方案的相對優缺點。

練習 8.1.2

說明 VLSI 產品測試、電路板測試和系統除錯的差別，以及在這些測試中如何使用 JTAG 測試埠。JTAG 方法在什麼方面有效性高？在什麼方面有效

性差？

練習 8.1.3

AMBA 解決什麼問題？ARM 參考周邊規範解決什麼問題？它們有什麼相關性？

練習 8.1.4

勾畫一個嵌入式系統晶片的開發計畫，並給出在哪一階段，ARMulator、AMBA、參考周邊規範、EmbeddedICE 和 JTAG（i）被設計到晶片中，和／或（ii）被用於輔助開發過程。

9 ARM 處理器核心

ARM Processor Cores

- ◆ ARM7TDMI
- ◆ ARM8
- ◆ ARM9TDMI
- ◆ ARM10TDMI
- ◆ 討　論
- ◆ 例題與練習

本章內容綜述

ARM 處理器核心是系統中的引擎,它從記憶體讀取 ARM(可能還有 Thumb)指令並執行這些指令。ARM 核心非常小,典型的晶片面積只有幾個平方毫米。現代的 VLSI 技術使得許多附加的系統元件可以整合在同一晶片中,它們可能與處理器核心密切相關,如 Cache 和記憶體管理;也可能與系統元件無關,如訊號處理器。它們甚至可能包含更多的 ARM 處理器核心。在這些所有的元件中,處理器核心最為突出,因為它是最為密集和複雜的元件,對軟體開發和除錯工具提出最高的要求。在確定一個新系統時,正確選擇處理器核心是最關鍵的決定之一。

本章將講述目前主要的 ARM 處理器核心產品,它們有著不同的價格、複雜度和性能,從中可以選擇出最有效的解決方案。

在許多應用中,處理器核心需要得到 Cache 和記憶體管理子系統的支援。一些組合了這些元件的標準配置在第 12 章中介紹。

此外,與 ARM 相容的處理器核心將在第 14 章中講述。這些處理器核心是研究樣品,還不是商業產品。

9.1 ARM7TDMI

ARM7TDMI 是目前低階的 ARM 核心,具有廣泛的應用,其最顯著的應用為數位行動電話。

ARM7TDMI 是從最早實作了 32 位元位址空間編程模型的 ARM6 核心發展而來的。這種 ARM 核心現在已被取代。ARM6 所使用的電路技術使它很難穩定地在低於 5V 的電源電壓下工作。ARM7 彌補了這一不足,而且在一個很短的時間內增加了 64 位元乘法指令,支援晶片上除錯、Thumb 指令集和 EmbededICE 觀察點硬體,開發出 ARM7TDMI。

這項命名的由來如下:

ARM7,32 位元整數核心 ARM6 的 3V 相容版本,且具有:

(1) **T**humb 16 位元壓縮指令集。

⑵支援晶片上除錯（**Debug**），使處理器能夠停止以回應除錯請求。

⑶增強型乘法器（**Multiplier**），與前代相比具有較高的性能且產生 64 位元的結果。

⑷ Embedded **ICE** 硬體支援晶片上中斷點和觀察點。

ARM7TDMI 組織

ARM7TDMI 組織如圖 9−1 所示。ARM7TDMI 核心是使用了 3 級數管線（參看 4.1 節）的基本的 ARM 整數核心，它具有許多重要的特性及擴充。

⑴它實作 ARM 體系結構版本 4T，支援 64 位元結果的乘法，半字元、有號位元組的 Load 和 Store 以及 Thumb 指令集。

⑵它包含了 EmbeddedICE 模組以支援嵌入式系統除錯（這部分內容已在 8.7 節講解）。

因為除錯硬體由 JTAG 測試存取埠存取，故 JTAG 控制邏輯（已在 8.6 節講解）被認為是處理器巨集單元的一部分。

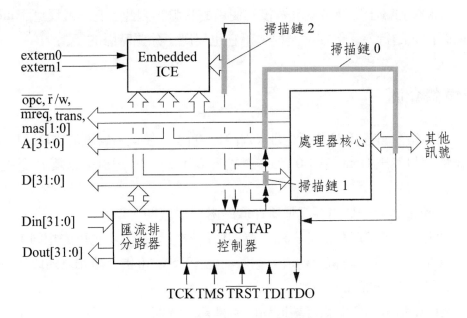

圖 9−1 ARM7TDMI 的組織

硬體介面

ARM7TDMI 的硬體介面的訊號如圖 9-2 所示，眾多的訊號數量讓人看起來眼花繚亂。它暗示行為的複雜性而掩蓋了基本 ARM 介面固有的簡單性。從數量上說，介面訊號主要是 32 位元位址和資料匯流排。下面將會講到，記憶體介面將使用這些介面和一些控制訊號。其他訊號則專用於諸如晶片上除錯、JTAG 邊界掃描擴充等更深奧的功能。

在圖 9-2 中，介面訊號按功能分組。下面說明每組的作用，在適當時還要提到單個訊號和介面時序的訊息。

時脈控制

處理器所有的狀態變化由記憶體時脈 mclk 控制。儘管這個時脈可以由外部操縱以便使處理器等待低速存取，但是通常只是提供一個自由的時脈，使用 wait 跳過時脈週期。內部時脈實際上正好是 mclk 和 wait 的邏輯 AND，因此，只有當 mclk 為低位時 wait 才能變化。

eclk時脈輸出反應了處理器核心使用的時脈，因此，它一般反應了mclk在 wait 閘控後的行為。但在除錯模式下它也反應了除錯時脈的行為。

記憶體介面

記憶體介面包括 32 位元位址（A[31：0]）、雙向資料匯流排D[31：0]、分離的資料輸出 Dout[31：0]和資料輸入 Din[31：0]匯流排以及 10 個控制訊號。

(1)$\overline{\text{mreg}}$ 指示一個需要記憶體存取的處理器週期。

(2) seq 指示記憶體位址與前一週期使用的位址連續（也可能相同）。

(3)lock 指示處理器應保持匯流排，以確保SWAP指令讀和寫階段的不可分割性（atomicity）。

(4)$\overline{\text{r}}$/w 指示處理器執行讀取週期還是寫入週期。

(5)mas[1：0]是對記憶體存取大小的編碼，指出讀取的是位元組、半字元

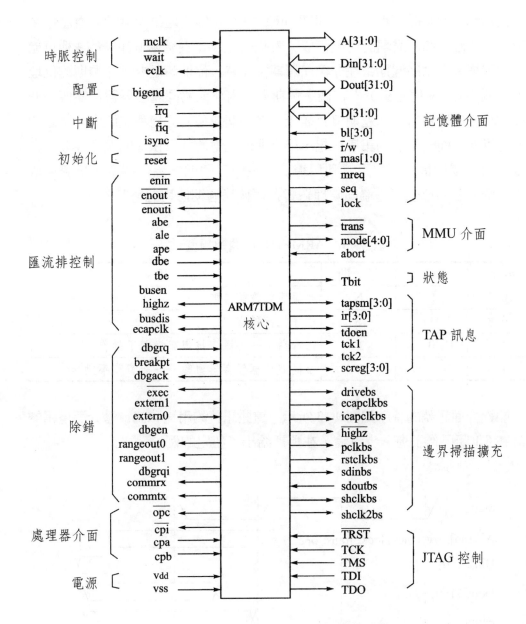

圖 9-2　ARM7TDMI 核心的介面訊號

或字元。

(6) bl[3：0]由外部控制的致能訊號，作用於資料輸入匯流排上4個位元組中每個位元組的栓鎖，這使得少於32位元寬的記憶體易於實作介面。

　　指示記憶體時脈週期類型的訊號 $\overline{mreg}$ 和 seq 要儘可能早地發給記憶體控制邏輯，以便確定如何處理記憶體存取。表 9-1 給出了對這兩個訊號的 4 種可能組合的解釋。當循序週期跟在非循序週期後面時，位址將是非循序週期的位址加上 1 個字元（4 位元組）；在循序週期跟在內部或協同處理器暫存器傳送週期後面時，位址和前一個週期沒有變化。在一個典型的記憶體組織中，增量的情況可以連同前一位址的訊息一起，用來準備記憶體進行快速的循序存取。在位址保持不變的情況下，可以利用這一點在前一週期開始一個全記憶體存取（因為既不是內部也不是協同處理器暫存器傳送週期使用記憶體）。

表 9-1　ARM7TDMI 週期類型

mreg	seq	週　期	應　　用
0	0	N	非循序記憶體存取
0	1	S	循序記憶體存取
1	0	I	內部週期——匯流排與記憶體不動作
1	1	C	協同處理器暫存器傳輸——記憶體不動作

　　關鍵介面訊號的時序如圖 9-3 所示。這些訊號的用途和記憶體介面邏輯的設計在 8.1 節已作了進一步討論，在那裡給出了特定的例子。

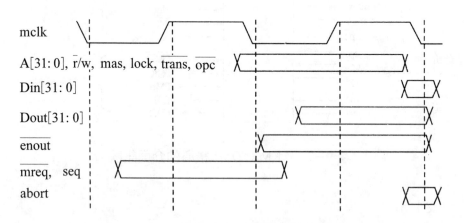

圖 9-3　ARM7TDMI 核心記憶體和 MMU 介面時序

MMU 介面

MMU 的介面訊號提供的訊息用來控制對記憶體區域的存取。$\overline{\text{trans}}$（轉換控制）訊號指明處理器是用在使用者（$\overline{\text{trans}}=0$）模式還是特權（$\overline{\text{trans}}=1$）模式，使得記憶體的一些區域能被限制為僅用於管理者存取，在適當的情況下用戶和管理者代碼可以使用不同的轉換表（儘管很少這樣）。當需要關於操作模式更多的詳細訊息時，$\overline{\text{mode}}$ [4：0] 反應 CPSR 的低 5 位元（反相），儘管記憶體管理在這一級很少使用；當除錯時，詳細的模式訊息可能最為有用。

當一個存取不被允許時，向 abort 輸入端發出訊號。abort 及資料必須在時脈週期結束前有效。如圖 9–3 所示。

一個中止的記憶體存取使處理器執行預取（prefetch）或資料終止，這與在存取期間 $\overline{\text{opc}}$ 的值有關。

如果希望支援只能執行的記憶體區域，MMU 也可以使用 $\overline{\text{opc}}$ 訊號。但是應該注意，這將阻止對代碼區的文字庫（literal pool）進行相對於 PC 的存取。因此，在 ARM 系統中並不廣泛使用對只能執行區域的保護（特別是將在 11.6 節講述的 ARM MMU 體系結構中不支援）。

狀態

Tbit 輸出訊號告訴環境當前處理器執行的是 ARM 指令還是 Thumb 指令。

配置（Configuration）

bigend 在 little-endian 和 big-endian 間轉換位元組的順序（參看 5.1 節「記憶體組織」一段中對 endianness 的解釋）。這個輸入訊號對處理器的操作方式進行配置。儘管在需要時它可在時脈的第 2 相位變化，但一般不會動態變化。

中斷（Interrupts）

兩個中斷輸入對處理器時脈而言可以是非同步的，因為在進入處理器的控

制邏輯前它們經過同步栓鎖。快速中斷請求 $\overline{\text{fiq}}$ 比一般的中斷請求 $\overline{\text{irq}}$ 有較高的優先權。

初始化

$\overline{\text{reset}}$ 從未知狀態啟動處理器，自位址 00000000_{16} 開始執行。

匯流排控制

通常 ARM7TDMI 核心一經得到新位址就立即發出，以便 MMU 或記憶體控制器有最長的時間來處理它。但是在簡單的系統中，位址匯流排直接連接到 ROM 或 SRAM，需要把原來的位址保持到週期末。處理器核心有一個由 ape 控制的透明栓鎖器，當外部邏輯需要時它可以給位址重新計時。

ARM7TDMI 核心執行寫入週期時用訊號 $\overline{\text{enout}}$ 來指示。如果外部資料匯流排是雙向的，就用 $\overline{\text{enout}}$ 來將 dout [31：0] 加到匯流排上。有時希望推遲寫入操作以使其他元件可以驅動匯流排。可以使用資料匯流排的致能訊號 dbe 來確保 $\overline{\text{enout}}$ 在這個情況下保持無效。處理器核心必須停止（用 $\overline{\text{wait}}$ 或時脈展開（stretching）），直到匯流排可以使用為止。dbe 按照外部邏輯的要求由外部計時。

其他匯流排控制訊號 enin、$\overline{\text{enouti}}$、abe、ale、tbe、busen、highz、busdis 和 ecapclk 執行各種其他功能，讀者應參考相應的 ARM7TDMI 資料手冊來了解細節。

Debug 支援

ARM7TDMI 實作了在 8.7 節中講述的 ARM 除錯結構。EmbeddedICE 模組包含中斷點和觀察點暫存器，使執行的代碼能夠停下來以便除錯。這些暫存器通過 JTAG 測試埠使用掃描鏈 2（見圖 9-1）進行控制。當遇到中斷點或觀察點時，處理器停下來並進入除錯狀態。一旦進入除錯狀態，就可以使用掃描鏈 1 強制指令進入指令管線，檢查處理器的暫存器。對所有暫存器的儲存將把暫

存器的值送到資料匯流排，它們在資料匯流排上再用掃描鏈 1 採樣並移出。存取特權模式暫存器需要強制加入指令來改變模式（注意，在除錯狀態，阻止從用戶狀態轉換到特權模式的障礙已不存在）。

若需檢查系統狀態，可以讓 ARM 以系統速度存取記憶體，然後立即切換回除錯狀態。

Debug 介面

除錯介面可擴充整合的EmbeddedICE巨集單元所提供的功能。它使外部硬體能夠支援除錯（通過 dbgen），並發出非同步的除錯請求（在 dbgrq 埠）或與指令同步的請求（在 breakpt 埠）。外部硬體藉由 dbgack 得知處理器核心什麼時候處於除錯模式。內部的除錯請求訊號在 dbgrqi 輸出。

外部事件可以藉由 extern0 和 extern1 來觸發觀察點，而 EmbeddedICE 觀察點的匹配（match）則由 rangeout0 和 rangeout1 埠的訊號表示。

如果通訊發送緩衝器是空的，則在 commtx 埠發出訊號；如果接收緩衝器是空的，則在 commrx 埠發出訊號。

處理器在 $\overline{\text{exec}}$ 埠指示當前在執行階段的指令是否被執行。如果指令沒有被執行，就是它的條件碼測試失敗了。

協同處理器介面

協同處理器介面訊號 $\overline{\text{cpi}}$ 、cpa 和 cpb 在 4.5 節中已經講過。另外提供給協同處理器的訊號是 opc，它指示記憶體存取是取指令還是取資料。協同處理器管線跟隨器使用它來追蹤ARM指令的執行。在不需要連接協同處理器時，cpa 和 cpb 應該連接高電位。這將使所有協同處理器指令產生未定義指令陷阱。

電源

ARM7TDMI 核心應在正常 5V 或 3V 的電源電壓下操作，儘管這依賴於技術的水準和在核心中使用的電路設計形式。

JTAG 介面

JTAG控制訊號符合標準的規定。該標準已在 8.6 節中講過。這些控制訊號藉由專用接腳連到晶片外測試控制器。

TAP 訊息

這些訊號用來支援對 JTAG 系統增加更多的掃描鏈。關於邊境掃描擴展訊號在下面詳述。

tapsm[3：0]指示 TAP 控制器所處的狀態；ir[3：0]給出 TAP 指令暫存器的內容；screg[3：0]是 TAP 控制器當前所選擇的掃描暫存器的位址；tck1 和 tck2 形成一對非重疊時脈來控制擴展掃描鏈；$\overline{tdoen}$ 指示何時在tdo 有串列資料輸出。

邊界掃描擴展（Boundary scan extension）

ARM7TDMI 單元包含完整的 JTAG TAP 控制器，以支援 EmbeddedICE 功能。這個 TAP 控制器能夠支援任何藉由 JTAG 埠讀取的晶片上掃描電路。因此，提供了介面訊號 drivebs、ecapclkbs、icapclkbs、$\overline{highz}$、pclkbs、rstclkbs、sdinbs、sdoutbs、shclkbs和shclk2bs，使任意的掃描路徑都可加入到系統中。讀者應該參考相關的 ARM7TDMI 資料手冊，以詳細了解這些訊號各自的功能。

ARM7TDMI 核心

ARM7TDMI處理器核心的版圖如圖 9−4 所示。該 0.35µm 的核心在執行 32 位元 ARM 代碼時的技術特徵總結在表 9−2 中。

採用合適的技術，ARM7TDMI 核心得到了非常高的功率效率。另一個使用 0.25µm 技術的晶片在 0.9 V 電源下達到 12000 MIPS/W 的性能。

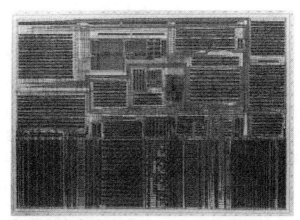

©ARM Limited

圖 9-4　ARM7TDMI 處理器核心

表 9-2　ARM7TDMI 性能

製　　程	金屬層	Vdd	電晶體	核面積	時　　脈	MIPS	功　　耗	MIPS/W
0.35 μm	3	3.3 V	74209	2.1 mm^2	0～66 MHz	60	87 mW	690

可合成（synthesis）的 ARM7TDMI

標準的 ARM7TDMI 處理器核心是「硬」的巨集單元。也就是說，它以實體版圖提供，定制為適當的技術。ARM7TDMI-S 是 ARM7TDMI 的一個可合成的版本。它以高階語言模組的形式提供，可以使用任何目標技術的適當的單元庫來合成。因此，它比硬的巨集單元更易於轉移到新的技術上。

合成過程支援關於處理器核心功能的若干選項，包括：

⑴可省略的 EmbeddedICE 單元。

⑵用僅支援產生 32 位元結果的 ARM 乘法指令的、較小和較簡單的乘法器來替代完全 64 位元結果的乘法器。

每個選項都會導致合成出較小的、功能下降的巨集單元。合成出的整個核心比硬核大 50%，電源效率降低 50%。

ARM7TDMI 應用

ARM7TDMI 處理器核心在記憶體配置較簡單的系統中已有許多應用，通常這些系統包含幾千個位元組的晶片上 RAM。一個典型的例子是行動電話手機（同一晶片常常融合了複雜的數位訊號處理硬體和相關的記憶體）。在此應用中，ARM7TDMI 事實上已成為用於控制和用戶介面功能的標準處理器。

如果需要非常高的性能，那麼具有簡單記憶體系統的單純的 ARM7TDMI 已不能滿足要求，系統的複雜程度必然要增加。第一步是在 ARM7TDMI 上增加 Cache 記憶體，可能以 ARM CPU 巨集單元的形式。這將提高軟體從晶片外記憶體運行的性能。如果這還不能滿足應用對性能的要求，則必須使用更複雜的、能夠在高性能水準上運行的 ARM 核心。ARM9TDMI 和 ARM10TDMI 就是這樣的核心，將在本章稍後講解。

9.2　ARM8

ARM8 核心是 1993～1996 年在 ARM 公司開發的，用以滿足比 ARM7 的 3 級數管線性能更高的 ARM 核心的需求。它後來被 ARM9TDMI 和 ARM10TDMI 替代。但它的設計提出了一些有趣的觀點。

正如在 4.2 節中討論的，可以藉由以下途徑提高處理器核心的性能，即
(1)增加時脈速率。這需要簡化每級管線的邏輯，因而管線的級數將增加。
(2)降低 CPI（每條指令的時脈週期）。這需要將 ARM7 中占據 1 個以上管線槽的指令重新實作，以占據較少的管線槽；或者減少由指令間的相關關係引起管線的停止。也可以把兩者結合起來。

減少 CPI

重複一下以前提到過的論點：降低 ARM7 核心 CPI 的基本問題與 von Neumann 瓶頸有關──任何帶有單一指令與資料記憶體的儲存程式計算機，其性能都要受到可用的記憶體頻寬的限制。ARM7 核心幾乎每個時脈週期都要存

取記憶體,或者取指令,或者傳資料。為了得到比 ARM7 好很多的 CPI,記憶體系統必須每個時脈週期存取 1 個以上的資料。為此,或者每個週期從單一記憶體存取多於 32 位元的資料,或者為指令和資料設置分開的記憶體。

雙倍頻寬記憶體

ARM8 保留了統一的記憶體(無論以 Cache 的形式還是以晶片上 RAM 的形式),但是利用多記憶體存取的順序性,從單一的記憶體獲得雙倍的頻寬。假設所連接的記憶體在 1 個時脈週期可以傳送 1 個字元,而在以後循序存取中與下一次存取一起每半個週期傳送 1 個字元。典型的記憶體組織只花費很少的額外開銷就可以提供額外的資料。由於增加的頻寬僅限於循序存取,看來它的作用有限,但是取指令是高度順序性的,而且 ARM 的多暫存器 Load 指令也產生順序的位址(多暫存器 Store 指令也是如此,儘管在 ARM8 中這些指令並不採用雙倍頻寬記憶體)。因此,對典型的 ARM 代碼,循序存取出現的機率是相當高的。

64 位元寬度的記憶體具有所需的特性,但是由於第 2 個字元到達的時間延遲半個時脈週期,因而可以使用 32 位元匯流排。因為 32 位元匯流排與 64 位元匯流排相比,佈線需要的面積小,這可以節省晶片面積。

核心的組織

ARM8 處理器包含預取指單元和整數資料通路(integer data path)。預取指單元負責從記憶體取指令並將其緩衝(以便利用雙倍頻寬記憶體)。它每個時脈週期向整數單元提供一條指令以及它的 PC 值。預取指單元負責分歧的預測,使用基於分歧方向的靜態預測方法(將向後分歧預測為「發生分歧」,將向前分歧預測為「不發生分歧」)來猜測指令流將向什麼方向發展;整數單元將計算準確的流向,並在需要時向預取指單元發送修改訊息。

核心的總體組織如圖 9–5 所示。雙倍頻寬記憶體通常在晶片上,在通用元件例如 ARM810(12.2 節)中為 Cache 記憶體,在嵌入式應用中為可定址的 RAM。也可以保留傳統的單頻寬記憶體。但是如果在系統中沒有某些快取記

憶體，與簡單的 ARM 核心相比，ARM8 核心將顯示不出什麼優勢。

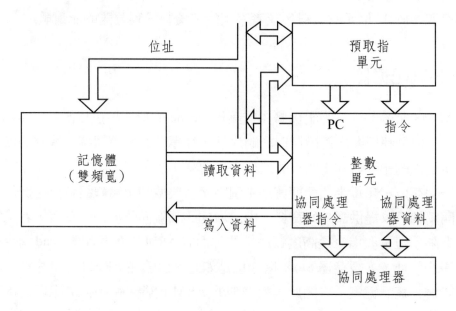

圖 9-5　ARM8 處理器核心的組織

管線組織

處理器使用 5 級數管線，預取指單元為第 1 級數，整數單元使用剩下的 4 級數：

(1)指令預取。

(2)指令解碼和暫存器存取。

(3)執行（移位和 ALU）。

(4)存取資料記憶體。

(5)回寫結果。

整數單元的組織

ARM8 整數單元的組織如圖 9-6 所示。指令流和相應的 PC 值由預取指單

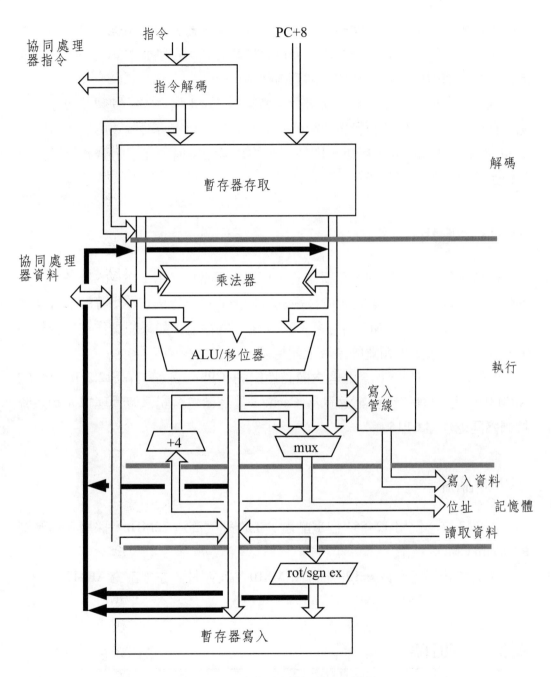

圖 9-6　ARM8 整數單元的組織

元藉由示於圖上部的介面提供；系統控制協同處理器藉由圖左側的專用協同處理器指令與資料匯流排連接；連接資料記憶體的介面在圖的右側，包括位址匯流排、寫入資料匯流排和讀取資料匯流排。

　　注意，讀取記憶體資料匯流排對多暫存器 Load 指令支援雙頻寬傳輸，兩個暫存器寫入埠用於多暫存器 Load 指令來儲存雙頻寬資料流。由於多暫存器 Load 指令只傳輸字元，所以，即使一半的資料流繞過位元組對齊和符號擴展邏輯也沒有關係。

ARM8 的應用

　　ARM8 是一個通用的處理器核心，可以容易地由 ARM 公司的許多許可廠商生產，所以它沒有針對特定的技術進行過多的最佳化。它在相等的晶片面積上提供了比簡單的 ARM7 高得多（2～3 倍）的性能。如果想實作它的全部功能，則需要支援雙倍頻寬的晶片上記憶體。

　　ARM8 核心的一項應用是建構高性能的 CPU，例如將在 12.2 節介紹的 ARM810。這裡雙倍頻寬記憶體為 Cache，晶片還包含記憶體管理單元和系統控制協同處理器 CP15。

ARM8 晶片

　　ARM8 核心使用 124554 個電晶體，工作速度高達 72MHz，採用 3 層金屬的 0.5μm CMOS 技術。

　　核心的佈局可參見圖 12−6 的 ARM810 晶元照片，左上部為 ARM8 核心。

9.3　ARM9TDMI

　　ARM9TDMI 核心將 ARM7TDMI 的功能明顯地提升到更高性能的水準，正如 ARM7TDMI 一樣（不像 ARM8），它支援 Thumb 指令集，並含有 Embedded-dICE 模組以支援晶片上除錯。藉由採用 5 級管線以增加最高時脈速率，使用分

開的指令與資料記憶體埠以改善 CPI（每條指令的時脈數——處理器在 1 個時脈週期所工作的量度），因而改善了性能。

性能的改善

由於高性能的需求導致需要將管線的級數從 3 級（如 ARM7TDMI 使用的）增加到 5 級，並改變記憶體介面來使用分開的指令與資料記憶體，其基本原理已經在 4.2 節討論過。

ARM9TDMI 組織

ARM9TDMI 的 5 級管線主要歸功於將在 12.3 節中講述的 StrongARM 的管線（本章不講解作為核心的 StrongARM，因為它作為獨立核心的應用範圍有限）。

ARM9TDMI 核心的組織如圖 4–4 所示。ARM9TDMI 與 StrongARM（如圖 12–8 所示）的主要區別在於：StrongARM 有一個與暫存器讀出級數（read stage）並行操作的、專用的分歧加法器，而 ARM9TDMI 使用主 ALU 來計算分歧目標。這使 ARM9TDMI 為實現分歧多損失了一些週期時間，但是得到的核心較小和較簡單，而且避免了在 StrongARM 中存在的一條非常關鍵的時序路徑（如圖 12–9 所示）。StrongARM 是為特定的技術設計的，對它的時序路徑可以仔細地管理；而 ARM9TDMI 需要方便地移植到新的技術，這類關鍵路徑很容易損害可用的最高時脈速率。

管線操作

ARM9TDMI 5 級管線的操作如圖 9–7 所示。圖中與 ARM7TDMI 的 3 級管線做了比較。該圖顯示出處理器的主要處理功能如何在增加的管線級數之間重新分配，以便使時脈頻率在相同技術的條件下能夠加倍（近似）。

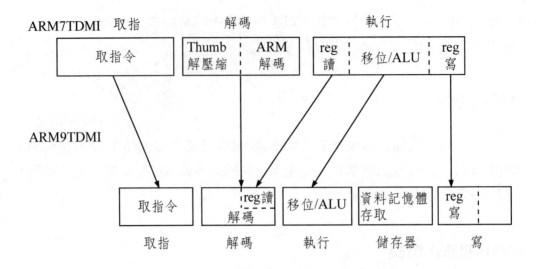

圖 9–7　ARM7TDMI 與 ARM9TDMI

　　重新分配執行功能（暫存器讀取、移位、ALU和暫存器寫入）並不是達到高時脈速率所需的全部。處理器還必須能夠在 ARM7TDMI 所用的一半時間內存取指令記憶體，還必須重新構造指令解碼邏輯，使暫存器讀取與實際的解碼部分同時進行。

Thumb 解碼

　　ARM7TDMI實作Thumb指令集的方法是使用ARM7管線中的閒置（slack）時間將 Thumb 指令「解壓縮」為 ARM 指令。ARM9TDMI的管線非常緊密，沒有足夠的閒置時間能先將 Thumb 指令翻譯成 ARM 指令再解碼；相反，它有硬體直接對 ARM 指令和 Thumb 指令進行解碼。

　　在ARM9TDMI的管線中多出的「記憶體」級數在ARM7TDMI中沒有直接的對應級。它的功能由中斷管線的額外的「執行」週期來執行。由於ARM7TDMI使用單一的記憶體埠進行指令和資料的讀寫，這種中斷是不可避免的。在讀寫資料時不能取指。ARM9TDMI 藉由設置分開的指令與資料記憶體避免了這種管線中斷。

協同處理器支援

ARM9TDMI 有一個協同處理器介面，允許支援晶片上浮點協同處理器、數位訊號處理或其他專用的硬體加速要求。(在它支援的時脈速率下，幾乎不可能使用晶片外協同處理器。)

晶片上除錯（On-chip debug）

如同在 ARM7TDMI 核心中那樣，ARM9TDMI 核心中的 EmbeddedICE 功能也給出了系統級的除錯特性（見 6.7 節），同時還有下列附加的特性：

(1)支援硬體單步除錯。

(2)除了 ARM7TDMI 支援的位址／資料／控制條件之外，還可以在異常時設置中斷點。

低電壓操作

雖然第一批 ARM9TDMI 核心用 0.35 μm 3.3 V 的技術實現，但它的設計已經轉移到使用低至 1.2 V 電源的 0.25 μm 和 0.18 μm 的技術。

ARM9TDMI 核心

0.25 μm 的 ARM9TDMI 核心在執行 32 位元 ARM 代碼時的特性綜述於表 9-3。核心的佈局如圖 9-8 所示。

表 9-3　ARM9TDMI 的特性

製　程	金屬層	Vdd	電晶體	核面積	時　脈	MIPS	功　耗	MIPS/W
0.25 μm	3	2.5 V	110000	2.1 mm^2	0～200 MHz	220	150 mW	1500

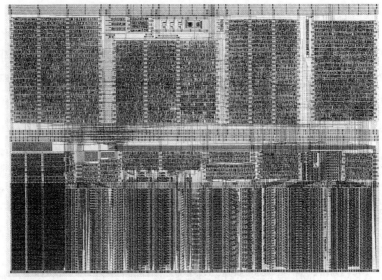

©ARM Limited

圖 9-8　ARM9TDMI 處理器核心

ARM9TDMI 應用

ARM9TDMI 核心有分開的指令與資料埠，理論上它可以把這兩個埠連接到單一的統一記憶體，但是實際上這樣做就沒有理由首先選擇 ARM9TDMI，而是較小和較便宜的 ARM7TDMI 了。類似，ARM9TDMI 的 5 級管線所支援的時脈速率高於 ARM7TDMI 的 3 級管線，雖然不需要利用這樣高的時脈速率，但是不這樣做就沒有理由使用 ARM9TDMI 了。因此，有理由使用 ARM9TDMI 核心的任何應用都必須處理複雜的高速記憶體子系統。

處理這種記憶體要求的最常見方式，正像基於 ARM9TDMI 的各種標準 CPU 核心所示範的那樣，將是使用分開的指令與資料 Cache 記憶體。在 12.4 節將介紹 ARM920T 和 ARM940T CPU 核心。在這些 CPU 核心中的 Cache 能滿足 ARM9TDMI 大部分記憶體頻寬的要求，並減少外部頻寬要求，使用單一 AMBA 匯流排連接的、傳統的統一記憶體就能滿足其頻寬要求。

還有一種解決方案，特別適用於代碼對性能有關鍵影響的嵌入式系統，這就是使用適當數量直接定址的、分開的指令與資料本地記憶體，而不使用 Cache。

ARM9E-S

ARM9E-S是ARM9TDMI核心的可合成（synthesizable）版本。與「硬」核心相比，它實作的是擴充的ARM指令集。除了ARM9TDMI支援的ARM體系結構 v4T 的指令外，ARM9E-S 還支援完整的 ARM 體系結構 v5TE（見5.23節），包括在8.9節介紹的訊號處理指令集擴展。

ARM9E-S 在相同技術條件下比 ARM9TDMI 大 30%，使用 0.25 μm CMOS 製程時面積為 2.7 mm^2。

9.4　ARM10TDMI

ARM10TDMI 是目前 ARM 處理器核心的高階產品，在寫本書時它仍在開發之中。正如ARM9TDMI的性能在相同技術條件下近似達到ARM7TDMI兩倍一樣，ARM10TDMI 也以 ARM9TDMI 兩倍的性能工作。若採用 0.25μm CMOS 技術，則在300MHz時脈下預期它的性能將達到 400 dhrystone 2.1MIPS。

為了達到這樣的性能，從ARM9TDMI開始，將如下兩個途徑結合起來（還可見4.2節的討論），即

(1)增加最高時脈速率。

(2)降低 CPI（每條指令的平均時脈數）。

由於ARM9TDMI的管線已經相當最佳化了，若不採用諸如超純量（super-scalar）執行這類非常複雜的架構，怎麼能實作這些改善呢？而超純量執行又將損害低功耗和小面積這些 ARM 核心的特點。

增加時脈速率

ARM 核心可以支援的最高時脈速率是由任意管線級的、最慢的邏輯路徑決定的。

ARM9TDMI的5級管線已經平衡得很好了（見圖9-7）。5級管線中4級的負荷都很重。可以將管線擴展到更多的級數。但是這種超級管線組織的好處

往往被因增加管線相關性而惡化了的CPI所抵消，除非採用非常複雜的機制來減少它的抵消作用。

　　ARM10TDMI 沒有這樣做，它保留了與 ARM9TDMI 非常相似的管線，但是採用特別的方式最佳化每一級數（見圖9-9），從而支援更高的時脈速率，即

(1)藉由提前提供下一週期所需的位址，取指和記憶體級數有效地由一個時脈週期增加到一個半時脈週期。為了在記憶體級實作這一點，由一個單獨的加法器計算記憶體的位址，它可以比主 ALU 更快地產生結果（因為它只實作了 ALU 功能的一個子集）。

(2)執行級使用改善了的電路技術和結構以縮短它的關鍵路徑。例如，乘法器並不用 ALU 來解決部分和與乘積項，相反，它在記憶體級有它自己的加法器（乘法從不存取記憶體，所以這一級是空閒的）。

(3)指令解碼級是處理器邏輯中唯一不能充分管線化以支援高速時脈的部分，所以在這裡增加了發射（issue）這一級。

　　結果產生了比 ARM9TDMI 的 5 級管線運行更快的 6 級管線，但是要求所支援的記憶體比 ARM9TDMI 的記憶體快不了多少。這是很重要的，因為非常快的記憶體往往很費功耗。為了有更多解碼時間，所增加的管線級只是在執行未預知的分歧時才增加管線的相關性。由於增加的管線級出現在讀取暫存器之前，它不會帶來新的運算元相關，也不需要新的轉發路徑。在有分歧預測機制的情況下，這個管線的 CPI 與 ARM9TDMI 管線非常相似，但是支援更高的時脈速率。

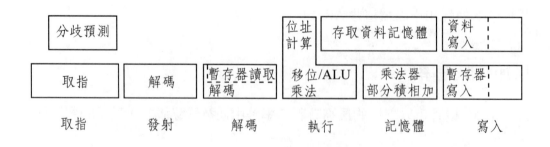

圖 9-9　ARM10TDMI 的管線

降低 CPI

以上所敘述的管線改進方案支援提高 50%的時脈速率，而不損失 CPI。這是個好的起步，但是其性能還沒有達到所需的 100%的提高。因此，在增加時脈速率之前必須改善 CPI。

任何改善 CPI 的計畫必須從考慮記憶體頻寬開始。ARM7TDMI（幾乎）在每個時脈週期使用其單一的 32 位元記憶體，所以，ARM9TDMI 改為哈佛記憶體組織以釋放更多的頻寬。ARM9TDMI（幾乎）在每個時脈週期使用其指令記憶體。雖然它的資料記憶體只有大約 50%的利用率，但很難利用這一點來改善 CPI。指令頻寬必須以某種方式來增加。

ARM10TDMI 採用的途徑是使用 64 位元記憶體。這有效地消除了指令頻寬的瓶頸，使得能夠在處理器的組織中加入若干改善 CPI 的特性：

(1)分歧預測（branch prediction）：以上討論的分歧預測邏輯只是簡單地為了維持管線效率的需要，ARM10TDMI 的分歧預測邏輯功能更強。因為按照每個週期兩條指令的速率來取指，所以，分歧預測單元（它在管線中取指一級）可以經常在指令發射之前識別它們，並把它們從指令流中去除，將分歧的週期代價降低到零。

ARM10TDMI 採用靜態（static）分歧預測機制：向後的條件分歧預測為發生分歧，先前的條件分歧預測為不發生分歧。

(2)非阻塞的 Load 和 Store 執行：不能在單週期內完成的 Load 和 Store 指令，不管是因為它參考低速記憶體，還是因為傳輸多暫存器，只要不發生運算元相關，都不會停止管線的執行。

(3) 64 位元的資料記憶體使多暫存器 Load 和 Store 指令能夠在每個時脈週期傳送兩個暫存器。

非阻塞 Load 和 Store 邏輯需要暫存器檔有獨立的讀與寫埠，64 位元多暫存器 Load 和 Store 指令需要讀寫埠各有兩個。因此，ARM10TDMI 暫存器庫有 4 個讀埠和 3 個寫埠。

將這些特性合起來，使 ARM10TDMI 每 MHz 的 dhrystone 2.1MIPS 數達到 1.25，ARM7TDMI 的同一參數為 0.9，ARM9TDMI 的同一參數為 1.1。這些數字直接反應出它們運行 dhrystone 基準程式時各自的 CPI 性能。其他程式可能給出

相當不同的 CPI 結果，在執行複雜任務例如啟動作業系統時，64 位元資料匯流排使 ARM10TDMI 能夠給出比 ARM9TDMI 好得多的有效 CPI。

ARM10TDMI 應用

在 9.3 節討論 ARM9TDMI 應用時曾指出，至少需要某些本地的高速記憶體來釋放核心的潛在性能。對於 ARM10TDMI 這也是正確的：沒有分開的本地 64 位元指令和資料記憶體，處理器核心就不能發揮它的全部性能，它也就不能比一個小而廉價的 ARM 核心運行得更快。

還有，解決這個問題的通常（雖然不是唯一的）方法是預備本地 Cache 記憶體，正如在 12.6 節介紹的 ARM1020E 所示的那樣。由於 ARM10TDMI 核心的性能嚴重依賴於快速 64 位元本地記憶體的實用性，對於其性能特性的討論將在講到 ARM1020E 時給出。

9.5 討 論

所有早期的 ARM 處理器核心，直到 ARM7TDMI，都是基於簡單的取指－解碼－執行管線。從 Acorn Computers 公司在 20 世紀 80 年代早期開發的最初的 ARM1，直到今天在多數行動電話中使用的 ARM7TDMI 核心，基本的操作原理幾乎沒變。ARM 公司在第 1 個 10 年的開發工作都集中於以下幾個方面：

⑴藉由關鍵路徑的最佳化和製程尺寸的縮小來改善性能。

⑵藉由採用靜態 CMOS 邏輯、降低電源電壓和壓縮代碼（Thumb 指令集）來實作低功耗應用。

⑶藉由增加晶片上除錯特性、晶片上匯流排和軟體工具來支援系統開發。

ARM7TDMI 代表這個開發過程的頂點。在一個由 PC 和日益複雜的超純量、超管線、高性能（功耗也很高）微處理器占優勢的世界裡，它的商業成功顯示了原先非常簡單的 3 級管線的生命力。

在 ARM 開發的第 2 個 10 年裡，在尋求高性能中出現了 ARM 組織的審慎多樣化：

(1)向 5 級管線邁出的第一步獲得了雙倍的性能（所有其他因素都相等），代價是在核心中加入了某些轉發邏輯，以及雙倍頻寬記憶體（例如在 ARM8 中）或分開的指令與資料記憶體（例如在 ARM9TDMI 和 Strong-ARM 中）。

(2)在 ARM10TDMI 中取得下一步性能加倍是相當艱難的。6 級管線與以前使用的 5 級管線頗為相似，但是記憶體存取的時間槽分配被擴展了。這使記憶體能夠不用花費過多的功耗即可支援更高的時脈速率。處理器核心還採用了更多的分隔：在取指單元，使分歧能被預測並從指令流中去除；在資料記憶體介面，使得當需要一些時間解決資料存取時（例如由於 Cache 的失效），處理器能夠繼續執行。

性能的改善是藉由增加時脈速率和降低 CPI（每條指令的平均時脈數）來實現的。增加時脈速率通常需要增多管線的級數，而這往往會損失 CPI。因此，需要採取補救措施來挽回 CPI 的損失，並進一步改善它。

到現在為止，所有 ARM 處理器都是基於每個時脈週期至多發射 1 條指令的組織結構，而且總是按程式的順序發射。ARM10TDMI 和 AMULET3 處理器（在第 14.5 節介紹）處理無序的實現，以便在資料讀寫速度較慢時保持指令流。這兩種處理器也包括分歧預測邏輯，以減少在執行分歧指令時對管線的再填充。AMULET3 消除了預測的分歧指令的取指，但仍然執行它；ARM10TDMI 讀取分歧指令，然而抑制了指令的執行。但是按照今天高階 PC 和工作站處理器的標準，這些仍然是很簡單的機器。這種簡單性在系統晶片應用中有直接的好處：這種簡單的處理器比複雜的處理器需要較少的電晶體，因而使用較小的晶片面積，消費較少的功耗。

9.6 例題與練習

☞ 例題 9.1

為了與靜態 RAM 或 ROM 介面，ARM7TDMI 位址匯流排應如何重計時？
通常 ARM7TDMI 在新位址一產生時就將其輸出，時間接近前一個時脈週

期的末尾。為了與靜態RAM介接，必須在週期結束後還保持位址的穩定，所以必須消除該管線。最簡單的解決方法是使用位址管線致能訊號 ape。如果系統中某些儲存元件從較早的位址中獲益，而某些儲存元件是靜態的，那麼應當使用外部栓鎖器給靜態元件的位址重計時，或者應當控制 ape 來配合當前定址的元件。

練習 9.1.1

回顧在本章中講述的處理器核心，討論是哪些基本技術把從 ARM7TDMI 核心到 ARM10TDMI 核心的性能提高到 8 倍。

練習 9.1.2

如果設計者可以自由地改變處理器的電源電壓，那麼就有可能在性能（它與Vdd成比例）和功耗效率（它與 $1/Vdd^2$ 成比例）之間進行折衷。因此，$MIPS^3/W$ 就是扣除電源電壓影響後對體系結構功耗效率的度量。

基於這種度量來比較本章介紹的各種處理器核心。

練習 9.1.3

由前一個練習的結果繼續考慮：低功耗系統的設計者為什麼不能簡單地選擇在體系結構上效率最高的處理器核心，然後按比例調整電源電壓來達到所需的系統性能？

10 記憶體階層體系

Memory Hierarchy

- ◆ 記憶體容量及速度
- ◆ 晶片上記憶體
- ◆ Cache
- ◆ Cache 設計範例
- ◆ 記憶體管理
- ◆ 例題與練習

本章內容綜述

現代微處理器能以很高的速率執行指令。為了開發出潛在的性能,處理器必須連接一個容量大、速度高的記憶體系統。如果記憶體容量太小,就不能裝載足夠的程式以保持處理器全力處理。如果太慢,就不能像處理器執行指令那樣快地提供指令。

不幸的是,記憶體容量越大速度越慢。因此,不可能設計一個足夠大又足夠快的單一記憶體使高性能處理器充分發揮其能力。

但是有可能構建一個複合記憶體系統,它包括一個小但速度快的記憶體和一個大但速度慢的主記憶體。根據典型程式的統計,這個記憶體系統的外部行為在大部分時間像一個既大又快的記憶體。這個小但速度快的元件是Cache,它自動保存處理器經常用到的指令和資料的備份。Cache的有效性依賴於程式具有空間局部性和時間局部性的特性。

兩級記憶體原理可以擴展為多級記憶體階層。計算機磁碟(disk)儲存可以看作是記憶體階層的一部分。有了適當的記憶體管理的支援,程式的大小不由主記憶體限制,而是取決於容量遠高於主記憶體的硬碟空間。

10.1　記憶體容量及速度

典型的計算機儲存階層由多級構成,每級都有特性容量及速度。

(1)微處理器暫存器可看作是記憶體階層的頂層。典型的 RISC 微處理器大約有32個32位元暫存器,總共128位元組,其存取時間為幾個 ns。

(2)晶片上 Cache 記憶體的容量在 8～32 KB 之間,存取時間大約為 10 ns。

(3)高性能桌上系統可能有第2級晶片外Cache,容量為幾百KB,存取時間為幾十 ns。

(4)主記憶體可能是幾MB到幾十MB的動態記憶體,存取時間大約為100ns。

(5)備份(Backup)記憶體,通常是硬碟,可能從幾百 MB 到幾個 GB,存取時間為幾十 ms。

　　注意，主記憶體與備份記憶體之間的性能差別遠大於其他相鄰等級之間的差別，即使系統中沒有第 2 級 Cache。

　　保存在暫存器中的資料可以由編譯器或組合語言直接控制，但其他階層中的內容通常為自動管理。Cache對於應用程式往往是不可見的，在硬體控制下，指令和資料以區塊或「分頁」的形式向上層級和下層級移動。主記憶體與備份記憶體之間的分頁映射由作業系統控制，對於應用程式是透明的（transparent）。由於主記憶體與備份記憶體之間性能差異太大，決定何時在這兩級間移動資料的演算法更為複雜。

　　嵌入式系統通常沒有備份記憶體，因此也不採用分頁方式。但是許多嵌入式系統採用 Cache，ARMCPU 晶片採用了多種 Cache 組織結構。因此，這裡對 Cache 的組織問題作較詳細的討論。

記憶體成本

　　高速記憶體的每位元價格遠高於低速記憶體，因此，採用階層式記憶體的目的在於以接近低速記憶體的平均每位元價格得到接近高速記憶體的性能。

10.2　晶片上記憶體（On-chip memory）

　　如果微處理器要達到最佳性能，那麼採用晶片上記憶體是必需的。在當前的時脈速率下，只有晶片上記憶體能支援零等待狀態存取速度。同時，與晶片外記憶體相比，晶片上記憶體有較好的功耗效率，並減少了電磁干擾。

晶片上記憶體的優點

　　在許多嵌入式系統中採用簡單的晶片上RAM而不是Cache，這有許多原因：

(1)它簡單、便宜且功耗低。在下面幾節中我們可以看出，為了使Cache有效工作需要巨大的邏輯開銷。同時，如果沒有合適、現成的 Cache，則設計費用也很高。

⑵它有更不確定的行為。Cache 記憶體有複雜的行為，這使得在某種情況下難於預測它將如何工作。特別是可能很難保證中斷反應時間。

與 Cache 相比，晶片上 RAM 的缺點是需要程式設計師直接管理。而 Cache 對於程式設計師來說通常是透明的。

如果程式的混合（program mix）已定義好並在程式設計師控制之下，那麼晶片上 RAM 就能有效地作為軟體控制的 Cache 來使用。若應用程式的混合不能預知，那麼控制任務將變得非常困難。因此，在應用程式的混合不可預知的通用系統中通常採用 Cache。

晶片上 RAM 的一個重要優點是，它使程式設計師能夠根據對將來處理工作量的了解來劃分 RAM 的空間。而 Cache 只知道先前程式的行為，因此，不會為將來的關鍵任務預先作準備。當關鍵任務必須滿足嚴格的即時限制時，這個差別尤為重要。

系統設計師必須考慮所有的因素，在特定系統中採用正確的方法。無論選擇什麼樣的晶片上記憶體都要特別小心。它必須足夠快以使微處理器滿負荷，又要足夠大以便能容納關鍵程式。但又不能太快（功耗太大）太大（占用太多晶片面積）。

10.3 Cache

當第一代 RISC 微處理器剛出現時，標準記憶體元件的速度比當時微處理器的速度快。但這種狀況沒有持續多久。後來半導體技術的進展被用來提高微處理器的速度，但在改善記憶體晶片方面的作用卻截然不同。標準 DRAM 元件雖然也快了一點，但其開發的主要精力則放在提高其容量上。

處理器和記憶體速度

1980 年，典型的 DRAM 元件的容量為 4 K 位元。1981 年和 1982 年開發出了 16 K 位元的晶片。這些元件的隨機存取速率為 3 或 4 MHz，局部存取（分頁模式）時速率大約快 1 倍。當時的微處理器需要存取記憶體 2 M 次/秒左右。

在 2000 年，DRAM 元件每片的容量達到 256 M 位元，隨機存取速率在 30 MHz 左右。微處理器每秒需要存取記憶體幾百兆次。如果處理器速率如此遠高於記憶體的，那麼只有藉助 Cache 才能滿足其全部性能。

Cache 記憶體是一個容量小但非常快的記憶體，它保存最近用到的記憶體資料的備份。對於程式設計師來說，Cache 是透明的。它自動地決定保存哪些資料，覆蓋哪些資料。現在 Cache 通常與處理器在同一晶片上實作。Cache 能夠發揮作用是因為程式具有局部性的特性。也就是說，在任何特定時間，微處理器趨於對相同區域的資料（如堆疊）多次執行相同的指令（如迴圈）。

統一的 Cache 和哈佛 Cache

Cache 有多種構造方法。在最高階層，微處理器可以採用下列兩種組織中的一種，即

(1)統一的 Cache。指令和資料用同一個 Cache，如圖 10-1 所示。

(2)指令和資料 Cache 分開。有時這種組織方式又稱為改進的哈佛結構，如圖 10-2 所示。

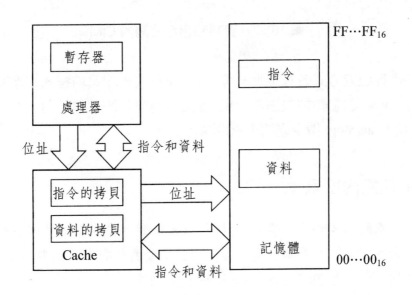

圖 10-1 統一的指令和資料 Cache

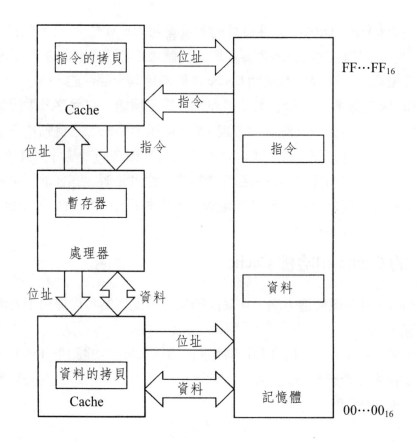

圖 10-2 資料和指令分開的 Cache

這兩種組織方式各有優點。統一 Cache 能夠根據當前程式的需要自動調整指令在 Cache 記憶體中的比例,比固定劃分有更好的性能。另一方面,分開的 Cache 使 Load/Store 指令能夠單週期執行。

Cache 性能的度量

只有當所需要的記憶體內容已經在 Cache 時,微處理器才能以高時脈速率工作。因此,系統的總體性能高度依賴於記憶體存取中不能由 Cache 存取來完成的比例。當要存取的內容在 Cache 時稱為命中(hit),而要存取的內容不在 Cache 時稱為未命中(miss)。所有能夠由 Cache 存取來完成的記憶體存取的比例稱為命中率,通常以百分比來表示。不能由 Cache 存取來完成的記憶體存

取的比例稱為未命中率。

　　如果一個現代微處理器要達到它的潛能，那麼設計良好的Cache的未命中率應該只有百分之幾。未命中率依賴於多個 Cache 參數，包括大小（Cache 中記憶體位元組數）和組織。

Cache 組織

　　由於 Cache 所保存的主記憶體內容是動態變化的，因此，Cache 必須同時保存資料及其在主記憶體中的位址。

直接映射 Cache

　　最簡單的Cache組織是直接映射方式，如圖 10−3 所示。在直接映射Cache記憶體中，一行資料連同在記憶體中的位址 Tag 一起保存。Tag 由記憶體位址的一部分（指 index）來定址。

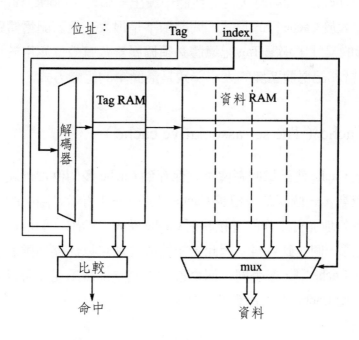

圖 10−3　直接映射 Cache 組織

　　為了檢查特定的記憶體內容是否在 Cache 中，用位址的 index 位元存取 Cache 的 entry。將高位址位元與儲存的 Tag 進行比較，如果相等，則說明存取內容在 Cache 中。低位址位元用於存取行中相應內容。

　　與更為複雜的組織方式相比，直接映射組織具有一系列特性：

(1)特定記憶體項只能保存到 Cache 的唯一位置。有相同 Cache 位址的兩個記憶體項爭奪使用該位置。

(2)Tag 記憶體保存除了行內定址和 Cache RAM 定址所需要的位元之外的其他位元。

(3) Tag 和資料存取可以同時進行，是所有組織方式中 Cache 存取速度最快的。

(4)由於 Tag RAM 通常遠小於資料 RAM，因此其存取時間短，使 Tag 的比較能夠在資料存取時間內完成。

　　一個典型的直接映射 Cache 能保存 8KB 資料，每行 16 位元組，因此共有 512 行。一個 32 位元位址中的 4 位元用於行內定址，9 位元用於行定址，其他 19 位元為 Tag。因此，Tag RAM 記憶體的大小超過 1KB。

　　當向 Cache 載入資料時，從記憶體中讀出一區塊（block）資料。若記憶體區塊的尺寸大於 Cache 行的尺寸，問題還不是很大。但若記憶體區塊的尺寸小於 Cache 行的尺寸，那麼 Tag 記憶體必須擴展一些有效位元用於指示行內的區塊。Cache 行和記憶體區塊的大小一致是最簡單的組織方式。

組相關 Cache（The set-associative cache）

　　組相關 Cache 使記憶體區塊可以保存到 Cache 多個位置以減少競爭問題，其複雜性較高。一個兩路組相關 Cache 如圖 10−4 所示。圖中的 Cache 形式由兩個可以有效地並行工作的直接映射 Cache 構成。給出一個位址後可能在兩個 Cache 中任意一個找到資料，因此，記憶體位址可以保存到兩者中任何一個。在直接映射 Cache 中，競爭同一個位置的兩個記憶體項現在可以使用這些位置中的一個，使 Cache 中兩者都可以命中。

位址：

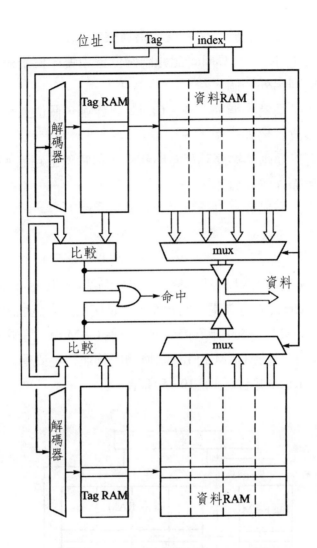

圖 10-4　兩路組相關 Cache 組織

　　每行 16 個位元組的 8KB Cache，在其每一半中有 256 行。因此，32 位元位址中的其中 4 位元用於從行中選擇位元組，8 位元用於從每一半 Cache 中選擇 1 行。因此 Tag 位址必須多 1 位元，為 20 位元。存取時間稍長於直接映射 Cache，時間增加是由於需要在兩半之間使用多工器選擇資料。

　　當一個新資料項要放到 Cache 時，必須決定放到哪一半。有許多選擇方式，最常用的方式如下：

⑴隨機存放。存放取決於一個隨機或偽隨機數。

⑵最近未使用（LRU）。Cache 記錄兩個位置中哪一個是最後存取的，並將新資料放到另外一個。

⑶循環使用（又稱為「週期」）。Cache 記錄哪一個位置是最近分配的，並將新資料放到另外一個。

　　組相關方法可以從兩路擴展到任意路相關。但實際上超過 4 路相關後作用並不大，只會導致額外的複雜度。

全相關 Cache

　　另一個相聯的極端是以 VLSI 技術設計一個全相關（fully associative）Cache。不是將直接映射 Cache 繼續分為更小的元件，而是使用內容定址記憶體（Content Addressed Memory, CAM）來設計 Tag RAM。一個 CAM 單元是具有內建比較器的 RAM 單元，因此，基於 CAM 的 Tag 記憶體能夠並行地查尋並定位任何位置的位址。全相關 Cache 的組織如圖 10－5 所示。

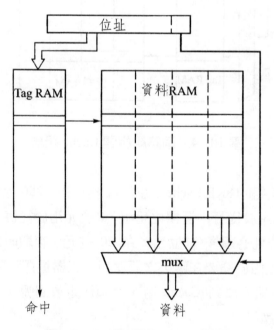

圖 10－5　全相關 Cache 組織

由於沒有任何位址位元隱含 Cache 中資料的位置，因此，Tag 記憶體必須保存除了用於行內位元組定址的位址位元以外的其他所有位址位元。

寫入策略（Write strategies）

上述方案的讀取工作方式是很明顯的：當給出一個新的讀取位址時，Cache檢查是否保存了定址的資料。如果是，則Cache給出這個資料；如果不是，則從主記憶體讀取一個資料區塊，然後將其保存到Cache中合適的位置，並向微處理器提供所需的資料。

當微處理器執行寫入操作時有多種選擇。按複雜度由低到高排序，常用的寫入策略（write strategies）如下：

1. 完全寫入（write through）

所有的寫入操作直接寫入主記憶體。如果所定址的資料正好保存在 Cache中，則Cache進行更新以保存新資料。在寫入操作時微處理器必須降到主記憶體的速度。

2. 帶緩衝的完全寫入

所有寫入操作仍然直接對主記憶體操作，Cache 也在適當時機更新。但不是將微處理器降到主記憶體速度，而是將要寫的位址及資料保存到可以高速接收寫入訊息的寫入緩衝器中。然後寫入緩衝器以主記憶體速度將資料傳送到主記憶體中，而微處理器可以繼續處理下一個任務。

3. 回寫法（write back，或稱回拷（copy-back））

回寫式 Cache 並不與主記憶體保持一致。寫入操作只更新 Cache，因此，Cache行必須記錄是否被修改過（在每一行或區塊中設置一個dirty bit）。如果新的資料要調入到一個已dirty的Cache行中，那麼這個行必須先寫回到主記憶體中。

完全寫入Cache的實作最簡單，其優點是主記憶體隨時更新，其缺點是在每個寫入操作過程中微處理器都降低到主記憶體速度。加上寫入緩衝將使微處

理器繼續高速工作直至寫入速度超過外部寫入頻寬。

　　對於回寫式Cache，在最終值寫回主記憶體之前，一個位置可以多次寫入，由此降低了對外部寫入頻寬的需求。但是實作上更為複雜，並且由於缺乏一致性而難於管理。

Cache 特點總結

　　表 10-1 總結了定義 Cache 組織的各種參數。第一個參數是 Cache 與記憶體管理元件（Memory Management Unit, MMU）的關係，這將在 10.5 節的「虛擬與實體 Cache」一段中進一步討論。其他參數在本節中都已涉及。

表 10-1　Cache 組織選項的總結

組織特點	選　　項		
Cache-MMU 關係	實體 Cache	虛擬 Cache	
Cache 內容	指令與資料統一的 Cache	分開的指令與資料 Cache	
相關	直接映射 RAM-RAM	組相關 RAM-RAM	全相關 CAM-RAM
替換策略	循環	隨機	LRU
寫入策略	完全寫入	帶緩衝的完全寫入	回拷

10.4　Cache 設計範例

　　當選擇Cache的組織方式時，需要考慮在 10.3 節中討論過的幾個因素，包括Cache的大小、相關度、行及區塊的大小、替換演算法以及寫入策略。需要進行詳細的體系結構模擬來分析這些選擇對 Cache 性能的影響。

ARM3 的 Cache

　　1989 年設計的 ARM3 是第一個帶有晶片上 Cache 的 ARM 晶片。這些參數

對性能及匯流排使用的影響已被仔細地研究。在這些研究中，使用專門設計的硬體在 ARM2 運行幾個基準程式（benchmark programs）時追蹤其位址，然後用軟體分析這些位址流以便對多種組織形式的行為建模（現在已經不需要專門硬體了，桌上型機器已經具有足夠的性能，不需要硬體的支援就能模擬足夠大的程式）。

在研究開始時設置一個期望藉由 Cache 達到的性能上限。一個總是包含所需要資料的理想 Cache 模型用於設定這個上限。實際的 Cache 總要損失一些時間，因此，不可能比一個總是命中的理想 Cache 性能更好。

在比較實際的 Cache 和外部記憶體速度（分別是 20MHz 和 8MHz）假設的基礎上，建立了 3 種形式的理想模型：指令 Cache、指令和資料混合 Cache 以及資料 Cache。用沒有 Cache 的系統性能進行規格化，其結果如表 10-2 所列。由該表可知，指令是 Cache 保存的最重要的內容。但若包括資料，則會使性能進一步提高 25%。

儘管早就做出 Cache 寫入策略將是完全寫入（理論上是最簡單的）的決定，但是 Cache 檢測到一個寫入未命中並從寫入位址處調入一行資料仍然是可能的。對寫入未命中調入策略作了簡單研究，但可以證明其收效甚微且大大增加了複雜度，故這個策略很快就被放棄。因此，問題簡化為對採用讀取未命中調入策略的統一的指令和資料 Cache，找出其最佳組織，與晶片面積和功耗相符。

表 10-2　理想 Cache 性能

Cache 形式	性　能
無 Cache1	1
指令 Cache	1.95
指令和資料 Cache	2.5
資料 Cache	1.13

研究了多種不同的 Cache 組織及大小，其結果如圖 10-6 所示。最簡單的 Cache 組織是直接映射 Cache。但即使其大小為 16KB，它仍比理想情況差很多。複雜性稍高的是 2 路組相關 Cache，當大小為 16KB 時其性能與理想 Cache 差 1% 左右。但在當時（1989 年設計 ARM3 時），16KB Cache 需要很大的晶片

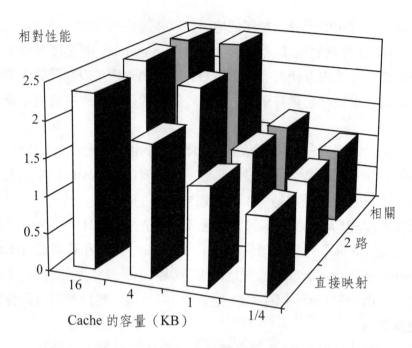

圖 10-6 以容量和組織為函數的統一 Cache 性能

面積，而 4KB Cache 的性能又不怎麼好（結果強烈依賴於用於產生位址追蹤的程式，但這些程式是典型程式）。

　　走向另一個極端，全相關 Cache 在小容量時的性能要好得多，使用基準程式測試時可產生近似理想的性能。使用的替換演算法是隨機演算法。LRU（最近未使用）演算法給出了非常相似的結果。

　　Cache 模型修改為一行 4 個字元，這對減小 Tag 記憶體面積成本是必要的。這個變化對性能影響很小。

　　全相關 Cache 需要一個巨大的 CAM（內容定址記憶體）Tag 記憶體。即使一行 4 個字元，其功耗也相當大。通過分段將 CAM 拆分為小的元件可大大減少功耗，但也減小了相關度。使用 4KB Cache，分析系統性能對相關度的敏感性，如圖 10-7 所示。圖中給出了從全相關（256 路）到直接映射（1 路）的所有相關的系統性能。儘管從直接映射到 2 路組相關的性能提高最大，但是一直到 64 路相關，性能提高還是很明顯的。

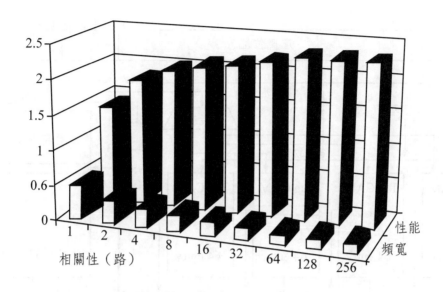

圖 10-7　相關對性能及頻寬需求的影響

　　由圖 10-7 可以看出，64 路相關 CAM-RAM Cache 與全相關 Cache 性能相同，但 256 個CAM項被分為 4 個部分以省功率。圖 10-7 同時給出了各級相關所需的外部記憶體的頻寬（相對於沒有Cache的微處理器）。應注意到圖中最高的性能對應於最低的外部頻寬需求。與內部存取相比，每一次外部存取都要消耗大量的能量，因此，Cache 在提高性能的同時減少了系統功耗需求。

　　由此採用的 Cache 組織如圖 10-8 所示。虛擬位址的最低 2 位元選擇一個字元中的位元組；2～3 位元從一個 Cache 行中選擇字元；4～5 位元從 4 個 64 個entry的CAMTag記憶體中選擇一個。虛擬位址的其他位元送往所選擇的 Tag 記憶體（其他 Tag 記憶體被禁止以節省功耗），用以檢查 Cache 資料 RAM 中的資料對應的位址以確定資料是否在Cache中。結果可能是命中，也可能是未命中。

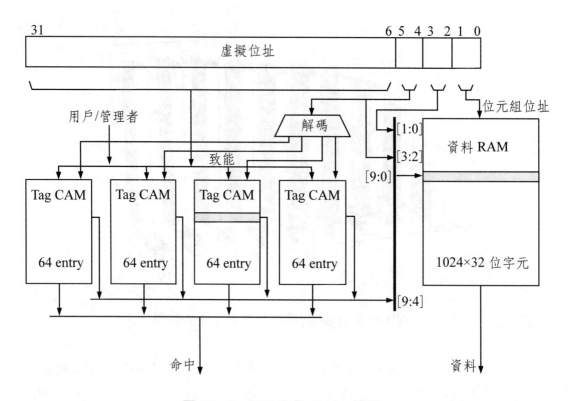

圖 10−8　ARM3 的 Cache 組織

ARM600 Cache 控制 FSM

　　下面描述 ARM600 Cache 控制有限狀態機（FSM），以說明管理 Cache 所需要的控制邏輯。ARM600 Cache 採用了 10.4 節中描述的 ARM3 的設計，同時還包括一個與 10.5 節中描述的轉換系統相似的方案。

　　ARM600 使用兩個時脈。從 Cache 讀取或向寫入緩衝器寫入時處理器使用快速時脈，而存取外部記憶體時使用記憶體時脈。處理器核心使用的時脈在這兩個時脈源之間動態切換。這兩個時脈源之間可能是相互非同步的。記憶體時脈並不需要簡單地由快速時脈分頻得到，儘管如果這樣處理器就可以藉由配置來避免同步開銷。

　　通常處理器基於 Cache 運行時使用快速時脈。在發生 Cache 未命中（或引用一個不能調入 Cache 的記憶體）時，處理器與記憶體時脈同步後進行單個外部存取或存一行資料到 Cache。由於在時脈之間切換時的同步會有一定的開銷

（以減小亞穩定性（metastability）風險到可接受的程度），處理器檢查下一個
位址以決定是否切換回快速時脈。

控制這個動作的有限狀態機如圖 10-9 所示。初始化後，處理器在快速時
脈下進入 check tag 狀態。根據定址資料是否在 Cache 中，處理器可能進入下列
路徑：

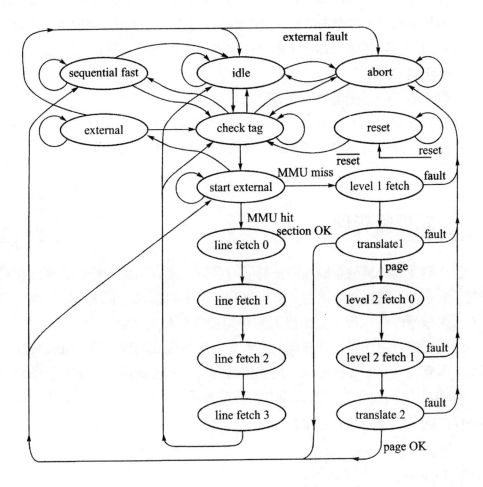

圖 10-9　ARM600 Cache 控制狀態機

(1)只要位址不是順序的，沒有 MMU 故障且是一個讀取命中或緩衝寫入，
　　則狀態機保持在 check tag 狀態，並在每個時脈週期返回一個資料或進行
　　一個寫入操作。

⑵當下一個位址是在同一個 Cache 行的順序讀取或順序緩衝寫入時，狀態機進入 sequential fast 狀態。此時可以不檢查 Tag 及啟動 MMU 就進行資料存取。這樣既節省了功耗，處理器核心又可以產生 seq 訊號。在這個狀態，每個時脈週期讀回一個資料或進行一次緩衝寫入。

⑶如果位址不在 Cache 中或寫入操作沒有緩衝，則需要進行外部存取。狀態機進入 start external 狀態。在 external 狀態，不可 Cache 記憶體讀取或不可緩衝寫入被作為單個記憶體事務來完成。如果記憶體能讀入 Cache，若 MMU 還沒有準備好，那麼在取了必要的轉換訊息後，讀取一行 4 個字元到 Cache。

⑷處理器不使用記憶體的週期在 idle 狀態執行。

在轉換過程中的幾個點，可以清楚地顯示出存取不能完成，並進入 abort 狀態。外部硬體也可能使不可 Cache 讀取或不可緩衝寫入放棄。

10.5　記憶體管理

現在典型的計算機系統在同一時間有多個程式在活動。單個處理器在同一時刻只能執行 1 個程式的指令，但可以在作用中的程式之間快速地切換，使它們看起來像是同時執行，至少從人的時間觀念來看是這樣。

快速切換是由作業系統管理的，因此，應用程式的程式設計師編寫程式時可以不考慮這些，好像他可以占用整個機器一樣。程式切換是由記憶體管理單元（MMU）支援的。記憶體管理有兩種基本方法，稱為分段式管理（segmentation）和分頁式管理（paging）。

分段式管理

最簡單的一種記憶體管理形式允許應用程式將其記憶體視為一系列的分段（segement），每段包含一些特定類別的訊息。例如，一個程式可以有一個包含所有指令的代碼分段、一個資料分段和一個堆疊分段。每次記憶體存取都向 MMU 提供一個分段選擇和一個邏輯位址。每個分段有一個基位址及一個相關

的限制。邏輯位址是相對於分段基位址的偏移。偏移不能超過限制，否則將發生一個存取違例，通常會產生一個異常。分段也可以有一些其他的存取控制，例如代碼分段可以是只讀取的，試圖對它進行寫入也將產生一個異常。

分段式 MMU 讀取機制如圖 10–10 所示。

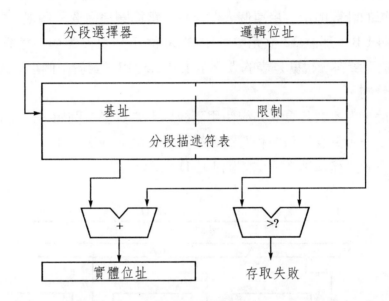

圖 10–10　分段式記憶體管理方法

分段式管理使程式擁有它自己的記憶體視野，透明地（transparently）與其他程式共存於同一儲存空間。但是當共存程式變化，可用的記憶體受到限制時，便會遭遇困難。由於分段的大小是變化的，隨著時間的推進，可用記憶體變成碎片，使一個新的程式不能載入。其原因並不是因為儲存空間不夠，而是因為所有可用的記憶體都是小的碎片，沒有一片足夠大的能夠裝入新程式的分段。

作業系統可以藉由移動記憶體中的分段將可用記憶體拼接成一個大的片段來解決這個問題，但其效率很低。現在大多數處理器使用基於固定大小的記憶體區塊，又稱為分頁（page）的記憶體映射方法。有一些體系結構使用分段式和分頁式，

但許多處理器，包括 ARM 僅支援分頁式管理。

分頁式管理

在分頁式管理中，邏輯和實體位址空間都劃分為固定大小的分頁。分頁的大小通常為幾 KB，但對於不同的體系結構分頁的大小不同。邏輯和實體分頁之間的關係保存在頁表（page tables）中，而頁表保存在主記憶體中。

簡單的計算顯示，用單個表保存頁表轉換關係需要一個很大的表：如果 1 分頁為 4 KB，那麼 32 位元位址中的 20 位元必須被轉換。這就需要表中有 $2^{20} \times 20$ 位元資料，也就是表的大小至少為 2.5 MB。對於一個小系統這個代價是不可接受的。

相反，大多數分頁式系統使用兩級以上的頁表。例如，位址的高 10 位元用於確定一級頁表目錄中相應的二級頁表；位址的次高 10 位元確定頁表項，即實體頁數。這種轉換方法如圖 10-11 所示。

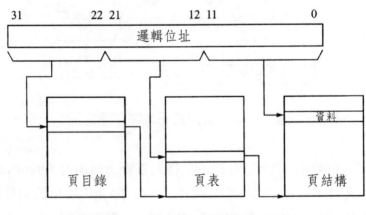

圖 10-11　　分頁式記憶體管理方案

注意這裡使用的特定數字。如果分配每個目錄及頁表項的大小為 32 位元，則目錄及每一個頁表大小剛好為 4 KB，即剛好是一個記憶體分頁。小規模系統的最小費用是 4 KB 的頁目錄再加上 4 KB 的頁表，這足以管理一個大小為 4 MB 的實體記憶體。全配置至 4 GB 記憶體需要 4 MB 的頁表，但這個代價對於這麼大的記憶體是完全可以接受的。

將在 11.6 節中描述的 ARM MMU 使用的位元分配方式（同時支援更大記憶體區塊的單級轉換）與這裡描述的稍有不同，但原理是一樣的。

虛擬記憶體（Virtual memory）

　　另一種可能的記憶體管理方案是允許將缺的分段或分頁標記出來，當對其存取時產生一個異常。

　　當發生記憶體分配溢位時，作業系統透明地將主記憶體中的分段或分頁移到備份記憶體（通常是硬碟）中，並將其標記為無效。然後可以將實體記憶體分配用做其他用途。如果程式試圖存取無效的分頁或分段，則會產生一個異常，作業系統將這個分頁或分段調回主記憶體，然後允許程式重新存取。

　　當以分頁式記憶體管理方案實現時，這個過程稱為請求分頁式虛擬記憶體（demand-paged virtual memory）。編寫的程式可以占用一個虛擬的儲存空間，遠大於所執行計算機的實際實體儲存空間。作業系統輪番載入所需要的程式或資料。典型的程式重複執行部分代碼，而其他部分則很少執行。將不常用的程式放在磁碟上不會明顯地影響其性能。當然也可能發生作業系統頻繁地切換記憶體中分頁的情況，這稱為thrashing（系統輾轉動盪），會嚴重影響系統性能。

可重啟動指令（Restartable instruction）

　　在虛擬記憶體系統中，一個重要需求是，任何可能造成記憶體存取故障的指令必須能使處理器進入一個狀態，以允許作業系統載入請求的記憶體分頁，並使原始程式重新執行，就像故障從來沒有發生過一樣。這通常藉由使所有記憶體存取指令能夠重新啟動來實現。處理器必須保存足夠的狀態以使作業系統能夠恢復足夠的暫存器值，當請求分頁調入主記憶體時，故障指令重新執行並得到與沒有發生分頁故障時相同的結果。

位址轉換對照緩衝器 TLB

　　上面描述的分頁方式使程式設計師完全自由透明地使用記憶體。但可以看出，這是以付出相當的性能代價來得到的。原因是每次記憶體存取都帶來兩次額外的記憶體存取，即在存取所需資料之前要進行 1 次頁目錄訪問和 1 次頁表讀取。

這些開銷通常可以藉由 TLB（Translation Look-aside Buffer）來避免。TLB 是最近使用過的分頁轉換的Cache。同 10.3 節中描述的指令Cache和資料Cache 一樣，TLB也有與相關度和替換策略有關的組織選項。行及區塊大小通常等於 單個頁表項。典型的 TLB 保存大約 64 個 entry，容量遠小於資料 Cache。典型 程式的局部性特點使這個容量的TLB的未命中率僅為 1%左右。未命中時就要 花費兩個額外的記憶體存取。

TLB 的操作如圖 10-12 所示。

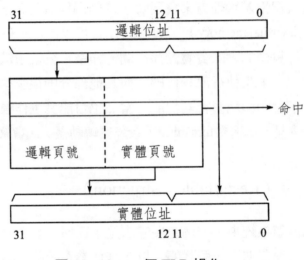

圖 10-12 一個 TLB 操作

虛擬與實體 Cache

當系統同時實作了 MMU 和 Cache 時，Cache 可以工作於虛擬（MMU 之 前）位址或實體（MMU 之後）位址。

虛擬 Cache 的優點在於處理器產生一個位址後可以立即開始一個Cache 存 取。如果發現資料在 Cache 中就不需要啟動 MMU。其缺點是 Cache 可能包含 同義項（synonyms），也就是同一主記憶體資料項在 Cache 中有重複拷貝。出 現同義項是因為位址轉換機制通常允許重疊轉換。如果處理器藉由一條位址通 道修改了資料，則 Cache 不可能更新第二個拷貝，從而導致 Cache 不一致。

由於實體記憶體位址與資料項唯一相關，因而實體 Cache 避免了同義項問題。但是 MMU 必須在每個 Cache 存取時啟動。但對於有些 MMU 和 Cache 組織，在 Cache 開始存取之前，MMU 必須完成位址轉換，導致 Cache 延遲增加。

分頁式 MMU 只影響高位址位元，而 Cache 存取只使用低位址位元。利用這個事實安排實體 Cache 可以巧妙地避免順序存取的開銷。假定兩種位址位元不重疊，Cache 和 MMU 存取可以並行進行。MMU 產生的實體位址到達時剛好可以與 Cache 的實體位址 Tag 進行比較，可以將位址轉換時間隱藏在 Cache Tag 存取中。這種最佳化方法不適用於全相關 Cache，只適用於 MMU 分頁尺寸大於 Cache 的每一個直接定址部分。例如，4 KB 的分頁將直接映射 Cache 的最大尺寸限制為 4 KB，2 路組相關 Cache 的最大尺寸限制為 8 KB，以此類推。

實際上，虛擬和實體 Cache 在商業上都有應用。前者依賴於包括同義項問題的軟體協定；而後者或者使用上述的最佳化，或者接受性能上的開銷。

10.6 例題與練習

👉 例題 10.1

當系統中分頁大小為 1KB 時，4 路實體 Cache 的容量有多大？
假定我們想同 10.5 節「虛擬與實體 Cache」一段中描述的那樣並行完成 TLB 和 Cache 存取，Cache 的每一部分最大為 1 KB，因此，全部 Cache 最大為 4 KB。

練習 10.1.1

如果 1 行的大小為 16 位元組，那麼在這個 Cache 中保存 Tag 需要多大的記憶體？

練習 10.1.2

估計上例中 TLB、資料 Cache 的 Tag 與資料記憶體的面積比例。

☞ **例題 10.2**

如果要包含所有實體分頁的轉換,那麼 TLB 必須有多大?

當 1 分頁為 4 KB 時,1 MB 記憶體有 256 頁,因此 TLB 需要 256 個 entry。TLB 不再需要是一個自動 Cache。由於 TLB 未命中意味著實體記憶體缺頁,因此,需要一個磁碟傳送。與磁碟傳送相比,由軟體維護 TLB 的開銷可以忽略。

覆蓋所有實體記憶體的 TLB 是反相頁表(inverted page table)形式。早期在 Acorn Archimedes 機器中使用的 ARM 記憶體控制器使用的就是這樣的轉換方法。參考圖 10-12,轉換硬體可以是一個 CAM。實體頁數儲存是一個簡單的硬體配線編碼器。對每一個實體分頁,CAM 都有一個 entry。Acorn 記憶體控制器晶片的 CAM 有 128 個 entry,其分頁尺寸隨系統中實體記憶體的數量而變化。1 MB 系統的分頁為 8 KB;4MB 系統的分頁為 32 KB。若超過 4 MB,則再加上一個記憶體控制器,分頁尺寸固定為 32 KB。CAM 由軟體維護,因此不需要複雜的查表硬體。整個轉換表全部由軟體定義。

練習 10.2.1

估算 128 個 entry 的反相頁表晶片的尺寸與 64 個 entry 的 TLB 的比例。假定 1 位元 CAM 的面積是 1 位元 RAM 面積的兩倍。

11 體系結構對作業系統的支援

Architectural Support for Operating Systems

- ◆ 作業系統簡介
- ◆ ARM 系統控制協同處理器
- ◆ 保護單元暫存器 CP15
- ◆ ARM 保護單元
- ◆ CP15 MMU 暫存器
- ◆ ARM MMU 結構
- ◆ 同　步
- ◆ 環境內容切換
- ◆ 輸入／輸出
- ◆ 例題與練習

本章內容綜述

作業系統的任務是提供一個環境，使得當多個程式並行執行時，程式間不良衝突的危險最小，但又支援安全資料共享。作業系統還應提供一個與機器硬體設施的完全介面。

行程間衝突的減小是靠每個行程只能存取自己的儲存區域這樣一種記憶體管理與保護方案來實現的。每個程式在系統記憶體中都有自己的可見區域。程式切換時記憶體可見區域也動態地轉換到新程式，前一個程式使用的所有記憶體從視野中移出。這一切若要高效操作，則需要複雜的硬體支援。對記憶體保護下的資料共享窗口必須非常仔細地控制。大多數程式不正常的深層原因是對共享結構的偶然讀取造成的，因此需要採用強制的方法。對硬體設備的存取涉及大量的底層位元處理。這些細節通常是由作業系統集中處理，而不是由每個程式獨自處理。這樣程式可以藉由系統呼叫方式在更高的層次上存取輸入／輸出函式。

ARM 體系結構中有專用結構來支援作業系統中所有類似的問題。

11.1　作業系統簡介

作業系統為機器的底層硬體資源和執行於其中的應用程式之間提供一個統一和完全的介面。

最高級的作業系統能為幾個不同的用戶在相同時間執行的多個通用程式提供支援。

多用戶系統（Multi-user systems）

在一個多用戶作業系統中，同時執行的程式的數量及類型是未知的，而且每次都不同。如果一個多用戶系統要求每一個程式都顧及同一機器上其他程式的存在，這會很不方便。因此，多用戶作業系統為每個程式提供一個完整的虛擬機器（virtual machine）。編寫程式時認為它是同一時刻在機器上執行的唯一

程式，存在其他程式僅有的明顯影響是執行時間加長了。

儘管在同一時間機器執行多個程式，但處理器只有一組暫存器（這裡我們不考慮多處理器系統），因此，在一個特定時間只有 1 個程式在執行。外在的並行性由時間分片（time-slicing）實作，也就是程式在處理器中輪流執行。由於從人的標準來看處理器以極高的速度執行，在一段時間如 1 s 內每個程式在處理器執行了幾次，因此，每個程式都有一定程度的前進。

作業系統負責排程（scheduling）（決定一個程式何時執行），使每個程式平均分享 CPU 時間，或使用優先權訊息使某些程式優先執行。

處理器切換一個程式，或者是因為由計時器中斷的作用，作業系統認為這個程式現在已執行了足夠的時間，或者是因為這個程式請求了一個低速周邊存取（如磁碟存取），且在得到回應之前不會再做任何有用工作。這時作業系統不會讓程式在處理器中空轉，而是進行切換並安排其他能夠進行有效工作的程式。

記憶體管理

為了構造一個執行程式的虛擬機器，作業系統必須建立一個環境，使程式能夠在其期望的記憶體位置存取其代碼及資料。由於程式將使用的期望記憶體位置可能與其他程式衝突，因此作業系統進行記憶體轉換，使程式載入代碼及資料的實體記憶體位置出現在相應的邏輯位址處。程式由作業系統管理的邏輯實體位址轉換機制來查看記憶體。

保護

對於在同一個機器上執行程式的多個用戶，非常希望能夠保證一個用戶程式的錯誤不會影響到任何其他程式的操作。同時，保護其他程式不受惡意攻擊也是必要的。

記憶體映射硬體不但給每個程式一個虛擬機器，而且能保證一個程式看不到屬於其他程式的任何記憶體，從而提供了一種記憶體保護方法。但太過於強調保護會影響效率，這是因為共享那些包含有常用函式庫的記憶體區域可以節

省記憶體使用。這裡採用的解決方法是讓這些區域成為唯讀或只能執行的。這樣一個程式就不會破壞其他程式也會使用的代碼。

　　常用的惡意破壞其他程式的方法是藉由假裝作業系統狀態來越過由記憶體管理系統設置的保護，然後修改轉換表。大多數系統採用的解決方法是提供特權系統模式，該模式具有可控的存取，只有在這個模式下才能存取轉換表。

　　設計一個能夠避免來自聰明個人惡意攻擊的計算機系統是一個複雜的問題，需要在架構上提供一些支援。ARM 的結構支援是提供具有可控制性存取的特許的處理器模式，並在記憶體管理單元中提供多種記憶體保護形式。但 ARM 很少用於那種需要保護以避免惡意用戶的系統。大多數情況下，這些設施用於捕捉因疏忽產生的程式錯誤，協助軟體除錯。

資源分配

　　兩個並行執行的程式發出的系統資源請求可能發生衝突。例如，一個程式可能請求從一部分磁碟讀取資料。這個程式在磁碟驅動器尋找資料時切換出去。而切換進來的程式也可能立即請求從另一部分磁碟讀取資料。如果磁碟驅動器直接回應這些請求，則很容易產生兩個程式交替控制磁碟控制器，使其在兩個請求之間振盪的情況，而每個程式都沒有足夠的時間找到所需資料。這樣將產生系統活鎖（live-lock），直到磁碟驅動器損壞。

　　為了避免這類情況，所有啟動輸入／輸出的請求都由作業系統設置一個通道。通道接收第一個程式的請求，把第二個程式的請求放在佇列（queue）中。第一個請求滿足後再回應第二個請求。

單用戶系統

　　對於單用戶系統，在同一時間執行多道程式的情形仍然可能發生，上述大多數情況仍然存在。儘管消除了惡意用戶共享同一機器的威脅，但每道程式都執行於自己的空間，以使一個程式的錯誤不會影響其他程式，這仍然是非常有用的。在消除惡意用戶的顧慮後系統可以簡化，不再需要禁止一個程式假裝成系統特權。這種情形即使偶爾發生也是極其不可能的。

　　然而，越來越多的單用戶桌上型電腦連接到計算機網路，而網路允許其他用戶在上面遠距的執行程式。這類機器應被明確地看做多用戶系統，並對其進行適當等級的保護。

嵌入式系統

　　嵌入式系統明顯區別於上面討論的單用戶和多用戶通用系統，它通常執行一系列固定程式而不會引入新的程式，因此不存在惡意用戶問題。

　　作業系統繼續扮演相似的角色，就是給每道程式提供一個乾淨的虛擬機器，保護程式以防止其他程式中錯誤的干擾，並安排使用 CPU 時間。

　　許多嵌入式系統工作時有即時的限制，這些限制決定排程的優先權。成本問題使嵌入式系統不會採用通用機器中常用的作業系統，因為這種作業系統需要大量的記憶體資源。這導致了即時作業系統（Real-Time Operating Syetem, RTOS）的開發。即時作業系統提供嵌入式系統所需的排程及硬體介面工具，並且只占用幾 KB 的記憶體。

　　小型嵌入式系統甚至可能連這種開銷也不能承受，或者可能只有非常簡單的排程需求（例如在所有時間裡只執行 1 個固定程式），根本不需要一個「作業系統」。這時有一個簡單的「監督」程式，提供幾個系統功能（如輸入／輸出介面功能）就足夠了。這種系統基本上不需要記憶體管理硬體，直接使用微處理器的邏輯位址存取記憶體。如果一個嵌入式系統包括一個 Cache 記憶體，就需要一些機制以定義哪些範圍的記憶體是可 Cache 的（cacheable）（因為 I/O 區域是不能 Cache 的）。但這比整個記憶體管理系統要簡單得多。

本章結構

　　記憶體管理的一般原理已經在第 10 章中介紹過，本章後面的各節介紹 ARM 系統控制協同處理器及其控制的記憶體管理系統，包括一個完整的、有位址轉換的 MMU，以及一個用於不需要位址轉換的嵌入式系統的、簡單的保護單元。

　　隨後幾節介紹與作業系統相關的重要問題：同步、環境內容切換（context switching）以及輸入／輸出元件的處理，包括中斷的使用。

11.2　ARM 系統控制協同處理器

　　ARM 系統控制協同處理器是一個晶片上協同處理器，使用邏輯協同處理器 15 號，控制晶片上 Cache 或 Cache、記憶體管理或保護單元、寫入緩衝器、預取緩衝器、分歧目標 Cache 以及系統配置訊號的操作。

CP15 指令

　　藉由讀寫 CP15 暫存器進行控制是有效的。

　　所有暫存器都是 32 位元長，並且只能在管理者模式下由 MRC 和 MCR 指令存取（參見 5.19 節）。使用其他協同處理器指令，或試圖在使用者模式下存取，都將產生無定義指令陷阱。這些指令的格式如圖 11−1 所示。在大多數情況下，不使用 CRm 和 Cop2 欄位（field），且應將其設為 0。它們只在特定操作中使用。

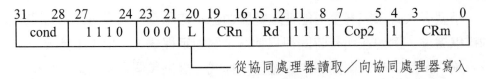

圖 11−1　CP15 暫存器傳輸指令

保護單元

　　如果應用於嵌入式系統的 ARM CPU 執行固定的或可控制的應用程式，則不需要完整的、具有位址轉換能力的記憶體管理單元。對於這樣的系統，一個簡單的保護單元就足夠了。

　　ARM 保護單元中 CP15 暫存器的組織將在 11.3 節中描述，保護單元的操作將在 11.4 節中描述。

　　採用了保護單元的 ARM740T 的 CPU 將在 12.1 節中描述，ARM940T 將在 12.4 節中介紹。

MMU

用於一般應用的 ARM CPU，其應用程式的範圍及數量在設計時是未知的，因此，通常採用具有位址轉換的、完整的記憶體管理單元（MMU）。

ARM MMU 中 CP15 暫存器的組織將在 11.5 節中介紹，MMU 的操作將在 11.6 中介紹。

採用了完整的 MMU 的 CPU 以及其他所有 CPU 將在 12 章中介紹。

11.3　保護單元暫存器 CP15

保護單元暫存器的結構如表 11−1 所列。對暫存器進行讀／寫的 CP15 指令如圖 11−1 所示，其中 CRn 指定要存取的暫存器。

表 11−1　保護單元中暫存器 CP15 的結構

暫存器	目　的
0	ID 暫存器
1	配置
2	Cache 控制
3	寫入緩衝控制
5	存取允許
6	區域基準及大小
7	Cache 操作
9	Cache 鎖定
15	測試
4, 8, 10～14	未用

暫存器的詳細功能如下：

(1)暫存器 0：只讀。返回元件識別訊息。

31　　　　　24	23　　　16	15　　　　　　　　4	3　　　　0
實現者	結構	元件號（BCD）	修訂

位元 $[3:0]$ 為修訂編號；$[15:4]$ 為 3 位 BCD 碼表示的元件編號；位元 $[23:16]$ 為結構版本（0：版本 3；1：版本 4；2：版本 4T；3：版本 5T）；位元 $[31:24]$ 為生產商標記的 ASCII 碼（ASCII 碼「A」$=41_{16}$ 表示 ARM 公司；ASCII 碼「D」$=44_{16}$ 表示 Digital 公司等等）。

有些 CPU 並不完全遵循上述暫存器 0 的格式。最近的 CPU 有第二個暫存器 0（通過改變 MRC 指令的 Cop2 欄位來存取），給出了 Cache 的組織細節。

(2)暫存器 1：可讀／寫。包含一些控制系統功能致能以及控制系統參數的訊息位元。

31	30	29	28	27	26	25	24	23											14	13	12	11				8	7	6				4	3	2	1	0
iA	nf	Bnk	F	Lck	S	0	0	0	0	0	0	0	0	0	0				V	I	0	0	0	0		B	0	0	0			W	C	0	M	

所有位元在重置時清除。若設定，則位元 M 致能保護單元；位元 C 致能資料或統一 Cache；位元 W 致能寫緩衝器；位元 B 將 little-endian 格式轉換為 big-endian 格式；位元 I 在資料和指令 Cache 分開時致能指令 Cache；位 V 將異常向量（exception vector）移到位址高端附近；S、Lck、F 和 Bnk 用於 Cache 控制（在 ARM740T 中）；nf 和 iA 控制各種時脈機制（在 ARM940T 中）。

應注意，所有這些位並不是在所有實作中都提供。

(3)暫存器 2：可讀寫。控制 8 個各自的保護區域（region）的 Cache 能力。

31								8	7	6	5	4	3	2	1	0
0000000000000000000000000									7	6	5	4	3	2	1	0

位元［0］致能區域 0 的讀 Cache；同樣位元［1］致能區域 1，以此類推。
ARM940T 的指令及資料埠有分開的保護單元。Cop2（參見圖 11−1）確
定存取哪個單元。Cop2＝0 存取資料埠的保護單元；Cop2＝1 存取指令
埠的保護單元。

⑷暫存器 3：可讀寫。確定一個保護區域是否使用寫入緩衝器。其格式與
暫存器 2 的相同。但由於 ARM940T 的指令埠是唯讀的，寫入緩衝器只
能用於資料埠，因此，Cop2 應設為 0。

⑸暫存器 5：可讀寫。定義每個保護區域的存取許可。

31 16	15 14	13 12	11 10	9 8	7 6	5 4	3 2	1 0
0 0 0 0 0 0 0 0 0 0 0 0 0 0 0 0	ap7	ap6	ap5	ap4	ap3	ap2	ap1	ap0

存取許可包括不能存取（00）、特權模式存取（01）、特權模式下完全
存取和用戶唯讀（10）、完全存取（11）。同樣，ARM940T 使用 Cop2
欄位來區分指令（1）和資料（0）保護單元。

⑹暫存器 6：可讀寫。定義 8 個區域的起始位址和大小。

31 12	11 6	5 1	0
區域基址	000000	區域大小	E

區域基址必須是區域大小的整數倍。區域大小欄位（field）的編碼如表
11−2 所列。E 致能該區域。

CRm 欄位指定特定的區域（參見圖 11−1），其值應設置為 0～7。對於
一個 Harvard 核心，如 ARM940T，指令及資料記憶體埠有分開的區域暫
存器。與暫存器 2 相同，Cop2 指定定址的記憶體埠。

⑺暫存器 7：控制各種 Cache 操作。ARM740T 和 ARM940T 有不同的操作。

⑻暫存器 9：在 ARM940T 中用於鎖定 Cache 範圍。（ARM740T 中用暫存
器 1 中的特定位元來實現該功能。）

⑼暫存器 15：在 ARM940T 中用於將 Cache 分配演算法從隨機演算法改變
為循環演算法，僅在產品測試時使用。

11.4　ARM 保護單元

用於嵌入式應用的 ARM CPU 中實作了記憶體保護單元,定義了不同記憶體區域的各種保護及 Cache 功能。例如,I/O 區域可以僅限於管理者存取,並且是不可 Cache(uncacheable)的。保護單元不對位址進行轉換,需要位址轉換的系統應使用完整的記憶體管理單元,如 11.6 節所述。實作了保護單元的 CPU 包括 ARM740T 和 ARM940T。

保護單元的結構

保護單元允許將 ARM 的 4GB 的定址空間映射為 8 個區域(regions)。每個區域都有可編程的起始位址及大小、可編程的保護及 Cache 性質。這些區域可以重疊。對重疊區域的定址有固定的優先權。

區域定義(Region definition)

藉由寫入 CP15 暫存器 6 可以定義 8 個區域中每一個的起始位址及大小。這個暫存器的格式在前面已定義。這些區域的大小最小為 4KB,最大為 4GB。當寫入 CP15 暫存器 6 時,Rd[5:1] 定義區域大小,在最大和最小值之間以 2 的倍數設置,如表 11-2 所列。起始位址由 Rd[31:12] 定義,必須是所選大小的倍數。在 Rd[0] 設定後區域才能起作用。

表 11-2 保護單元區域大小編碼

Rd[5:1]	區域大小
01011	4KB
01100	8KB
01101	16KB
01110	32KB
⋮	⋮
11100	512MB
11101	1GB
11110	2GB
11111	4GB

區域優先權

　　區域之間設置為重疊是合法的。當對重疊部分定址時,保護單元以固定的優先權確定使用哪個區域來定義重疊部分的屬性。區域 7 的優先權最高,而區域 0 的優先權最低。其他區域為中間優先權,按其數字排序。

　　將一個區域的起始位址限制為其大小的倍數,就可以藉由比較定址位址的某些最高有效位元(20 位元以上)與該區域的起始位址的對應位元,來檢查一個位址是否在該區域內。如果匹配,則這個位址就落在該區域內;否則落在區域之外。由於不需要加法或減法,這個比較過程非常快。由此,保護單元的組織如圖 11-2 所示。圖中區域 0 覆蓋了整個 4GB 尋址空間,因此,所有定址都將落在該區域。區域 1、2 和 4 為 4KB,區域 3、6、7 和 5 為 8KB。假如定址位址落在區域 0、3 和 6 內(以黑箭頭線標注),則優先編碼器選擇使用最高優先權區域,也就是區域 6 的屬性。

　　如果位址沒有落在任何使能區域內,則保護單元將產生一個異常中斷。

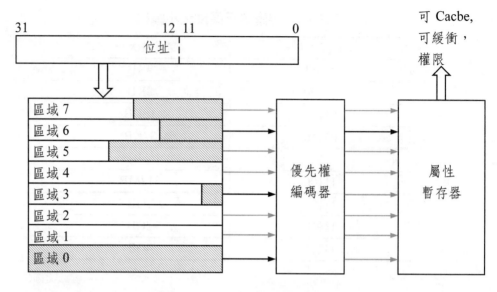

圖 11-2　保護單元的組織

Harvard 核心

使用 Harvard 結構的 ARM 核心，如 ARM940T，在其指令及資料埠上有分開的保護單元，因此總共有 16 個區域。

11.5　CP15 MMU 暫存器

MMU 暫存器結構如表 11-3 所列。這些暫存器使用如圖 11-1 所示的 CP15 指令進行讀和寫，其中 CRn 指定要存取的暫存器。

表 11-3　CP15 MMU 暫存器結構

暫存器	目　的
0	ID 暫存器
1	控制
2	轉換表基址
3	定義域（domain）存取控制

表 11-3 CP15 MMU 暫存器結構（續）

暫存器	目 的
5	故障狀態
6	故障位址
7	Cache 操作
8	TLB 操作
9	讀取緩衝操作
10	TLB 鎖定
13	程式 ID 映射
14	除錯支援
15	測試及時脈控制
4, 11～12	未用

這些暫存器功能的詳細描述如下：

(1)暫存器 0：唯讀。返回識別訊息。

31 24	23 16	15 4	3 0
實現者	0 0 0 0 0 0 0 A	元件編號（BCD）	修訂

位元 [3:0] 為修訂號；位元 [15:4] 為 3 位 BCD 碼的元件編號；位元 [23:16] 為體系結構版本（「A」=0 為版本 3；「A」=1 為版本 4）；位元 [31:24] 為 ASCII 碼的開發商標記（ASCII「A」=41_{16} 表示 ARM 公司；「D」=44_{16} 為 Digital 公司等等）。

有些 CPU 並不完全遵循上述暫存器 0 格式。最近的 CPU 有第二個暫存器 0（藉由改變 MRC 指令的 Cop2 欄位存取），它給出了 Cache 的組織細節。

(2)暫存器 1：在體系結構版本 3 中只寫；在體系結構版本 4 中可讀／寫。包含一些控制系統功能致能以及控制系統參數的訊息位。

31	15	14	13	12	11	10	9	8	7	6	5	4	3	2	1	0
0 0 0 0 0 0 0 0 0 0 0 0 0 0 0 0 0	RR	V	I	Z	F	R	S	B	L	D	P	W	C	A	M

所有位元在重置時清除。若設定，則 M 致能 MMU 單元；位元 A 致能

位址對準故障檢查；C 致能資料或統一 Cache；位元 W 致能寫緩衝器；P 將 26 位元異常入口切換為 32 位元；位元 D 將 26 位元位址範圍切換為 32 位元；位元 L 切換為後中止（late abort）時序；位元 B 切換 little-endian 格式為 big-endian 格式；位元 S 和 R 修改 MMU 系統和 ROM 保護狀態；位元 F 控制外部協同處理器通訊速度；位元 Z 致能預分歧；位元 I 在資料和指令 Cache 分開時致能指令 Cache；位元 V 將異常向量基位址由 0x00000000 移到 0xffff0000；位元 RR 控制 Cache 替換演算法（偽隨機或循環）。應注意，所有這些位元並不是在所有實作中都提供。

位元 [31：15] 在讀時給出不確定值，在讀-修改-寫存取時應當保留。例如，位元 [31：30] 在 ARM920 和 ARM940 中用於時脈控制功能。

(3) 暫存器 2：在體系結構版本 3 中只寫，在版本 4 中可讀寫。包含當前活動的第一級轉換表的起始位址。

31	14 13	0
轉換表基址		0 0 0 0 0 0 0 0 0 0 0 0 0 0

(4) 暫存器 3：在體系結構版本 3 中只寫，在版本 4 中可讀寫。包含 16 個欄位（field），每個 2 位元，指定 16 個定義域（domain）的存取權限。定義域將在 11.6 節作詳細介紹。

31 30	29 28	27 26	25 24	23 22	21 20	19 18	17 16	15 14	13 12	11 10	9 8	7 6	5 4	3 2	1 0
D15	D14	D13	D12	D11	D10	D9	D8	D7	D6	D5	D4	D3	D2	D1	D0

(5) 暫存器 5：在體系結構版本 4 中可讀寫。在版本 3 中為唯讀，對其進行寫入操作將更新整個 TLB。指示故障類型以及中止的最後的資料讀取域。D 在一個資料中斷點被設定。

31	9	8	7 4	3 0
0 0 0 0 0 0 0 0 0 0 0 0 0 0 0 0 0 0 0 0 0 0 0		0	domain	狀態

(6) 暫存器 6：在體系結構版本 4 中可讀寫。在版本 3 中為唯讀，對其寫入將更新特定的 TLB entry。包含中止的最後的資料存取位址。

31	0
故障位址	

(7)暫存器 7：在體系結構版本 4 中可讀寫。在版本 3 中為只寫並簡單地更新 Cache。用於完成一系列 Cache、寫入緩衝、預取緩衝和分歧目標 Cache 的清除以及／或更新操作。提供的資料應當為 0 或一個相對虛擬位址。讀取暫存器 7 時用 Cop2 和 CRm 欄位指定特定的操作。其可用功能隨實作而變化。

(8)暫存器 8：在體系結構版本 4 中可讀寫，在版本 3 中沒有這個暫存器。用於完成一系列 TLB 操作，更新 TLB 單個或整個 entry，支援統一或分開的指令和資料 TLB。

(9)暫存器 9：如果有該暫存器，則用於控制讀取緩衝器。在一些 CPU 中，這個暫存器用於控制 Cache 栓鎖功能。

(10)暫存器 10：用於控制 TLB 栓鎖功能（若支援這一功能的話）。

(11)暫存器 13：用於藉由行程（process）ID 暫存器重新映射虛擬位址。這個機制用於支援 Window CE，並只在特定的 CPU（如 ARM720T 和 SA-1100）中出現。如果虛擬位址的位元 [31：25] 為 0，則用這個暫存器的位元 [31：25] 代替。

31 25 24	0
行程 ID	0 0 0 0 0 0 0 0 0 0 0 0 0 0 0 0 0 0 0 0 0 0 0 0 0

(12)暫存器 14：用於除錯支援。

(13)暫存器 15：用於測試。在某些 CPU 中還用於時脈控制。

11.6 ARM MMU 結構

MMU 完成兩個基本功能：

(1)將虛擬位址轉換為實體位址。

(2)控制記憶體存取權限，中止非法存取。

ARM MMU 使用具有步行表（table-walking）硬體的兩級頁表和一個保存最近使用的分頁轉換的 TLB。對於指令和資料 Cache 分開的微處理器，也可能有分開的指令和資料 TLB。

記憶體梯度（Memory granularity）

記憶體映射藉由相同的基本機制以幾種不同的儲存梯度（granularity）來實現。可以使用的單位如下：

(1)分段（section）：為 1 MB 記憶體區塊。

(2)大頁：為 64 KB 記憶體區塊。在大頁中，將存取控制施加到單獨的 16 KB 子頁上。

(3)小頁：為 4 KB 記憶體區塊。在小頁中，將存取控制施加到單獨的 1 KB 子頁上。

(4)微頁（ting page）：某些最新的 CPU 還支援 1 KB 的微頁。

一般的儲存梯度為 4 KB 的小頁。大頁及項可以用單個 TLB entry 映射到大塊資料記憶體。若強制將大塊資料映射到小頁，則在特定情況下，會造成 TLB 效率低落。

定義域

定義域（domain）是 ARM MMU 體系結構所特有的。一個定義域是一組具有特定存取權限的分段和／或分頁。這允許多個不同行程用同一個轉換表執行，同時不同程式之間又有一些保護。它是一種更為輕便的行程切換機制，而不必使每個行程都有自己的轉換表。

存取控制基於兩類程式：

(1)客戶程式：是定義域的使用者，必須保留構成定義域的每個分段和分頁的存取權限。

(2)管理程式：是定義域的管理者，可以越過個別分段或分頁的存取權限。

在任何一個時間，一個程式可能是某些定義域的客戶程式，是另一些定義

域的管理程式，而對剩下的定義域則完全沒有存取權限。這由 CP15 暫存器 3 控制。對 16 個定義域的每一個，暫存器 3 中有兩位元用於描述當前程式在每一個定義域的狀態。表 11-4 給出了對這兩位元的解釋。向 CP15 暫存器 3 寫一個新值可以修改一個程式對所有定義域的關係。

表 11-4　定義域存取控制位元

值	狀　態	描　述
00	禁止存取	任何存取將產生一個定義域故障
01	客戶程式	檢查分頁和分段的權限位元
10	保留	未用
11	管理程式	不檢查分頁和分段的權限位元

轉換行程（Translation process）

對一個新的虛擬位址的轉換總是從取第一級開始（在這裡先忽略 TLB。TLB 只是一個 Cache，用來加速下面描述的行程）。這要用到在 CP15 暫存器 2 中保存的轉換基址。轉換基址暫存器的位元［31：14］結合虛擬位址的位元［31：20］形成一個記憶體位址，用於存取第一級描述符，如圖 11-3 所示。

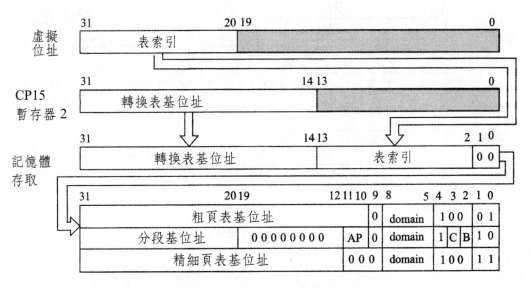

圖 11-3　第一級轉換的存取

　　第一級描述符可能是一個分段的描述符，也可以是第二級頁表（page table）的指標，這取決於其最低兩位元。

　　「01」表示是第二級粗略（coarse）頁表的指標；「10」表示分段描述符；「11」表示是第二級精細（fine）頁表的指標（只由特定 CPU 支援）；「00」用於指示一個產生轉換故障的描述符。

分段轉換（Section translation）

　　當第一級描述符指示將虛擬位址轉換為分段時，對定義域（分段描述符中的「domain」）進行檢查，並且若當前行程是定義域的客戶程式，則對存取權限（分段描述符中的「AP」）也進行檢查。如果允許存取，則記憶體位址由分段描述符的位元［31：20］與虛擬位址的位元［19：0］連接構成。這個位址用於存取記憶體中的資料。分段轉換的完整次序如圖 11-4 所示。

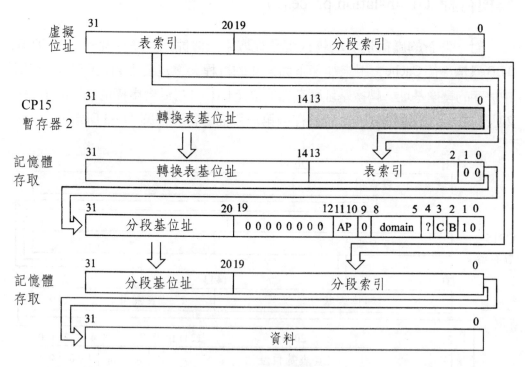

圖 11-4　分段轉換次序

存取權限位元（AP）將在本節後面的「存取權限」一段中描述。可緩衝（B）和可 Cache（C）位元的操作將在本節後面的「Cache 和寫入緩衝控制」一段中描述。

分頁轉換（Page translation）

當第一級描述符指示將虛擬位址轉換為分頁時，需要進一步讀取第二級頁表。第二級粗略分頁描述符的位址由第一級描述符的位元[31：10]和虛擬位址的位元[31：12]連接構成。第二級精細分頁描述符的位址由第一級描述符的位元[31：12]和虛擬位址的位元[19：10]連接構成。

第二級粗略分頁描述符可以是一個大頁（64KB）描述符，也可以是小頁（4KB）描述符，這取決於其最低兩位元。「01」表示是大頁；「10」表示是小頁。其他值將產生陷阱，「00」用於產生一個轉換故障；「11」值不應使用。第二級精細分頁描述符可以是一個微頁（1KB）描述符，由其最低兩位元為「11」指示；也可以像上面一樣，是大頁或小頁描述符。

小頁基位址保存在分頁描述符的位元[31：12]。位元[11：4]包含 4 個子頁的存取權限，分別由兩位元構成（AP0～3）。其中子頁是頁大小的 1/4。位元[3：2]為緩衝致能和Cache致能位元。（標記為「?」的位元用於專用實作。）

小頁的整個轉換次序如圖 11−5 所示。除了虛擬位址的位元[15：12]同時用於頁表索引和頁表偏移外，大頁的轉換次序相似。因此，大頁的每個頁表項必須在頁表中將用於頁表索引的那些位元的值拷貝 16 次。

微頁轉換方法也是相似的，但必須從一個精細的第一級描述符開始。微頁不支援子頁，因此，在第二級描述符中只有一組存取權限。

存取權限（Access permissions）

每一個分段及子頁的AP位元與第一級描述符的定義域訊息、CP15 暫存器 3 的定義域控制訊息、CP15 暫存器 1 的 S 和 R 控制位元以及微處理器的用戶／管理者狀態一起，用來確定對定址位置的讀或寫存取是否允許。權限檢查操作過程如下：

(1)如果允許對齊檢查（CP15 暫存器 1 的位元［1］設定），則檢查位址對
齊。若未對齊（也就是說，如果字元沒有與 4 位元組邊界對齊或半字元
沒有與 2 位元組邊界對齊），則產生故障。

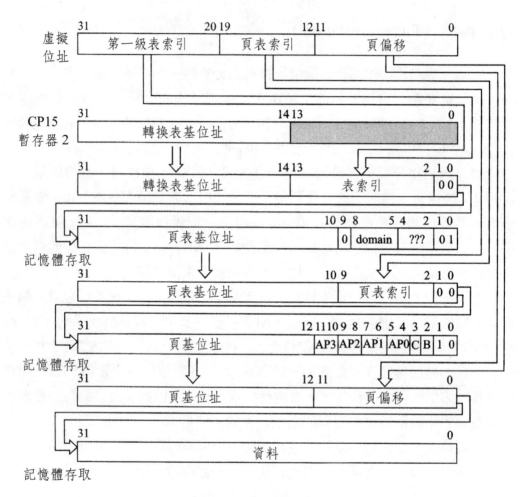

圖 11-5　小頁轉換次序

(2)以第一級描述符的位元［8：5］確定定址位置的定義域（若第一級描述
符不存在，則取描述符時產生故障）。

(3)檢查定義域存取控制暫存器，即 CP15 暫存器 3，確定當前行程對這個
定義域是用戶還是管理程式。如果都不是，則產生故障。

(4)如果是這個定義域的管理程式，則不管存取權限而繼續進行。如果是用

戶程式，則使用 CP15 暫存器 1 的位元 S 和 R 按表 11-5 來檢查存取權限。如果不允許存取，則產生故障。若允許則繼續存取資料。

表 11-5 存取權限

AP	S	R	超級用戶	用　戶
00	0	0	禁止存取	禁止存取
00	1	0	唯讀	禁止存取
00	0	1	唯讀	唯讀
00	1	1	不使用	不使用
01	-	-	讀／寫	禁止存取
10	-	-	讀／寫	唯讀
11	-	-	讀／寫	讀／寫

　　權限檢查方法如圖 11-6 所示。圖中顯示出，在位址轉換過程中可能產生各種故障。MMU 可能產生對齊、轉換、定義域以及權限故障。另外，外部記憶體系統可能產生取 Cache 行（不是所有 CPU 都支援）、不可 Cache 或不可緩衝存取（中止緩衝寫是不支援的）以及轉換表存取故障。所有這些故障都稱為中止（abort），由處理器作為預取或資料中止異常來處理，這依賴於存取的是指令還是資料。

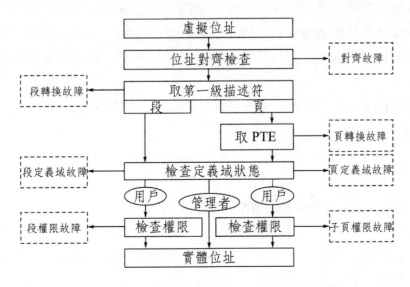

圖 11-6　存取權限檢查方法

資料存取故障將使故障狀態暫存器（CP15 暫存器 5）和故障位址暫存器（CP15 暫存器 6）更新，以提供故障產生原因和位置的訊息。指令存取故障只會在指令執行時產生異常（由於指令可能是在轉換後被取的，因此可能不被執行），並且不會更新故障狀態和位址暫存器。故障位址可以由返回的在連結暫存器中的位址推斷出來。

Cache 和寫入緩衝控制

分段及第二級分頁描述符中的位元 C 和 B 用來控制是否將分段或分頁中的資料複製到 Cache 中和／或藉由寫入緩衝器回寫到記憶體中。

對於採用完全寫入（write-through）方法的 Cache，位元 C 控制資料是否是可 Cache 的，位元 B 控制是否可以寫入緩衝。對於採用回寫方案的 Cache，可以用「可 Cache、不可緩衝」組合來描述「完全寫入、可緩衝」的行為。（這些 Cache 術語在 10.3 節的「寫入策略」中描述過。）

外部故障

應注意，當採用緩衝寫入時，若發生外部故障，則微處理器是不能恢復的。這是因為到指示發生故障時，微處理器可能已經執行了幾條指令，因此，不可能恢復原先狀態並重新執行發生故障的儲存指令。若需要恢復（例如，允許微處理器在發生匯流排故障後重新執行儲存指令），則必須採用不可緩衝寫入。

在典型的 ARM 應用中，沒有外部故障的潛在的可恢復資源，因此這不是一個問題。

11.7　同　步（Synchronization）

在多個行程（process）共享資料結構的系統中，常遇到的問題是如何控制共享資料的存取以保證正確操作。

例如，在一個系統中，一個行程對一系列感測器資料進行採樣並保存到記憶體中，以供另一個行程在任意時間使用。如果第二個行程總是能看到這些資料的一個窗口，在資料沒有完全更新前保證不將第一個行程切換出去並切入第二個行程是非常重要的。這個過程採用的機制稱為行程同步（process synchronization），這需要對資料結構進行互斥（mutually exclusive）存取。

互斥（Mutual exclusion）

若一個行程要對共享資料結構進行操作，且操作要求不能有其他行程存取這些資料，那麼必須等待其他行程完成存取後，設置一些鎖以防止在完成操作之前，其他行程存取這些資料。

實現互斥的一個方法是使用特殊的記憶體位置來控制對資料結構的存取。例如，這個位置可以包含一個布林值來指示資料結構是否正在使用。想要使用資料結構的行程必須等待，在空閒後使用這些資料並將其標記為忙碌。在完成操作後再將其標記為空閒。可能存在的問題是資料在變為空閒和正要標記為忙碌之間可能產生一個中斷。中斷造成行程切換，而新的行程看到的是結構處於空閒狀態，將其標記為忙碌並修改其中一位元。此時，另外一個中斷將控制返回給第一個行程，而這個行程處於認為結構是空閒的狀態，但這是錯誤的。

一個常用的解決這類問題的方法是布林值測試及設定時禁止中斷。但如果處理器處於被保護的管理者模式（例如ARM），那麼用戶級代碼不能禁止中斷，因此需要系統呼叫。而完成系統呼叫並將控制返回給用戶行程需要幾個時脈週期。

SWAP（置換）

一個更為有效的方法是使用不可分割（atomic，也就是不可中斷的）「測試及設定」指令。ARM 的 SWAP 指令（參見 5.13 節）正是為了這種用途而加入到指令集中的一條此類指令。一個暫存器先置為忙碌值，然後該暫存器與記憶體中包含布林值的位置進行置換。如果載入的值為空閒，則行程可以繼續進行；如果是忙碌，則該行程必須等待，重複測試直到得到空閒值為止。

應注意的是，這是 ARM 指令集中加入 SWAP 指令的唯一原因。這條指令不會提高微處理器性能，其動態使用頻率也可以忽略。它只是提供這一功能。

11.8 環境內容切換 (Context switching)

context 是保證行程（process）正確執行所必須建立的所有系統狀態。這些狀態包括：

(1)所有微處理器暫存器的值，包括程式計數器、堆疊指標等等；

(2)浮點暫存器的值（如果行程使用的話）；

(3)記憶體轉換表（但不是 TLB 的內容。TLB 的內容只是記憶體值的 Cache，在需要時會自動載入）；

(4)行程使用的記憶體中的資料（但不是 Cache 值，因為在需要時會自動載入）；

(5)當發生行程切換時，必須保存上一個行程的 context，並載入新行程的 context（這裡是假定行程不是第一次執行）。

何時切換

在產生外部中斷時可能進行 context 切換，例如：

(1)計時器中斷使作業系統根據時間片段（time-slicing）演算法喚醒一個新的行程。

(2)正在等待一個特定事件的高優先權行程因回應這個事件而被啟動。

完成了工作的行程可以呼叫作業系統將其置為睡眠狀態，等待外部事件將其喚起。

在所有情況下，都是作業系統進行控制並負責保存舊的 context 並載入新的 context。在基於 ARM 的系統中，這些工作通常由微處理器在管理者模式下完成。

暫存器狀態

如果所有的 context 切換都在反應 IRQ 或內部故障或管理者呼叫時發生，而管理者程式碼又不重新開放中斷，則行程暫存器狀態可以只限於使用者模式暫存器。如果 context 切換可以在反應 FIQ 時發生，或管理者程式碼可重新開放中斷，那麼可能也需要保存和恢復某些特權模式暫存器。

由於認識到在特權模式下保存和恢復用戶暫存器的困難性，ARM 在體系結構上對保存和恢復暫存器給予支援，提供專用指令協助實現。這些指令是多暫存器 Load/Store 指令的特殊形式（參見 5.12 節），允許代碼在非使用者模式下從非使用者模式暫存器定址的記憶體區域來保存和恢復用戶暫存器。

若沒有這些指令，則作業系統需要切換到使用者模式來保存和恢復用戶暫存器組，然後藉由保護屏障返回管理者模式。雖然這種方法可行，但它的效率很低。

浮點狀態

硬體協同處理器中的浮點暫存器或用軟體模擬器保留在記憶體中的浮點暫存器是行程狀態的一部分。為了減小每次行程交換時保存和恢復暫存器的開銷，當使用浮點的行程被切換出去時，作業系統只是簡單地禁止用戶級使用浮點系統。如果新的行程也需要使用浮點系統，那麼第一次使用會產生陷阱。此時，作業系統保存上一個行程的狀態並載入新的狀態，然後重新致能浮點系統，使新的行程可以自由地使用浮點系統。

因此，只有在確實需要時才會發生浮點 context 切換的開銷。

轉換狀態

當新舊行程使用獨立的轉換表時，context 切換的工作量很大。切換整個轉換表結構的一個簡單方法是改變 CP15 暫存器 2 的第一級頁表基位址。但由於這將導致已有的 TLB 和（虛擬位址）Cache 表項無效，因而必須清空它們。可以簡單地將所有表項標記為無效而將 TLB 和指令或完全寫入資料 Cache 清空。

在 ARM 處理器晶片中，每個 TLB 或 Cache 的清空只需要 1 條 CP15 指令；但對於寫回式 Cache，對所有 dirty 行都必須清理，因此需要花費很多指令。

（應注意，實體定址的 Cache 不存在這種問題。但現在所有的 ARM CPU 都使用虛擬定址的 Cache。）

當新舊行程共享同一個轉換表時，行程切換的工作量較小。由於 ARM MMU 結構中「定義域」的機制，只需要更新 CP15 暫存器 3 就可以重新配置虛擬定址空間中 16 個不同子集的保護狀態。

為了保證 Cache 不會成為保護系統的漏洞，進行 Cache 存取的同時，必須進行權限檢查。在載入一行 Cache 資料的同時，藉由儲存定義域及存取權限的訊息就可以實現這一點。但現在的 ARM 微處理器在 Cache 存取的同時，使用 MMU 中的訊息進行權限檢查。

11.9　輸入／輸出

在 ARM 系統中，輸入／輸出（I/O）功能是藉由記憶體映射的可定址周邊暫存器和中斷輸入的組合來實現的。某些 ARM 系統也可能有直接記憶體存取（Direct Memory Access, DMA）硬體。

記憶體映射的周邊設備

周邊設備（如串列線控制器）中包含一些暫存器。在記憶體映射系統中，這些暫存器就像特定位址的記憶體區域一樣。（在其他的系統組織中，I/O 功能可能與儲存元件有不同的定址空間。）串列線控制器可能有如下暫存器：

⑴發送資料暫存器（只寫）：寫入這個位置的資料會被送往串列線。

⑵接收資料暫存器（只讀）：保存從串列線送來的資料。

⑶控制暫存器（讀／寫）：設置資料速率，管理 RTS（請求發送）和其他類似的訊號。

⑷中斷致能暫存器（讀／寫）：控制產生中斷的硬體事件。

⑸狀態暫存器（只讀）：指示讀取資料是否有效，寫入緩衝是否滿等等。

要接收資料,必須使用軟體來適當地設定元件。通常在接收到有效資料或檢測到錯誤時產生一個中斷。中斷程式必須將資料複製到緩衝器中,並進行錯誤檢查。

記憶體映射問題

應注意的是,記憶體映射周邊暫存器的行為與記憶體不同。連續兩次讀取資料暫存器,即使對該暫存器沒有寫入操作,其結果也很可能不同。而對真正記憶體的讀取是等冪的(idempotent)(可多次重複讀取,結果一致)。對周邊暫存器的讀取操作可能清除當前的值,致使下一次讀取結果不同。這種暫存器稱為讀取感測(read-sensitive)的。

當涉及讀取感測的暫存器時,編程必須非常小心。特別是不能將這種暫存器的資料複製到 Cache 記憶體。

在許多 ARM 系統中,對 I/O 暫存器不能在使用者模式下存取。要存取這些元件,只能藉由管理者程式呼叫(SWI)或透過使用這種呼叫的 C 庫函數。

直接記憶體讀取(DMA)

如果 I/O 功能需要很高的資料頻寬,處理來自 I/O 系統的中斷可能會花費相當部分的處理器性能。許多系統採用 DMA 硬體來處理不需要處理器干預的最低級 I/O 資料傳輸。通常,DMA 硬體從周邊埠傳送資料區塊到記憶體的緩衝區,只有發生錯誤或緩衝區滿了時才中斷處理器。這樣微處理器中斷將出現在每一緩衝區而不是出現在每個位元組。

但是要注意,DMA 資料傳送占用了部分記憶體頻寬,I/O 活動仍將使微處理器性能下降(儘管比利用中斷來處理資料傳送要小得多)。

快速中斷請求

ARM 的快速中斷(FIQ)結構比其他異常模式(參見圖 2-1)有更多的暫存器,以減少處理這類中斷時保存和恢復暫存器的開銷。暫存器的數量是根據

實作一個 DMA 通道的軟模擬器所需要的數量來選擇的。

如果一個不支援 DMA 的 ARM 系統有一個 I/O 資料傳送源，並且其頻寬要求遠高於其他需求，那麼就值得考慮將 FIQ 分配給該資料源，而用 IRQ 支援其他來源。FIQ 同時支援幾個不同的資料源的效率很低，儘管在不同來源之間進行粗梯度（coarse granularity）切換可能比較合適。

中斷等待時間

中斷等待時間（interrupt latency）是微處理器的一個重要參數。中斷等待時間是在最壞情況下回應中斷的最長時間。對於 ARM6，在最壞情況下 FIQ 的延時由以下要素決定，即

(1)訊號藉由 FIQ 同步栓鎖器所需要的時間，最壞為 3 個時脈週期。

(2)最長指令（也就是 16 個暫存器的多暫存器 Load 指令）完成時間，為 20 個時脈週期。

(3)資料中止進入序列所需的時間，為 3 個時脈週期（資料中止的優先權高於 FIQ，但不遮罩 FIQ 輸出，參見 5.2 節）。

(4) FIQ 進入序列所需的時間，為 2 個時脈週期。

由此，總計最壞等待時間為 28 個時脈週期。在這個時間後，ARM6 執行 0x1C 處，也就是 FIQ 入口處的指令。這些週期可以是循序的，也可以是非循序的。若存取的記憶體速度低，則等待時間會更長。最好等待時間為 4 個時脈週期。

IRQ 等待時間的計算方法相似，但必須包括 FIQ 回應程式的最長絕對等待時間（這是由於 FIQ 的優先權高於 IRQ）。

Cache 和 I/O 交互作用

通常假定 Cache 會使處理器更快。一般情況下，若性能指的是在一段合理時間內的平均值，那麼這種假定是正確的。但在很多情況下會使用中斷，這時最壞情況的即時回應是非常關鍵的。在這種情況下，Cache 會使性能顯著下降。MMU 也會使情況變壞。

在第 12 章中將會介紹的 ARM710 的最壞中斷等待時間包括：

(1)請求訊號藉由 FIQ 同步栓鎖器所需要的時間，像前面一樣為 3 個時脈週期（最壞）。

(2)完成最長指令（16 個暫存器多暫存器 Load 指令）所需時間，同前面一樣為 20 個時脈週期。但這可能造成寫入緩衝器更新，這需要 12 個時脈週期；然後會發生 3 個 MMU TLB 未命中，需要 18 個時脈週期；6 個 Cache 未命中，需要 24 個時脈週期。原先的 20 個時脈週期與 Cache 行取重疊，但這一步總共花費為 66 個時脈週期。

(3)資料中止進入序列所需的時間，同前面一樣，為 3 個時脈週期。但從向量空間讀取可能增加 1 個 MMU 未命中和 Cache 未命中，這會增加 12 個時脈週期。

(4)FIQ 進入序列所需的時間，同前面一樣為 2 個時脈週期。但可能造成另一次 Cache 未命中，需花費 6 個時脈週期。

現在的總延遲為 87 個時脈週期，其中大多數為非循序記憶體存取。由此可見，支援記憶體架構的自動機制在平均情況下會加速一般的程式，但對關鍵代碼段的最壞情況計算則有相反作用。

減小延遲

當必須滿足即時（real-time）限制時，如何才能減小延遲呢？

(1)固定區域的快速晶片上 RAM（如將向量空間保存在記憶體的低端）將加速異常的進入。

(2)鎖定 TLB 的項和 Cache 以保證關鍵代碼段永不發生未命中問題。

應注意到，在 Cache 和 MMU 通常有效的通用系統中也經常存在即時限制問題，例如磁碟資料交換或區域網路管理，特別是在只有很小的 DMA 硬體支援的低成本系統中。

其他 Cache 問題

對於 Cache 還有一些其他事情需要注意，例如：

(1) Cache 假定對同一位址，在沒有新資料寫入之前，每次讀取都會返回相同資料。但 I/O 元件不是這樣，每次讀取操作返回的是下一個資料。

(2) Cache 每次取資料區塊（通常為 4 個字元）的位址是循序的。I/O 元件中通常相鄰位址的暫存器有不同的功能。同時對它們讀取會給出不可預測的結果。

因此，將記憶體的 I/O 區域通常標記為非 Cache 區，並繞過 Cache 讀取。通常 Cache 與讀取感測的元件互相排斥。顯示 frame 緩衝器也需要仔細考慮，通常也設為不可 Cache。

作業系統問題

通常，所有 I/O 元件暫存器的底層細節以及中斷處理都由作業系統負責。發送資料到串列埠的通常作法是將要發送的下一位元組資料載入 r0，然後進行相應的管理者程式呼叫。作業系統呼叫一個稱為元件驅動程式的副程式來檢查發送緩衝器是否空閒，傳送線是否活動（active），以及是否發生傳送錯誤等等。甚至可以呼叫一個行程向作業系統傳送一個指標，將整個緩衝器中的資料發送出去。

由於將裝滿資料的緩衝器送到串列線需要一些時間，作業系統可以返回行程控制直至發送緩衝器有空閒空間為止。傳輸線硬體設備發來的中斷將控制返回給作業系統，作業系統向緩衝器填充資料後將控制返回給中斷行程。下一次中斷引起下一次發送，直至整個緩衝器中的資料發送出去為止。

有可能發生這樣的情況：請求傳輸線的行程完成了工作，從計時器發來的中斷或其他來源引發了其他行程。作業系統在修改轉換表時必須小心，保證不會造成資料緩衝器不能存取。對其他請求向傳輸線發送資料的行程的處理也要謹慎，避免影響正在傳送資料的第一個行程。使用資源分配（Resource allocation）以保證在共享資源的使用上不會發生衝突。

一個行程可能在請求一個輸出功能後進入停止狀態（inactive），直到完成輸出為止，也可能進入停止狀態等待一個特定的輸入。也可以將一個請求存入作業系統，在發生輸入／輸出事件時啟動它。

11.10 例題與練習

☞ 例題 11.1

在 ARM 中為什麼用戶級代碼不能禁止中斷？

若允許用戶禁止中斷，則不可能實現安全的作業系統。下列代碼顯示了一個惡意用戶如何破壞所有正在活動的程式，即

```
        MSR       CPSR_f, #&c0      ; 禁止 IRQ 和 FIQ
HERE    B         HERE              ; 無窮迴圈
```

一旦禁止中斷，作業系統沒有辦法再獲得控制權，程式陷入無窮迴圈。唯一的方法是硬重置，這將破壞所有當前正在活動的程式。

如果用戶不能禁止中斷，則作業系統可由計時器建立一個週期性的規則中斷，可打斷無窮迴圈並排程其他程式。若作業系統給這個程式設置了一個 CPU 時間上限，則這個程式將產生時間逾時；或者在切入時繼續執行迴圈，在有計費的系統中得到一個大帳單。

練習 11.1.1

在一個安全的作業系統中，對低層記憶體（這裡保存著中斷向量）最小等級的保護是什麼？

練習 11.1.2

如果 ARM 沒有 SWAP 指令，則設計一個可支援同步的硬體周邊設備。（提示：不能由標準記憶體實作，該儲存元件必須是讀取感測的。）

12 ARM CPU 核心

ARM CPU Cores

本章內容綜述

　　雖然某些 ARM 應用採用簡單的整數微處理器核心作為基本處理元件，但有一些應用需要其他一些緊密相關的功能，如 Cache 記憶體和記憶體管理硬體。ARM 公司提供了一系列這類基於整數微處理器核心的 CPU 配置。這裡介紹的 ARM CPU 核心包括 ARM710T/720T/740T、ARM810（現在已由 ARM9 系列代替）、StrongARM、ARM920T/940T 以及 ARM1020E。這些 CPU 包括各種管線和 Cache 組織，充分說明了設計低功耗、高性能處理器時會遇到的各種問題。

　　Cache 記憶體的基本作用是滿足處理器核心的指令和資料頻寬需求，因此 Cache 組織與特定微處理器核心需要緊密結合。在 SoC 設計中，Cache 的目的是降低 CPU 核心對外部記憶體頻寬的需求，使得晶片上匯流排能夠承擔。如果直接與 AMBA 匯流排連接，則高性能 ARM 處理器核心的執行速度要稍快於 ARM7TDMI 的。因此，通常採用高速局部記憶體或 Cache。記憶體管理也是一個複雜的系統功能，需要與微處理器核心緊密結合。它可以是一個完全基於轉換的系統，也可以是一個簡單的保護單元。ARM CPU 核在單個巨集單元（macrocell）中集成了處理器核心、Cache、MMU，通常還有 AMBA 介面。

12.1　ARM710T/720T/740T

　　ARM710T/720T/740T 在 ARM7TDMI 微處理器核心（參見 9.1 節）的基礎上增加了一個 8KB 的指令和資料混合 Cache。外部記憶體和周邊元件藉由 AMBA 匯流排主控單元存取，同時還集成了寫入緩衝器以及記憶體管理單元（ARM710T/720T）或記憶體保護單元（ARM740T）。

　　ARM710T 和 ARM720T 的 CPU 有相似的組織結構，如圖 12-1 所示。

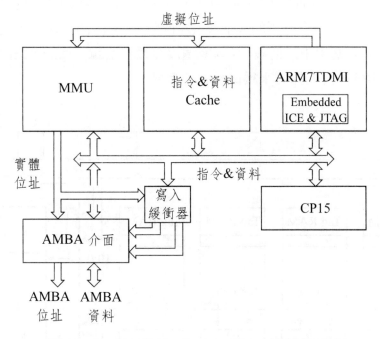

圖 12-1　ARM710T 和 ARM720T 的組織結構

ARM710T 的 Cache

　　由於 ARM7TDMI 微處理器核心只有一個記憶體介面,因此,在邏輯上適合採用統一的指令和資料 Cache。ARM710T 集成了一個 8KB 的 Cache。Cache 採用 4 路組相關結構,每個 Cache 行為 16 位元組。採用隨機替換演算法,在 Cache 未命中時,有 4 個位置可以載入新資料。由於目標時脈速率只比標準晶片外記憶體元件高幾倍,因此 Cache 採用完全寫入(write-through)策略。

　　ARM710T 的 Cache 組織如圖 12-2 所示。虛擬位址的位元[10:4]用於 4 個 Tag 記憶體索引。Tag 包含了虛擬位址的位元[31:11],因此,Tag 與當前虛擬位址的位元[31:11]進行比較。如果有一個 Tag 匹配,則 Cache 命中。用匹配 Tag 記憶體的 2 位元編號加上虛擬位址的位元[10:4]存取資料 RAM 的對應行。虛擬位址的位元[3:2]選擇行中的字元。如果需要存取位元組或半字元,則用位元[1:0]對字元進行選擇。

　　將 ARM710T 的 Cache 組織與 ARM3 和 ARM610（詳細介紹見 10.4 節）進行比較很有意義，因為它們的 Cache 設計都有類似的高性能和低功耗操作問題。雖然在這類應用中如何設計Cache 還沒有最終定論，但是，設計者可以透過對這些 ARM 晶片的探討來獲得設計的指導。

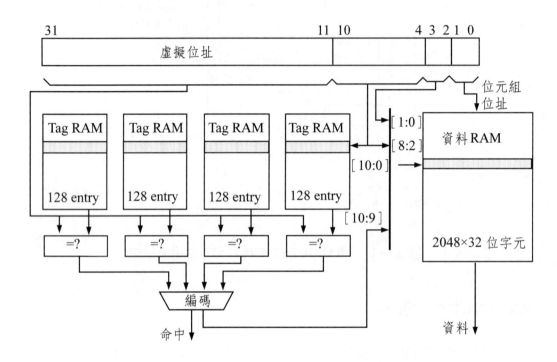

圖 12-2　ARM710T Cache 的組織

Cache 速度

　　高相關度（associativity）Cache 的命中率最好，但需要循序存取 CAM 和 RAM，而這限制了一個週期的時間。低相關度Cache 可並行存取 Tag 和資料，使其週期時間最短。雖然直接映射 Cache 的命中率遠低於全相關 Cache 的，但從直接映射變為 2 路或 4 路映射後，已經獲得由相關帶來的大部分好處，超過 4 路後效果提高就很不明顯了。但是，一個全相關 CAM-RAM Cache 比 4 路組相關 RAM-RAM Cache 要簡單得多。

Cache 功率

CAM 需要在每個週期對每個資料項進行並行比較,因此耗電稍微大些。藉由稍微減小相關度來將 Cache 分段會增加一些複雜性,但可以使 CAM 只有部分活動,從而顯著降低功耗。

在靜態 RAM 中,主要的功耗來源是類比感測放大器。在 4 路相關 Cache 中,Tag 記憶體中的感測放大器活動次數 4 倍於直接映射Cache。如果並行存取 Tag 和資料以提高速度,那麼資料記憶體中感測放大器的活動次數也為 4 倍。(相反,RAM-RAM Cache 可以串列存取 Tag 和資料。若 Tag 記憶體命中,則讀取對應的資料 RAM,從而降低功耗。)資料一旦有效,採用自定時關電電路來關閉感測放大器即可降低功耗,但感測放大器的功耗仍然非常可觀。

循序存取 (Sequential accesses)

微處理器存取的記憶體資料位於Cache的同一行時,應該可以在第一次存取之後跳過其他的 Tag 查找。ARM 產生一個訊號來指示下一個記憶體存取是否是循序存取。用這個訊號和當前位址可以推斷出存取是否在同一Cache行。(這不會檢測到所有的同一Cache 行存取,但可以檢測到大多數,並且實作非常簡單。)

對於同一 Cache 行存取,跳過 Tag 查找提高了存取速度並降低了功耗。循序存取可以使用低感測放大器(可以使用標準邏輯而不是類比電路),並大大降低功耗。但必須小心以保證位元線上增加的電壓擺幅產生的功耗不高於在感測放大器上節省的功耗。

功率最佳化 (Power optimization)

設計 Cache 時必須注意要降低的是整個系統的功耗,而不只是 Cache 的功耗。晶片外記憶體存取的功耗遠高於晶片上記憶體存取的,因此,首要任務是使記憶體組織有好的命中率。確定使用高相關 CAM-RAM 組織還是組相關的 RAM-RAM組織,則需要對所有設計問題進行詳盡調查。低層電路,如感測放

大器或 CAM 命中檢測器的低功耗新設計方法會對其產生很大的影響。

採用循序存取降低功耗並提高性能是一個很好的想法。對 ARM 典型程式動態執行的統計顯示,75%的存取是循序的。由於對循序存取的處理基本上比較簡單,因此,這個統計結果不應忽視。對於功耗要求非常高的情況,犧牲性能而採用兩個時脈週期進行非循序存取是值得的。這會使性能只下降 25%,但可以將 Cache 的功耗需求降低 2～3 倍。

低功耗研究方面一個有意思的問題是,一個在功耗上最好的 Cache 組織是否必須同時在性能上也是最好的。

ARM710T 的 MMU

ARM710T 記憶體管理單元實現了 11.6 節中描述的 ARM 記憶體管理結構。它使用 11.5 節中介紹的系統控制協同處理器。

TLB 是一個 64-entry(登錄)的相關 Cache,並採用最近使用的演算法。演算法去除了大部分存取的兩級查表,加速了轉換速度。

ARM710T 的寫入緩衝器

寫入緩衝器中有 4 個位址和 8 個資料字元。記憶體管理單元定義哪個位址是可緩衝的。每個位址可以與任何數量的資料字元相關,因此,寫入緩衝器可以保存寫往 1 個位址的 1 個資料字元(或位元組)和寫往其他位址的 7 個資料字元,或寫往不同位址的兩區塊(每區塊 4 個字元)等等。與特定位址相關的資料字元被循序寫入以這個位址開始的記憶體中。

(很明顯,多個資料字元與一個位址相關基本上是由多暫存器 Load 指令產生。其他可能的情況只能是外部協同處理器的傳送資料。)

映射(mapping)如圖 12-3 所示。圖中第 1 個位址映射 4 個資料字元,第 2 個和第 3 個位址各映射 1 個資料字元。

第 4 個位址在目前還沒有用上。當所有 4 個位址都被用或所有 8 個資料字元為滿時,寫入緩衝器滿。

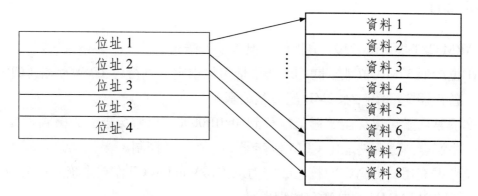

圖 12-3 寫入緩衝器映射的例子

微處理器以快速（Cache）時脈速度寫入緩衝器，並繼續執行 Cache 中的指令，同時寫入緩衝器以記憶體時脈速度向記憶體寫入資料。當微處理器所需的指令和資料在Cache中，並且在寫入操作時寫入緩衝器還未填滿時，微處理器速度完全不受記憶體速度的影響。寫入緩衝器以不大的硬體代價換來約 15% 的性能提高。

寫入緩衝器的主要缺點是當緩衝寫入產生外部記憶體故障時，由於微處理器狀態不可恢復而使指令不可能重新執行。微處理器仍可支援虛擬記憶體，這是因為轉換故障可由晶片上 MMU 檢測，使異常在資料寫入寫緩衝器之前產生。但如果致能寫入緩衝器，則不能支援基於軟體錯誤恢復的記憶體容錯。

ARM710T 晶片

以 0.35 μm CMOS 技術實現的 ARM710T 的特點如表 12-1 所列。

表 12-1 ARM710T 的特點

製　　程	金屬層	Vdd	電晶體	核面積	時　脈	MIPS	功　耗	MIPS/W
0.35 μm	3	3.3 V	N/A	11.7 mm²	0～59 MHz	53	240 mW	220

ARM720T

ARM720T 與 ARM710T 很相似，但有以下擴充：

(1)位於低 32MB 位址空間的虛擬位址可以重定位到行程 ID 暫存器（CP15 暫存器 3）指定的 32MB 記憶體範圍。

(2)異常向量可以從記憶體低端移到 0xffff0000，以避免上面的機制對其產生影響。這個功能由 CP15 暫存器 1 的位元 V 控制。

這些擴充用於提高CPU核心的能力以支援Window CE作業系統。這由 11.5 節介紹的 CP15 MMU 控制暫存器實現。

ARM740T

ARM740T與 ARM710T的唯一不同之處是，用一個簡單的記憶體保護單元代替 ARM710T 的記憶體管理單元。記憶體保護單元採用 11.4 節描述的結構，並由 11.3 節中介紹的系統控制協同處理器來實作。

保護單元不支援虛擬到實體記憶體位址的轉換，但以較小的代價提供了基本的保護及 Cache 控制功能。這適合於執行固定軟體系統的嵌入式應用。對於這類應用，完整的位址轉換的代價過於高昂。同時由於一次 TLB 未命中會導致幾次外部記憶體存取，因此，省掉位址轉換硬體提高了性能和功耗效率。

ARM740T 的組織如圖 12−4 所示。

ARM740T 晶片

以 0.35 μm CMOS 技術實現的 ARM740T 的特點如表 12−2 所列。

表 12−2　ARM740T 的特點

製　　程	金屬層	Vdd	電晶體	核面積	時　脈	MIPS	功　　耗	MIPS/W
0.35 μm	3	3.3 V	N/A	9.8 mm²	0～59 MHz	53	175 mW	300

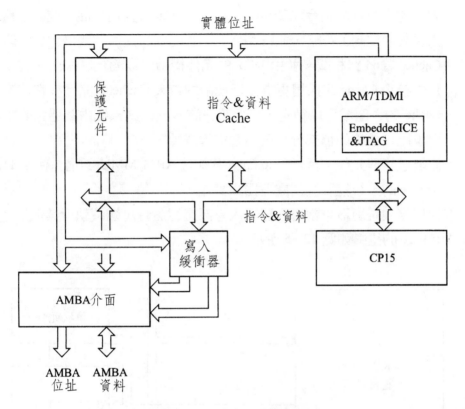

圖 12−4 ARM740T 組織

12.2 ARM810

ARM810 是高性能 ARM CPU 晶片，具有片上 Cache 及記憶體管理單元。ARM810 的管線與用於原 Acorn Computer 公司設計的 ARM 晶片並繼續用於 ARM6 和 ARM7 的管線根本不同，第一次實作了 ARM 公司開發的 ARM 指令集。現在 ARM810 已由 ARM9 系列取代。

ARM8 核是 ARM810 的整數處理單元，在第 9.2 節已介紹過。ARM810 在基本 CPU 的基礎上增加了如下晶片上元件：

(1) 8KB 虛擬位址的指令和資料統一 Cache：Cache 採用寫回（或完全寫入，由頁表項控制）策略，並按 ARM8 核心的要求提供了雙倍頻寬的能力。Cache 為 64 路相關，並由 1KB 的元件構造，以簡化將來嵌入式系統晶片中較小 Cache 或採用更為先進技術的較大 Cache 的開發。它被設計為 Cache 的各區域可以鎖定，以保證在許多嵌入式系統中常遇到的對速度要求比較嚴格的那部分代碼不會被清空掉。

(2) 記憶體管理元件：採用 11.6 節中描述的 ARM MMU 結構，使用 11.5 節中介紹的系統控制協同處理器來實作。

(3) 採用寫入緩衝器：當處理器寫入外部記憶體時可繼續執行其他指令。

ARM810 的組織如圖 12-5 所示。

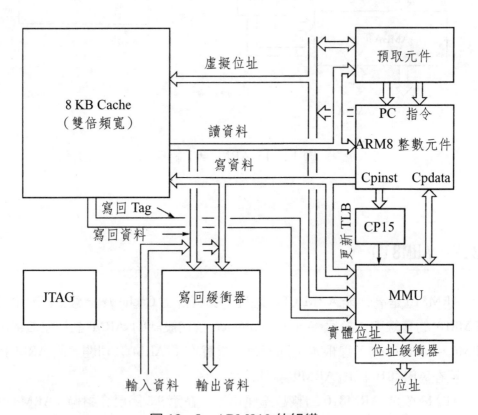

圖 12-5　ARM810 的組織

雙倍頻寬（Double-bandwidth）Cache

ARM8 核心的雙倍頻寬需求由 Cache 實現。外部記憶體存取還是採用傳統的行再填充（line refill）和單獨的資料傳送協定。只有在循序記憶體存取時，也就是在指令預取和多暫存器 Load 時，Cache 才能提供雙倍頻寬。

由於 ARM7TDMI 的管線結構使記憶體介面幾乎在每個週期都使用，因此，如果要減小微處理器的 CPI（每條指令的時脈數），則必須採用一些方法以提高記憶體的有效頻寬。StrongARM（在 12.3 節介紹）採用分開的指令和資料 Cache 來增加頻寬（由於 ARM 產生的指令流差不多是資料流的兩倍，致使這些頻寬不能充分利用，因此，增加的有效頻寬大約為 50%）。ARM810 藉由每個時脈週期讀取兩個順序字元來增加頻寬。但一般只有約 75% 的 ARM 記憶體讀取是順序的，因此，增加的可用頻寬約為 60%。雖然 ARM810 的方法增加了頻寬，但指令和資料讀取之間產生衝突的機會也增加了。上述兩種方法之間的優缺點比較也不是一件簡單的事情。

由於 Cache 採用回寫策略並進行虛擬定址，因此清除 dirty 行需要位址轉換。ARM810 採用的機制是將虛擬 Tag 送到 MMU 進行轉換。

ARM810 晶片

圖 12–6 是 ARM810 晶片的照片。圖的上方是 ARM8 核心的資料通路，正下方是控制邏輯。MMU TLB 在圖的右上角。晶片的下半部分是 8 個 1 KB Cache 塊。

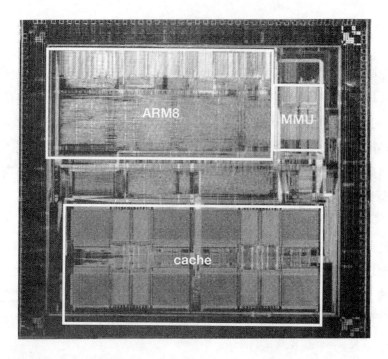

圖 12-6　ARM810 晶元版圖照片

ARM810 的特點總結如表 12-3 所列。

表 12-3　ARM810 的特點

製　　程	金屬層	**Vdd**	電晶體	晶元面積	時　脈	**MIPS**	功　　耗	**MIPS/W**
0.5 μm	3	3.3 V	836022	7.6 mm^2	0～72 MHz	86	500 mW	172

12.3　StrongARM SA-110

　　StrongARM CPU 是由 DEC 公司和 ARM 公司合作開發的。它首次採用修改的 Harvard 結構（分開的指令和資料 Cache）的 ARM 微處理器。

　　自 1998 年 Intel 公司接管 Digital 半導體公司到現在，SA-110 由 Intel 公司生產。

Digital 公司的 Alpha 背景

在微處理器行業中，Digital 公司的 Alpha 微處理器聞名遐邇。Alpha 微處理器是一個工作頻率非常高的 64 位元 RISC 微處理器。獲得這樣高的時脈頻率是基於先進的 CMOS 技術、仔細平衡的管線設計、精心設計的時脈方案以及用內部設計工具實作的對這些元件非常良好的控制。

在 StrongARM 設計中採用了同樣的技術，並且進一步考慮了功耗效率。

StrongARM 組織

StrongARM 的組織如圖 12-7 所示。其主要特點如下：

(1)具有暫存器轉發（forwarding）的 5 級數管線。

(2)除 64 位元乘法、多暫存器傳送和記憶體／暫存器置換指令外，其他所有的普通指令均是單週期指令。

(3) 16KB、32 路相關的指令 Cache，每行 32 位元組。

(4) 16KB、32 路相關的回寫式資料 Cache，每行 32 位元組。

(5)分開的 32 個 entry 指令和資料位址轉換後備緩衝器（TLB）。

(6) 8 個 entry 的寫入緩衝器，每個資料項 16 個位元組。

(7)低功耗的偽靜態（Pseudo-static）操作。

微處理器使用系統控制協同處理器 15 來管理晶片上 MMU 和 Cache 資源，並且包含了 JTAG 邊界掃描測試電路以支援印刷電路板連接測試。（沒有實現元件內部電路測試的 JTAG in-test 指令。）

第一個 StrongARM 晶片採用 Digital 的 0.35μm 3 層金屬 CMOS 技術來實作，約 2500 萬個電晶體，面積為 50 mm^2（對於這種性能的微處理器來說是非常小的）。時脈頻率在 160～200 MHz 時，達到 200～250 Dhrystone MIPS。供電電壓為 1.65～2 V 時，功耗在 0.5～1 W 之間。

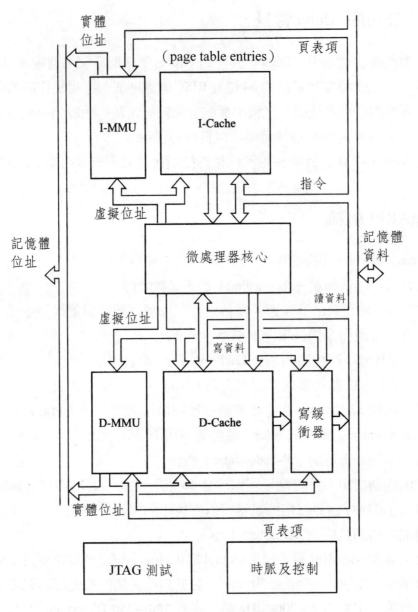

實體
位址

（page table entries）　頁表項

I-MMU　　I-Cache

指令

虛擬位址

記憶體
位址

微處理器核心

記憶體
資料

讀資料

虛擬位址

寫資料

D-MMU　　D-Cache　　寫緩
衝器

實體位址

頁表項

JTAG 測試　　時脈及控制

圖 12－7　StrongARM 組織

StrongARM 處理器核心

處理器核心採用典型的 5 級數管線，並實作全旁通（暫存器轉發）和硬體互鎖。ARM 指令集要求在暫存器庫讀取之前進行指令部分解碼，並要求移位操作和 ALU 串列工作。所有這些額外的邏輯功能被嵌在相應的管級中，並沒有增加管深度。這 5 級數管線是：

⑴取指（從指令 Cache）。

⑵指令解碼及暫存器讀取，分歧目標計算及執行。

⑶移位及 ALU 操作，包括資料傳送的記憶體位址計算。

⑷資料 Cache 存取。

⑸結果回寫到暫存器文件。

主要管線元件的組織如圖 12−8 所示。管級由陰影條劃分。穿過這些陰影條的資料會在交叉點栓鎖。從陰影條兩端通過的資料則向前或向後跨過管線級，例如：

⑴暫存器轉發通路將中間結果傳給下一條指令，以避免讀後寫危險引起的暫存器互鎖停頓。

⑵從下一條指令的取指級傳送 PC+4 的 PC 通路給出當前指令的 PC+8，作為 r15 並用於分歧目標計算。

管線的特點（Pipeline features）

在這個管線結構中需要特別指出的是：

⑴要在 1 個週期內完成暫存器控制的移位和基址索引定址的儲存操作，暫存器需要有 3 個讀取埠。

⑵要在 1 個週期內完成自動索引的 Load 操作，暫存器需要兩個寫入埠。

⑶執行級的位址累增器支援多暫存器 Load/Store 指令。

⑷有很多來源可以產生下一個 PC 值。

最後一點說明，由於在 ARM 結構中 PC 作為暫存器庫的 r15 是可見的，因而對 PC 的修改有多種途徑。

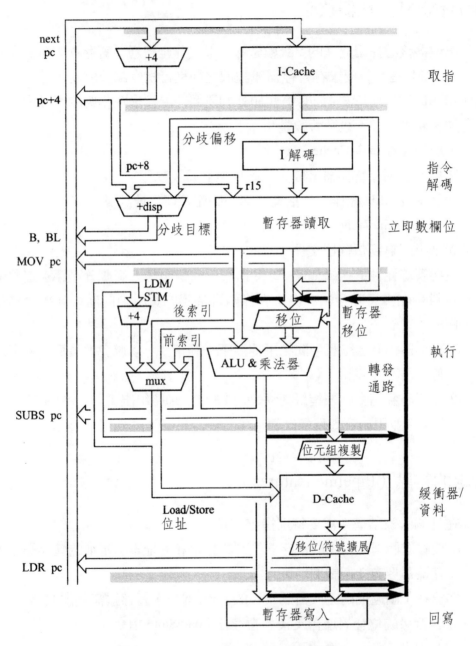

圖 12-8 StrongARM 核心管線組織

PC 的修改

下一 PC 值大多是由取指級的 PC 累增器產生的。這個值在下一個週期開始時有效，這樣可以在每個週期取一條指令。

其次 PC 值還常產生於分歧指令。目標位址是在指令解碼週期由專用的分歧位移加法器計算出來的。當進行一次分歧時，除執行分歧指令的週期外，在分歧指令後還要有 1 個週期的損失。由於偏移欄位在指令中的位置是固定的，因此，位移加法與指令解碼可以並行操作。如果分歧條件不成立，則只是簡單地丟棄計算出的目標位址。

例如，通常從迴圈中退出的代碼序列為

$$
\begin{array}{ll}
\text{CMP} & \text{r0, \#0} \\
\text{BNE} & \text{label} \\
\cdots &
\end{array}
$$

在這個序列中管線的操作如圖 12-9 所示。應注意的是如何及時地產生條件碼以降低分歧損失。緊跟在分歧指令後面的指令在取指後放棄。在下一個週期處理器取分歧目標處的指令。分歧目標位址與決定是否分歧的條件是並行產生的。

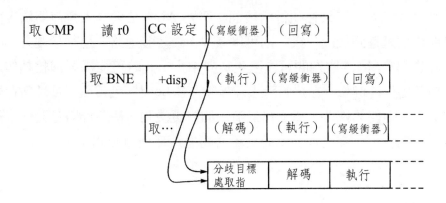

圖 12-9 StrongARM 迴圈測試的管線行為

　　同樣，分歧和連結指令也要損失 1 個週期。其分歧過程與分歧指令相似，但在執行級和回寫級計算PC+4 並寫到連結暫存器r14。正常的副程式返回指令「MOV PC, OR」也要損失 1 個週期。其分歧目標位址來自暫存器檔案而不是分歧位移加法器。分歧目標位址也是在解碼週期末有效。

　　若必須計算出返回位址，例如從一個異常中返回，那麼由於 ALU 結果在執行級末才能給出，因此會有 2 個時脈週期的損失；若新的 PC 值要從記憶體中讀入（從一個跳躍表或從堆疊中返回的副程式），則有 3 個時脈週期的損失。

轉發路徑（Forwarding paths）

　　在管線執行級，3 個暫存器運算元的每一個都有轉發通路，以避免在讀後寫危險發生時管線產生停頓。需要轉送的值如下：

(1) ALU 的結果。

(2)從資料 Cache 加載的資料。

(3)緩衝後的 ALU 結果。

　　除了加載的資料值被後面的指令使用的情況外（在這種情況下需要 1 個週期的停頓），這些路徑消除了幾乎所有因資料相關而引起的停頓。

中止的恢復（Abort recovery）

　　從表面上看，如果在執行級後面一級將 ALU 結果寫入暫存器檔，而不是將其緩衝並延遲到最後一級，則可以減少 1 條轉發通路。這種延遲方案的優點是，在資料Cache 讀取期間可能產生資料中止，此時可能需要補救動作以恢復基址暫存器值（例如，在錯誤產生前多暫存器Load序列覆蓋了基址暫存器）。這種方法不但能夠恢復，還支援最清潔的恢復機制，使基址暫存器一直保持指令開始時的原值，在處理異常時就不必再撤消任何自動索引。

乘法器（Multiplier）

StrongARM的乘法元件很有特色。不論處理器的時脈速率有多高，乘法器每週期都計算 12 位元，用 1～3 個時脈週期計算兩個 32 位元運算元的乘積。對於數位訊號處理性能要求很高的應用來說，StrongARM的高速乘法器有很大的潛力。

指令 Cache

16KB 的 I-Cache 分 512 行，每行 8 條指令（32 位元組）。指令 Cache 為 32 路相關（使用 CAM-RAM 組織），採用循環替換演算法並使用微處理器的虛擬位址。1 行即為 1 區塊，因此，整行同時從記憶體載入。用記憶體管理表將記憶體個別區域標記為可 Cache 或不可 Cache。可以在軟體控制下禁止和（全部）刷新 Cache。

資料 Cache

資料 Cache 的組織與指令 Cache 相同：16KB 分 512 行，每行 32 位元組；32 路相關；虛擬定址；採用循環替換演算法，但增加了資料儲存功能（指令 Cache 為唯讀）。區塊大小也為 32 位元組。Cache 可以由軟體禁止。記憶體的個別區域可以設置為不可 Cache。（I/O 區域最好設置為不可 Cache。）

資料 Cache 採用回拷策略。每行設有兩個 dirty 位元，這樣當收回該行 Cache 時，寫回記憶體的資料可以是整行、半行，或不需寫回。由於 half-dirty 的情況經常發生，使用 2 個而不是 1 個 dirty 位元可以減小記憶體流量。Cache 保存了所用每一行的實體位址，當收回的 Cache 行被寫回記憶體時，可能被放到寫緩衝器中。

由於採用回拷策略，有時必須將所有 dirty 行寫回記憶體。在 StrongARM 中，可以藉由軟體向所有的行載入新資料來實現。

同義項（Synonyms）

使用虛擬定址 Cache 時，必須保證所有可 Cache 的實體記憶體位置與虛擬位址一一對應。當兩個虛擬位址映射到相同的實體位置時，這兩個虛擬位址為同義項（synonyms）。當同義項存在時，兩個虛擬位址都不應該是可Cache的。

Cache 的一致性（Consistency）

對於指令和資料 Cache 分開的情況，同一個記憶體位置可能在兩種 Cache 中有不同的複件。當一個記憶體區域在一個時間作為資料（可寫），而在另一個時間作為可執行的指令時，就必須加倍小心以避免不一致的情況發生。

常遇到的一種情形是一個程式加載（或從一個記憶體位置複製到另一個位置）然後執行。在加載過程中，程式作為資料並藉由資料Cache傳遞。在執行時程式裝入指令 Cache（指令 Cache 中可能有相同位址的以前指令的複件）。要保證操作正確，必須：

(1)加載過程必須完成。

(2)整個資料Cache 必須是「乾淨」的（同前面描述的那樣，向每一行加載新的資料）；或者，如果受影響的 Cache 行位址已知，則可以顯式地清除並刷新這些行。

(3)指令 Cache 應當被刷新（清除舊指令）。

另一個解決辦法是在加載過程中將特定記憶體區域置為不可 Cache。

對於 ARM 代碼中常用到的常數（literal）（指令流中的資料項）則不存在這個問題。若一個記憶體塊混裝指令和常數，則這個記憶體塊可能在指令和資料Cache都加載。儘管如此，只要將某個字元（或位元組）始終如一地作為指令或資料對待就不會產生問題。甚至程式會修改（儘管這很少使用，這也是一個很不好的習慣）常數的值，但只要不影響可能在指令Cache中的指令資料也是可以接受的。儘管如此，應避免使用常數並隔離資料區和代碼區。

編譯器問題

對於指令和資料Cache分開的情況，編譯器應將編譯過程中遇到的所有常數匯集在一起，而不是放到各個副程式的末尾。這樣減少了在資料Cache中加載指令和在指令Cache中加載資料的情況。

寫入緩衝器

寫入緩衝器平緩了寫入資料頻寬上小的峰值，減少了因記憶體匯流排飽合而產生的微處理器停頓。大的峰值會造成緩衝器填滿而導致微處理器停頓。對同一個 16 位元組區域互不相關的寫入操作會在寫入緩衝器中合併，雖然僅合併到最後寫入緩衝器的位址。緩衝器最多保存 8 個位址（每個位址與 16 位元組邊界對齊），複製虛擬位址以供寫合併時使用，複製實體位址用於對外部記憶體定址。每個位址最多可以有 16 位元組的資料（因此，每個位址可處理半個「dirty 行」，或一條多暫存器 Store 指令最多可有 4 個暫存器）。

寫入緩衝可以由軟體禁止。使用MMU頁表可以將個別記憶體區域標記為可緩衝或不可緩衝的。

所有可 Cache 的區域都是可緩衝的（清除的 Cache 行藉由寫入緩衝器寫回），但不可 Cache 的區域可以是可緩衝的或不可緩衝的。通常，I/O 區域是不可緩衝的。一個不可緩衝的寫入要等到寫入緩衝器空後才能寫入記憶體。

當讀資料且資料Cache未命中時，要檢查寫入緩衝器以確保一致性。但讀指令時不檢查寫入緩衝器。當一個曾作為資料使用的記憶體位置作為指令使用時，必須使用一條專用指令來確保寫入緩衝器已排空。

MMU 組織

StrongARM 實作了標準的 ARM 記憶體管理結構，對指令和資料使用了分開的轉換對照緩衝器（TLB）。每個TLB有 32 個轉換 entry，這些轉換 entry 以全相關 Cache 方式組織，並使用循環替換演算法。當 TLB 未命中時啟動 table-walking 硬體從主記憶體中讀取轉換及讀取權限訊息。

StrongARM 晶片

　　StrongARM 晶元的照片如圖 12−10 所示。圖中文字標注了主要功能塊。指令 Cache（ICACHE）和資料 Cache（DCACHE）占用大部分晶元面積。每個 Cache 有自己的 MMU（DMMU 和 IMMU）。微處理器核心有指令發射元件（IBOX）和帶有高速硬體乘法器（MUL）的執行元件（EBOX）。晶片還有寫入緩衝器和外部匯流排控制器。

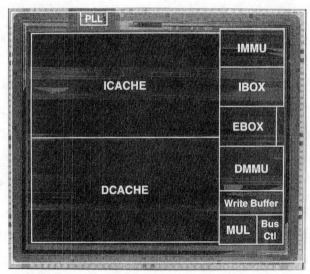

Photo courtesy of Intel Corp.

圖 12−10　StrongARM 晶元照片

　　高速晶片上時脈由鎖相迴路（PLL）產生。鎖相迴路的外部時脈輸入頻率為 3.68 MHz。

　　StrongARM 的特點總結如表 12−4 所列。

表 12-4　StrongARM 的特點

製　　　程	金屬層	**Vdd**	電晶體	晶元面積	時　脈	**MIPS**	功　　耗	**MIPS/W**
0.35 μm	3	1.65/2 V	2500000	50 mm^2	100/233 MHz	115/268	300/1000 mW	380/268

12.4　ARM920T 和 ARM940T

　　ARM920T 和 ARM940T 在 ARM9TDMI（參見 93 節）的基礎上增加了指令和資料Cache。指令和資料埠藉由 AMBA 匯流排主控單元合併在一起。晶片上還包含了寫入緩衝器和記憶體管理單元（ARM920T）或記憶體保護單元（ARM940T）。

ARM920T

　　整個 ARM920T 的組織如圖 12-11 所示。

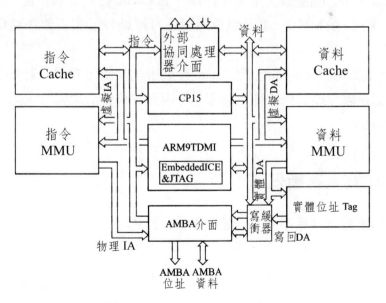

圖 12-11　ARM920T 組織

ARM920T 的 Cache

指令和資料 Cache 的大小都是 16KB，採用 64 路相關的分段式 CAM-RAM 組織。每個 Cache 分為 8 段，每段 64 行。段由 A[7：5] 定址。每行 8 個字元（32 位元組），支援以 256 位元組為單位的鎖定（對應每段一行）。替換策略為偽隨機（pseudo-random）或循環（round-robin），由 CP15 暫存器 1 的 RR（位元 14）決定。在 Cache 未命中時一次將整行 8 個字元全部重新載入。

指令 Cache 為唯讀。資料 Cache 採用回拷（copy-back）策略，並且每行有 1 個有效位元、2 個 dirty 位元和 1 個寫回位元。寫回位元複製了通常在轉換系統中才有的訊息，使 Cache 在完全寫入或回拷時不必藉由 MMU 而直接進行寫入操作。在 Cache 行被替換時，送到寫入緩衝器的 dirty 資料的數量可以是 0、4 或 8 個字元，這由兩個 dirty 位元決定。資料 Cache 的空間分配只在讀取未命中時進行，而在寫入未命中不進行空間分配。

當採用虛擬位址存取資料 Cache 時，由於寫入操作需要實體位址，就存在一個 dirty 資料什麼時候寫回到主記憶體的問題。ARM810 解決這個問題的方法是將虛擬位址送回 MMU 進行轉換，但肯定不能保證所需的轉換 entry 仍然在 TLB 中。因此，整個過程可能花費很多時間。為了避免這種問題，ARM920T 採用了第二個 Tag 記憶體，用來保存每一個 Cache 行的實體位址。這樣 Cache 行刷新不需要啟動 MMU，並且處理過程沒有將 dirty 的資料傳送到寫入緩衝器的延時。

ARM920T 可以強制 dirty 的 Cache 行刷新，並使用 Cache 索引或記憶體位址寫回主記憶體（這個過程稱為清潔），因此，可以清潔與特定記憶體區域相應的所有 entry。

ARM920T 寫入緩衝器

寫入緩衝器可以保存 4 個位址和 16 個資料字元。

ARM920T 的 MMU

MMU 採用 116 節中介紹的記憶體管理結構,並由 11.5 節介紹的系統控制協同處理器 CP15 控制。由於 ARM920T 有分開的指令和資料埠,所以它有兩個 MMU,每個埠一個。

記憶體管理硬體包括指令記憶體埠 64 個資料項的 TLB 和資料埠 64 個資料項的 TLB。ARM920T 還有支援 Windows CE 所需要的 Process ID 邏輯。Process ID 插入後啟動 Cache 和 MMU,因此,context 切換不會使 Cache 或 TLB 無效。除支援 64 KB 的大分頁和 4 KB 的小分頁外,ARM920T 的 MMU 還支援 1KB 的微分頁轉換。

ARM920T 的 MMU 中支援可選擇的 TLB 項鎖定,以保證關鍵行程(如一個即時行程)的轉換 entry 不會被清除。

ARM920T 晶片

ARM920T 的特點總結如表 12−5 所列。

表 12−5 ARM920T 的特點

製　程	金屬層	Vdd	電晶體	核面積	時　脈	MIPS	功　耗	MIPS/W
0.25 μm	4	2.5 V	2500000	23~25 mm²	0~200 MHz	220	560 mW	390

ARM940T

ARM940T是另一個基於ARM9TDMI整數核心的CPU核心。它比 ARM920T 簡單,不支援虛擬到實體位址的轉換。ARM940T 的組織如圖 12−12 所示。

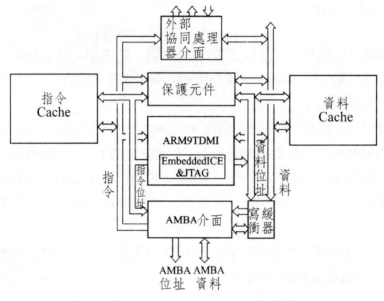

圖 12-12　ARM940T 的組織

記憶體保護單元

記憶體保護單元採用 11.4 節中描述的結構。由於 ARM940T 採用分開的指令和資料記憶體,因此,記憶體保護單元也是分開的。

這個配置沒有虛擬到實體位址的轉換機構。許多嵌入式系統不需要位址轉換,而且由於整個 MMU 占用很大的晶片面積,去掉 MMU 可以大大降低成本。去掉 AMBA 介面和記憶體轉換硬體後,嵌入式應用系統可以在同一晶片上整合其他的 AMBA 巨集單元。

ARM940T 的 Cache

指令和資料Cache的大小均為 4KB,由 4 個 1KB的分段(segment)構成。兩者都採用全相關的CAM-RAM結構(這些Cache術語的解釋見 10.3 節)。每個 Cache 行的大小為 4 個字元。如果位址可 Cache,則 Cache 未命中時總是整行載入。位址是否可 Cache 則由記憶體保護單元指示。

Cache 支援鎖定,也就是說部分 Cache 內容可被載入,且可以受到保護而不被清空。Cache 的鎖定部分不能再作為通用 Cache,但保證特定的關鍵代碼總在 Cache 中可能比提高 Cache 的命中率更為重要。Cache 鎖定的單位可以是16 字元。

ARM9TDMI 的指令埠用於加載指令,因而只進行讀取操作。唯一相關性問題是程式在Cache中保存有備份,而對應的主記憶體卻已修改。對代碼的任何修改(例如向主記憶體載入新的程式,而在此之前這部分記憶體由一個不再需要的程式占用)都要小心處理。在新程式執行前指令Cache應有選擇地或者全部刷新。

ARM9TDMI 的資料埠同時支援讀和寫操作,因此,資料 Cache 必須採用某種寫入策略(參見 10.3 節的「寫入策略」一段)。

由於 ARM9TDMI 的時脈工作頻率很高,因此,設計的 Cache 支援寫回操作,同時還支援簡單的完全寫入。特定位址的寫入模式由記憶體保護單元定義。只在讀取未命中時對資料 Cache 進行分配。

ARM940T 寫入緩衝器

寫入緩衝器最多可以保存 8 個資料字元和 4 個位址。由記憶體保護單元定義哪些位址是可緩衝的。資料Cache dirty 行在刷新時也被傳送到寫入緩衝器。

ARM940T 晶片

以 0.25 μm CMOS 技術實現的 ARM940T 的特點如表 12−6 所列,其版圖如圖 12−13 所示。可以看出,在一個低功耗的 SoC 設計中,整個 CPU 核心所占面積比例相對較小。

表 12−6　ARM940T 的特點

製　　程	金屬層	Vdd	電晶體	核面積	時　脈	MIPS	功　　耗	MIPS/W
0.25 μm	3	2.5 V	802000	8.1 mm²	0~200 MHz	220	385 mW	570

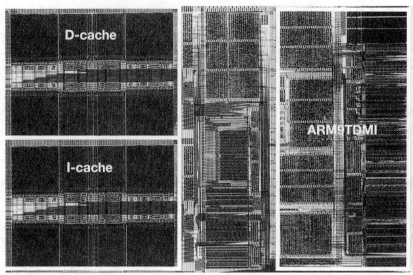

©ARM Limited

圖 12−13　ARM940T CPU 版圖

12.5　ARM946E-S 和 ARM966E-S

ARM946E-S 和 ARM966E-S 是基於 ARM9E-S 整數核心、可合成（synthesi-zable）的 CPU 核心（參見 9.3 節中「ARM9E-S」一段）。

這兩種 CPU 核心都有 AMBA AHB 介面，可與一個嵌入式追蹤巨集單元（參見 8.8 節）一起合成。它們沒有位址轉換硬體，主要用於嵌入式應用。

ARM946E-S 的 Cache

ARM946E-S 使用 4 路組相關的 Cache。選擇組相關而不是 ARM920T 和 ARM940T 的 CAM-RAM 組織主要是由於用標準 ASIC 庫中可合成 RAM 結構來建構一個組相關 Cache 比較容易。對於大多數設計系統，合成 CAM-RAM Cache 結構仍然是比較困難。

指令和資料 Cache 的大小可以各為 4～64 KB，並且兩個 Cache 的大小可不同。兩 Cache 的行都為 8 個字元，支援鎖定，且替換演算法由軟體選擇，可以

是偽隨機或循環演算法。寫入策略也由軟體選擇,可以是完全寫入或回拷。

ARM946E-S集成了記憶體保護單元,其整個組織與ARM940T的相似(如圖12-12所示)。

ARM966E-S的記憶體

ARM966E-S中沒有Cache。這個可合成的巨集單元集成了一個緊密耦合的SRAM。這個SRAM映射到固定的記憶體位址。記憶體的大小可以變化。第一個記憶體只連接到資料埠,而第二個記憶體連接到指令和資料埠。通常第二個記憶體由指令埠使用。但能夠由資料埠存取也是非常重要的,原因如下:

(1)嵌入在代碼中的常數(如位址)必須藉由資料埠讀取。

(2)必須有一種機制能夠在使用前對指令記憶體進行初始化。指令埠是唯讀的,因此不能用於指令記憶體初始化。

ARM966E-S中還包含寫入緩衝器,以便提高對AMBA AHB匯流排頻寬的利用。同時,ARM966E-S支援晶片上協同處理器。

軟IP核(Soft IP)

這些可合成的 CPU 核心針對的是對隨時可由新技術實作的高性能微處理器的強烈市場需求,是對 ARM 技術以硬巨集單元發送方式的補充。

12.6 ARM1020E

ARM1020E 是基於 9.4 節介紹的 ARM10TDMI 核心而設計的 CPU。它採用v5TE 版本的 ARM 體系結構,包括 Thumb 指令集和訊號處理指令集擴展(參見 8.9 節)。

ARM1020E 的組織與 ARM920T(如圖 12-11 所示)非常相似,不同之處是 Cache 的大小和匯流排的寬度。(在圖中所示的詳細程度上)唯一的實質區別是 ARM1020E 在指令和資料上使用了兩個 AMBA AHB 匯流排主模組請求應

答交握訊號，而 ARM920T 在內部對它們進行仲裁以產生單個外部請求應答介面。

ARM1020E 的 Cache

ARM1020E 集成了 32KB 的指令 Cache 和 32KB 的資料 Cache。兩個 Cache 都是 64 路相關，並使用了分段式 CAM-RAM 結構。行的大小都是 32 位元組，都使用偽隨機或循環替換演算法並支援鎖定。

為了滿足 ARM10TDMI 的頻寬需求，兩個 Cache 的資料匯流排頻寬都是 64 位元。指令 Cache 每週期能夠提供兩條指令；資料 Cache 在執行多暫存器 Load/Store 指令時，每週期能夠提供兩個字元。

指令 Cache 是唯讀的。資料 Cache 採用回拷策略，每個 Cache 行有 1 個有效位元、1 個 dirty 位元和 1 個寫回位元。當一個 Cache 行被替換時，可能需要將 8 個字元寫回主記憶體，這取決於 dirty 位元的狀態。由於記憶體資料頻寬為 64 位元，將 8 個字元全部寫入記憶體需要 4 個記憶體週期。

寫回位元是通常在轉換系統中寫回訊息的複製，這使得 Cache 以完全寫入或回拷方式進行寫入操作時不用啟動 MMU。

hit-under-miss 緩衝器

ARM1020E 也支援 hit-under-miss 操作，也就是說如果一個資料引用引起 Cache 未命中，那麼在讀取包含未命中資料的行的同時，Cache 可以繼續支援後續的資料引用（假定後續的資料引用沒有再次引起未命中）。

ARM1020E 寫入緩衝器

寫入緩衝器有 8 個槽（slot），每個槽可以保存 1 個位址和 64 位元資料（兩個字元）。還有一個 4 槽的寫入緩衝器，用來處理 Cache 更新，以保證在主寫入緩衝器中 Cache 更新與 hit-under-miss 寫入操作之間沒有衝突。

ARM1020E MMU

記憶體管理系統基於兩個 64 個 entry 的位址轉換對照緩衝器（TLB），每個 Cache 1 個。TLB 還支援可選擇的鎖定，以保證關鍵的即時代碼部分不會被清空。

ARM1020E 匯流排介面

外部記憶體匯流排介面與 AMBA AHB 相容（參見 8.2 節）。ARM1020E 的指令和資料記憶體使用不同的 AMBA AHB 介面。儘管兩個介面共享 32 位元位址和 64 位元單向讀和寫資料匯流排介面，但每個介面向匯流排仲裁器發出它自己的請求。

ARM1020E 晶片

以 0.18 μm CMOS 技術實現、工作電壓為 1.5V 的 ARM1020E 的目標特性總結如表 12−7 所列。CPU 的工作電壓可以降為 1.2V 以提高功耗效率。

表 12−7A　RM1020E 的目標特性

製　程	金屬層	Vdd	電晶體	核面積	時　脈	MIPS	功　耗	MIPS/W
0.18 μm	5	1.5 V	7000000	12 mm^2	0~400 MHz	500	400 mW	1250

ARM10200

ARM10200 是基於 ARM1020 CPU 核心的參考晶片，它增加了下列元件：

(1) VFP10 向量浮點數單元。

(2) 高性能同步 DRAM 介面。

(3) 鎖相迴路電路，用於產生高速 CPU 時脈。

設計 ARM10200 主要用於評估 ARM1020E CPU 核心，同時支援基準測試和系統原型設計。

VFP10

ARM10TDMI 藉由浮點協同處理器 VFP10 提供高性能的向量浮點數運算。VFP 採用 5 級 Load/Store 管線和 7 級執行管線,同時支援單精度和雙精度 IEEE754 浮點運算(參見第 6.3 節)。VFP10 能夠在每個時脈週期發出一條浮點乘加操作,它使用 ARM10TDMI 的 64 位元資料記憶體介面,每個時脈週期可以 Load/Store1 個雙精度資料或 2 個單精度資料。算術和 Load/Store 指令中都有向量變數,能夠對一組暫存器進行相同操作。由於向量運算和向量 Load/Store 能夠並行執行,因此,流通量峰值可以達到 800 MFLOP(400 MHz 時)。

ARM10200 晶片

0.25 μm 的 ARM10200 晶片版圖如圖 12-14 所示。晶片第一個版本的 VFP10 核心全部由合成實作,對 Cache 採用普通設計規則設計。在晶片的 0.18 μm 版本中,VFP10 核心的資料通路版圖由手工完成,而控制由合成實作。對 Cache 採用專門技術的設計規則設計,使其相對面積大大減小。

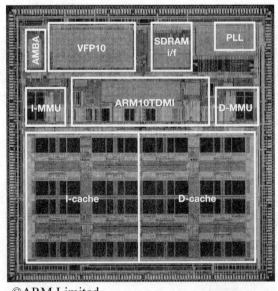

©ARM Limited

圖 12-14　ARM10200 晶片版圖

12.7　討　論

本章介紹的 ARM CPU 核心強調了開發高性能、低功耗微處理器子系統的一些重要方面。

與微處理器核心設計相關的問題已在第 9 章討論，並在 9.5 節進行了總結。這裡關注的是其他一些元件，它們與微處理器核心密切相關，並對實現其固有的潛在性能來說是非常關鍵的。

記憶體頻寬（Memory bandwidth）

相關記憶體系統的頻寬基本上限制了處理器的性能。ARM CPU 核心系列顯示出如何最佳化 Cache 記憶體系統以滿足不同的性能需求。

(1) ARM7TDMI 充分利用了每一個記憶體週期。它要求記憶體在每個時脈週期提供一個資料字元。由於採用了 Von Neumann 結構（也就是用單個記憶體埠傳送指令和資料），統一 Cache 可以支援其記憶體頻寬需求。ARM710T、720T 和 740T 都採用這樣的 Cache。

(2) ARM9TDMI 要求每個時脈週期傳送的資料字元多於 1 個。為達到這個目的，採用了 Harvard 結構（分開的指令和資料埠）。分開的 Cache（以及記憶體管理單元）可以滿足這種要求。ARM920T 和 940T 都採用了分開的 32 位元 Cache。

(3)由於要在分歧指令執行前對其進行預測，ARM10TDMI 要求每個時脈週期提供的指令多於 1 個。同時也要在執行多暫存器 Load/Store 指令時，每個週期傳送兩個資料字元。因此，ARM10TDMI 要求 Cache 分開，並且要求每個 Cache 的頻寬高於 32 位元，例如 ARM1020E 的 Cache 頻寬為 64 位元。

ARM9 和 ARM10 系列 CPU 採用分開的 Cache 可能產生相關性問題，這留由軟體解決。提供必需頻寬的另一種方法是像 ARM810 那樣使用雙倍頻寬 Cache，以及像 AMULET3H（將在 14.6 節介紹）那樣使用雙埠局部記憶體。這兩種方法使用統一的 Cache 模型，簡化了軟體設計，但增加了硬體複雜度。

Cache 的相關度（associativity）

在本章和第 10 章已對組相關 RAM-RAM Cache 和全相關 CAM-RAM Cache 的相對優點進行了詳細的討論。為了得到較好的性能和功耗效率，早期的 ARMCPU 設計採用分段式 CAM-RAM 結構。由於在理論上 RAM 比 CAM 小（每位的版圖面積小大約一半），並且在 ARM 必須定位的目標技術的標準單元庫中一般都有 RAM 單元，ARM7 系統 CPU 轉而採用 4 路組相關 RAM-RAM 形式。後面的 ARM8、ARM9 和 ARM10 CPU 又回到分段式 CAM-RAM 形式。這樣至少可以支援 Cache 鎖定（在例題 12.1 中將進一步討論）。

Cache 寫入策略（write strategy）

完全寫入（write-through）Cache 最易於設計，並且當處理器時脈速率只是主記憶體週期速率幾倍時，處理效果很好。當處理器時脈速率是記憶體週期速率 10 倍以上時，資料儲存指令產生的資料寫入傳送（write date traffic）會使外部記憶體匯流排飽合，處理器將頻繁地停頓以等待寫週期完成。解決這個問題的唯一方法是使用一種 Cache 策略。它使資料不一定都寫到主記憶體中，如採用回拷式 Cache。

當前一般的主記憶體週期大約為 10MHz，因此，工作於 60MHz 的 ARM7 系列 CPU 採用完全寫入 Cache 能夠工作得很好。ARM810 首次實現的時脈速率處於邊緣狀態，但若沒有被 ARM9 系列取代。它將會達到更高的時脈速率，並因此而採用回拷式 Cache。如果不想損失其性能，那麼 ARM9 和 ARM10 必須採用回拷式 Cache。

Cache 行的長度

大的 Cache 行減小了 Tag 記憶體的容量（對於給定大小的資料記憶體），減小了 Cache 未命中率，並增加了未命中的代價（載入一 Cache 行所花費的時間）。所有 ARM CPU 核心的 Cache 行大小為 4 個字元（16 位元組）或 8 個字元（32 位元組）。在嵌入式應用並且 Cache 容量比較小時，最好使用較小的

Cache 行；而在通用系統並且 Cache 容量比較大時，使用較大 Cache 行。

在 ARM1020E 中使用的 64 位元匯流排使得 32 位元組 Cache 行載入及刷新所需的記憶體週期數與 32 位元匯流排 16 位元組 Cache 行所需的相同。

記憶體管理

ARM MMU 是非常複雜的單元，它占用的晶片面積與處理器核心本身差不多。那些在設計時應用程式還不能確定的通用系統可能需要這個功能。執行確定應用程式的嵌入式系統可以不設計記憶體管理。對於這種系統，對 MMU 成本進行評估是很困難的。

在 ARM CPU 中使用的 MMU 有兩種不同的系列：一種是完整的 MMU，用於通用系統；另一種是非常簡單的記憶體保護單元，用於應用程式固定的嵌入式系統。ARM740T 和 ARM940T 屬於後者。

通用 CPU 包括支援 Window CE 的（ARM720T、ARM920T 和 ARM1020E）和不支援 Window CE 的（ARM710T 和 ARM810）。

最新開發的記憶體管理結構支援在 ARM810、ARM920T 和 ARM1020E 中的 TLB 鎖定。TLB 鎖定與 Cache 鎖定的目的相似，都是用於確保關鍵的即時程式碼能夠儘可能有效地執行。

12.8 例題與練習

☞ 例題 12.1

為什麼分段相關 Cache 比組相關 Cache 更適於支援鎖定？

早期的 CPU，如在 10.4 節研究的 ARM3，其 Cache 採用了高相關的 CAM-RAM 結構。ARM700 系列 CPU 放棄了使用 CAM-RAM 結構的 Cache，轉而使用 RAM-RAM 組相關結構的 Cache。這是因為 RAM 類型的 Tag 記憶體與等價的 CAM 結構的 Tag 記憶體相比，占用的晶片面積小。從 ARM810 往後的 ARM CPU 又使用了 CAM-RAM Cache，至少其部分原因是需要支

援部分 Cache 鎖定。

為什麼 CAM-RAM Cache 能對鎖定提供更好的支援？其原因可能簡單地歸於相關度。特定記憶體位置能夠映射到的 Cache 位置由對位址中某些位的解碼決定。在直接映射 Cache 中，只能映射到 1 個 Cache 位置；2 路組相關 Cache 可以提供對 2 個位置進行選擇；4 路組相關可以對提供 4 個位置進行選擇；以此類推。

在支援 Cache 鎖定的 ARM CPU 中，鎖定操作藉由減少可選擇的範圍來實現。對於 4 路組相關 Cache，可以鎖定 1/4 的 Cache（留下 3 路 Cache）、1/2 的Cache（留下 2 路 Cache）、3/4 的Cache（留下 1 路 Cache，變為直接映射 Cache）。4 路 Cache 的梯度比較粗，有效性比較差。例如，鎖定的 Cache 只保存一個很小的中斷處理程式。

典型的 CAM-RAM Cache 為 64 路相關，使 Cache 鎖定的單位為總 Cache 的 1/64，這個梯度就更好一些。

練習 12.1.1

討論下列 Cache 特性在性能和功耗方面的影響，即
(1)將 Tag 和資料 RAM 分成可執行並行查表的多區塊以增加相關度。
(2) Tag 和資料 RAM 串列存取。
(3)採用循序存取模型以越過 Tag 查找及最佳化資料 RAM 存取機制。
(4)指令和資料 Cache 分開（像 StrongARM 那樣）。

練習 12.1.2

解釋為什麼晶片上寫入緩衝器不能與晶片外記憶體管理單元一起使用。

練習 12.1.3

為什麼當處理器速度相對記憶體速度提高時，Cache 寫策略採用回寫式而不是完全寫入式變得更重要？

13

嵌入式 ARM 的應用

Embedded ARM Applications

- ◆ VLSI Ruby II 高階通訊處理器
- ◆ VLSI ISDN 用戶處理器
- ◆ OneC™ VWS22100 GSM 晶片
- ◆ 易立信-VLSI 藍芽基頻控制器
- ◆ ARM7500 和 ARM7500FE
- ◆ ARM7100
- ◆ SA-1100
- ◆ 例題與練習

本章內容綜述

嵌入式系統設計的趨勢是將某些儲存元件之外所有主要的系統功能整合到單一的晶片中。由此在元件成本、可靠性和功耗效率方面獲得的利益是顯著的。正是半導體技術的進步使這些成為可能,而該技術使得人們能以低廉的價格製造出包含數百萬電晶體的晶片,而且在幾年之內將能使一個晶片包含數千萬電晶體。

因此,在單一晶片上實作複雜系統的時代正向我們走來。ARM 公司為這個時代的到來發揮了領導作用,因為 ARM 核心的面積非常小,使其他系統功能有更多可用的矽資源。在本章中,我們將介紹幾個基於 ARM 的系統晶片(SoC)實例,但是實際上我們只是在這一領域走馬看花。在今後幾年中將會看到嵌入式應用的洪流,其中許多都將基於 ARM 處理器核心。設計一個 32 位元計算機系統是一項複雜的工程。把它設計到一個必須一次成功的單一晶片上依然是非常具有挑戰性的。沒有成功的公式,但是有許多非常強大的設計工具可以幫助設計者。正如在多數工程實踐中一樣,一個人藉由研究問題和其他人的經驗只能獲得已有的知識。搞懂一個現存的設計比創造一個新的設計要簡單得多。開發一個新的系統晶片是數位電子學領域今天最偉大的挑戰。

13.1 VLSI Ruby II 高階通訊處理器

VLSI Technology 公司是 ARM 公司的第一個半導體伙伴,它與 Acorn Computers 公司、Apple Computers 公司一起協助了 ARM 公司的建立過程。它們與 ARM 公司的關係可追溯到 ARM 公司成立之前,它們在 1985 年製造了第一個 ARM 處理器,並於 1987 年從 Acorn Computers 公司獲得了技術授權。

VLSI 公司曾為 Acorn Computers 公司製造過許多基於 ARM 的標準晶片,為 Apple Newtons 公司生產過 ARM610 晶片。它們還生產過幾個為特定用戶設計的、基於 ARM 的產品,並使其中一些成為標準元件。Ruby II 就是一種用於攜帶式通訊設備的標準元件。

Ruby II 的組織結構

　　Ruby II 的組織結構如圖 13-1 所示。該晶片基於 ARM 核心並包含 2KB 的快速（零等待狀態）晶片上 SRAM。關鍵的程序可以由應用控制加載到 RAM 中以獲得最好的性能和最小的功耗。有一組周邊模組共用若干接腳，包括 1 個 PCMCIA 介面、4 個位元組寬的並列介面和 2 個 UART。由一個模式選擇模組來控制在什麼時候可以使用哪些介面。而單位元組寬 FIFO 緩衝器的作用是隔離處理器，使之不必對傳輸的每個位元組立刻作出回應。

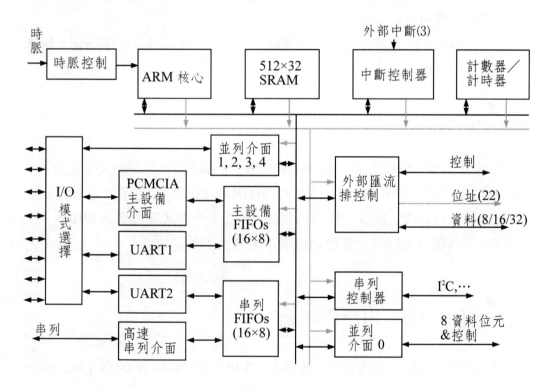

圖 13-1　Ruby II 高階通訊控制器的組織結構

　　同步通訊控制器模組支援一系列標準串列通訊協定，還有串列控制器模組提供軟體控制的資料埠。該埠可以用來實作不同的串列控制協定，例如由 Philips 公司定義的 I^2C 匯流排。該匯流排可以連接多種串列元件，如帶電池的 RAM、即時時脈、E^2PROM 和音頻編碼解碼器等。

外部匯流排介面支援具有 8、16 和 32 位元資料匯流排的元件，而且能彈性地產生等待狀態。計數計時器模組有 3 個 8 位元計數器，連接成一個 24 位元預定標器（prescaler）。另外，中斷控制器提供所有晶片內和晶片外中斷源的可程式控制。晶片具有 4 種功耗管理模式：

(1)線上模式：所有電路時脈為全速。

(2)命令模式：ARM核心的執行有 1～64 個等待狀態，但所有其他電路以全速執行。可由中斷將系統立即切換到線上模式。

(3)睡眠模式：除計時器和震盪器之外的所有電路都停止，可由特定的中斷將系統轉回為線上模式。

(4)停止模式：所有電路（包括振盪器）都停止，可由特定的中斷將系統轉回為線上模式。

封裝（Packaging）

Ruby II 有 144 腳位和 176 腳位兩種封裝，採用 TQFP 封裝形式。使用 5 V 電源時可以工作到 32 MHz。如果工作於 20 MHz，則使用 32 位元 1 個等待狀態的記憶體，晶片在線上模式下耗電為 30 mA，在命令模式下耗電為 7.9 mA，在睡眠模式下耗電為 1.5 mA，在停止模式下耗電為 150 μA。

13.2　VLSI ISDN 用戶處理器

VLSI ISDN 用戶（subscriber）處理器（VIP）是一個用於 ISDN（Integrated Services Digital Network——整合服務數位網路，一種數位電話標準）用戶通訊的可編程引擎。它是由 Hagenuk GmbH 公司為了用於它們的 ISDN 產品而設計開發的，後來授權給了 VLSI Technology 公司作為 ASSP（Application Specific Standard Part——專用標準元件）銷售。該晶片包含了實作全功能 ISDN 終端所需的大多數電路，支援在同一條線路上進行聲音、資料和視訊服務。它可以實現的應用種類包括：

(1)ISDN 終端設備，例如內部和數位的 PABX（專用自動交換分機）電話，H.320 視訊電話及整合的 PC 通訊。

(2) ISDN 對 DECT（Digital European Cordless Telepone——數位歐洲無線電話）的控制器，允許若干無線電話互連並連接到 ISDN，供家庭或商業應用。

(3) ISDN 到 PCMCIA 的通訊卡。

VIP 晶片包含了連接 ISDN S0 介面所需的專用介面，支援電話介面，如數字鍵盤、數碼顯示、麥克風和耳機，提供與外部訊號處理器或編碼／解碼器的數位連結，還包含功率管理元件，如可程式的時脈和用來監視電池狀態的A/D轉換器。

ARM6 核心執行總體控制和 ISDN 協定功能。一個 3KB 的晶片上 RAM 在 36.864MHz 的處理器全速時脈頻率下，執行無等待狀態的操作。關鍵程序代碼可以根據需要加載到RAM中，例如，支援免持聽筒操作所需的訊號處理程序。

VIP 的組織結構

VIP 晶片的組織結構如圖 13−2 所示，典型的系統配置如圖 13−3 所示。

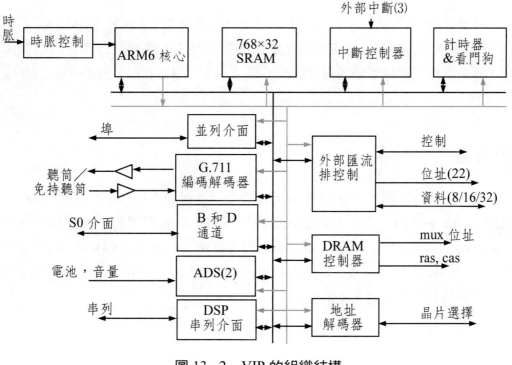

圖 13−2　VIP 的組織結構

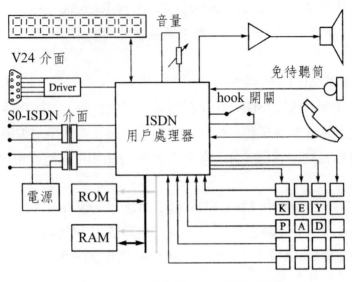

圖 13-3　典型的 VIP 系統配置

記憶體介面

外部記憶體介面支援 8、16 和 32 位元晶片外靜態 RAM 和 ROM，以及 16 和 32 位元動態 RAM。可定址的記憶體被劃分為 4 個區域，每個區域在操作時，等待狀態的數值都是可程式化的（最小為 1 的等待狀態，等於 54ns 的存取時間）。

S0 介面

晶片上 ISDN S0 介面可以藉由絕緣變壓器連接到 S0 介面匯流排，並提供電湧（surge）保護。晶片上功能包括用於資料和時脈恢復的鎖相迴路、碼框（framing）以及低階的協定。192 kbit/s 的資料速率包括兩個 64 kbit/s 的 B 通道和一個 16 kbit/s 的 D 通道。當用於電話時，B 通道以 6 kHz 的採樣頻率傳送 8 位元語音採樣，D 通道則用於控制。

編碼解碼器（Codec）

G.711 編碼解碼器包括一個晶片上類比前端，藉由編碼解碼器可以直接與電話聽筒和免持聽筒麥克風及揚聲器連接。輸入和輸出通道有可獨立編程的增益器。放大級（amplification stage）有省電模式以便在其不動作時節省功耗。

類比數位轉換器（ADCs）

晶片上類比數位轉換器是根據一個電容器放電到輸入電位需要多長時間來轉換的。這是一種測量緩變電壓非常簡便的方法。除了一個晶片上比較器、一個在轉換開始時給電容充電的輸出，以及測量從轉換開始到比較器切換所用時間的方法之外，別的幾乎不再需要。其典型應用為測量音量控制電位器的電壓或檢測攜帶式裝置的電池電壓。

鍵盤介面

鍵盤介面使用並列輸出埠來選通（strobe）鍵盤的列，使用並列輸入埠及內部下拉電阻來檢測鍵盤的行。在輸入埠的一個 OR 閘可以產生一個中斷。如果所有的列輸出都是有效的，那麼按壓任何鍵都能產生中斷，因而 ARM 可以啟動單一的列並檢測單一的行來確定是哪一個鍵被按壓了。

時脈和計時器

晶片有兩個時脈源。正常操作時使用 38.864 MHz，省電模式下使用 460.8 kHz。如果 1.28 s 沒有動作，那麼一個看門狗（watchdog）計時器使CPU重置，一個 2.5 ms 計時器可中斷處理器的睡眠模式以便用於 DRAM 更新和多重任務用途。

13.3　OneC™ VWS22100 GSM 晶片

　　由 VLSI Technology 公司開發的 OneC VWS22100 是用於 GSM 行動電話手機的系統晶片（SoC）。由於增加了外部程式與資料記憶體以及適當的無線模組，它可提供手機所需的全部功能。一個使用 OneC VWS22100 整合基頻元件的 GSM 手機的實例是三星公司的 SGH2400，這是一款雙頻（GSM900/1800）帶有免持聽筒語音撥號功能的手機，如圖 13-4 所示。

©Samsung Electronics

圖 13-4　使用 OneC VWS22100 的三星公司 SGH2400 GSM 手機

VWS22100 的組織結構

　　OneC VWS22100 的系統結構是典型的用於當今行動電話手機的控制器。它嵌入了一個作為通用控制器的 ARM7TDMI 核心和一個 DSP 核心。ARM7TDMI 核心用來處理用戶介面及某些 GSM 協定層；DSP 核心用來在一些專用訊號處理硬體模組的協助下執行基頻訊號處理。它的結構如圖 13-5 所示。

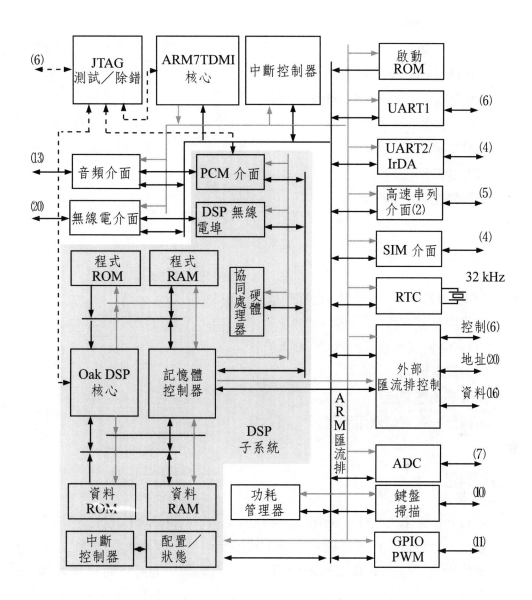

圖 13-5　OneC VWS22100 GSM 晶片組織結構

DSP 子系統

DSP子系統（圖13-5陰影部分）基於16位元Oak DSP核心。它執行全部

即時訊號處理功能，包括：

(1)聲音編碼。

(2)均衡（equalization）。

(3)通道編碼（channel coding）。

(4)回音消除。

(5)噪音抑制。

(6)聲音識別。

(7)資料壓縮。

ARM7TDMI 子系統

ARM7TDMI 核心負責系統控制功能，包括：

(1)用戶介面軟體。

(2) GSM 協定堆疊（protocol stack）。

(3)功耗管理。

(4)驅動周邊介面。

(5)執行一些資料應用軟體。

職責分配

透過分析圖 13-5 的一些細節，可以說明 ARM 與 Oak 核心的任務劃分。

音頻和無線電介面（在圖的左側）連接到兩個處理系統。ARM 系統設置放大器的增益，控制無線電傳送功率和頻率合成器，有呼叫時以振鈴通知用戶，等等。

資料流，包括解碼的聲音資料及通過無線電連結發送和接收的符號（symbol），直接在 Oak 系統與周邊介面之間傳輸。

晶片上除錯功能（On-chip debug）

晶片上有兩個不同種類的處理系統。晶片上除錯硬體使用單一 JTAG 介面

存取若干除錯元件，其中包括 ARM7TDMI EmbeddedICE 模組、Oak DSP 核心的除錯技術以及其他測試與除錯裝置。

功耗管理（Power management）

行動電話手機的電池壽命在當前市場上是個重要問題。「通話時間」和「待機時間」在產品的廣告中占極重要的作用。OneC VWS22100 內設若干功率管理元件以最佳化產品的性能。該產品控制：

⑴全面的和選擇性的節電模式。

⑵在閒置（idle）模式下降低系統時脈頻率的能力。

⑶類比電路也能低功耗操作。

⑷晶片上脈寬調變（pulse-width modulation）輸出控制電池充電。

⑸晶片上 AD 轉換器提供對溫度和電池電壓的監測以得到優化的操作。

GSM 手機

基於 OneC VWS22100 的 GSM 蜂巢式電話手機的典型硬體結構如圖 13-6 所示。

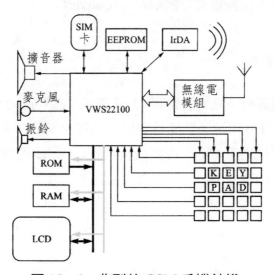

圖 13-6 典型的 GSM 手機結構

13.4　易立信−VLSI 藍芽基頻（Baseband）控制器

藍芽是用於 2.4GHz 頻帶無線資料通訊的標準，它是由易立信、IBM、Intel、諾基亞和東芝公司組成的聯盟開發的。該標準是為了支援短距離（10 cm～10 m）通訊，就像現在採用 IrDA 標準實作的紅外線通訊那樣，但可避免 IrDA 的視線、校準和互相干涉等限制。藍芽使用無線通訊可支援筆記型電腦到行動電話、列表機、PDA、桌上型電腦、傳真機、鍵盤等等的連接，它還可提供一個連接現行資料網路的橋梁。這樣，它可以用做個人網路的纜線替代技術。

這一標準支援 1 Mbit/s 的總資料率，使用跳頻方式和正向錯誤校正使得在多噪音和不協調的環境中實現穩固的通訊。

易立信−VLSI 藍芽基頻控制器晶片是一個聯合開發的標準元件，用於基於藍芽的攜帶式通訊設備。

藍芽「piconet」（微網路）

藍芽設備動態地形成特別的「piconet」，這是由 2～8 個使用同一個跳頻方案的設備組成的設備群。所有的設備都是同等的，儘管在 piconet 建立時會有一個設備作為主控設備。由主控設備規定時脈和跳頻次序來實作的同步。

由多個微網路可以連接成分散網路（scatternet）。

藍芽控制器的組織

藍芽基頻控制器的組織結構如圖 13−7 所示。晶片以同步的 ARM7TDMI 核心為基礎，包含 64 KB 快速（零等待狀態）晶片上 SRAM 和 4 KB 指令 Cache。關鍵的程序可以加載到 RAM 以得到最佳性能。Cache 改善駐留於晶片外記憶體的代碼的性能和功耗效率。

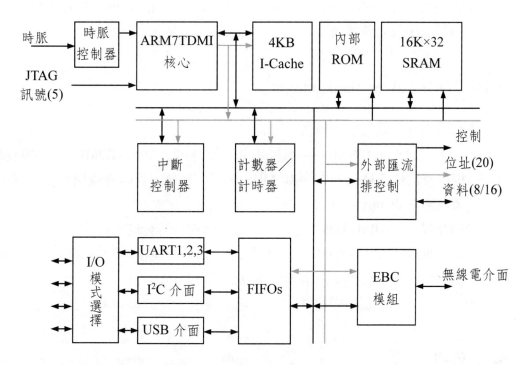

圖 13-7　易立信 VLSI 藍芽基頻控制器的組織結構

　　有一系列周邊模組共用若干接腳，其中有 3 個 UART、1 個 USB 介面和 1 個I²C匯流排介面。FIFO 緩衝器隔離了處理器，使之不必對通過這些介面傳輸的每一位元組作出回應。

　　外部匯流排介面支援帶有 8 和 16 位元資料匯流排的設備，而且能彈性地產生等待狀態。計數計時器模組有 3 個 8 位元計數器，連接成一個 24 位預定標器（prescaler）。另外，中斷控制器提供所有晶片內和晶片外中斷源的控制。

易立信的藍芽核心

　　藍芽基頻控制器包含一個功耗最佳化的硬體模組，即易立信藍芽核心（EBC）。該模組處理藍芽規範內所有的連結控制器功能，並包括通向藍芽無線電路的介面邏輯。EBC執行點對點，多槽以及點對多槽通訊的所有訊息封包處理功能。

基頻協定將電路和訊息封包切換結合起來使用。槽（slot）可以用做同步通道，例如支援聲音傳輸。

功耗管理（Power management）

晶片具有 4 種功耗管理模式：

(1)線上模式：所有模組的時脈採用其正常速度。ARM7TDMI 核心的時脈根據應用的不同介於 13～40 MHz 之間。在最大資料傳輸速率下，電流消耗約為 30 mA。

(2)指令模式：ARM7TDMI 透過插入等待狀態而降低時脈頻率。

(3)睡眠模式：ARM7TDMI 的時脈停止，正如其他模組的可編程子集的時脈一樣。在這種模式下消耗的電流約為 0.3 mA。

(4)停止模式：時脈振盪器關閉。

藍芽系統

典型的藍芽系統如圖 13-8 所示。基頻控制器晶片需要一個外部無線電模組和程式 ROM 來組成完整的系統。高度的整合使得一個複雜且功能強大的無線電通訊系統能夠以非常緊湊和經濟的形式實作。

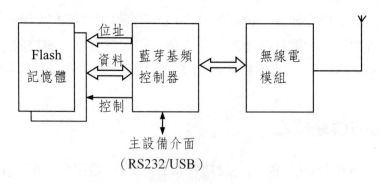

圖 13-8　典型的藍芽應用

藍芽矽片（Bluetooth silicon）

圖 13-9 是一個藍芽晶元的照片。晶元面積的主體是 64 KB 的 RAM，合成產生的 EBC（右下部）為第二大模組。

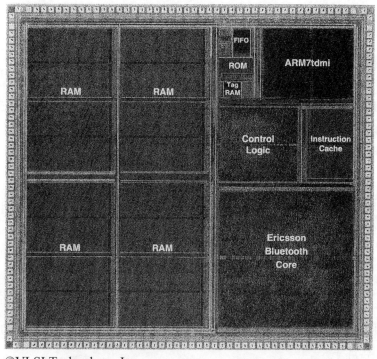

©VLSI Technology, Inc.

圖 13-9　藍芽基頻控制器晶元（die）照片

位於晶片右上角合成的 ARM7TDMI 核心，其結構的清晰度遠不如圖 9-4 的硬巨集單元。這是由於硬巨集單元是手工佈圖的，手工設計者使用非常規則的資料通路結構，以便獲得高密度的版圖和減少必須新建的、不同單元的數量。合成的單元使用密度較低和較不規則的結構。合成核心的優點在於它能以快得多的速度轉換到一種新的 CMOS 技術。

藍芽核的特性總結如表 13-1 所列。處理器的工作頻率可以高達 39 MHz，但是表中顯示的資料代表著典型的 GSM 應用。晶片的 I/O 工作於 3.3 V，但是對於核心邏輯電路，其工作電壓的典型值為 2.5 V。

表 13-1　藍芽的特性

製　　程	金屬層	Vdd	電晶體	晶元面積	時　脈	MIPS	功　耗	MIPS/W
0.25 μm	3	2.5 V	4300000	20 mm²	1～13 MHz	12	75 mW	160

數位無線電通訊（Digital radio）

就像行動電話市場的快速增長所顯示出來的那樣，低價格、高性能數位系統的出現使無線電通訊能夠找到新的應用領域。數位通訊可以使資料在傳送時由於干擾造成的錯誤能夠被檢測和校正。數位技術還可以使複雜的無線電技術（例如跳頻）受到控制，進一步降低干擾的影響。

藍芽將這一優點擴展到了很小的通訊網路，並且指出將來不僅個別的而且他們所有的個人資料設備都會無形地互連，並連接到全球網路。

藍芽 SoC（Bluetooth system-on-chip）

藍芽的應用領域已經成為行動的焦點，其目標是把數位和無線功能整合到單一 CMOS 晶片上。

圖 13-8 所示的典型應用就可以在單一晶片上實現。

EBC 模組也是可購買使用權的矽智產（IP），可用於基於 AMBA 的其他設計上。

13.5　ARM7500 和 ARM7500FE

ARM7500 是整合度很高的單晶片計算機，它將 Acorn RISC PC 的主要元件（除去記憶體）組合到單一晶片上。這是第一塊這樣的系統晶片，它把整個 ARM CPU 用做它的處理器巨集單元，包括 Cache 和記憶體管理，而不是僅僅包括整數處理器核心。ARM7500FE 增加了 FPA10 浮點協同處理器作為晶片上

巨集單元,還進行了若干其他次要的改變。

這兩種元件都很適合於消費者多媒體應用,例如機頂盒(set-top boxes)、Internet 設備和遊戲控制臺。但是,它還有許多其他潛在的應用領域。

ARM7500 和 ARM7500FE 中主要的巨集單元如下:

⑴ ARM CPU 核心。

⑵ FPA10 浮點協同處理器(只在 ARM7500FE 中)。

⑶視頻和聲音巨集單元。

⑷記憶體和 I/O 控制器。

ARM CPU 核心

ARM CPU 核心包含 ARM710 CPU 的大部分功能,唯一的妥協是將 Cache 由 8 KB 減少到 4 KB,以便使其他巨集單元有足夠的空間。

CPU 的基礎是 ARM7 的整數核心(ARM7TDMI 的前身,不支援 Thumb 和嵌入式除錯),帶有 4 KB 4 路組相關的指令資料混合 Cache 和一個記憶體管理單元。該記憶體管理單元基於 2 級頁表,並帶有 64 個 entry 的轉換對照緩衝區和寫入緩衝器。

FPA10 浮點單元(floating-point unit)

FPA10 曾在 6.4 節中比較詳細地介紹過。它能有效地增強系統處理浮點資料的能力(在沒有協同處理器的情況下,浮點資料用 ARM 浮點函式庫常式來處理)。浮點性能在 40 MHz 下可達 6 MFLOPS(使用 Linpack 基準程式藉由運行雙精度浮點代碼進行測試)。

視頻和聲音巨集單元(macrocell)

視頻控制器可用高達 120 MHz的像素時脈(由簡單的晶片外電壓控制振盪器使用晶片上的相位比較器產生)顯示畫面。它包括一個 256 色的調色板,帶有用於紅、綠、藍各個輸出的晶片上 8 位元 DA 轉換器,以及用於外部混色和

明暗度的附加控制位元。支援分離的硬體游標，其輸出可驅動高解析度彩色監視器，或者單、雙畫面灰度或彩色的液晶顯示器。顯示的時序是完全可程式的。

　　ARM7500 的聲音系統可以產生 8 個獨立聲道的 8 位元（對數）模擬立體聲，藉由晶片上指數的 DA 轉換器播放。也可以藉由串列數位聲道和外部 CD 品質的 DA 轉換器產生 16 位元的聲音樣品。ARM7500FE 只支援後一種 16 位元聲音系統。

　　用於視頻、游標和聲音資料流的資料通道是由記憶體中的 DMA 控制器和 I/O 控制器來產生的。

記憶體和 I/O 控制器

　　記憶體控制器支援高達 4 個 DRAM 存儲體（bank）和兩個 ROM 存儲體的直接連接。每個存儲體都可以編程為 16 位元寬或 32 位元寬。對 16 位元寬存儲體中的 32 位元資料，記憶體控制器將進行兩次存取。

　　在傳送多達 256 個資料的叢發（burst）中，DRAM 控制器在若干個順序週期中採用分頁存取模式，並支援一系列 DRAM 更新模式。只要使用合適的 ROM 元件，ROM 控制器也支援叢發模式。3 個 DMA 控制器用於處理視頻、游標和聲音的資料流。

　　I/O 控制器管理一個 16 位元的晶片外 I/O 匯流排（使用擴展緩衝器可以擴展到 32 位元）和若干晶片上介面。晶片外匯流排支援簡單的週邊、智慧型周邊模組、PC 型周邊以及 PCMCIA 卡的介面。

　　晶片上介面包括 4 個可以用來支援 4 路模擬輸入通道的模擬比較器、2 個鍵盤和／或滑鼠的串列埠、計數計時器、8 個通用開漏 I/O 線，以及 1 個可程式的中斷控制器。同時還有功耗管理裝置。

系統圖表

　　有很多方法來使用這些晶片，但是一個典型的系統組織結構如圖 13-10 所示。

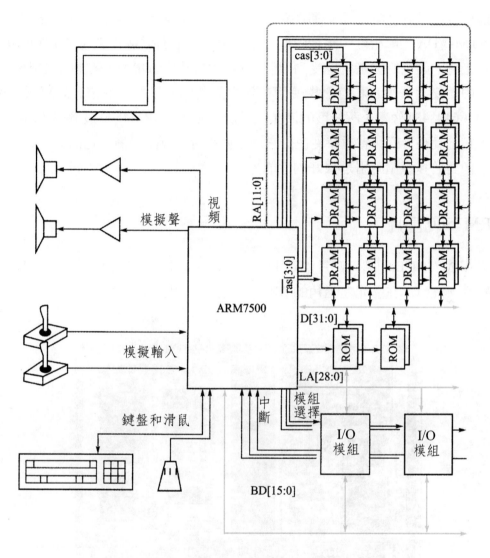

圖 13−10　典型的 ARM7500 系統組織結構

應用

　　ARM7500 已應用於 Acorn Risc PC 的低價機型和線上多媒體交互式視訊機頂盒。與原來的 Risc PC 晶片組相比，它的主要局限在於將視訊資料流限制於 DRAM，而標準 Risc PC 的高解析度顯示則使用 VRAM。這使得它不能用於在

高解析度顯示器上顯示很多種顏色。但是對於液晶顯示器或電視監視器、VGA
或 Super-VDA 的解析度，這種限制是不明顯的。只有當解析度達到 1280×1024
及以上時，顏色的數量才會受到限制，這是由於標準 DRAM 頻寬的限制。

　　由於交互式視訊和遊戲機使用電視機品質的顯示器，攜帶式計算機使用
VGA（640×480 像素）解析度的液晶顯示器，因此，ARM7500 最適用於這些應
用。它的高整合度和省電特性使得它適用於手持式測試設備，它高品質的聲音
和圖像對於多媒體應用是很好的性能。

ARM7500 晶片

　　ARM7500FE 的晶元照片如圖 13-11 所示。在表 13-2 中總結了 ARM7500
的特性。注意，在晶元左上角的 ARM7 核心只占用晶元面積的 5%。

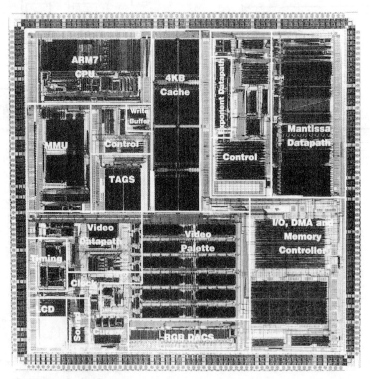

©ARM Limited

圖 13-11　ARM7500FE 的晶元照片

表 13-2　ARM7500 的特性

製　　程	金屬層	Vdd	電晶體	核面積	時　脈	MIPS	功　耗	MIPS/W
0.6 μm	2	5 V	550000	70 mm²	0～33 MHz	30	690 mW	43

13.6　ARM7100

　　ARM7100 是高整合度的微控制器，它適用於某些行動式產品的應用，例如智慧型行動電話和掌上型電腦。它是 Psion5 系列掌上型電腦的基礎。

　　圖 13-12 是 Psion 5MX 系列掌上型電腦的照片（它使用 ARM7100 較晚的版本，其體系結構經過修改，並採用更先進的技術）。

©Psion plc

圖 13-12　Psion 5MX 系列

ARM7100 的組織結構

　　ARM7100 的組織結構如圖 13-13 所示。ARM710a CPU 包含一個 ARM7 處理器核心（ARM7TDMI 前身，不支援 Thumb）、ARM 記憶體管理單元、8 KB

4 路相關 4 字元線 Cache 和 4 位址 8 資料字元寫入緩衝器。這類產品中 Cache 記憶體的用途基本上是改善功耗效率，這是透過減少晶片外記憶體的存取次數來實現的。加入記憶體管理單元是為了支援那些為執行多種通用應用程式所需的作業系統。

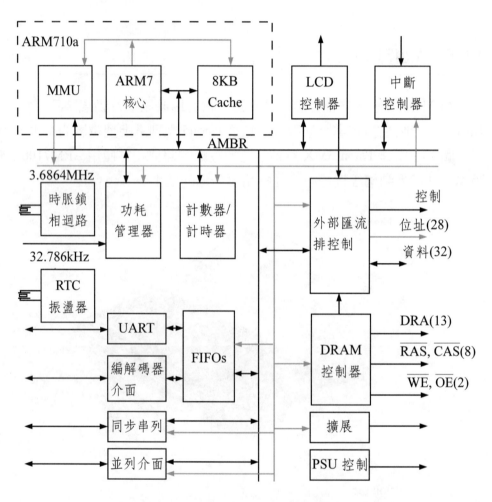

圖 13－13　ARM7100 的組織結構

　　晶片上系統的組織結構基於 AMBA 匯流排。外部電路包括 LCD 控制器、串列和並列的 I/O 埠、中斷控制器，以及一個 32 位元的外部匯流排介面，以便能有效地存取晶片外 ROM、RAM 和 DRAM。DRAM 控制器提供這類記憶體所必需的多工位址和控制訊號。

電源管理

ARM7100 是使用在以電池供電的攜帶式設備的。它要求在有用戶輸入時能提供高性能，在等待用戶輸入時工作在極低的功耗水準。為達到這個要求，晶片實行 3 級電源管理，即

(1)在全運轉模式（full operational mode）下，ARM CPU 的性能達到大約 14 MIPS，在 3.0 V 電源下耗電為 24 mA。

(2)在閒置模式（idle mode）下，CPU 停止工作而其他系統運行，這時耗電為 33 mW。

(3)在待命模式（standby mode）下，只有 32 kHz 的時脈運行，耗電為 33 μW。

其他增強功耗效率的特點還包括支援自我更新 DRAM 記憶體。這種記憶體不需 ARM7100 干預就可以保持其內容。

Psion 5 系列

Psion 5 系列的組織結構如圖 13-14 所示。這張圖顯示出各種用戶介面如何連接到 ARM7100 上，從而在晶片等級上以最小的複雜度得到一個結構完善的系統。

主要的用戶輸入設備是鍵盤和輸入筆。前者簡單地連接到並列 I/O 接腳，後者使用覆蓋在 LCD 顯示器上並藉由類比數位轉換器（ADC）連接的透明的數位式面板。

通訊設備包括用於有線連接的 RS232 串列介面和用於無線連接的 IrDA 紅外線介面。該紅外線介面連接列表機、數據機和主控設備 PC（用於軟體加載和備份）。音頻編碼解碼器可將來自內置麥克風的聲音數位化，存入記憶體，然後藉由小型的內置擴音器回放。

藉由 PC 卡槽可以擴展硬體。

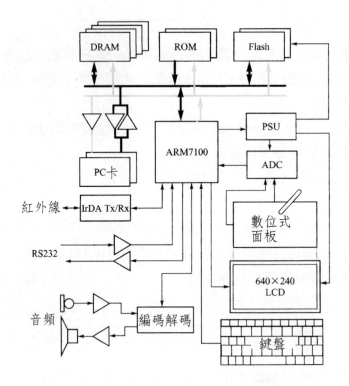

圖 13-14   Psion 5 系列的硬體組織

ARM7100 晶片

圖 13-15 是 ARM7100 晶元的版圖。表 13-3 概述了它的主要特性。

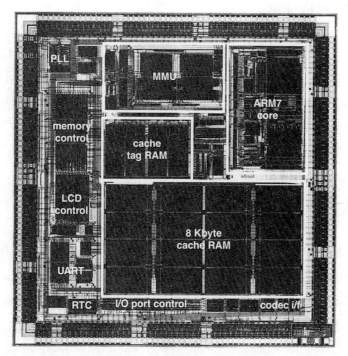

©ARM Limited

圖 13−15 ARM7100 晶元圖

表 13−3 ARM7100 特性

製　程	金屬層	Vdd	電晶體	晶元面積	時　脈	MIPS	功　耗	MIPS/W
0.6 μm	2	3.3 V	N/A	N/A mm²	18.432 MHz	30	14 mW	212

　　從圖 13−15 可以看到，CPU 核心占據了晶片的主要面積，除了最左邊 1/4 以外，晶片都被它所占據。8KB Cache 記憶體占據 CPU 核心的下半部分，其左上方是 Cache Tag，在它的上方是記憶體管理單元，而 ARM7 核心位於右上方。所有的周邊元件和 AMBA 匯流排占據左邊 1/4 部分。

與 ARM7500FE 比較

在這裡,平衡是與 ARM7500FE 的區別(見圖 13-11)。在 ARM7500FE 中,為驅動 CRT 監視器所需的高速彩色對照表比 ARM7100 中的 LCD 控制器占據更大的面積。ARM7500FE 中的浮點硬體也占據了相當大的面積。為了補償,ARM7500FE 的 Cache 小了一半,但仍占據了很大面積。

13.7　SA-1100

在第 12.3 節中曾介紹過 SA-110 StrongARM CPU 核心。SA-1100 是基於這種核心的改良版本,是高性能、整合化系統晶片。它可用於行動電話手機、數據機和其他需要高性能、低功耗的手持式應用。這種晶片的組織結構如圖 13-16 所示。

CPU 核心

SA-1100 的 CPU 核心使用與 SA-110 同樣的 SA-1 處理器核心,但是進行了少量修改以支援 Windows CE 所需的中斷向量重新定位機制。指令 Cache 也是相似的,為使用 32 路相關 CAM-RAM 結構和 8 字元線的 16KB Cache。記憶體管理系統未作其他改變,只是包含了 ProcessID 機制,這也是 Windows CE 所需要的。

與 SA-110 的主要區別在於資料 Cache,原來的 16 KB Cache 被換為一個 8 KB 32 路相關 Cache 和一個與之並列的 512 位元組 2 路組相關 Cache。用記憶體管理表來確定一個特定的記憶體單元應該映射到(如果有映射)哪一個 Cache。第二個微型 Cache 的目的是使大資料結構存入 Cache 時不會造成主資料 Cache 有較大污染。

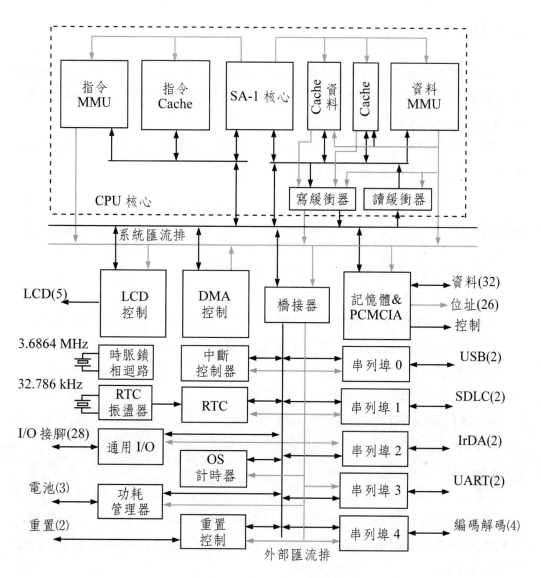

圖 13-16　SA-1100 組織結構

　　在資料Cache方面的其他區別是增加了讀取緩衝器。它可以用來在處理器需要資料之前將它預先載入。這樣在需要該資料時，可以花費較短的等待時間得到。讀取緩衝器時經由協同處理器暫存器用軟體控制。

　　對 CPU 核心最後的擴展是增加了硬體中斷點和監視點暫存器。這些暫存器也是經由協同處理器暫存器編程的。

記憶體控制器

記憶體控制器支援多達 4 個儲存體的 32 位元晶片外 DRAM。晶片外 DRAM 可以是傳統的,也可以是 EDO(擴充的資料匯流排)類型的。也支援 ROM、Flash 記憶體和 SRAM。

藉由 PCMCIA 介面可以進一步擴展記憶體(需要一些外部的膠合(glue)邏輯)。該介面支援兩個卡槽。

系統控制

晶片上系統控制功能包括:

(1)重置控制器。

(2)電源管理控制器,處理電池低電位報警和系統在各種操作模式間的切換。

(3)作業系統計時模組,支援一般時序和看門狗(watchdog)功能。

(4)中斷控制器。

(5)即時時脈,源於 32 kHz 晶體振盪源。

(6) 28 個通用 I/O 接腳。

周邊元件

周邊子系統包括 LCD 控制器,以及用於 USB、SDLC、IrDA、編碼解碼器和標準 UART 功能的串列埠。一個 6 通道的 DMA 控制器使 CPU 不必直接地處理資料傳輸。

匯流排結構

從圖 13-16 可以看出,SA-1100 中有兩條匯流排,它們藉由橋接器相連,即

(1)系統匯流排:連接所有匯流排主控元件和晶片外記憶體。

(2)周邊匯流排:連接所有從屬周邊元件。

　　該雙匯流排結構類似於 AMBA 匯流排中 ASB-APB（或 AHB-APB）的分割。它使具有高空占比的匯流排最小化，也減少了必須具備所有周邊元件的匯流排介面的複雜度和成本。

應用

　　SA-1100 的典型應用需要一定數量的晶片外記憶體，其中也許包括一些 DRAM、一些 ROM 和／或 Flash 記憶體。除此之外，只需要用於各種周邊介面、顯示器等必要的介面電路。組成的系統在 PCB 等級非常簡單，但在處理能力和系統結構方面功能強大而且完善。

SA-1100 晶片

　　表 13-4 總結了 SA-1100 晶片的特性，圖 13-17 是晶元照片。該晶片可以在低達 1.5 V 的電源電壓下工作以達到最佳化的功耗效率。它在稍高的電源電壓下工作時，可以達到較高的性能，代價是功耗效率較低。

表 13-4　SA-1100 的特性

製　　程	金屬層	Vdd	電晶體	晶元面積	時　脈	MIPS	功　　耗	MIPS/W
0.35 μm	3	1.5/2 V	2500000	75 mm^2	190/220 MHz	220/250	330/550 mW	665/450

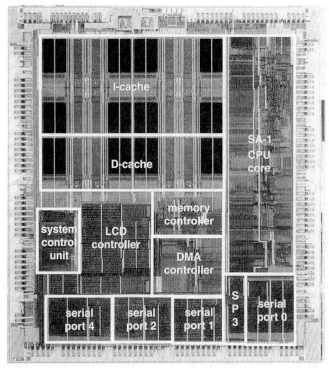

Photo courtesy of Intel Corp.

圖 13-17　SA-1100 晶元圖

13.8　例題與練習

☞ 例題 13.1

運行一個零等待狀態晶片上 RAM 中的關鍵 DSP 程式,與 2 等待狀態晶片外 RAM 相比,估算其性能的改進。

典型的 DSP 程式主要是進行乘加運算。其代碼可能如下：

```
            …                       ;初始化
LOOP        LDR     r0,[r3],#4      ;讀取下一個資料
            LDR     r1,[r4],#4      ;讀取下一個係數
            MLA     r5, r0, r1, r5  ;累加下一項
            SUBS    r2, r2, #1      ;迴圈次數減 1
            BNE     LOOP            ;若沒結束，則繼續循環
```

這個迴圈需要讀取 7 條指令（包括在分歧 shadow 中的 2 條）和 2 個資料。在標準 ARM 核心中乘法占用的運算週期數是與資料相關的，每個週期計算 2 位元。如果我們假設係數為 16 位元，而且在乘法中由係數確定週期數，則乘法需要 8 個內部週期。每次讀取資料也需要 1 個內部週期。

如果資料和係數總是在晶片上記憶體中，那麼，如果由晶片上 RAM 讀取指令執行，一次迴圈使用 19 個時脈週期；而如果由 2 等待狀態晶片外 RAM 讀取指令執行，則還需另外 14 個等待狀態週期。

因此，使用晶片上 RAM 使迴圈加快大約 75%。

注意，若比較記憶體的存取速度，可望達到 3 倍，上述迴圈速度的增快遠小於這個數字。

練習 13.1.1

估算使用晶片上 RAM 帶來的功耗節省（假設晶片上存取耗費為 2 nJ，而晶片外存取耗費為 10 nJ）。

練習 13.1.2

假設外部記憶體寬度限制為 16 位元，重新估算。

練習 13.1.3

假設處理器支援 Thumb 模式（而且程式改寫為使用 Thumb 指令）和高速乘法，對外部記憶體為 16 位元和 32 位元兩種情況重新估算。

☞ 例題 13.2

研究本章中的設計，總結應用於這些系統晶片的節能技術。

首先，所有這些系統晶片都有很高的整合度，這使得在同一晶片的兩個模組交換資料時節省能量。

所有晶片都基於 ARM 核心，它本身就是非常省功耗的。

雖然這些晶片都沒有足夠的晶片上記憶體以完全消除對晶片外記憶體的需求，但是一些晶片具有數千位元組的晶片上 RAM，它可以加載關鍵程式來節省能量（並改善性能）。

一些晶片包含時脈控制電路，當晶片不是全速工作時能降低時脈頻率（或完全停止時脈），當個別模組處於非活動狀態時，切斷這些模組的時脈。

晶片主要基於靜態或準靜態 CMOS 技術，只要稍加小心，數位電路只在切換時耗費能量。一些晶片還包含模擬功能模組，它們需要連續的偏置電流。因此，當這些電路處於非活動狀態時，通常可以轉入省電模式。

練習 13.2.1

在嵌入式系統中通常沒有重置按鈕來重新啟動崩潰了的系統。用什麼技術來恢復軟體崩潰？

練習 13.2.2

本章描述的一些系統包含計數／計時模組，它們是用來做什麼的？

練習 13.2.3

ARM7500 有一個晶片上 Cache，AMULET2e（見 14.4 節）有一個晶片上記憶體，它可以配置成 Cache 或直接定址記憶體。RudyII 和 VIP 只有晶片上直接定址記憶體。解釋晶片上 RAM 和晶片上 Cache 的區別，再解釋這些晶片的設計者為什麼這樣選擇。

14

AMULET 非同步 ARM 處理器

The AMULET Asynchronous ARM Processors

◆ 自定時設計

◆ AMULET1

◆ AMULET2

◆ AMULET2e

◆ AMULET3

◆ DRACO 電信控制器

◆ 自定時系統的未來

◆ 例題與練習

本章內容綜述

AMULET 處理器核心使用完全非同步的方式實作了 ARM 的架構,這就是說它是自定時的,在沒有任何外部提供時脈的條件下工作。

自定時數位系統在功耗效率和電磁相容性(EMC)方面具有潛在的優勢。但是,如果完全採用非同步時序框架,則它需要從根本上對系統的結構進行再設計。而且,如果要它以這種方式工作,則設計者需要學習一套新的思路。提供設計工具的行業對自定時設計的支援也很缺乏。

AMULET 處理器核心是在英國曼徹斯特大學開發的研究原型機。它的商業前景尚不明朗。本書沒有足夠的篇幅提供對它的完整描述,但是將提供對它的概述,因為它代表著實現 ARM 指令集的另一種非常不同的方法。請見本書的參考文獻,從那裡可以找到有關 AMULET1 和 AMULET2 進一步的細節。有關 AMULET3 更完整的細節將另行發表。

最新的自定時核心 AMULET3 融合了時脈型 ARM 核心中的大部分特性,包括支援 Thumb 指令集、除錯硬體和支援 SoC 模組設計的晶片上巨集單元匯流排等等。它將非同步技術提高到準備進入商業應用的程度,在以後幾年裡將會看到這個技術是否會在未來的 ARM 結構中發揮作用。

14.1   自定時設計 (Self-timed design)

現在以及過去的四分之一世紀中,實際上所有數位設計都是基於使用全域時脈訊號,以時脈訊號控制系統中所有元件的操作。複雜的系統可能使用多個時脈,但是,其中在每一個時脈控制的區域內都設計成一個同步的子系統,而且不同區域之間的介面都必須認真地設計以確保操作可靠。

時脈並非一直這樣占據支配地位。很多早期計算機採用的控制電路都是使用局部訊息來控制局部動作。然而,當人們開發出以使用中央時脈為基礎的高效率設計方法來滿足與提供了快速增長的電晶體資源的積體電路技術相關產業的需求時,這種非同步設計方式就不受歡迎了。

時脈問題（Clock problems）

但是，時脈型設計風格最近開始遇到如下實際問題：

(1)不斷提高的時脈頻率意味著保持全域同步越來越困難了；時脈偏離（clock skew）（晶片上不同點上時脈時序的差別）會損害電路性能，並可能最終導致電路功能錯誤。

(2)高時脈頻率還會導致過高的功耗。時脈分配網路可能會消耗全晶片功耗的重要部分。儘管閘控時脈技術可以在一定程度上控制時脈網路的活動度，但是，這種控制通常是粗梯度的，而且對時脈偏離有負面影響。

(3)全域同步加大了電源電流的暫態，導致電磁干擾。EMC（電磁相容性）法規變得越來越嚴格，而加大時脈頻率會使遵守這類法規變得更加富於挑戰性。

自定時設計的動機

由於這些原因，最近非同步設計技術重新引起了人們的興趣。針對上述問題，非同步設計：

(1)因為沒有時脈，所以沒有時脈偏離問題。

(2)在非同步設計中，只有當電路回應請求完成有用的工作時才會產生轉變。這就避免了由時脈訊號造成的連續漏電，以及為複雜的功率管理系統而付出的開銷。它可以在零功耗和最高性能之間實行即時切換。由於很多嵌入式應用的工作量都變化得很快，所以非同步處理器在節省功耗方面具有很大潛力。

(3)由於內部活動度很少相關，非同步電路電磁輻射很少。

另外，非同步電路有潛力達到典型的而不是最壞情況的性能，因為它的時序是按照實際情況調整的，而時脈型電路必須按照最壞情況留出容許量。

AMULET 系列非同步微處理器開發於英國曼徹斯特大學，是世界上發展中的非同步設計研究的一部分。還有在其他地方開發的、支援其他指令集結構的其他非同步微處理器，但是只有 AMULET 處理器實作 ARM 指令集。

自定時訊號

非同步設計是具有許多不同層面和許多不同方法的複雜學科。全面介紹非同步設計已超出本書的範圍，但是，少量的基本概念應該能使讀者掌握AMULET核心的最重要的特性。這些概念中首要的就是非同步通訊的思想。在沒有任何基準時脈的情況下，資料流是如何控制的呢？

AMULET 設計都使用請求應答交握的形式來控制資料流。構成從發送端到接收端的資料通訊的動作順序如下：

(1)發送端將有效資料送到匯流排。

(2)發送端發出請求事件。

(3)接收端在準備好後接收資料。

(4)接收端向發送端發出應答事件。

(5)發送端可以從匯流排上刪除資料，在準備好後開始下一次通訊。

資料通過匯流排時使用傳統的二進制編碼，但是有兩種方式來發送請求和應答訊號，即轉變訊號（transition signalling）和電位訊號（level signalling）。

轉變訊號

AMULET1 使用轉變編碼，即用電位的改變（從高到低或從低到高）來表示一個事件，見圖 14-1。

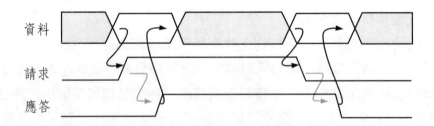

圖 14-1　轉變訊號通訊協定

電位訊號

　　AMULET2 和 AMULET3 使用電位編碼,即以上升邊緣來標示一個事件,它必須返回到零才可以標示下一個事件,見圖 14-2。

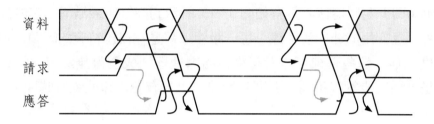

圖 14-2　電位訊號通訊協定

　　AMULET1 使用轉變訊號是由於它概念清晰。每次轉變都有作用,因而它的時序由電路的功能決定。它使用最少數量的轉變,因而應該是省功耗的。但是,用於實現轉變控制的 CMOS 電路相對較慢,而且效率較低。因此 AMULET2 和 AMULET3 使用了電位訊號,應用了較快和功率效率較高的電路,儘管使用了雙倍的轉變次數。但是,在協定中必須進行有關恢復(返回零)時序的某些判決。

自定時管線(Self-timed pipelines)

　　可以用自定時技術來構造一個非同步管線處理單元,在管線中經過每一級的處理延遲和採用上面講到的一種協定,將結果送到下一級。如果設計正確,則它可以適應可變的處理延遲和外部延遲。重要的僅僅是局部的事件時序(當然,長時間延遲會導致低性能)。

　　在時脈型的管線中,整個管線必須永遠受到時脈控制,而時脈的頻率是由在最壞環境(電壓和溫度)條件下最慢的管線級數以及假定最壞的資料情況而確定的。與此不同,非同步管線將工作於由當前條件所決定的可變速率。極壞

的條件有可能會使處理單元用的時間稍長一些。當出現這種情況時將會損失一些性能，但是，只要這種情況出現得足夠少，它對整體性能的影響會是很小的。

14.2　AMULET1

AMULET1 處理器核心具有如圖 14-3 所示的高級組織結構。它的設計基於一系列相互作用的非同步管線，每一級管線都是在自己特有的時間以自己特有的速度工作。這些管線可能看起來會給處理器造成長得無法容忍的執行時間；但是，與同步管線不同，非同步管線可以具有非常短的執行時間。

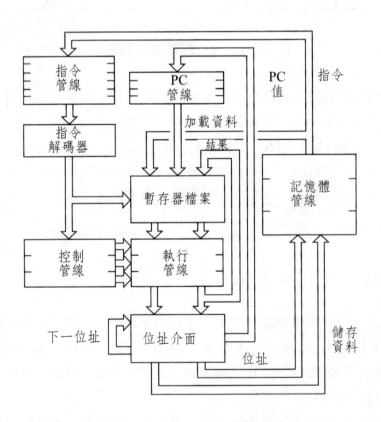

圖 14-3　AMULET1 的內部組織

　　處理器的操作以向記憶體發出取指請求的位址介面開始。位址介面有一個獨立的位址累增器，它使得位址介面可以在各個管線緩衝器所容許的範圍內儘早地進行預取指。

位址不確定論（Address non-determinism）

　　需要產生記憶體新位址的那些指令，例如資料傳輸指令和非預知的分歧指令，在執行管線（execution pipeline）中計算新位址，然後把新位址送到位址介面。由於新位址到達的時間相對於位址介面內部遞增迴路的時序是任意的，因而新位址在位址流中的插入點是不確定的。因此，處理器在分歧指令之後的預取指深度從根本上是不確定的。

暫存器相關（Register conerency）

　　如果要求執行管線的工作效率高，則暫存器檔案（register file）必須能夠在前一條指令的結果返回之前發出指令所需的運算元。但是，在一些情況下，運算元可能依賴於前一個結果（這就是「先寫後讀」危險）。在這種情況下，除非有轉發的機制來提供管線下游的正確數值，否則，暫存器檔案在結果返回之前不能發出運算元。

　　應用於很多 RISC 處理器（包括 ARM8 和 StrongARM）的暫存器前置機制是基於同步管線特性的，因為它涉及到把一個管線級中的來源運算元暫存器號與另一個管線級中的目標暫存器數值進行比較。在非同步管線中，管線級都在不同的時間移動，這種比較只能在相關管線級之間引入明確的同步後才能進行，這就損失了非同步操作的大部分好處。

暫存器鎖定（locking）

　　在 AMULET1 中，暫存器相關是透過一種基於鎖定暫存器的 FIFO（先進先出佇列）的新型的暫存器鎖定形式實現的。目標暫存器數值以解碼的格式存放在FIFO中，直到相關的結果從執行管線或記憶體管線返回到暫存器組為止。

　　鎖定 FIFO 的組織形式如圖 14-4 所示。FIFO 的每一級在相當於目的暫存器的位置有一個「1」。在該圖中，FIFO 控制 16 個暫存器（在 AMULET1 中，對於包括供系統使用的暫存器在內的每個實體暫存器，FIFO 都有相應的一行）。該圖表示，到達的第 1 個結果寫到 r0，第 2 個結果寫到 r2，第 3 個結果寫到 r12，FIFO 的第 4 級是空的。

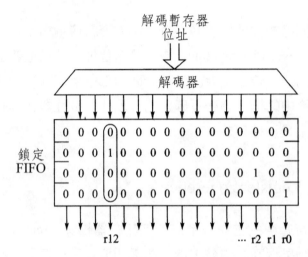

圖 14-4　AMULET 中鎖定暫存器的 FIFO 的組織

　　如果下一條指令需要 r12 作為來源運算元，則檢查 FIFO 中與 r12 相應的一行（圖 14-4 中圈出的一行），以發現 r12 是否有效。只要在這一行中存在「1」，就說明 r12 處於等待寫入的狀態，因而它的當前值無效。這時需要等待，直到「1」被清除後才能執行讀取的操作。

　　檢查是由硬體對每個暫存器在 FIFO 中對應的行進行「OR」運算來實現的。這看來有些冒險，因為在使用「OR」輸出結果時，FIFO 中的資料可能會移出 FIFO。但是在非同步 FIFO 中，資料的移動是將一級的資料複製到下一級，資料只能從第一級刪除，所以傳輸中的「1」將交替地出現在一個或兩個位置，決不會完全消失。因此「OR」的輸出即使在資料移動過程中也會是穩定的。

　　AMULET1 完全依靠暫存器鎖定機制來維持暫存器的相關，結果執行的管線在執行典型代碼時會很頻繁地停止。（因為標準的 ARM 處理器對連續指令之間的暫存器相關是不敏感的，所以，編譯器並不盡力去避免這種情況，因而這種暫存器相關在典型代碼中是常見的。）

AMULET1 的性能

開發 AMULET1 是為了展示完全非同步實作的商業微處理器結構設計的可行性。樣品實現了功能,並且運行了用標準 ARM 開發工具產生的測試程式。樣品的性能匯總於表 14-1。該表顯示出分別用 European Silicon Systems(ES2)和 GEC Plessey Semiconductors(GPS)兩種不同技術製造的元件的特性。採用 1 μm 技術設計的 AMULET1 核心的版圖如圖 14-5 所示。基於 Dhrydtone 基準的性能指標顯示,AMULET1 的性能與用相同技術製造的 ARM6 的性能屬於同一數量級,但確實並不優於 ARM6。然而,製造 AMULET1 的根本目的是展示自定時設計的可行性,這個目的顯然達到了。

表 14-1　AMULET1 的特性

	AMULET1/ES2	AMULET1/GPS	ARM6
製程（μm）	1	0.7	1
面積（mm²）	5.5×4.1	3.9×2.9	4.1×2.7
電晶體	58374	58374	33494
性能（kDhrydtones）	20.5	～40[a]	31
乘法器（ns/bit）	5.3	3	2.5
條件	5 V, 20℃	5 V, 20℃	5 V, 20 MHz
功率（mW）	152	N/A[b]	148
MIPS/W	77	N/A	120

a：估算的最高性能;b：GPS 不支援功率測量。

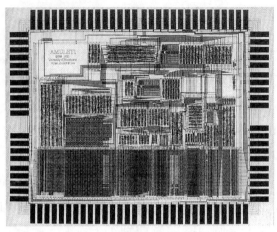

©The University of Manchester

圖 14−5　AMULET1 晶元圖

14.3　AMULET2

　　AMULET2 是第二代非同步 ARM 處理器。它採用的組織形式與圖 14−3 所示的 AMULET1 的非常相似。如前所述，在 AMULET1 中使用的兩相（轉變）訊號被四相（電位）訊號所取代。另外，增加了一些組織元件以增強性能。

AMULET2 暫存器轉發（forwarding）

　　AMULET2 使用與 AMULET1 相同的暫存器鎖定機制。但是，為了減少因暫存器相互延遲而帶來的性能損失，它還使用了轉發機制來處理一般情況。在時脈型處理器管線中使用的旁通機制不適用於非同步管線，所以，需要開發新的技術。在 AMULET2 中使用的兩項技術如下：

　　⑴**最新結果暫存器**　指令解碼器保持對執行管線輸出結果的目標暫存器進行記錄。如果後面緊接的指令使用該暫存器作為來源運算元，那麼讀取暫存器的操作便被旁通，從最新結果暫存器中獲取數值。

⑵**最新加載資料暫存器**　指令解碼器保持對從記憶體最新加載的資料項的
目標暫存器進行記錄。只要該暫存器被用做來源運算元，那麼讀取暫存
器操作便被旁通，其數值直接由最新加載資料暫存器取得。一個類似於
鎖定 FIFO 的機制作為暫存器的保護裝置，確保它採集正確的資料。

這兩種機制都依賴於所需的結果已經存在。當出現某些不確定性時（例如
結果是由條件執行指令產生的），指令解碼器可以退回到鎖定機制，發揮非同
步組織的能力來處理提供運算元時的可變延遲。

AMULET2 跳躍追蹤緩衝器（jump trace buffer）

AMULET1 循序地從 PC 的當前值進行預取指，而每當需要偏離順序執行
時，都必須有位址作為矯正訊息從執行管線發往位址介面。每次當 PC 需要矯
正時，都會因讀取了將被廢棄的指令而使性能受損和浪費能量。

AMULET2 力圖降低這種低效率的情形。方法是記住以前在哪裡發生過分
歧，並推測控制系統將在隨後遵循相同的路徑。跳躍追蹤緩衝器（jump trace
buffer）的組織如圖 14−6 所示。它與 1969～1974 年間在曼徹斯特大學開發的
MU5 大型計算機（它的操作也採用非同步控制）中使用的結構相似。

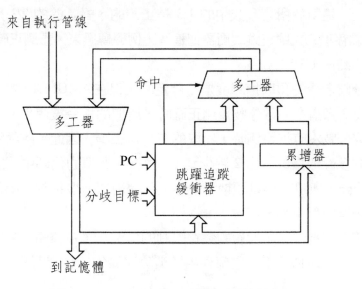

圖 14−6　AMULET2 跳躍追蹤緩衝器

緩衝器把最近執行分歧指令時程式計數器的內容及分歧目標存儲起來,只要發現從它儲存的位址中讀取指令,就把原來預計的順序控制流程修改成以前的分歧目標。如果這個預測被證實為正確的,那麼就按照這個指令順序進行取指;如果它被證明為錯誤的,即在此不應該執行分歧,那麼便將分歧作為「非分歧」指令來執行,返回到以前的順序控制流程。

分歧統計(Branch statistics)

跳躍追蹤緩衝器的效力依賴於典型的分歧行為的統計。典型的資料如表 14−2 所列。

表 14−2　AMULET2 分歧預測統計

預測算法	正確(%)	錯誤(%)	多餘取指
循序	33	67	每個分歧 2 次(平均)
追蹤緩衝器	67	33	每個分歧 1 次(平均)

在沒有跳躍追蹤緩衝器的情況下,預設的循序取指方式等效於預測所有分歧均不發生。這對於所有分歧中的 1/3 是正確的,對其餘的 2/3 是不正確的。具有 20 個儲存項的跳躍追蹤緩衝器把這個比例翻轉過來,預測正確的約占 2/3,預測失誤的約占 1/3。

儘管分歧之後的預取指深度是不確定的,但在 AMULET2 觀察到的預取指深度大約為 3 條指令。當分歧預測正確時,所取的指令被使用。但是,當分歧預測失誤或分歧沒有被預測時,所取的指令被丟棄。因此,跳躍追蹤緩衝器將每個分歧的多餘取指數目由 2 減少到 1。由於在典型的代碼中大約每 5 條指令發生 1 次分歧,所以,可以預期,跳躍追蹤緩衝器將取指頻寬降低約 20%,將總記憶體頻寬降低 10%～15%。

在系統性能被現有記憶體的頻寬限制的情況下,這種節省將直接轉變為性能的改善。在任何情況下,它都會由於消除冗餘的活動度而節約功耗。

暫停（Halt）

與某些其他微處理器不同，ARM 沒有明確的暫停指令。當程式發現不再有有用的工作要做時，它通常會進入一個閒置的迴圈，執行：

B　　　　　·　　　　　　　　　　　　 ；迴圈，直到中斷

在此，「·」表示當前 PC，所以分歧的目標就是分歧指令本身。這時程式落在這個單指令的循環之中，直到有中斷使它去做其他事情為止。

顯然，當處理器進入閒置迴圈之中時，它便不再做有用的工作，所以，它用的全部功率都被浪費掉。AMULET2 檢測與自身循環的分歧相對應的操作碼。檢測到以後，在非同步控制網路的某一點上將一個訊號停止下來。這個停止的動作迅速傳遞到整個控制網路，使處理器進入不活動的零功耗狀態。由一個主動的中斷請求來釋放這個停止狀態，使處理器立即恢復正常的處理能力。

這樣，AMULET2 以很快的速率在零功耗狀態和最大處理能力之間切換，而且不需要軟體開銷。實際上，許多現有的 ARM 代碼都能使用這個方案來實現最佳化的功耗效率，即使它們編寫的時候並沒有想到這個方案。這使該處理器非常適用於帶有突發性即時加載特性的低功耗應用。

14.4　AMULET2e

AMULET2e 是一種結合了 4 KB 記憶體和彈性的記憶體介面（漏斗（funnel））的 AMULET2。它的記憶體可以配置成 Cache 或固定的 RAM 區。記憶體介面可以直接連接 8、16 或 32 位元的外部元件，包括由 DRAM 構成的記憶體。AMULET2e 的內部組織如圖 14-7 所示。

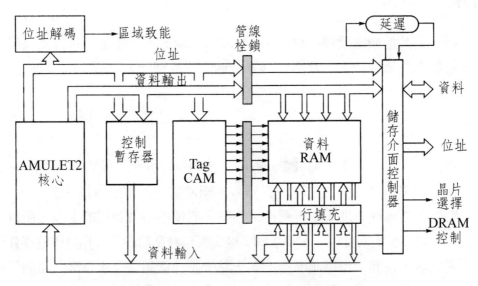

圖 14-7　AMULET2e 的內部組織

AMULET2e 的 Cache

Cache由 4 個 1 KB資料區塊組成，每個資料區塊都是全相關的隨機替換式記憶體，帶有 4 字元的線和資料區塊容量。在 CAM 區域和 RAM 區域之間的管線暫存器，使得在RAM完成前一次讀寫後，下一次讀寫可以開始其CAM查找。這利用了AMULET2 核心在第一個記憶體請求的資料返回之前可以發出多個記憶體請求的能力。順序讀寫可以被檢測出來，並使 CAM 查找被旁通，因而節約了功耗並改進了性能。

Cache 從外部記憶體的行取數（line fetch）是非阻塞的，首先讀取被定址的資料，然後在取其他行資料時允許處理器繼續操作。在處理器讀取Cache的同時，行取數的自動裝置繼續加載行取數緩衝器。在CAM中還有一個附加項，它如同行取數緩衝器中所存資料的索引。實際上，這個資料保留在行取數緩衝器內，它可以同 Cache 中的資料一樣被讀取，直到 Cache 發生下一次未命中為止。那時，這個緩衝器被拷貝到Cache中，而新的資料從外部記憶體加載到行取數緩衝器。

AMULET2e 的矽晶元

　　AMULET2e晶元圖如圖 14−8 所示。元件特性綜述如表 14−3 所列。AMU-LET2e 核心使用了 93000 個電晶體，Cache 使用了 328000 個電晶體，其他用於控制邏輯和填補。

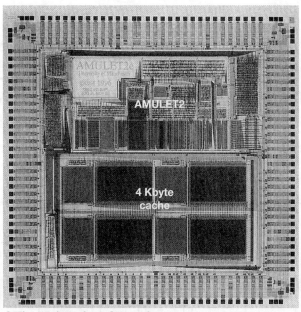

©The University of Manchester

圖 14−8　AMULET2e 的晶元圖

表 14−3　AMULET2e 的特性

製　　程	金屬層	Vdd	電晶體	晶元面積	時　脈	MIPS	功　　耗	MIPS/W
0.5 μm	3	3.3 V	454000	41 mm²	無	40	140 mW	285

時序基準（Timing reference）

　　由於在非同步系統中沒有基準時脈，使按時序存取記憶體成為需要認真考慮的問題。AMULET2e的解決方案是使用一個直接連接晶片的外部基準延遲，

以及啟動時加載的配置暫存器，它規定每個儲存區的組織和時序特性。例如，基準延遲（reference delay）可以反應外部 SRAM 的讀寫時間，RAM 將被配置為占用 1 個基準延遲。較慢的 ROM 可能被配置為占用幾個基準延遲。（注意，基準延遲只用於晶片外時序，所有晶片內延遲都是自定時的。）

AMULET2e 系統

AMULET2e 的配置使它能儘可能簡單地構建小型系統。作為一個例子，圖 14-9 畫出了一個包含 AMULET2e 的測試卡（test card）。除了 AMULET2e 本身外，僅有的元件為 4 個 SRAM 晶片、1 個 ROM 晶片、1 個 UART 和 1 個 RS232 有線介面。UART 使用晶體振盪器來控制其位元率（bit rate），而系統的全部時序功能由 AMULET2e 控制。

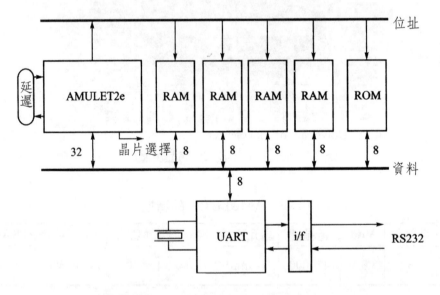

圖 14-9　AMULET2e 測試卡的組織

ROM 中存儲著標準的 ARM「Angel」代碼，而在 RS232 串列線的另一端，主計算機執行 ARM 開發工具。該系統顯示，只要認真考慮了記憶體介面，使用非同步處理器並不比使用時脈式處理器更困難。

14.5　AMULET3

開發 AMULET3 是為了建立非同步設計的商業生存能力。就像它的前幾代設計一樣，AMULET3 是支援中斷和記憶體故障且全功能的 ARM 相容處理器。AMULET1 和 AMULET2 實現了 ARM6 的體系結構（ARM 架構的 3G 版本）。AMULET3 支援 ARM 體系結構的 4T 版本，包括 16 位元 Thumb 指令集。

性能目標

AMULET3 項目的目標是實作非同步 ARM 的 v4T 體系結構。這種結構在功耗效率和性能方面與 ARM9TDMI 相匹敵。這意味著採用 0.35 μm 技術達到 100MIPS（用 Dhrystone2.1 測量）以上的性能指標。對比之下，AMULET2 採用 0.5 μm 技術達到 40MIPS 的性能。

為達到超過兩倍的性能增長，需要從根本上改變核心的組織結構。像時脈型處理器一樣，基本的途徑也是增加處理器管線的週期頻率和減少每條指令的平均週期數。但是，這裡的「週期」不是由外部時脈決定，而且長度也不固定。

AMULET3 核心的組織

AMULET3 的組織如圖 14-10 所示。6 個主要的管線級數如下：

⑴指令讀取單元，其中包括分歧目標緩衝器。

⑵指令解碼單元，暫存器讀和轉發（forwarding）級。

⑶執行級，其中包括移位暫存器、乘法器和 ALU。

⑷資料記憶體介面。

⑸重排序緩衝器（reorder buffer）。

⑹暫存器結果回寫（write-back）級。

處理器核心使用哈佛結構（指令和資料有分開的記憶體介面）。這種結構可提供支援高性能所需且較高的記憶體頻寬。只有需要存取資料記憶體的指令（Load 和 Store）才經過資料記憶體，所以，對這些指令而言，其管線深度要超過諸如簡單的資料處理指令的。

下面給出每一級管線進一步的細節。

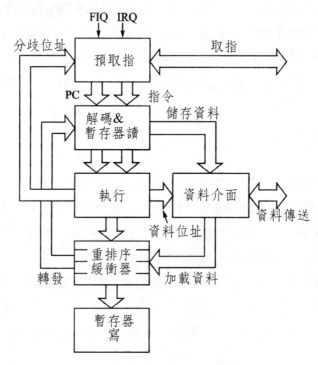

圖 14-10　AMULET3 核心的組織

指令預取（prefetch）單元

預取指單元自動地操作。只要它有空間存放，就從記憶體讀取 32 位元（1 個 ARM 指令或 2 個 Thumb 指令）指令封包。

它包含一個分歧預測（branch prediction）單元，與 AMULET2 中使用的跳躍追蹤緩衝器類似，但是擴展了支援 Thumb 代碼的分歧預測。兩條指令組成的 Thumb 指令封包可能包含 0、1 或 2 個分歧指令，而分歧預測器必須能處理所有這些情況。當執行 Thumb 代碼時，16 個記錄項的分歧預測單元分為兩半來儲存，每半邊 8 個記錄項。將偶數半字元位址的分歧儲存在一個半邊，而將奇數半字元位址的分歧儲存在另一半邊。一個指令封包在任何半字元的分歧都

可能在兩個半邊命中,於是第一條指令(在偶數位址)的目標為優先。

　　與 AMULET2 一樣,AMULET3 也有零功耗的暫停指令。這裡,暫停在預取指單元的作用勝於在執行單元的作用,當出現中斷後,能更快地恢復到全功能。這裡,中斷本身也經過處理,使執行時間縮短。

解碼和暫存器讀取

　　解碼級包括 Thumb 和 ARM 解碼邏輯,以及暫存器讀取與轉發機制。

　　當 ARM7TDMI 實作 Thumb 解碼功能時,先把 Thumb 指令轉換成與它相應的 ARM 指令,再進行 ARM 解碼。ARM9TDMI 對 Thumb 指令直接解碼,縮短了解碼的執行時間。AMULET3 採取了一種中間方式,對某些在時間上要求較高的控制訊號直接解碼,對其他訊號則採用 ARM 指令解碼器。非同步管線在操作中容許有一些彈性,有一個單獨的 Thumb 解碼級,它在 ARM 解碼工作時會有效地收縮(collapse)。

　　暫存器讀取和前置級從暫存器檔中取得運算元,並在重排序緩衝器中搜索更新的數值,將正確的最新數值送到執行單元。如果正確的數值還沒有準備好,則轉發程序將使操作停止,直到它準備好為止。

　　遵循 StrongARM 設計者的見解,AMULET3 的暫存器檔有 3 個讀取埠。這使得幾乎所有指令都可以在單一週期內發出。

執行

　　執行級包括加法器、移位暫存器和乘法器,PSR 在邏輯上也屬於這一級。乘法器在 1 個週期內計算 8 位乘積。但是,該週期比典型的處理器週期快得多,所以,它在大約 20 ns 時間內就可計算一次 32×32 的乘積。加法器使用曾在 ARM9TDMI 中使用過的進位仲裁方案(見第 4.4 節的「進位仲裁加法器」)。

資料記憶體介面

資料記憶體介面在執行 Load 和 Store 指令時作為管線中單獨的一級，但是被其他指令旁通。這樣，從慢記憶體模組中取資料時將不阻止管線中其他指令的執行，只要那些指令不使用所取的資料即可。

重排序緩衝器（Reorder buffer）

重排序緩衝器按照資料形成的先後順序從執行單元和資料記憶體介面接收結果資料，並儲存這些資料，直到它們可以按照程式的順序回寫到暫存器檔案為止。一旦一個結果被儲存到重排序緩衝器，它就可以被轉發用於需要它的任何指令。

用來實作這一功能的結構如圖 14−11 所示。緩衝器有 4 個槽（slot），一個槽在指令發出時就分配給該指令產生的結果。（槽也被分配來儲存指令，以便正確處理記憶體的故障。）結果一產生，就被送到槽中。

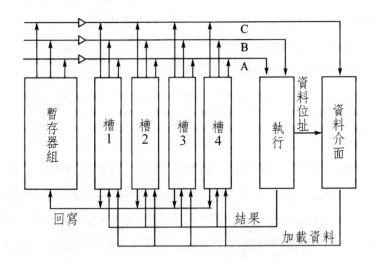

圖 14−11　AMULET3 重排序緩衝器的組織

重排序緩衝器的轉發需要搜索緩衝器的內容。條件執行的 ARM 指令可能向緩衝器返回有效的結果，也可能不返回；多條指令可能使用同一個目的暫存器。為了鑑別特定暫存器的資料是否為最新資料，需要等待結果存入槽中，查看它是否有效，然後（最壞情況）循序搜索其他所有的槽。這種情形非常少，而且很容易適用於非同步時序框架（timing framework）。

暫存器回寫

由重排序緩衝器輸送的回寫流（write-back stream）是依照程式的順序，所以，管線的這一級只是簡單地把資料送到暫存器檔，檢查每個資料的有效性，查找是否有記憶體故障。如果檢測到故障，就會引發一個異常，後續的結果將被丟棄，直到異常處理機制被啟動為止。

AMULET3 的性能

表 14−4 總結了 AMULET3 的性能。可以看出，實現在相同技術條件下與 ARM9TDMI 可比性的目標已經達到了。

AMULET3 做為 DRACO 電信控制器中的處理器核心，這是下一節的題目。

表 14−4　AMULET3 的特性

製　　程	金屬層	Vdd	電晶體	核面積	時　脈	MIPS	功　耗	MIPS/W
0.35 μm	3	3.3 V	113000	3 mm^2	無	120	154 mW	780

14.6　DRACO 電信控制器

DRACO（DECT Radio Communication Controller）是第一個基於 AMULET3H 的商業設計晶片。它使用在本節中將會介紹的 AMULET3H 自定時處理

子系統作為計算和控制引擎。

DRACO 是由 Hagenuk GmbH 公司（設計時脈型電信周邊）和曼徹斯特大學（負責 AMULET3H 子系統）在歐洲聯盟的資助下合作開發的。

自定時基本原理

決定在 DRACO 晶片中採用自定時處理子系統主要是受到自定時邏輯電磁相容性（EMC）優勢的影響。高速時脈系統產生的無線電干擾可能會危及 DECT 無線電通訊的性能，時脈的諧波或許會落到某個 DECT 通道的頻帶之中，致使該通道不能使用。

可能會作出合乎邏輯的結論，即整個晶片都以自定時邏輯工作。但是，許多電信介面在本質上是高度同步的，而且很容易用同步合成工具來設計。

因為周邊的特徵頻率都要比處理速率低很多，所以，同步的周邊子系統不應危及由自定時處理子系統帶來的 EMC 優勢。所有的高速處理操作和高負載外部記憶體匯流排都非同步工作，既能發揮全自定時系統最大優勢，又不用花費開發自定時電信周邊元件的設計費用。

DRACO 的功能

DRACO 晶片的同步周邊子系統包含如下功能：

⑴帶有 16 kbit/s HDLC 控制器和無變壓器類比 ISDN 介面的 ISDN 控制器。

⑵ DECT 無線電介面基頻控制器和與 DECT 無線電子系統的介面。

⑶ DECT 加密（encryption）引擎。

⑷四通道全雙工 ADPCM/PCM 轉換訊號處理器。

⑸用做 DECT 控制器緩衝空間的 8 KB 共用 RAM。

⑹帶有語音輸入／輸出模擬前端的電信編碼解碼器，它也可以用於類比電信埠。

⑺兩個高速 UART，以及一個可以被任何一個 UART 使用的 IrDA 介面。

⑻中斷控制器。

⑼計數計時器和看門狗計時器。

⑽帶有可程式化切換功能的 2 Mbit/s IOM2 公用通道控制器。

⑾ I²C 介面。

⑿類比／數位轉換器（ADC）介面。

⒀ 65 個彈性的 I/O 埠，包括具有交握能力的 8 位元並列埠。

⒁兩個通用脈衝寬度調變器。

⒂晶片內時脈振盪器產生 38.864 MHz 時脈，晶片內鎖相迴路產生 ISDN 介面需要的 12.288 MHz 主時脈和 DECT 控制器需要的 13.824 MHz 主時脈。

⒃ ISDN-DECT 同步鎖相迴路避免在 ISDN 和 DECT 時脈域之間傳輸資料時的位元損失。

⒄時脈系統具有低功耗功能。

另外，自定時 AMULET3H 處理子系統包含：

⑴ 100 MIPS AMULET3 32 位元處理器，它實作了 ARM 體系結構 v4T（包括 Thumb 16 位元壓縮指令集），帶有除錯硬體。

⑵ 8 KB 雙埠高速 RAM（處理器的本地儲存）。

⑶自定時晶片上匯流排，帶有連接同步晶片上匯流排的橋接器，藉由它與同步的周邊元件相連接。

⑷ 32 通道的 DMA 控制器。

⑸ 16 KB ROM，存放標準電信軟體。

⑹非同步事件驅動加載模組，當完成類比／數位轉換時，將處理器保持在零功耗等待模式，由此使軟體與外部資料速率同步。

⑺可編程的外部記憶體介面，它支援對 SRAM、DRAM 和 Flash 記憶體的直接連接。

⑻由軟體校準的晶片上基準延遲線，以控制晶片外記憶體的存取時序。

AMULET3H

　　AMULET3H 是基於 AMULET3 的子系統，它在 DRACO 電信控制器的心臟形成一個非同步的「島」。在其中，它是連接一系列同步周邊控制器的介面。為了獲取非同步操作的好處，核心必須能夠存取一些非同步操作的記憶體。而且若有晶片外非同步操作的記憶體，則會對電磁相容具有重要的益處。

MARBLE 晶片上匯流排

非同步子系統的組織結構如圖 14-12 所示。AMULET3 核心直接連接到雙埠 RAM（下面將進一步討論），然後再連接到 MARBLE 晶片上匯流排。MARBLE 在概念上類似於 ARM 的 AMBA 匯流排，主要區別是它不使用時脈訊號。它的傳輸機制基於分離的事項基元（transaction primitive）。

除了本地 RAM 之外，存取系統元件都要經過 MARBLE 匯流排。這些元件包括晶片上 ROM、一個 DMA 控制器、一個連接同步匯流排（其上接有專用周邊控制器）的橋接器，以及連接外部記憶體的介面。

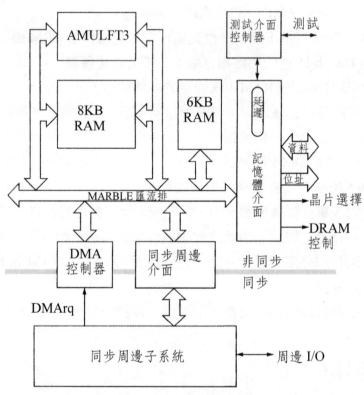

圖 14-12　AMULET3H 的非同步子系統

外部記憶體介面

外部記憶體介面為晶片外元件提供一組傳統的訊號。它類似於 AMULET2e 的介面（見 14.4 節），高度可配置並使用基準延遲為外部存取計時。但是，AMULET3H 沒有使用晶片外基準延遲，而是有一個可以由軟體按時序基準進行校準的晶片上延遲。或許要在同步周邊子系統中使用一個計時／計數器。

直接支援晶片外 DRAM，就像支援傳統的 ROM、SRAM 以及記憶體影射的周邊元件一樣。

AMULET3 的記憶體組織

AMULET3 處理器核心有分開的位址與資料匯流排，用來讀取指令與資料記憶體。一般這會要求分開的指令和資料記憶體。RISC 系統經常使用一種改良的哈佛結構，其中有分開的指令和資料 Cache 以及統一的主記憶體。

AMULET3H 控制器使用直接影射的 RAM 而不是 Cache，這是因為它更省成本，而且對即時應用具有更確定的行為。藉由使用雙埠記憶體結構（見圖 14-13），它還避免了使用分開的指令和資料記憶體（以及連帶的維持它們一致性的難題）。在每一位元的級別上將記憶體作成雙埠的代價也是很高的，所以，把記憶體劃分為 8 個 1 KB 的模組，每個模組有兩個經內部仲裁的埠。當向不同模組同時讀取資料和指令時，可以互不妨礙地進行。當它們在同一個模組發生衝突時，一個讀取將被推遲，等到另一個完成後再進行。

由於在每個 RAM 模組中包含有分開的 4 字元長指令和資料緩衝器，衝突（及記憶體的平均存取次數）會進一步減少。每次存取一個模組時，首先檢查所需的資料是否在緩衝器裡，只有不在緩衝器裡，才會冒著衝突的危險去存取 RAM。模擬顯示，大約 60%的取指能從這些緩衝器中得到，而且許多短的、時間關鍵的迴圈將完全從緩衝器中取指。

這些緩衝器實際上在 RAM 模組前面形成了一個簡單的 128 位元組的第一級 Cache。這是一個特別恰當的類似功能，因為避免存取 RAM 陣列能使讀出週期加快，並自動地被非同步管線所接受。

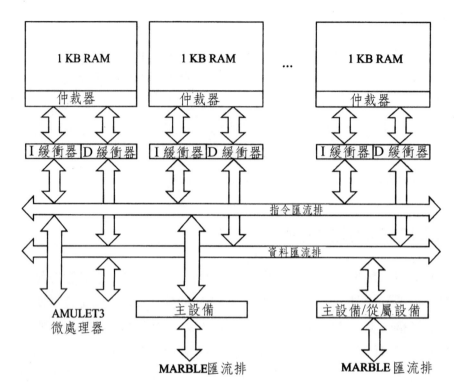

圖 14−13　AMULET3H 的記憶體組織

測試介面控制器

　　AMULET3H 是為商業應用而開發的,因而在生產中必須是可測試的。設計中有許多功能元件來保障這一點,其中最明顯的是測試介面控制器(見圖14−12)。該控制器是外部記憶體介面邏輯的擴充,它在控制外部記憶體介面時遵循AMBA確定的範例(見 8.2 節的「測試介面」)。在正常操作時,它是MARBLE從屬(slave)元件,測試時變為MARBLE主動(master)元件。在測試模式中,生產測試設備可以成為 MARBLE 主動元件,它能夠存取晶片上ROM,讀寫晶片上RAM,還可以讀取AMULET3H系統中許多其他測試裝備。所有這些都由連接於 MARBLE 匯流排的測試暫存器來控制。

AMULET3H 的性能

表 14−5 總結了模擬得到的 AMULET3H 子系統的性能指標。（關於電晶體數目、尺寸和功耗的數字僅適用於非同步子系統，DRACO 矽片的總面積為 7.8 mm ×7.3mm。）由於晶片上 RAM 不能滿足處理器峰值指令的頻寬要求，所以，系統的最高性能稍低於 AMULET3 核心（報告於表 14−4）。系統的功耗效率低於單獨的處理器，這是因為將記憶體系統的功耗也同處理器核心本身的功耗一起計算進來。

表 14−5 AMULET3H 的特性

製　　　程	金屬層	Vdd	電晶體	核面積	時　脈	MIPS	功　耗	MIPS/W
0.35 μm	3	3.3 V	825000	21 mm²	無	100	215 mW	465

可以看出，AMULET3H 子系統在性能和功耗效率方面與同等的時脈型 ARM 系統不分上下。它有更好的電磁干擾特性和系統功率管理特性這些優點。與這些優點相對照，必須考慮在非同步設計的工具支援方面當前所存在的缺點。

DRACO 的應用

DRACO 晶片可以應用於若干電信應用系統。一個典型的應用是將 ISDN 終端與 DECT 基地台結合起來。這可以使若干用戶用無線手機互相通訊，並經過 ISDN 纜線或無線 ISDN 網路端子連接到電信網路。該晶片主要的市場目標在於無線 DECT 資料通訊的應用系統。

DRACO 的晶元

圖 14−14 是 DRACO 晶元版圖。AMULET3H 非同步子系統占據核心區域的下半部，同步的電信周邊電路占據上半部。第一個晶元製造於 2000 年的早期。

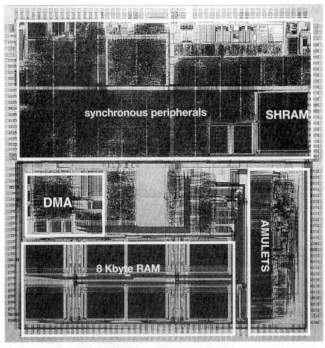

©Hagenuk CPS GmbH

圖 14-14　DRACO 的晶元圖

14.7　自定時系統的未來

儘管 AMULET3 將獲得商業應用，但是 AMULET 項目至今從根本上仍具有研究的性質，而且 AMULET 核心也沒有在廣泛的應用領域中立即取代時脈型 ARM 核心的前景。但是，全世界對非同步設計方式潛力的興趣正在復甦。人們希望採用非同步設計方式，來節省功耗，來改善電磁相容，來獲得設計更模組化的計算硬體的方法。

消除全域時脈，讓每個子系統在任何需要的時候都執行自己的時序功能，這些可導致節省功耗，這在理論上是清楚的。但是，還沒有多少實例說明這些好處在電路達到具有商業意義的足夠複雜度時是否可以實際地實現。AMULET 研究的直接目的就是為增加對非同步技術的價值有說服力的例證。

　　自定時設計方式被廣泛接受的阻礙是現有設計團體的知識基礎。由於早期一些非同步計算機的設計者經驗過的困難，多數 IC 設計者被培養成對非同步電路有很強的厭惡。那些困難來自對自定時設計未經訓練的設計方法。而現代的發展提供了非同步設計框架，它能克服大多數問題，其中的本質是比在時脈框架內提供更加反常的邏輯設計方法。

　　以後幾年將能看出，AMULET 和世界上類似的開發項目是否可以展示出非同步設計足夠多的優點，使設計者拋棄它們過去他們所受的大部分教育，學會履行他們職責的新方法。

AMULET 的支援

　　AMULET1 是使用歐洲共體基金在 OMI-MAP（Open Microprocessor system Initiative——Microprocessor Arcnitecture Project）中開發的。AMULET2 是在 OMI-DE/ARM 計畫（Open Microprocessor system Initiative——Deeply Embedded ARM）中開發的。AMULET3 和 DRACO 的開發主要是從歐洲聯盟資助的 OMI-DE2 和 OMI-ATOM 計畫中得到支援。本工作的各方面都得益於來自英國政府的支援。這種支援是透過工程和實體科學研究理事會（EPSRC）以資助博士生和工具開發的形式在 ROPA 贈款 GR/K61913 中實施的。

　　本工作還得到 ARM Limited 公司、GEC Plessey Semiconductor 公司（現在屬於 MITEL）和 VLSI Technology 公司各種形式的支援。Compass Design Automation 公司（現在屬於 Avant！）的工具對這些項目的成功甚為重要。EPIC Design Technology 公司（現在屬於 Synopsys）的 TimeMill 對於 AMULET2 和 AMULET3 的精確建模是至關重要的。

14.8 例題與練習

 例題 14.1

　　總結自定時設計的優點和缺點。

在此討論的優點如下：

(1)改善了電磁相容性（EMC）；

(2)改善了功耗效率；

(3)改善了設計模組化；

(4)消除了時脈偏離問題；

(5)有潛力達到典型的性能而不是最壞情況性能。

缺點如下：

(1)尚沒有用於自定時設計的設計工具；

(2)缺乏設計經驗；

(3)在設計教育中對自定時技術的厭惡受到鼓勵；

(4)缺乏對上述優點商業規模的示範。

一般來說，尋求以自定時的解決方案來解決設計問題，這仍然是一個高風險的選擇。工具的缺乏可能會使它非常費力。

練習 14.1.1

如果處理器核心具有分開的指令和資料埠，它們都連接到單一雙埠記憶體，那麼試估算記憶體衝突對時脈型處理器和自定時處理器性能的影響。假設記憶體像 AMULET3 的記憶體那樣由 8 個帶有仲裁器的儲存段構成，但是沒有在行（line）緩衝器（見 14.6 節中「AMULET3H 記憶體組織」）。可以設想，處理器連續地取指，而且大約每兩條指令就需要讀取一次資料記憶體。從時脈型處理器讀取指令和資料將是（被時脈）同步進行的，所以，每次發生競爭時，讀指令和讀資料當中將有其中一個讀取停頓 1 個週期。非同步處理器則不是這樣同步操作，所以，讀指令和讀資料具有隨機的相對時序。當它們發生競爭時，停頓只在第 2 個讀被請求時第 1 個讀剩餘的時間部分出現。

練習 14.1.2

估算在 AMULET3H 記憶體系統中，指令和資料在行緩衝器對性能的影響。假設條件與練習 14.1.1 的相同。

附錄 計算機邏輯

Computer Logic

計算機邏輯

　　計算機設計的基礎是布林邏輯，一個訊號的值用「真」或「假」來表示。一般把接近地線的電壓稱為「假」，把接近電源的電壓稱為「真」。然而，可以使用任何一種能夠可靠地表示兩種不同狀態的方法。有時也把「真」稱為邏輯「1」，把「假」稱為邏輯「0」。

邏輯閘（Logic gates）

　　邏輯閘有一個或多個邏輯輸入，其輸出是輸入的函數。例如 2 輸入的「AND」閘，當它第一個輸入為「真」「AND」第二個輸入為「真」時，產生的輸出值為「真」。由於每個輸入非「真」即「假」，因此，只有 4 種可能的輸入組合，閘的全部功能可以用如圖 A-1 所示的真值表來表示。圖 A-1 還給出了「AND」閘的邏輯符號。「AND」閘的輸入可以擴展到兩個以上（儘管現行的 CMOS 技術將扇入（fan-in）限制為 4 個輸入，對某些次微米技術減少到 3 個輸入）。當所有輸入都為「1」時，輸出為「1」；當至少有一個輸入為「0」時，輸出為「0」。

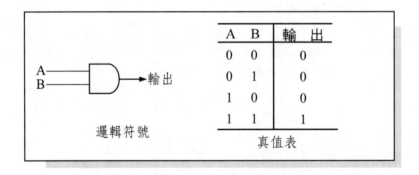

A	B	輸　出
0	0	0
0	1	0
1	0	0
1	1	1

邏輯符號　　　　　　真值表

圖 A-1　「AND」閘的邏輯符號和真值表

　　可以類似地定義「OR」閘。當所有輸入都為「0」時，輸出為「0」；當至少有一個輸入為「1」時，輸出為「1」。2 輸入「OR」閘的邏輯符號和真值表如圖 A-2 所示。

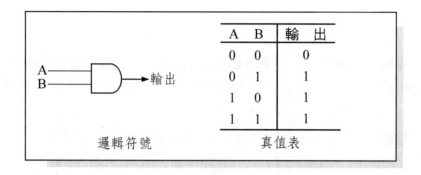

圖 A-2　「OR」閘的邏輯符號和真值表

　　反相器是個很重要的邏輯元件。它有一個輸入，產生反相的輸出。它的邏輯功能為「NOT」。當輸入為「真」（「1」）時輸出為「假」（「0」），反之亦然。輸出端帶有反相器的「AND」閘為「NAND」閘，輸出端帶有反相器的「OR」閘為「NOR」閘。通常在閘的輸入或輸出端加一個小圓圈表示反相。

　　事實上，常規的簡單 CMOS 閘本身就是反相的，因此「NAND」閘比「AND」閘簡單。後者是由前者加反相器構成的。與之類似，「OR」閘是由「NOR」閘加反相器構成的。

布林代數（Boolean algebra）

　　只用 2 輸入「NAND」閘就可以構成所有邏輯電路。這個結論是由布林代數的規則得出的。首先，如果「NAND」閘的兩個輸入連接到同一個訊號，則輸出就是輸入的反相。這樣我們得到了反相器。其次，在「NAND」閘的每個輸入端連接一個反相器，簡單地考察真值表就會發現這個電路執行「OR」的功能。通常使用傳統的算術符號書寫邏輯算式，用「‧」表示「AND」，用「+」表示「OR」。這樣，「A AND（B OR C）」就寫成「A‧（B+C）」。邏輯反相用上劃線表示，「A NAND B」寫為「$\overline{A‧B}$」。這種表示法是非常方便的，只是要藉由上下文表示它是一個 1+1=1 的布林邏輯方程。

二進制數

在計算機中，通常以二進制計數法來表示數（在 6.2 節更完整地討論了資料類型和數的表示法）。在我們熟悉的基於 10 的計數法中，每個數字都在 0～9 之間，而且每一位的取值比率都是 10 的冪次方（個、十、百…）。這裡不採用這種計數法，而代之以二進制計數法。每個數字只能是 0 或 1，每一位的取值比率都是 2 的冪次方（1、2、4、8、16…）。因為每個二進制數位（bit）都只能在兩個數中取值，因而可以用布林值來表示。而完整的二進制數則可以用一組順序排列的布林值來表示。

二進制加法

可以使用上述的邏輯閘來形成兩個 1 位二進制數的和。如果兩位都是 0，則和為 0。1 與 0 的和為 1。但是兩個 1 的和為 2，在二進制計數法中要用兩位「10」來表示。因此，兩個輸入都是 1 位的加法器必須有兩個輸出位：一位是與輸入同權重的和，另一位是其權重為輸入兩倍的進位。

如果輸入為 A 和 B，則和（sum）與進位（carry）由下式決定：

$$\text{sum} = A \cdot \overline{B} + \overline{A} \cdot B \tag{18}$$

$$\text{carry} = A \cdot B \tag{19}$$

和函數（sum）在數位邏輯中經常使用，稱為「異或（exclusive OR）」或 XOR。「exclusive」的原意為「排他的」，這是因為當 A 或者 B 為「真」時其結果為真，而 A 與 B 皆為「真」時其結果為「假」。「XOR」有其特有的邏輯符號，如圖 A−3 所示。圖中還給出了用 4 個「NAND」閘實現「XOR」邏輯的方法。

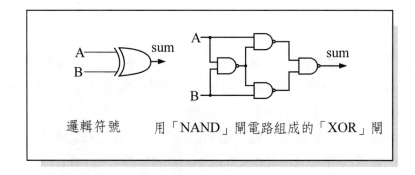

圖 A-3　「XOR」閘的邏輯符號和「NAND」閘電路

可以用 1 位二進制數的加法器來構建 N 位加法器。但是除了第一位以外，其他位可能要接受來自低一位的進位輸入。加法器的每一位都由輸入及進位輸入來產生和及進位輸出。

$$\text{sum}_i = A_i \cdot \overline{B_i} \cdot \overline{C_{i-1}} + \overline{A_i} \cdot B_i \cdot \overline{C_{i-1}} + \overline{A_i} \cdot \overline{B_i} \cdot C_{i-1} + A_i \cdot B_i \cdot C_{i-1} \quad (20)$$

$$C_i = A_i \cdot B_i + A_i \cdot C_{i-1} + B_i \cdot C_{i-1} \quad\quad\quad\quad\quad (21)$$

式中：$i = 1 \sim N$；C_0 為 0。

多工器（Multiplexers）

在處理器的實現中經常需要根據不同的週期，從若干供選擇的輸入中選擇出運算元來源。執行這一功能的邏輯元件是多工器（或簡稱為 mux）。一個 2 輸入多工器有一個布林 select 輸入和兩個二進制輸入 A_i 和 B_i，其中 $1 \leq i \leq N$，N 為每個二進制數的位數。當 S 為 0 時，輸出 Z_i 等於 A_i；當 S 為 1 時，輸出 Z_i 等於 B_i。這是一個簡單易懂的功能。

$$Z_i = \overline{S} \cdot A_i + S \cdot B_i \quad\quad\quad\quad (22)$$

時脈（Clocks）

幾乎所有處理器都由一個稱為時脈的、自主運行的時序基準來控制（但有例外，見第14章的 AMULET 處理器核。該處理器核沒有任何外部時序基準訊號）。時脈訊號控制處理器中狀態的改變。

一般來說，所有狀態都由暫存器來保持。在時脈週期之內，組合邏輯（其輸出僅依賴於當前輸入值）使用如前所述的布林邏輯閘計算出下一狀態的值。在時脈週期結束時用有效時脈邊緣把所有暫存器同時切換到下一狀態。為了獲得最高的性能，設定時脈頻率時，要在保證最壞條件下，所有組合邏輯在下一有效時脈邊緣到來之前能夠完成運算的前提下，取最高的時脈速率。

循序電路（Sequential circuits）

暫存器在兩個有效時脈邊緣之間儲存狀態，在有效時脈邊緣到來時改變其內容，這是一種循序電路，它的輸出不僅依賴於當前的輸入值，還與以前輸入值是如何變化的有關。

最簡單的循序電路是 R-S（重置設定）正反器。這是這樣一種電路，只要 Set 輸入動作，輸出就設置為高電位；只要 Reset 動作，輸出就重置為低電位。如果兩個輸入同時動作，則正反器的行為取決於它的實現方式。如果兩個輸入都無效，則正反器保持前一個狀態。使用兩個「NOR」閘實現的 R-S 正反器如圖 A-4 所示。圖 A-4 還給出了它的循序表。這不再是簡單的真值表，因為輸出不是當前輸入值的組合函數。

透明栓鎖器（Transparent latches）

透明（或D型）栓鎖器有一個資料輸入（D）和一個致能訊號（En）。只要 En 為高，輸出就隨著輸入 D 變化，當 En 保持為低電位時，輸出就一直保持 En 變低之前的值。可以用 R-S 正反器構造這種栓鎖器，用 D 和 En 來產生 R 和 S，如圖 A-5 所示。

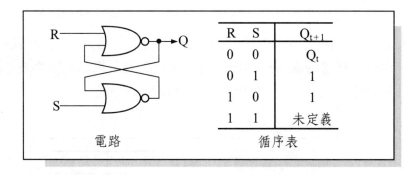

圖 A–4　R-S 正反器（flip-flop）及其循序表

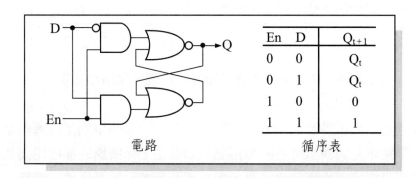

圖 A–5　D 型栓鎖器電路及其循序表

從原理上說，只要層級間的組合邏輯足夠慢，就可以用 D 型栓鎖器構造任何循序電路。在 En 施加很短的正脈衝，就能使下一個狀態的資料通過栓鎖器，然後在組合邏輯來不及反應新資料之前保持它。但是，實際上這種方法非常難於構造一個可靠的電路。

邊緣觸發栓鎖器（Edge-triggered latches）

有各種方法來構造更加可靠的栓鎖電路。其中多數方法要求每個訊號在每個時脈週期通過兩個透明栓鎖器。最簡單的方法是使第二個栓鎖器與第一個串連，並用反相的致能訊號來控制。任何時候總有一個栓鎖器保持，另一個栓鎖

器透明。在時脈邊緣,若第一個栓鎖器不透明而第二個栓鎖器透明,則輸入資料傳輸到輸出。這個輸出將保持整個週期,直到下個週期的同樣時脈邊緣為止。因此,這是一種邊緣觸發栓鎖器。它的邏輯符號、電路及循序表如圖A-6所示。(循序表中輸入列的 x 表示輸入不影響輸出。)

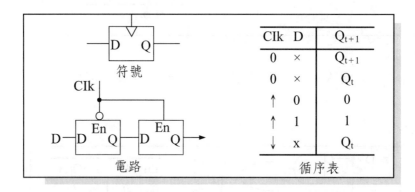

圖 A-6　D 型邊緣觸發栓鎖器的符號、電路和循序表

　　邊緣觸發栓鎖器需要很仔細地設計,因為它不是簡單的組合邏輯電路,它的功能與電路單元的動態特性密切相關。如果像上面所講的那樣用兩個串連的透明栓鎖器來構造邊緣觸發栓鎖器,則必須避免各種競爭條件。但是,使用好的工具,可以設計出可靠的栓鎖器。一旦有了可靠的栓鎖器,就可以構造任意複雜的循序電路了。

暫存器 (Registers)

　　用一組邊緣觸發(或等價的)栓鎖器在一個時脈週期內共同地儲存一個以二進制數表示的狀態,就稱為暫存器。靈活的暫存器連接著自主運行的時脈,並有一個時脈致能控制輸入端。用控制邏輯可以根據每個週期的需要來確定是否更新暫存器的內容。建造這種暫存器的一個簡單方法是在邊緣觸發栓鎖器的共用時脈線上加一個閘。如果使用負邊緣(negative-edge)觸發的栓鎖器,那麼加一個「AND」閘,只要在時脈變高之前將致能輸入降為低電位並且在時脈再次變低之前保持為低,就可以消除整個高的時脈脈衝。(這就是致能輸入的

建立和保持條件。）如果致能訊號本身就是由同一時脈控制的類似暫存器產生的，那麼它將滿足這些限制。暫存器電路如圖 A-7 所示。

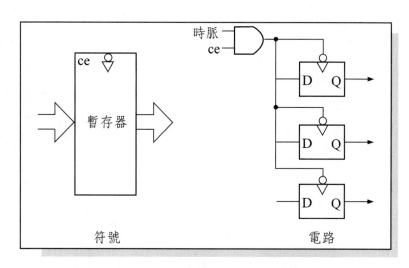

圖 A-7 有時脈致能控制訊號的暫存器

術　語

ACM（Association for Computing Machinery）：計算機協會。美國的計算機專業協會。

Acorn Computers Limited：於 1983～1985 年間開發了 ARM 處理器的英國公司。該公司還開發了 BBC 小型計算機。在英國，這個機型曾廣泛地應用於教育領域。它還開發了基於 ARM 的阿基米德系列計算機。該機型繼 BBC 小型計算機之後進入學校市場。

ADC（Analogue to Digital Converter）：類比／數位轉換器。一種電路，它將一定範圍內連續變化的輸入訊號轉換為一組 n 位二進制數，將輸入近似為該範圍內 2^n 個離散量之一。

ALU（Arithmetic-Logic Unit）：算術－邏輯單元。處理器中執行算術（加、減，有時還包括乘、除）和邏輯（移位、位元 AND，等等）操作的元件。

AMBA（Advanced Microcontroller Bus Architecture）：一種公開的晶片上匯流排標準。晶片上匯流排用來連接複雜嵌入式系統晶片的各個模組。

AMULET：指 Manchester 大學開發的、採用 ARM 體系結構的非同步處理器的原型機，是一種採用低功耗技術的非同步微處理器。

ANSI（American National Standards Institute）：美國國家標準學會。美國的標準化團體，它制定了許多計算機界廣泛使用的約定，如 ASCII 和 ANSI 標準 C 等。

APCS（ARM Procedure Call Standard）：ARM 程序呼叫標準。ARM 公司制定的呼叫規範，使不同編譯器產生的（或用組合語言編寫的）程序可以互相呼叫。

ARM：以前的 Advanced RISC Machine 公司（再以前是 Acorn RISC Machine 公司）。現在只使用縮寫的名稱而不用擴展的形式了。32 位元微處理器就是根據 RISC 的原理設計的。

ARM Limited：1990 年為開發 ARM 技術從 Acorn 公司分離出來的公司。總部設在英國的劍橋，但在世界的幾個區域進行設計和銷售。

ASCII（American Standard for Computer Information Interchange）：美國計算機訊息交換標準。是用 7 位元二進制數（在今天的計算機中常常擴展到 8 位元）表示可列印字元符號及列印控制字元的標準方法。

ASIC（Application-Specific Integrated Circuit）：專用積體電路。為特定的應用而設計的大型積體電路，通常是為特定的用戶設計的。

ASSP（Application-Specific Standard Part）：專用標準元件。為特定的應用而設計並由半導體製造商作為標準元件而銷售的大型積體電路。通常，這些晶片本來是作為 ASIC 開發的，但是，後來為適應市場的需求，製造商與原來的用戶達成

協議，將這些晶片供應其它用戶。

BBC（The British Broadcasting Corporation）：英國廣播公司，英國的公共無線電與電視廣播公司。BBC 的資金來源主要是特許費。在英國，這是電視擁有者的義務。他們的責任包括公眾教育。在 1982 年他們根據 BBC 小型計算機攝製了一部叫做「計算機程式」的大眾化系列片。

BCD（Binary Coded Decimal）：一種用二進制形式對十進制的每位數字編碼的數的表示法。

BCS（The British Computer Society）：英國計算機協會。英國的計算機專業協會。

C：廣泛用於通用和嵌入式系統開發的 C 程式語言。

CAM（Content Addressable Memory）：按內容定址的記憶體。這種記憶體包含若干不同的資料項。存取時，用一個資料值和儲存的所有資料項進行比較，看是否相符。如果有一個資料項相符，就按符合處的位址輸出；否則，CAM 就發出未命中的訊號。它也可稱為相關記憶體，是相關 Cache 或 TLB 的重要元件。

CISC（Complex Instruction Set Computer）：複雜指令集計算機。這個術語是與 RISC 同時產生的，用來描述早期沒有 RISC 特徵的體系結構。典型的 CISC 具有指令長度可變的小型機式的指令集，有多種定址模式，支援記憶體－記憶體操作及多種資料類型。

CMOS（Complementary Metal Oxide Semiconductor）：這是現代積體電路的主流技術。它在同一晶片上結合使用 NMOS 和 PMOS 場效電晶體。這種技術使兩個方向都得到有源訊號的驅動，因而能夠快速開關，而在非開關時功耗接近於零。

Codec（Coder-decoder）：編碼－解碼器。一種電子系統，它能將輸入（例如模擬語音訊號）轉換成數位化的編碼形式，也能做反向的轉換。這個術語也可以用於壓縮解壓器（compressor-decompressor）。

CPI（Cycles Per Instruction）：計算機效率的量度。用執行典型代碼的時脈週期數除以指令數來計算。

CPSR（Current Program Status Register）：當前程式狀態暫存器。ARM 暫存器，它包括條件碼位元、中斷禁止旗標及處理器操作模式位元。

CPU（The Central Processing Unit）：中央處理單元。這個術語用來指計算機的處理器，但語義不太嚴密。它可能僅指整數核心，也可能包括晶片上 MMU 和 Cache，還可以包括主記憶體。在本書中，它的使用僅限於那些包括 Cache 記憶體的處理器核心並用這個術語來描述由處理器、Cache 和 MMU（如果存在）組成的系統。

DAC（Digital-to-Analogue Converter）：數位／類比轉換器。一種電路，它將通常在 n 條線上以二進制形式表示的數位訊號轉換為單一線上代表 2^n 個值中一個值的模擬訊號。

DECT（Digital European Cordless Telephone）：一種歐洲的無線電話標準。語音透過無線電以數位形式在手機及本地基站之間傳輸。

DRAM（Dynamic Random Access Memory）：動態隨機存取記憶體。是隨機記憶體中每位元價格最低的一種，在大多數計算機系統中用做主記憶體。資料以電荷形式儲存在電容上，並會在幾 ms 內洩漏掉（因此稱為動態）。為了長期保存，DRAM 必須定期更新，這就是在訊號失效之前讀取資料，然後再重新寫入，以便恢復全電荷。

DSP（Digital Signal Processor）：數位訊號處理器。一種可編程的處理器，其組織結構最佳化為適於處理連續的數位資料流。與之對照的是如 ARM 這樣的通用處理器，它們最佳化的目標是控制（判定）操作。

EDO（Extended Data Out）：擴展資料輸出。DRAM 的特殊介面標準，用於構建高性能記憶體系統。

EEPROM（亦為 E^2PROM）（Electrically Erasable and Programmable Read Only Memory）：電子式可清除程式化唯讀記憶體。一種可以編程並透過施加適當電訊號來清除的 ROM。類似於 Flash 記憶體，但使用不同的技術，一般沒有 Flash 靈活。

EPLD（Electrically-Programmable Logic Device）：電子式可程式化邏輯元件。一種通用的邏輯晶片，它有大量的閘，其連接由晶片上記憶體單元的狀態定義。這些單元可以重新編程以改變元件的邏輯功能。

EPROM（Electrically-Programmable Read Only Memory）：電子式可程式化唯讀記憶體。一種可藉由施加適當電訊號來編程的唯讀記憶體。通常它可以使用紫外線擦除，並可多次編程。

Flash：一種類型的電子式可程式化唯讀記憶體。它可以被電清除和編程。它廣泛地用來在攜帶式系統中存儲不經常變化的程式和資料，並越來越多地用做非揮發性文件儲存。

FPA（Floating-Point Accelerator）：浮點加速器。用於加速浮點數運算的附加硬體，例如 ARM FPA10。

FPASC（Floating-Point Accelerator Support Code）：浮點加速器支援碼。這是在帶有 FPA10 浮點加速器的 ARM 系統中執行的軟體。FPA10 以硬體實作 ARM 浮點指令集的子集，它需要 FPASC 來處理其餘的指令。

FPE（Floating-Point Emulator）：浮點模擬器。這是在不包含 FPA10 浮點加速器的 ARM 系統中運行的軟體，用於支援 ARM 浮點指令集。

FPGA（Field-Programmable Gate Array）：可編程閘陣列。一種通用的邏輯晶片。它有大量的閘，其連接由晶片上的可編程元件（例如反熔絲）的狀態定義。

FPSR（Floating-Point Status Register）：浮點狀態暫存器。ARM 浮點體系結構中的用戶可見的暫存器，它控制各種選項並指示錯誤條件。

FPU（Floating-Point Unit）：浮點單元。在處理器中執行浮點操作的元件。

FSM（Finite State Machine）：有限狀態機。一種循序數位電路。它具有內部狀態，其輸出及下一狀態是其輸入及當前狀態的組合邏輯函數。

GSM（Global System for Mobile communications）：全球行動通訊系統。一種用於歐洲、亞洲和世界其他地區的行動電話數位標準。

IC（Integrated Circuit）：積體電路。一種半導體元件，在它上面用同一技術印製了若干（多達數百萬）電晶體。有時稱 IC 為「晶片」。

IDE（Integrated Drive Electronics）：一種硬碟驅動介面，其中所有的操作都由驅動器內的電路完成，主機介面則由資料匯流排和少數位址線組成。

IEE（The Institution of Electrical Engineers）：電機工程師協會。英國電子（和電機）工程師的專業協會。IEE 在計算機領域主辦會議和出版期刊。

IEEE（The Institute of Electrical and Electronics Engineers, Inc）：電機和電子工程師協會。美國電子和電機工程師的專業協會。其成員不限於美國公民。IEEE 非常積極地在計算機領域主辦國際會議和出版期刊，經常與 ACM（計算機協會）合作。

I²C（Inter-IC）：一種用於 PC 板上積體電路互聯的串列匯流排標準。它對於連接小型 CMOS RAM 和 RTC 晶片特別有用。這些晶片即使在系統的其他部分關斷時也不斷電。

I/O（Input/Output）：輸入／輸出。指計算機與外界環境之間藉由周邊設備傳輸資料的行為。

IrDA（Infra-red Data Association）：紅外線資料協會。一個致力於工業界紅外線通訊協定標準化的組織。經常將符合協會標準的系統介面稱為 IrDA。

ISDN（Integrated Services Digital Network）：一項數位電話的國際標準。規定語音作為 64 Kbit/s 的資料流傳送。此標準還規定了控制協定。

JTAG（Joint Test Action Group）：制定基於串列介面的測試標準的委員會。許多 ARM 晶片使用這個標準。

LCD（Liquid Crystal Display）：液晶顯示。一種顯示技術，由於其低重量和低功耗而應用於大多數攜帶式設備，例如筆記型電腦和 PDA。

LRU（Least-Recently Used）：指一種演算法，用來確定在相聯 Cache 或 TLB 中將哪一個值釋放，以便為新值準備空間。

MFLOPS（Millions of Floating-Point Operations Per Second）：計算機執行浮點運算性能的量度。

MIPS（Millions of Instructions Per Second）：處理器執行指令的速率的量度。由於不同的指令集中每一條指令包含的語意不同，根據它們本身的 MIPS 值來比較兩個處理器是沒有意義的。人們試圖用基準程式來為有效的比較提供一個基礎。Dhrystone MIPS 是（可以證明的）更加有效的規格化測定。

MMU（Memory Management Unit）：記憶體管理單元。是處理器的一部分，它使用記憶體中的頁表將虛擬位址轉換為實體位址。它包括查表硬體和 TLB。

Modem（Modulator-demodulator）：調變／解調器。一種電子系統或子系統，它將數位資料轉換為（例如）可以在常規的有聲電話線上傳送的形式。還可以由接收到的音頻訊號恢復出相似的數位資料。簡單的調變／解調器使用一種音頻代表 0，用另一種頻率代表 1。但是，今天的高速調變／解調器使用更加複雜的調變技術。

NMOS（N-type Metal Oxide Semiconductor）：早於 CMOS 的一種半導體技術，曾用於製造某些 8 和 16 位元微處理器。它支援的邏輯系列具有有源下拉和無源上拉的輸出。即使不開關時，邏輯閘也有低輸出拉動電流。將 NMOS 電晶體與 PMOS 電晶體一起使用，就形成 CMOS。NMOS 電晶體比 PMOS 電晶體更有效。這就是為什麼 NMOS 曾取代 PMOS 作為微處理器的優選技術。在 CMOS 中兩者結合起來，儘管製造技術更複雜了，但無論在速度和功耗效率上都有很大的提高。

OS（Operating System）：作業系統。系統中的核心代碼，它管理應用程式碼，處理調度、資源分配和保護等等。

PC（Program Counter）：程式計數器。處理器中的暫存器，它保存待讀取的下一條指令的位址。通常應根據上下文區分本術語的這種用途和下面一種用途。

PC（Personal Computer）：個人計算機。這個術語儘管很普通，但它現在用來指與 IBM PC 兼容的桌上型計算機。這就是說，除了其他元件，它使用擁有 Intel x86 指令集體系結構的處理器。

PCMCIA（Personal Computer Memory Card International Association）：個人計算機記憶體卡國際委員會。負責 PC 機（及其他攜帶式設備）插接卡的實體形式和介面標準的組織。該標準並不限於其名稱中所述的記憶體卡，多種外設介面卡也遵從該標準。PCMCIA 卡簡稱為「PC 卡」。

PDA（Personal Digital Assistant）：個人數位助理。該術語最初指 Apple Newton，但是現在用於所有掌上型計算機。

PLA（Programmable Logic Array）：可程式邏輯陣列。實現複雜多輸出組合邏輯功能的偽規則積體電路。

PLL（Phase-Locked Loop）：鎖相環。使用另一基準時脈訊號來產生時脈訊號的電路。

PMOS（P-type Metal Oxide Semiconductor）：早於 CMOS 和 NMOS 的一種半導體技術，曾用於製造早期 4 位元微處理器。它支援的邏輯系列具有有源上拉和無源下拉的輸出。即使不開關時，邏輯閘也有高輸出拉動電流。將 NMOS 電晶體與 PMOS 電晶體一起使用就形成 CMOS。

PSR（Program Status Register）：程式狀態暫存器。處理器中用於保存條件碼、中斷禁止位和操作模式位等各種訊息位的暫存器。在 ARM 中，對於每個非用戶模式都有一個 CPSR（當前程式狀態暫存器）和一個 SPSR（保存程式狀態暫存器）。

PSU（Power Supply Unit）：電源單元。提供系統所需穩定電源電壓的電子線路，通常使用一般電源或電池電源。

RAM（Random Access Memory）：隨機存取記憶體。這是一個不當的用詞，因為 ROM 也是隨機存取的。RAM 指的是在計算機中用於儲存程式及資料的讀寫記憶體。也用這個術語來指用來構造這類記憶體以及 Cache 和 TLB 等結構的半導體元件。

RISC（Reduced Instruction Set Computer）：精簡指令計算機。其體系結構具有某些特徵的一類計算機。這些特徵基於 Patterson（U. C. Berkeley）、Ditzel（Bell 實驗室）and Hennessy（Stanford 大學）1980 年闡釋的原理。

ROM（Read-Only Memory）：唯讀記憶體。計算機中儲存固定程式的記憶體。也用來指可以用於這種用途的半導體元件。可對照 RAM。

RS232：非同步串列通訊的特定標準，使用它可連接調變解調器、印表機，並與其它計算機通訊。

RTC（Real-Time Clock）：即時時脈。計算機用來計算時間和日期等訊息的時脈源。通常它是一個帶有低頻晶體振盪器的、電池支援的小型系統。即使計算機本身關機，它也會全時運行。

RTL（Register Transfer Level）：暫存器傳輸級。硬體系統的一種抽象級，例如在處理器中，將多位的資料看做匯流排和暫存器之間的資料流。

RTOS（Real-Time Operating System）：即時作業系統。這種作業系統支援那些必須滿足外部時序限制的程式。它們通常是較小的（幾千位元），並適用於嵌入式系統。

SDLC（Synchronous Data Link Controller）：同步資料連結控制器。一種周邊元件，它將計算機連接到時脈控制的串列介面，並支援一種或數種標準協定。

SoC（System-on-Chip）：系統晶片。含有電子系統全部功能，包括處理器、記憶體及周邊元件的單片積體電路。直到本書寫作時，大多數 SoC 除了其晶片上的記憶體之外，還需要晶片外的記憶體資源，但其它的系統元件都在晶片上。

SPSR（Saved Program Status Register）：保存程式狀態暫存器。一種 ARM 暫存器，當出現異常時用來保存 CPSR 的值。

SRAM（Static Random Access Memory）：靜態隨機存取記憶體。這種形式的 RAM 比 DRAM 貴，它將資料保存在不需要更新的正反器中。SRAM 的存取時間比 DRAM 的短，可以無限期並幾乎無功耗地保持其內容。在處理器晶片中，它用於實作大多數 RAM 功能，例如 Cache 和 TLB 記憶體，在某些小型嵌入式系統中還可以用做主記憶體。

TLB（Translation Look-aside Buffer）：位址轉換對照緩衝器，儲存最近使用過的頁表項的 Cache。它可以避免每次存取記憶體時搜索頁表的開銷。

UART（Universal Asynchronous Receiver/Transmitter）：通用非同步收發器。處理器匯流排與串列線（一般使用 RS232 訊號協議）介面的周邊設備。

USB（Universal Serial Bus）：通用串列匯流排。最近 PC 機上支援各種外設連接的標準介面。它使用高速串列協定和允許元件在機器運行時連接和移除（即熱插拔）的電氣介面。

VHDL（VHSIC Hardware Description Language）：超高速積體電路硬體描述語言（其中 VHSIC 代表 Very High-Speed Integrated Circuit）。一種在行為級或結構級描述硬體的標準語言。大多數半導體設計工具公司都支援這種語言。

VLSI（Very Large Scale Integration）：超大型積體。在單個晶片上積體大量電晶體的技術。人們曾企圖根據電晶體數的數量級將晶片劃分為 SSI、MSI、LSI（小規模、中規模及大規模整合）和 VLSI 等等，但技術進步的速度超過創造新術語的速度。新術語 ULSI（Ultra Large Scale Integration，甚大規模整合）還沒有獲得廣泛應用，現在就有可能被廢除。

VLSI Technology, Inc：公司名稱，有時簡稱為 VLSI。該公司製造了 Acorn Computers 公司設計的第一個 ARM 晶片，並於 1990 年與 Acorn 公司及 Apple 公司一起建立了獨立的 ARM 公司。VLSI 是 ARM 公司的第一個半導體合伙人，製造了一系列基於 ARM 的 CPU 及系統晶片。它現在屬於 Philips Semiconductors 公司。

VM（Virtual Memory）：虛擬記憶體。程式執行所占用的位址空間由 MMU 映射到實體記憶體。虛擬空間可以大於實體空間，部分虛擬空間可以分頁到硬碟上，也可能不在任何位置。

VRAM（Video Random Access Memory）：一種帶有晶片上移位暫存器的 DRAM，存取順序資料時可以獲得高頻寬，以產生視頻顯示。

參考文獻

ARM 讀本

- http://www.arm.com/
  在 ARM 公司的網頁上可找到 ARM 處理器的資料表及其他相關資料。
- Jaggar（ed.）.ARM Architectural Reference Manual. Prentice Hall.
  ISBN 0-13-736299-4
  一本參考書，詳述了 ARM 和 Thumb 指令及記憶體管理結構等。在 ARM
  業界稱為「ARM ARM」。

Thumb

- Segars, Clarke and Goudge. Embedded Control Problems, Thumb, and the
  ARM7TDMI. IEEE Micro, 15（5）, October 1995, pages 22～30.
  一篇論述 Thumb 指令集原理和性能的論文。

RISC 體系結構

- Patterson and Ditzel. The Case for the Reduced Instruction Set Computer. ACM
  SIGARCH Computer Architecture News, 8（6）, October 1980, pages 25～33.
  一篇置疑處理器設計日益複雜化趨勢的開創性論文。
- Katevenis. Reduced Instruction Set Computer Architectures for VLSI. MIT
  Press, Cambridge, MA, USA, 1985.
  ISBN 0-262-11103-9
  Berkeley RISC 設計及美國計算機協會博士論文獎獲得者的詳細報告。
- Hennessy and Patterson. Computer Architecture——A Quantitative Approach,
  2nd edition. Morgan Kaufmann, San Francisco, CA, USA, 1990.
  ISBN 1-55860-329-8
  主流 RISC 設計的權威著作，由最初發現 RISC 的兩個人寫成。

- Patterson and Hennessy. Computer Organization and Design——The Hardware/ Software Interface. Morgan Kaufmann, San Francisco, CA, USA, 1994.
ISBN 1-55860-281-X
由相同作者（但不同排序）繼《Computer Architecture——A Quantitative Approach》一書成功後寫成的續篇。本書更詳盡地涉及基礎知識。

CMOS 設計

- Weste and Eshraighan. Principles of CMOS VLSI Design, A Systems Perspective, 2nd edition. Addison-Wesley, Reading, MA, USA, 1993.
ISBN 0-201-53376-6
關於電晶體級 CMOS 設計的權威著作，涉及實體版圖、電路和系統。

自定時邏輯

- Proceedings of the IEEE, 87（2）, February 1999, ISSN 0018-9219.
這本關於非同步設計的專刊收集了若干複雜非同步設計的背景材料和細節，包括 AMULET2e。
- http://www.cs.man.ac.uk/async/
非同步邏輯的主頁，它包含指導教材和對世界上活躍於非同步邏輯研究領域的大多數團體的鏈接。

Endian ness

- Cohen. On Holy Wars and a Plea for Peace. Computer, 14（10）, October 1981, IEEE Computer Society Press, pages 48～54.
本文提出關於位元順序的 big- 與 little-endian 問題，並仿照《格利佛遊記》一書建立了 endian 的術語。

C 語言

- Kernighan and Ritchie. The C Programming Language, 2nd edition. Prentice Hall, Englewood Cliffs, NJ, USA, 1988.
  ISBN 0-13-110362-8
  這是一本 C 語言的標準參考書。請注意第二版包括 ANSI 標準 C 語言，而第一版不包括。
- Koenig. C Traps and Pitfalls. Addison-Wesley, Reading, MA, USA, 1989.
  ISBN 0-201-17928-8
  本書講述如何避免 C 編程中的標準陷阱，對各種程度的程式設計師都很有用。

索 引

A

D

E

F

I

J

K

L

M

N

O

P

R

S

T

U

V

國家圖書館出版品預行編目資料

ARM SoC體系結構／Steve Furber著 ;田
澤,于敦山,盛世敏譯.--二版.--臺北市：
五南, 2004 [民93]
面； 公分.
參考書目：面
含索引
譯自：ARM system-on-chip
architecture,2nd ed.
ISBN 978-957-11-3716-2（平裝）
1.微處理機 2.電腦結構
312.9116 93015126

5D52
ARM System-on-chip Architecture Second Edition

ARM SoC體系結構

作　　者－Steve Furber

譯　　者－田澤　于敦山　盛世敏

校　　定－林錦昌

發 行 人－楊榮川

總 經 理－楊士清

主　　編－王者香

編　　輯－許子萱

出 版 者－五南圖書出版股份有限公司

地　　址：106台北市大安區和平東路二段339號4樓

電　　話：(02)2705-5066　傳　真：(02)2706-6100

網　　址：http://www.wunan.com.tw

電子郵件：wunan@wunan.com.tw

劃撥帳號：01068953

戶　　名：五南圖書出版股份有限公司

法律顧問　林勝安律師事務所　林勝安律師

出版日期　2003年5月初版一刷
　　　　　2005年1月二版一刷
　　　　　2018年3月二版四刷

定　　價　新臺幣850元